AUTOMATIZACIÓN FUNDAMENTADA II

ESTRATEGIAS COMPLEMENTARIAS

AUTOMATIZACIÓN FUNDAMENTADA II

ESTRATEGIAS COMPLEMENTARIAS

CARLOS CASTAÑO VIDRIALES

AUTOMATIZACIÓN FUNDAMENTADA II .- Estrategias complementarias

Autor: *CARLOS CASTAÑO VIDRIALES*

© 2016 por Carlos Castaño Vidriales. Reservados todos los derechos

Primera edición: 2016

Nº Registro Propiedad Intelectual: M - 003293 / 2016

ISBN : 978 - 84 - 608 - 8746 - 1

Nº de depósito legal: M - 19202 - 2016

Correo electrónico (email): automatizacionfundamentada@gmail.com

Edición, portada y maquetación: Carlos Castaño Vidriales

INDICE

PROLOGO

El planteamiento de la trilogía "AUTOMATIZACIÓN FUNDAMENTADA" podemos asimilarla al levantamiento de una edificación = *AUTOMATIZACIÓN FUNDAMENTADA III. Proyectos,* ejecutado mediante una serie de elementos constructivos = *AUTOMATIZACIÓN FUNDAMENTADA II. Estrategias complementarias,* enlazados mediante componentes de unión = *AUTOMATIZACIÓN FUNDAMENTADA I. Introducción* que contiene los conceptos básicos

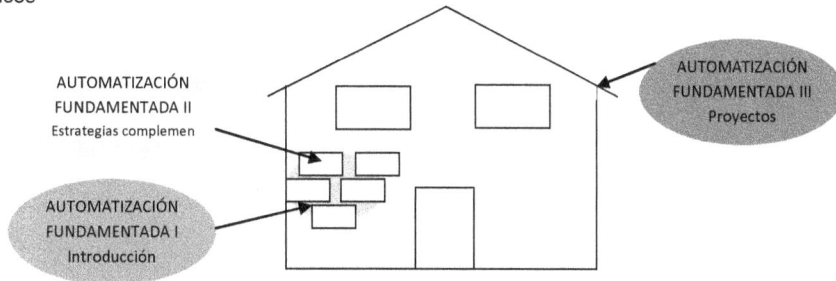

En el libro Automatización Fundamentada I. Introducción , que precede a este quedaron sentadas las bases para que la trasnmisión-adquisición de los contenidos básicos de automatizción se realice de forma estructurada en torno al algebra de Boole, mediante las llamadas funciones (Ecuaciones) lógicas que nos permitirán implementar sistemas automáticos en cualquier tecnología, bien sea neumática, eléctrica o controlados por PLC.

Se consolida por tanto en este volumen la iniciación en automatización mediante una base fundamentada y coherente, evitando el diseño y realización de circuitos automáticos de manera "intuitiva", volviendo también a ser el objetivo de esta publicación que la elaboración de esquemas de automatismos eléctricos, neumáticos, diagramas de contactos se realice mediante el análisis e implementación de expresiones lógicas que rijan estos sistemas, basándose en el álgebra de Boole.

Se afronta ahora el diseño de automatismos algo mas complejos mediante una estructuración e interpretación de sus esquemas de forma racional, obviándose de nuevo la descriptiva física de sus elementos e instalaciones, que pueden ser vistos en otras publicaciones/manuales

El desarrollo de los contenidos de este trabajo, se efectúa como ilustra la siguiente figura:

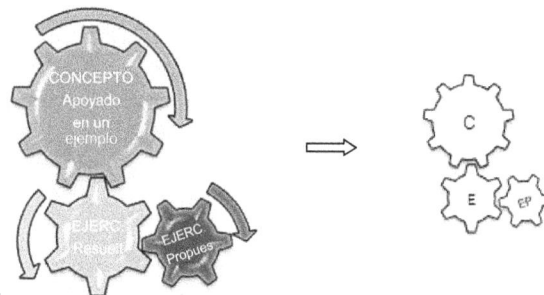

Cada contenido se afronta tras una explicación del mismo a través de un ejemplo para facilitar su comprensión, seguidamente se plantea y resuelve un ejercicio de aplicación del mismo y se propone otro ejercicio para que sea resuelto por el lector; de esta forma se consigue una cierta consolidación del contenido a adquirir.

La situación de dichos ejercicios se señala mediante los siguientes grafismos:

Comienzo y final de ejercicio (Resuelto)

Comienzo y final de ejercicio propuesto

Al objeto de constatar que la fundamentación lógica del análisis de automatismos posibilita la trasversalidad tecnológica, deliberadamente se realizan los mismos supuestos/ejercicios de cada concepto estudiado en las tecnologías neumática, eléctrica y mediante control por PLC. Así mismo para dar una trasversalidad general a las diferentes metodologías que se desarrollan en el bloque III Eliminación de señales permanentes , se plantea un supuesto de automatización de una cizalladora (Pag. 155) que será resuelto en todas y cada una de ellas, al objeto de apreciar que la citada fundamentación lógica del análisis de sistemas automáticos basado en el álgebra de Boole, facilita enormemente esa labor dándole además un sentido de estructuración y coherencia

La situación del ejercicio trasversal (En cursiva) se señala mediante los siguientes grafismos:

Comienzo y final del ejercicio trasversal (Resuelto)

El estudio de los contenidos aquí tratados no tiene porqué realizarse de forma lineal, si bien es muy necesario disponer de unos conocimientos de lógica como los desarollados en el libro ya editado Automatización Fundamentada I. Introduccción, del mismo autor, en los que se basa el desarrollo de los conceptos, estudio, análisis y resolución de los supuestos de automatización aquí planteados. En concreto se señala como contenido nuclear de inicial y obligada lectura el apartado II.1 Lógica Secuencial, donde se desarrolla el concepto de biestable (Memoria) que será constantemente utilizado a lo largo del libro. El resto de contenidos articulados según tres líneas independientes que pueden ser abordadas en el orden que se desee, son:

a) *Temporización*
b) *Eliminación de señales permanentes*
c) *Contaje*

En la línea de contenidos b) Elimación de señales permanentes, se trata en último lugar el denominado y conocido "método cascada" que intencionadamente se desarrolla en ese lugar para reforzar la idea de que dicho método no es sino una derivación del metodo paso a paso mínimo

Se incluyen en el Apéndice I las soluciones de los ejercicios propuestos en el libro Automatización Fundamentada I. Introducción

Madrid, Mayo 2016

Carlos Castaño Vidriales

II.1.- LÓGICA SECUENCIAL

La denominación "Lógica secuencial" no solo atañe a los sistemas electrónico-digitales, afecta también al funcionamiento de sistemas tales como un ascensor en el que sus movimientos, además de estar determinados por las señales de entrada que pueda recibir bien desde la botonera situada en la cabina del mismo así como desde los pulsadores de las diferentes plantas , sino que además tiene que "saber" en que planta se encuentra (memorizar), para en consecuencia establecer el movimiento a ejecutar, esto es, la salida del sistema no depende únicamente de las entradas, si no también del estado en que se encuentra, para lo cual será preciso la existencia de un subsistema/dispositivo /estrategia que memorice dicha situación, en definitiva almacene esa información

Efectivamente, hasta ahora (Automatización Fundamentada I) los circuitos lógicos manejados correspondían al ámbito denominado "Lógica combinatoria" o combinacional, en la cual la salida de un sistema se define (o depende) únicamente por las señales de entrada

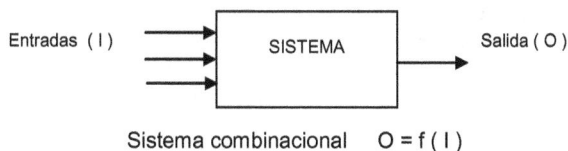

Entradas (I) →→→ SISTEMA → Salida (O)

Sistema combinacional $O = f (I)$

Cuando se requiera un sistema cuya salida dependa además del valor de las entradas, también del valor previo de la salida, estaremos ante un sistema de lógica secuencial, para lo cual deberá poseer características de memorización (memoria)

13

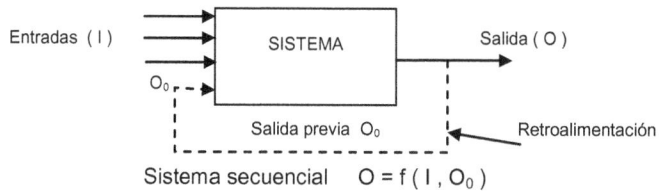

Sistema secuencial $O = f (I , O_0)$

La salida (O) del sistema en un instante determinado (t) depende no solo del valor de las entradas (I) en el instante considerado, sino también además de la salida del sistema (O_0) en un instante anterior t_0

$$Ot = f (I (t) , O (t_0)) , t > t_0$$

Sistema secuencial

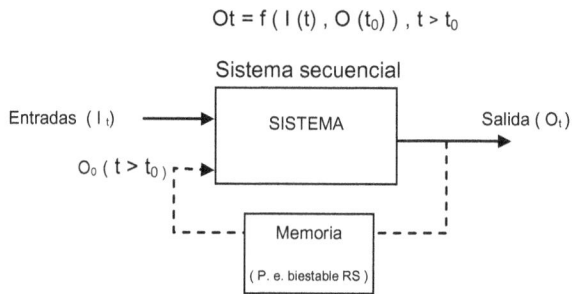

II.1.1.- Biestable RS (SR)

Sin duda, una de las estrategias complementarias más importantes en automatización es la representada por el biestable RS, que contiene el concepto de "autorretención" o "enclavamiento", cuyo uso está presente en numerosas ocasiones en el diseño de sistemas automáticos tanto en tecnología eléctrico-electrónica , neumo-hidráulica así como en la denominada lógica programada implementada por medio de autómatas programables (PLC), por eso su importancia y su conocimiento es capital en el análisis, diseño e implementación de sistemas automáticos

Este dispositivo/estrategia, como su propio nombre indica, posee dos estados estables, llamados respectivamente *SET* (Activación) / S y *RESET* (Anulación) / R , pudiendo permanecer indefinidamente en cada uno de ellos, esto es, estables, lo que le confiere su capacidad/característica de "memoria" o almacenamiento de información binaria (0/1 de 1 bit)

	Entradas			Salida
	S	R	Q_{t0}	Q_{t1}
0	0	0	0	*0*
1	0	0	1	*1*
2	0	1	0	*0*
3	0	1	1	*0*
4	1	0	0	*1*
5	1	0	1	*1*
6	1	1		Ver apartado II.1.5 Latches y flip-flops, pag 53
7	1	1		

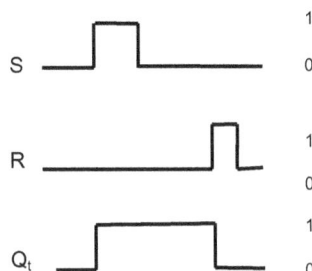

Supongamos que deseamos diseñar un circuito que controle el funcionamiento (Et) de un motor eléctrico por medio de dos pulsadores S (Set) y R (Reset) que también denominaremos Marcha (S) / Paro (R) respectivamente. Haciendo un análisis secuencial del mismo y considerando por tanto no solo la activación de la señal que corresponda , S o R, si no también el estado de funcionamiento previo del motor Et_0, podemos elaborar la tabla de la verdad de la página siguiente, en la que observamos que sus seis primeras combinaciones binarias (0 – 5) no ofrecen ningún dilema en cuanto a la acción a ejecutar, según se describe en la columna observaciones. Pero en el caso de las dos últimas (6,7), al producirse una activación simultánea de dos señales contradictorias, debemos definir que tipo de mando deseamos configurar, esto es, que señal tendrá prevalencia sobre la otra, para así poder definir ya una actuación concreta en la salida del sistema.

La prevalencia de una señal sobre la otra recibe varios nombres tales como:

Inscripción prioritaria al paro o a la marcha

Prioridad al paro o a la marcha

Señal dominante a la desconexión o a la conexión

Borrado = Paro prioritario o Inscripción = Marcha prioritaria

Enclavamiento al paro o a la marcha

Retención al paro o a la marcha

Deberemos por tanto hacer una doble columna de salida para estas últimas combinaciones, según queda reflejado en la tabla de la verdad y como se indica en la misma ya será posible definir una funcionalidad precisa del motor según se expresa en la columna "observación", resumiendo, resultará que el receptor sea cual sea su estado de funcionamiento deberá pararse en el caso de diseñar un mando con prioridad al paro y estar en funcionamiento en el caso de que se defina un mando con prioridad a la marcha

	Entradas			Salida		Observación
	S Marcha	R Paro	Et_0	Et		
0	0	0	0	0		El motor está parado (Et_0) y al no activarse ni S, ni R EL MOTOR SEGUIRÁ PARADO (Et)
1	0	0	1	1		El motor está en funcionamiento y al no activar ni S, ni R EL MOTOR SEGUIRÁ EN FUNCIONAMIENTO
2	0	1	0	0		El motor está parado y al activarse el pulsador R de paro EL MOTOR SEGUIRÁ PARADO
3	0	1	1	0		El motor está funcionando y al activarse el botón de paro R EL MOTOR DEBERÁ PARARSE
4	1	0	0	1		El motor está parado y al activarse el pulsador S de marcha EL MOTOR DEBERÁ PONERSE EN FUNCIONAMIENTO
5	1	0	1	1		El motor está en funcionamiento y al activarse el pulsador S de marcha EL MOTOR SEGUIRÁ EN FUNCIONAMIENTO
6	1	1	0	0	1	El motor está parado (Et_0) y se activan simultáneamente los pulsador de S y R, dado que tiene prioridad la activación de R (Paro prioritario) EL MOTOR SEGUIRÁ PARADO (Et) El motor está parado y se activan simultáneamente los pulsador de S y R, dado que tiene prioridad la activación de S (Marcha prioritaria) EL MOTOR DEBERÁ PONERSE EN MARCHA
7	1	1	1	0	1	El motor está en marcha y se activan simultáneamente los pulsador de S y R, dado que tiene prioridad la activación de R (Paro prioritario) EL MOTOR DEBERÁ PARARSE El motor está en marcha y se activan simultáneamente los pulsador de S y R, dado que tiene prioridad la activación de S (Marcha prioritaria) EL MOTOR SEGUIRÁ EN MARCHA
				PARO PRIORI TARIO R	MARCHA PRIORI TARIA S	

Construyendo los correpondientes mapas de Karnaucht al objeto de obtener las ecuaciones de mando correspondientes, tendríamos

(Se recomienda la lectura de Automatización Fundamentada I, pag 135) :

Paro prioritario (Columna principal , combinaciones 0-5 y subcolumna de la iizquierda , combinaciones 6 y 7)

$E = \sum (1, 4, 5)$

$Et = S . R` + R`. Et_0$

R . Et$_0$	R` Et$_0$`	R´ Et$_0$	R. Et$_0$	R Et$_0$`
S	0 0	0 1	1 1	1 0
0	0	1	0	0
	0	1	3	2
S`				
4	1	1	0	0
	4	5	7	6
S				

$Et = (S + Et_0) R`$

cuya interpretación para el caso del receptor que nos venia ocupando sería:

El motor (Et) estará en funcionamiento, si ya está funcionando o si se activa el pulsador de marcha, siempre y cuando no se active el pulsador de paro

Y si generalizamos, a nivel de estados de un sistema, diríamos que:

El estado de un sistema es igual al propio estado mas la señal de activación del mismo (S) y la ausencia (Negación / No activación) de la señal que lo anula

Cuya ecuación genérica pdríamos escribir asi:

$$E = (S + E) R`$$

Marcha prioritaria (Columna principal , combinaciones 0-5 y subcolumna de la Derecha, combinaciones 6-7)

$E = \sum (1, 4, 5, 6, 7)$

$Et = S + Et_0 . R`$

R . Et$_0$	R` Et$_0$`	R´ Et$_0$	R. Et$_0$	R Et$_0$`
S	0 0	0 1	1 1	1 0
0	0	1	0	0
	0	1	3	2
S`				
1	1	1	1	1
	4	5	7	6
S				

cuya interpretación para el caso del receptor que nos venia ocupando sería:

El motor (Et) estará en funcionamiento, si se activa el pulsador de marcha (S) o bien si estando en funcionamiento no se activa el pulsador de paro (R)

Y si generalizamos, a nivel de estados de un sistema, diríamos que:

El estado de un sistema es igual a la señal de activación del mismo (S) o bien que estando activo no esté presente (Negación / No activación) la señal que lo anula

Cuya ecuación genérica podríamos escribir asi:

$$E = S + E . R`$$

Si efectuamos la implementación de ambas ecuaciones en tecnología eléctrica, tendríamos los siguientes esquemas representativos de los mandos definidos como paro y marcha prioritarios.

$M = E (KE)$ $E(KE) = (E(KE) + S).R`$

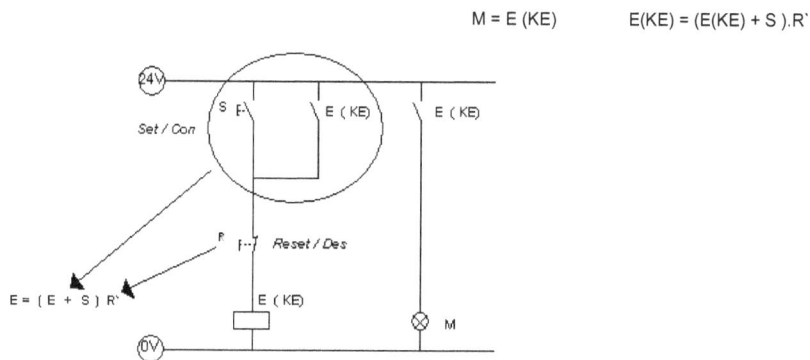

$E = (E + S) R`$

$M = E (KE)$ $E(KE) = S + E(KE) .R`$

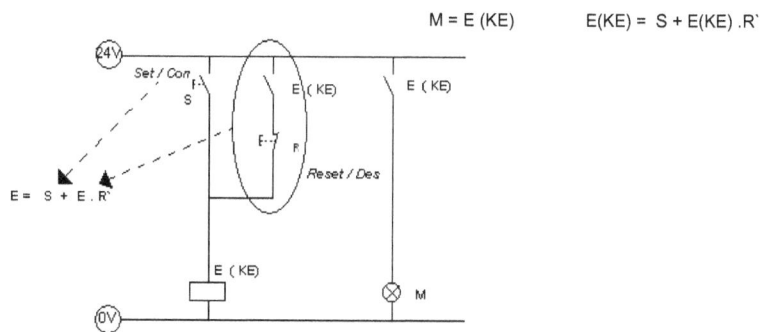

$E = S + E . R`$

Cuyos equivalentes en tecnología neumática serían:

18

Mando neumático con prioridad al Paro, R (Desconexión)

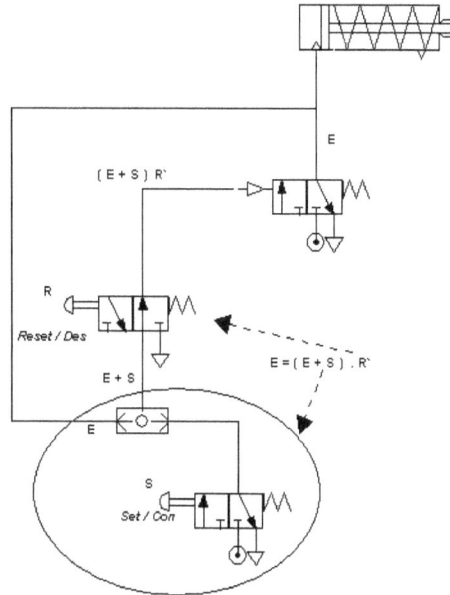

esta configuración también se podría haber representado así:

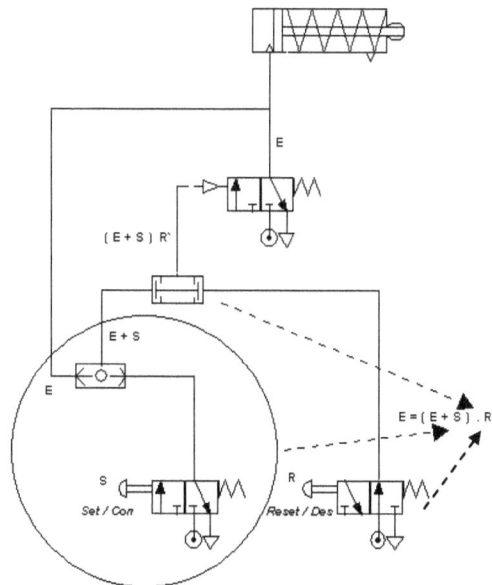

Mando neumático con prioridad a la marcha , S (Conexión)

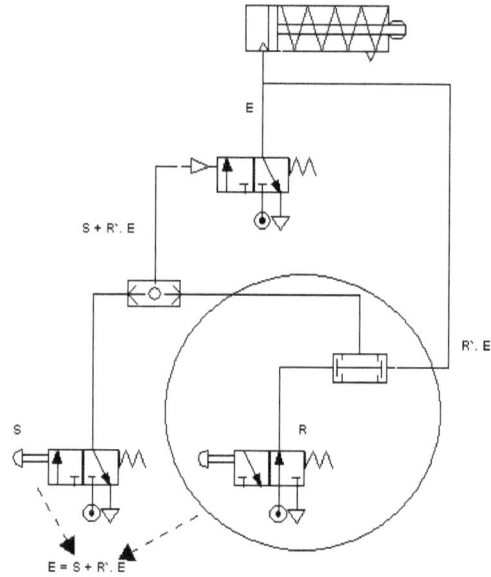

Su configuración también se podría haber representado así:

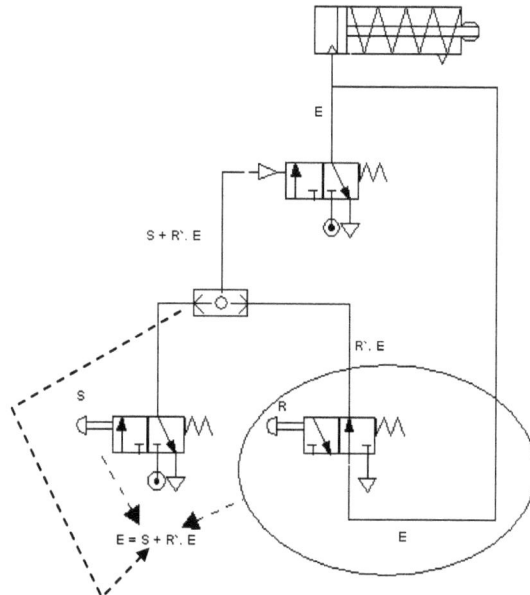

La configuración mediante puertas lógicas electrónicas sería:

Activación con prioridad al paro (Desconexión)

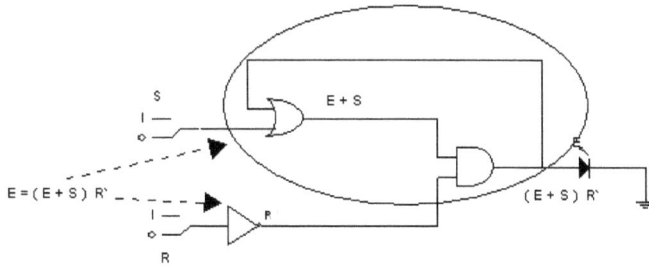

Activación con prioridad a la marcha (Conexión)

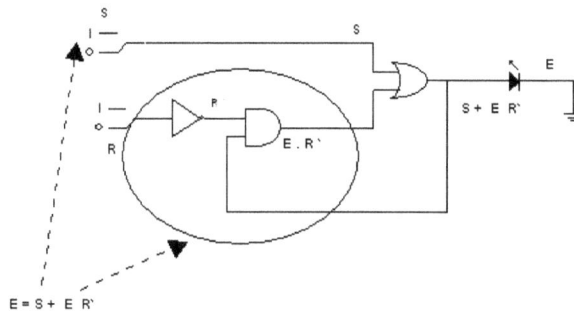

La implementación de estos elementos de mando mediante diagrama de contactos para PLC, tendría la siguiente representación:

Prioridad al paro (Desconexion)

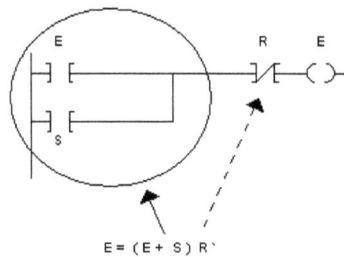

Activación con prioridad a la marcha (Conexión)

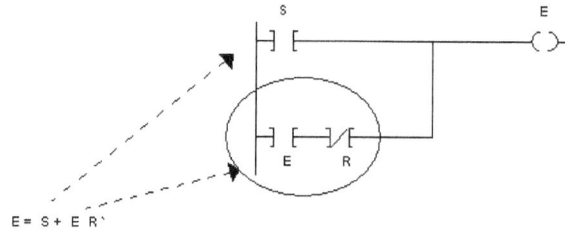

$$E = S + E \ R`$$

Los autómatas programables suelen incluir entre sus funciones preprogramadas en los software de edición de esquemas-programas de contactos , el biestable RS en forma compacta

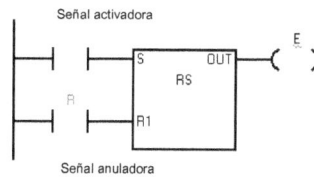

El biestable RS, siendo como es un elemento de memorización de señales, permite precisamente por esa característica la denominada autorretención o enclavamiento de señales. En efecto, consideremos el esquema eléctrico del biestable RS con prioridad al paro (Pag 18, figura superior), si hacemos un seguimiento dinámico de dicho esquema, veremos que tras una breve activación del pulsador S (Señal activadora) se excitará la bobina del rele E, cerrándose en consecuencia el contacto (*) que gobierna, hasta ahora abierto, con lo que el receptor M estará activo

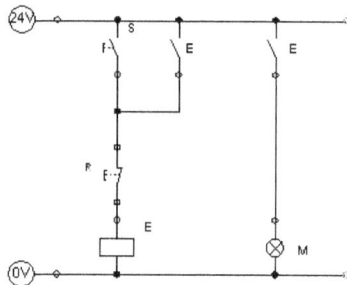

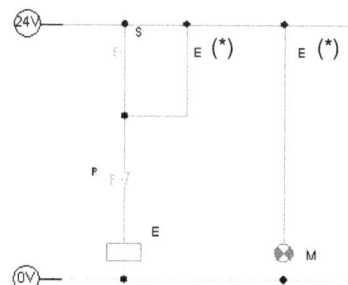

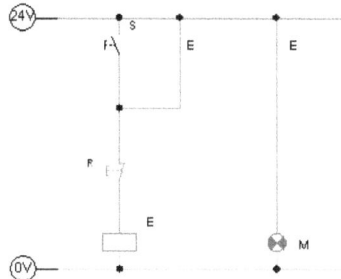

Tras cesar la activación del pulsador S, la bobina del relé E seguirá excitada dado que el contacto E (Que estará cerrado) de la rama derecha del esquema de la etapa de mando (Ver apartado II.1.2, pag. 36), la sigue alimentando y en consecuencia el receptor M seguirá activo. Este funcionamiento es conocido como *autoretención o enclavamiento* o dicho de otra forma *memorización de la señal* , permaneciendo en esa situación hasta que sea activado mediante una breve pulsación el pulsador R o señal anuladora que desenclavará el circuito al cesar la alimentación eléctrica a la bovina del relé y en consecuencia el contacto que hasta ahora se mantenía acerrado, se abrirá dejando de estar activo el receptor M. (Observese lo dicho en las dos siguientes figuras)

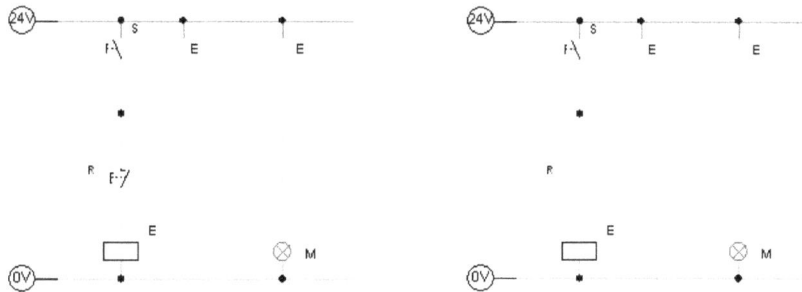

Para terminar de clarificar la naturaleza de enclavamiento de este elemento, se debe precisar ahora si el mismo está configurado como un mando con enclavamiento al paro (R), paro prioritario, o bien como mando con enclavamiento a la marcha (S) o marcha prioritaria.

Observando de nuevo el esquema, en el que ahora se ha producido una breve activación simultánea de los dos pulsadores S (Marcha) y R (Paro), se puede observar que la bovina del relé E no estará activada por no existir continuidad a través del pulsador R, en definitiva el receptor M no estará funcionando

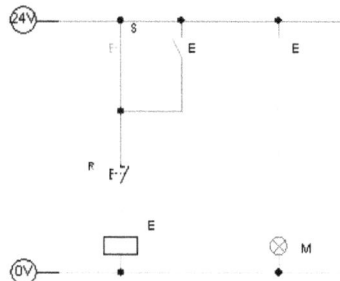

Por tanto la identificación del enclavamiento con paro prioritario se reconoce operativamente porque tras una breve activación simultánea de los señales S activadora y R anuladora , el receptor no se pondrá en marcha

Idéntico análisis funcional puede ser realizado si consideramos el esquema eléctrico del biestable SR con prioridad a la marcha (Pag. 18,fig. inferior) , diferenciándose únicamente en la respuesta funcional en el caso de una breve activación simultánea de las señales activadora (S) y anuladora (R), de manera que en este caso el receptor seguirá funcionando, dado que el pulsador S asegura la activación de la bovina del rele E y en consecuencia la alimentación del receptor , en tanto en cuanto esté activado S.

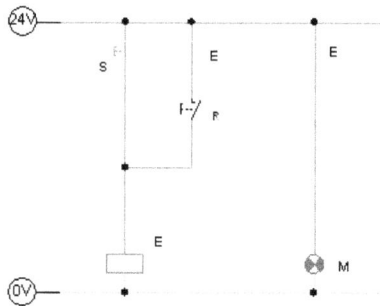

Asì , la identificación del "enclavamiento (prioridad) a la marcha" se reconocerá porque durante una breve activación simultánea de las señales S activadora y R a nuladora, el receptor se pondrá en marcha.

Este comportamiento puede ser ratificado mediante análisis de las tablas de la verdad de la ecuación del mando respectivo

	Entradas			Salida
	S Marcha	R Paro	Et_0	Et
0	0	0	0	0
1	0	0	1	1
2	0	1	0	0
3	0	1	1	0
4	1	0	0	1
5	1	0	1	1
6	1	1	0	0
7	1	1	1	0
Mando con enclavamiento (Retención) al paro $E = (Et_0 + S) R`$				

	Entradas			Salida
	S Marcha	R Paro	Et_0	Et
0	0	0	0	0
1	0	0	1	1
2	0	1	0	0
3	0	1	1	0
4	1	0	0	1
5	1	0	1	1
6	1	1	0	1
7	1	1	1	1
Mando con enclavamiento (Retención) a la marcha $E = S + Et_0 . R`$				

Las respuestas comunes a los dos tipos de enclavamiento se producen en las combinaciones de entradas 0 a la 5, por tanto para ellas el comportamiento es idéntico.

En la t.v de la izquierda, correspondiente al biestable RS, mando con prioridad al paro, en las combinaciones 6 y 7 la repuesta específica de las mismas es siempre 0 cuando existe simultaneidad de las señales activadora (S) y negadora (R)

Y en la t.v de la derecha, correspondiente al biestable SR, mando con prioridad a la marcha, en las combinaciones 6 y 7 la repuesta específica de las mismas es siempre 1 cuando existe simultaneidad de las señales activadora (S) y negadora (R)

Ejercicio: Un sistema neumático está compuesto por un cilindro de simple efecto (A) gobernado por una electroválvula monoestable 3/2 NC y dotado de sendos finales de carrera a_0 / a_1 que controlan las posiciones extremas de su recorrido.

El sistema también dispone de otro cilindro de doble efecto (B) gobernado por una electroválvula biestable 4/2 y está igualmente dotado de los oportunos finales de carrera b_0 /b_1 que controlan las posiciones extremas de su recorrido. Además dispone de un pulsador de puesta en marcha (PM), teniendo el conjunto la siguiente funcionalidad:

Tras una breve activación del pulsador de puesta en marcha PM, el cilindro A deberá efectuar su salida. Se debe considerar que este cilindro no podrá salir en tanto en cuanto el cilindro B no esté en su posición de retraído.

Tras alcanzar el cilindro A su posición de extendido, el cilindro B deberá efectuar su salida y una vez que haya alcanzado su posición de extendió deberá producirse la entrada del cilindro A, de manera que cuando este haya alcanzado su posición de retraído efectuará su entrada el cilindro B, quedando el sistema a la espera de una nueva activación del pulsador PM que generará de nuevo el ciclo de funcionamiento ya descrito

a) Diseñar el correspondiente esquema electroneumático de control del sistema

b) Considérese la posibilidad de realizar el control del sistema mediante autómata programable elaborando el correspondiente diagrama de contactos

c) Obtener en tecnología electrónica mediante puertas lógicas básicas el circuito de control para este sistema

d) Elabórese el esquema neumático equivalente para la implementación del sistema en tecnología neumática pura

a) A tenor de la descripción del sistema tendríamos el siguiente grafo de secuencia:

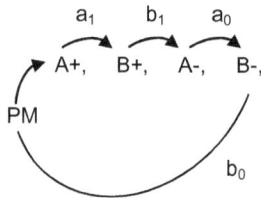

Cuyas ecuaciones de mando son:

$$A+ = (\underbrace{A+ \ + \ PM . b_0}_{S}) . \underbrace{b_1`}_{R}$$

La señal que controla la salida
del cilindro A:

$$S = PM . b_0 ,$$

al estar este gobernado por un elemento monoestable, debe ser retenida (memorizada)

hasta la fase 3ª de la secuencia, o lo que es lo mismo, hasta que se haya producido la salida

del cilindro B+ que genera la señal anuladora $R = b_1$

Las ecuaciones de mando del cilindro B son:

$$B+ \ = a_1 \qquad B - = \ a_0$$

No es preciso establecer una ecuación de mando para la entrada del cilindro A porque al ser un cilindro de simple efecto gobernado además por una v. monoestable, la misma se producirá cuando se establezca la ausencia de la señal A+ o lo que es lo mismo la activación de b_1

$$A - = \ \text{WWW} \ (\text{Muelle}) \ o/y \ \text{ausencia señal A+}$$

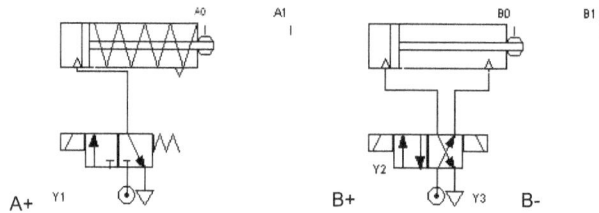

Si contemplamos la realización de un mando directo (Ver apartado II 1.3 Mando directo/ Indirecto, pag 37) del cilindro B y la necesidad de establecer un mando indirecto para el cilindro A, al objeto de poder representar el estado A+ mediante el relé K1, las ecuaciones de mando quedarían:

$$A + = Y 1 = K1 \qquad B+ = Y2 \qquad B+ = Y3 \qquad A - = \text{WWW}$$

$$A + = Y1 = K1 = (K1 \ + \ PM . b_0) . b1'$$

$$B+ = Y2 = a_1 \qquad B- = Y3 \ = a_0$$

Cuyo esquema electroneumático de mando es:

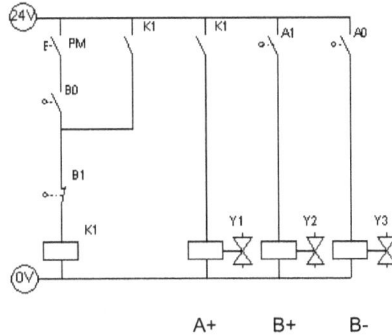

$$A+ \quad B+ \quad B-$$

Si tanto para el cilindro A como para el cilindro B se deseara un mando indirecto en ambos casos, las ecuaciones de mando y esquema correspondiente serían:

$$A + = Y\,1 = K1 \qquad B+ = Y2\ = K2 \qquad B+ = Y3\ = K3 \qquad A\,-\, = \mathrm{W\!W}$$

$$A + = Y1 = K1 = (\,K1\ +\ PM\,.\,b_0\,)\,.\,b1'$$

$$B+ = Y2 = K\,2 = a_1 \qquad B\,-\, = Y3 = K3 = a_0$$

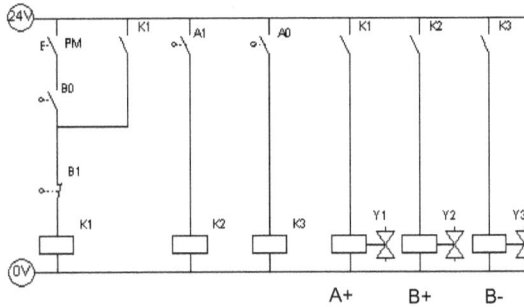

$$A+ \quad B+ \quad B-$$

b) Para el control del sistema mediante PLC, el diagrama de contactos considerando las ecuaciones que se indican, sería:

$$A + = Y1 = (\,Y1\ +\ PM\,.\,b_0\,)\,.\,b1' \qquad B+ = Y2 = a_1 \qquad B\,-\, = Y3 = a_0$$

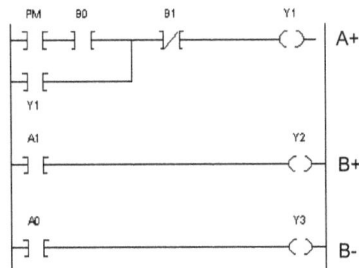

La configuración para PLC, mediante bloque compacto RS sería:

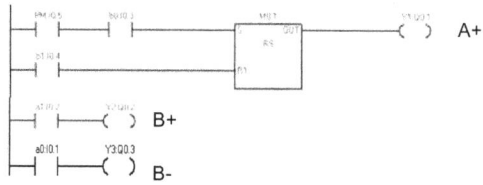

En el cual puede apreciarse como la lógica de la ecuación está programada, demandándonos este bloque programador, únicamente las señales:

Activadora S = PM . bo y anuladora R = b1

c) El mando mediante puertas lógicas electrónicas sería:

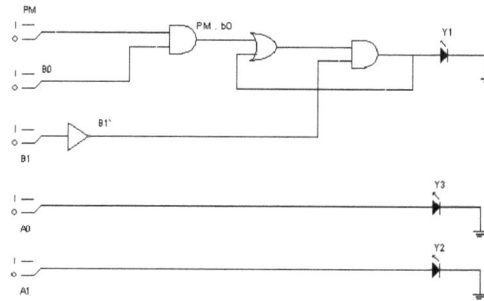

d) Para la implementación del sistema en tecnología neumática tomando las ecuaciones de mando directo de los dos cilindros, tendríamos:

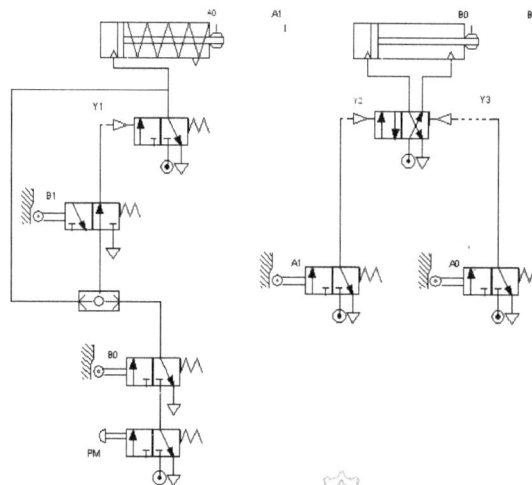

Ejercicio: Una señal luminosa verde V2 se encenderá cuando sea activado un sensor SP1 situado en un punto de detección, permitiendo el paso de vehículos en un determinado sentido (A) y deberá apagarse cuando el vehículo, una vez atravesada la zona de control, excite el sensor SP2, activándose en ese momento una luz verde V1 que hasta ahora permanecía apagada y que permitirá el acceso a otro vehículo (Esta luz V1 deberá apagarse al activarse el sensor SP1)

En el caso de una activación simultánea de los sensores SP2 (Vehículo saliendo) y SP1 (Vehículo llegando) deberá tener prioridad la acción de apagado de la luz verde V2 hasta que el primero de los vehículos abandone la zona dejando de activar el sensor SP2

En los puntos de control existen sendos carteles con la siguiente leyenda "No avance hasta que tenga luz verde"

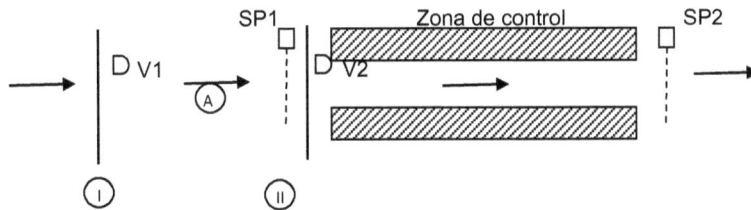

De la lectura-análisis del planteamiento descrito podemos concluir que :

Para la luz V2 :

La señal activadora (S) es SP1

La señal anuladora (R) es SP2

En el caso de activación simultánea de estos dos sensores tiene prioridad la señal SP2 (Anuladora), por tanto su control podemos realizarlo mediante un biestable RS con prioridad a paro, lo que implicaría la siguiente ecuación de mando, teniendo presente la ecuación genérica para un biestable RS con prioridad al paro $E = (E + S) . R^{`}$:

$$V2 = KV2 \qquad KV2 = (KV2 + SP1) . SP2^{`}$$

Al objeto de poder memorizar el estado del receptor V2, su control se pasa por relé KV2

Si bien para el control de la otra luz verde V1 podríamos escribir que:

$$V1 = KV2` \ (*)$$

Podemos también hacer una consideración similar a la realizada para V2, y así para la luz V1 tendríamos que:

La señal activadora (S) es SP2

La señal anuladora (R) es SP1

Al igual que antes, en el caso de activación simultánea de estos dos sensores, al tener prioridad la señal SP2, en este caso activadora, implica que este subsistema puede configurarse mediante un biestable RS con prioridad a la marcha, lo que supondría la siguiente ecuación de mando, teniendo presente la ecuación genérica para un biestable SR con prioridad a la marcha $E = S + E . R`$:

$$V1 = KV1 \quad\quad KV1 = SP2 + KV1 . SP1`$$

También pasamos por relé el estado del receptor V1 para poder realizar su memorización

Ver ejercicio Automatización Fundamentada I pag 54

Como las señales SP1 y SP2 aparecen en las ecuaciones de mando mas de una vez, pasamos estas señales por relé, quedando definitivamente de la siguiente forma

$$SP1 = KSP1 \quad\quad\quad SP2 = KSP2$$

$$KV1 = KSP2 + KV1 . KSP1` \quad\quad KV2 = ( KV2 + KSP1 ) KSP2`$$

Y como quiera que el sistema debe quedar inicializado, estando activado el receptor V1 (Luz verde ante la llegada de un primer vehiculo), su ecuación de mando quedaría definitivamente así:

$$V1 = KV1 + KV1`. KV2`$$

Término inicialización (Estado: No activado ningún receptor)

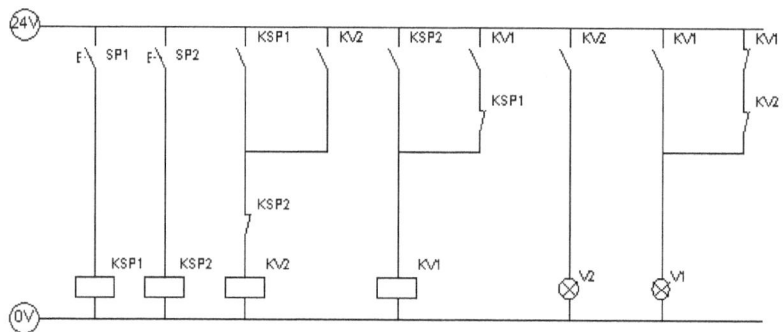

(*) En cuyo caso el esquema de mando podría ser :

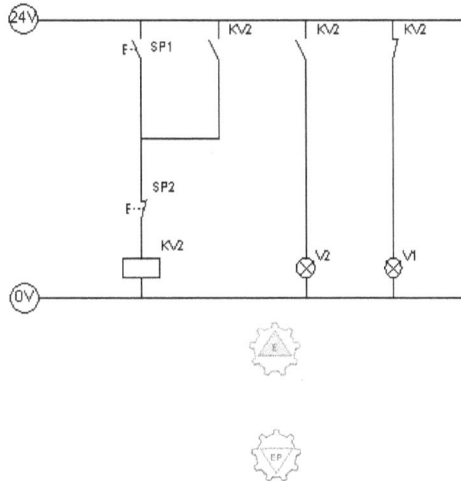

Ejercicio propuesto: Un dispositivo de prensado accionado por un cilindro de simple efecto, es utilizado para conformar piezas. El inicio de bajada de la prensa (Salida del cilindro) se origina tras una breve activación de un pulsador S1 siempre y cuando esté bajada una pantalla de seguridad que activa un detector S2 en esa posición , debiendo el cilindro permanecer extendido presionando la pieza hasta que sea activado un segundo pulsador S3 que proporcionará la subida de la prensa (Entrada del cilindro)

En el supuesto de que sean activados simultáneamente los elementos S1, S2 (Pantalla protectora bajada) y S3, deberá tener prioridad la señal de subida de la prensa.

El cilindro de simple efecto es comandado por una válvula monoestable 3/2 NC (Presión/muelle) y los pulsadores se implementan también mediante v. monoestables 3/2 NC (Pulsador/muelle)

Diseñar:

a) Los correspondientes esquemas de mando tanto en tecnología neumática como electroneumática
b) El esquema/diagrama de contactos oportuno si el control fuera efectuado mediante:
     b1) Tecnología electrónica (Puertas lógicas)
     b2) Autómatas programables

Cilindro de simple efecto = Elemento monoestable

II.1.2.- Etapa de mando y potencia

El mando de un sistema es un evento en el que influyen unos determinados parámetros (variables o señales de entrada) denominados señales que se constituyen o trasforman en otros (variables o señales de salida) según unas determinadas leyes lógicas inherentes al propio sistema

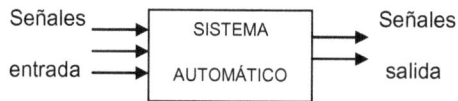

Señales ⟶ ┌──────────────┐ ⟶ Señales
entrada ⟶ │   SISTEMA   │
         │ AUTOMÁTICO │ ⟶ salida
         └──────────────┘

El flujo de transmisión de señales esta representado en la siguiente figura:

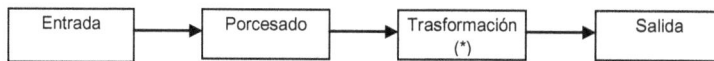

┌──────────┐   ┌──────────┐   ┌──────────────┐   ┌──────────┐
│ Entrada │⟶│ Porcesado│⟶│ Trasformación│⟶│ Salida │
│   │   │   │   │   (*)   │   │   │
└──────────┘   └──────────┘   └──────────────┘   └──────────┘

(*) Si existen señales de naturaleza diferente p.e. , conversión señal de presión en señal de tensión

Ver en página siguiente la equivalencia señales de elementos neumáticos y electricos agrupados por las etapas del flujo de trasnmisión

El flujo de señales en la representación esquemática de la cadena de mando sería: (Ver páginas siguientes)

EQUIVALENCIA SEÑALES / ELEMENTOS NEUMATICA - ELECTRICIDAD

SEÑAL	NEUMÁTICA	ELECTRICIDAD
Entrada	- Pulsador	-Pulsador
	- Interruptor	-Interruptor
	-Captador / emisor de señal . Con contacto (Final carrera)	- Captador / emisor de señal . Con contacto (Final carrera)
	. Sin contacto (Detector Proximidad, baja presión)	. Sin contacto (Detector proximidad)
Procesado	-Válvula (De vías, selectora)	-Relé
	-Controlador de caudal (Antirretorno, estrangulación)	-Controlador de corriente (Diodo, resistencia)
	-Regulador de presión (V. seguridad)	-Regulador de tensión (Fusible, potenciómetro)
	-Temporizador	-Temporizador relé
Transfor- mación	-Presostato	Presostato
Salida, ejecución	-Cilindro / Motor neumático	-Motor eléctrico / Motor lineal
	-Indicador (Piloto) neumático	-Indicador luminoso – acústico

En tecnología neumática, el flujo de señal evoluciona de abajo hacia arriba

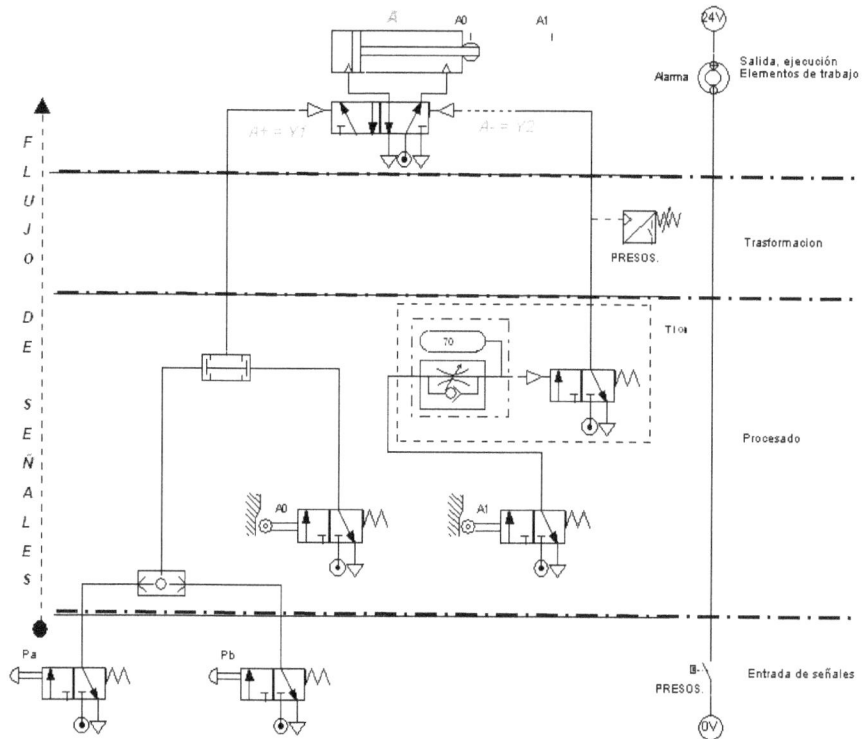

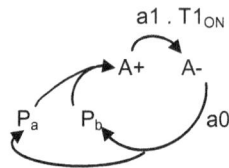

$$A+ = A + = Y1 = (Pa + Pb) . a0$$

$$A - = Y2 = a1 . T1_{ON}$$

$$Alarma = Presos.$$

En tecnología eléctrica el flujo de señal evoluciona de arriba hacia abajo

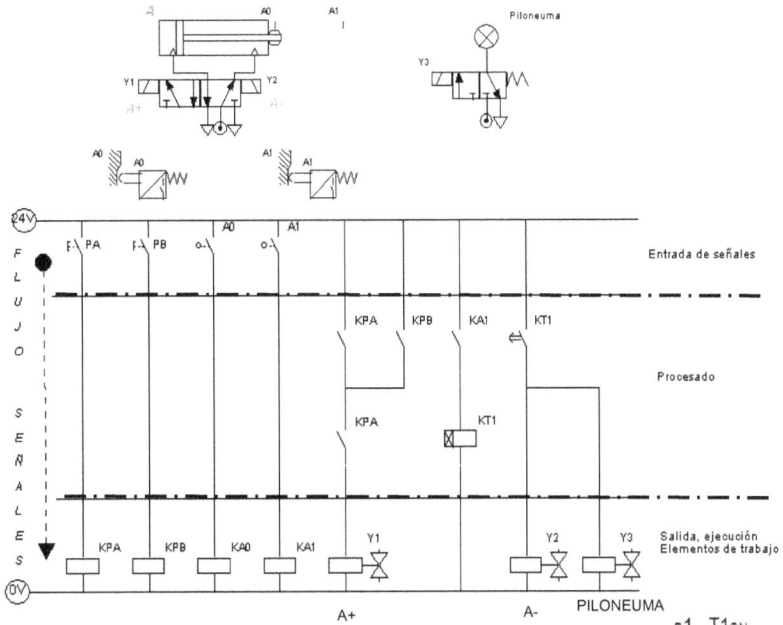

$$A+ = Y1 = (Pa + Pb) \cdot a0 = (KPa + KPb) \cdot Ka0$$

$$A- = Y2 = KT1 \qquad KT1 = a1 \, (KT1_{ON})$$

$$Piloneuma = Y3 = KT1$$

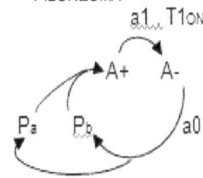

aunque para simplificar y facilitar la lectura del esquema puede representarse asi:

$$A+= K1 = Y1 = (Pa + Pb) \cdot a0 \qquad A- = K2 = Y2 = KT1 \qquad KT1 = a1 \, (KT1_{ON}) \qquad Piloneuma = Y3 = K2$$

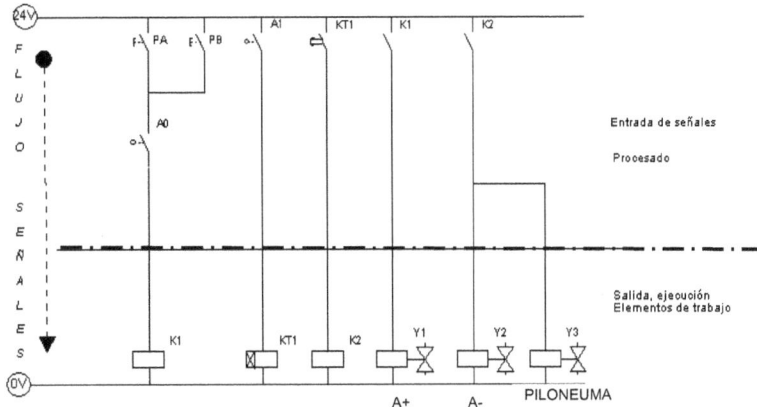

En cuanto a la estructuración de los esquemas de mando, se puede indicar la existencia de dos partes (Etapas) denominada una de ellas "Etapa de mando" (Control o maniobra) y la otra " Etapa de potencia" (Utilización, trabajo).

La etapa de mando gobierna el sistema en función de las señales de entrada y la lógica de funcionamiento establecida en su configuración. La etapa de potencia, es la parte operativa del sitema y la conforman aquellos elementos/receptores que efectúan el trabajo (Cilindros, motores..)

La distribución esquemática de dichas etapas en tecnología eléctrica sería:

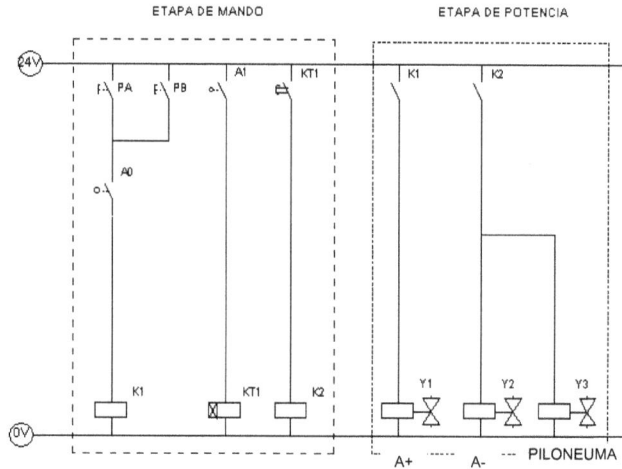

La distribución esquemática de las etapas mando/potencia en tecnología neumática sería

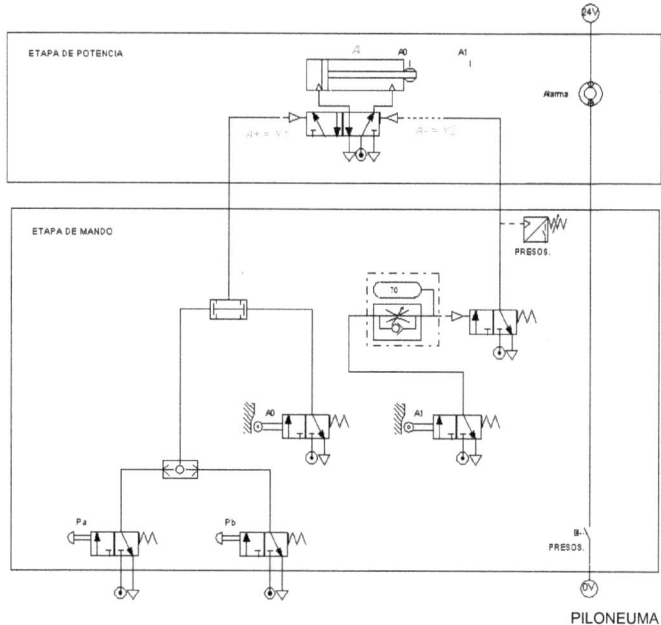

II.1.3.- Mando directo/Indirecto

El mando directo de un cilindro se caracteriza porque en la activación del mismo interviene una misma válvula/electroválvula con función conjunta distribución/mando, incidiendo directamente la señal desde el interruptor/pulsador/final de carrera de activación en el elemento de trabajo

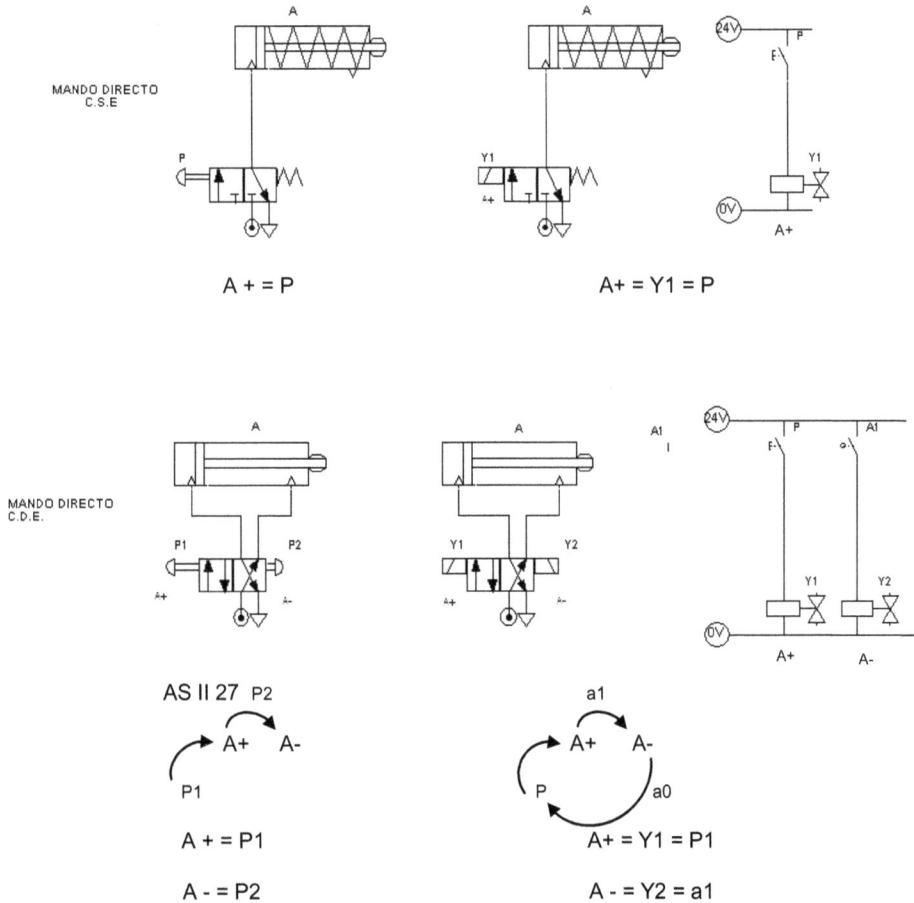

MANDO DIRECTO
C.S.E

$$A + = P$$

$$A+ = Y1 = P$$

MANDO DIRECTO
C.D.E.

AS II 27 P2

$$A + = P1$$

$$A - = P2$$

$$A+ = Y1 = P1$$

$$A - = Y2 = a1$$

El mando indirecto se caracteriza por existir una válvula/interruptor de mando y una válvula/relé con función de distribución, incidiendo la señal de mando en el elemento de trabajo desde el interruptor/pulsador a través de esa segunda válvula/relé.

El mando indirecto se requiere si la potencia consumida por el solenoide a activar (Y1, en el caso de la figura siguiente) puede interferir poniendo en riesgo la capacidad de corte del interruptor/conmutador (P) que le gobierna. Otra razón para diseñar un mando indirecto es la de alargar la vida del propio solenoide realizando su activación indirectamente mediante el contacto del relé correspondiente (KP)

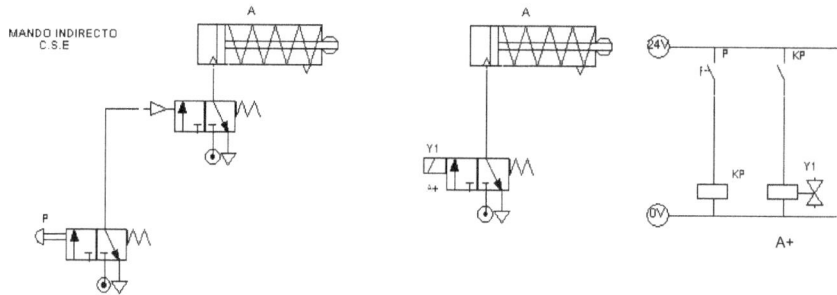

MANDO INDIRECTO C.S.E

$$A + = P$$

$$A+ = Y1 = KP$$

$$KP = P$$

MANDO INDIRECTO C.D.E.

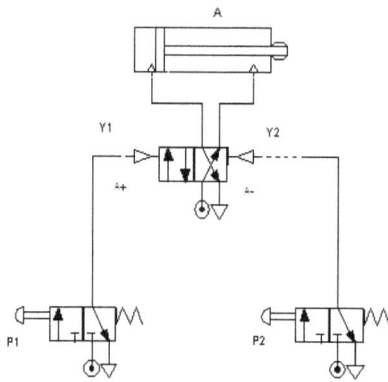

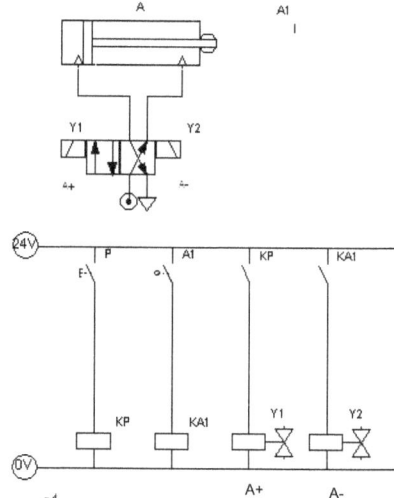

$$A + = P1$$

$$A - = P2$$

$$A+ = Y1 = KP$$

$$A - = Y2 = Ka1$$

$$KP = P$$
$$Ka1 = a1$$

El mando indirecto se requiere ineludiblemente en aquellos casos en los que la etapa de potencia tiene una tensión de funcionamiento diferente a la tensión de la etapa de mando, consiguiéndose así la separación de ambos circuitos.

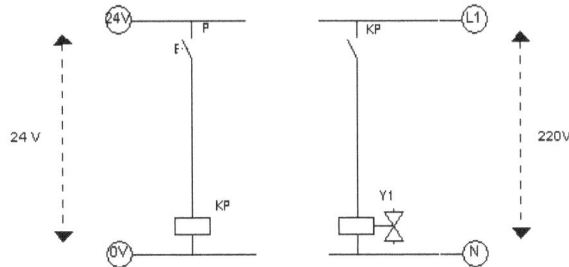

II.1.4.- Autorretención (Enclavamiento) y elementos monoestables

Aquellos elementos/dispositivos y señales de carácter monoestable tales como receptores (Motor, dispositivo luminoso, válvulas y electroválvulas monoestables, cilindros de simple efecto....) , caracterizados porque el retorno a su posición estable está determinado por la ausencia de la señal energética que los activa, esto es, estarán activos únicamente mientras exista dicha señal (Complementado en el caso de las válvulas neumohidráulicas por la acción de un resorte), de manera que dichas señales que estarán activas solo cuando se cumpla una determinada condición activadora de las mismas, podrán estabilizarse quedando fijas (Estables), esto es , "memorizadas" aún desapareciendo la señal/condición activadora que las genera, si son sometidas a una autorretención (Enclavamiento) por medio de la configuración de mando que proporciona el biestable RS.

Esta estrategia tiene un amplio uso, desde la antes mencionada así como para la activación/desactivación de los diferentes estados de la dinámica funcional de un sistema automático (Ver ejemplificación a), pag 40), control de funcionamiento de los diferentes grupos de un sistema neumohidráulico-electroneumohidráulico con ¨señales permanentes (Ver ejemplificación b), pag 44), control de las diferentes etapas de evolución de un grafcet, (Ver ejemplificación c, pag 46/47), en definitiva, nos permitirá controlar las diferentes acciones que el sistema tenga que ejecutar en su secuencia de funcionamiento, posibilitando la realización de esquemas/programas para PLC estructurados, que redundará en un diseño más fácil de los mismos sobre todo a medida que su grado de complejidad aumenta, al permitir análisis parciales más sencillos de manejar (División en partes del problema = Metodología de Proyectos) que serán posteriormente relacionados para conformar un esquema/programa más complejo.

Desde el punto de vista del mantenimiento, el diseño estructurado permitirá una más fácil localización de los elementos que puedan estar generando un fallo del sistema al permitirnos centrar nuestra investigación en aquella parte del esquema/programa que presenta anomalías y en consecuencia sobre los elementos/señales que interviene en el mismo donde se genera el fallo de funcionamiento,(Ver ejemplificación d, pag 49)
* Ver concepto de señal permanente en el apartado II.3.1.3, (Pag 119)...............

Ejemplificación a) : El cabezal de una máquina tiene un movimiento de traslación izquierda/derecha por medio de un husillo, accionado por un motor eléctrico gobernado por dos contactores Md y Mi que controlan su giro a derechas e izquierdas respectivamente

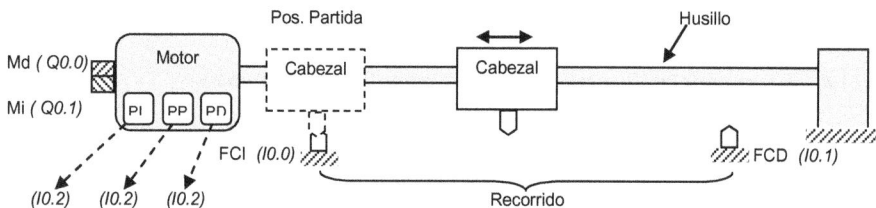

La máquina dispone de una botonera en la que se sitúan los siguientes pulsadores:

PD , Para conseguir el desplazamiento de la mesa hacia la derecha

PI , Para conseguir el desplazamiento de la mesa hacia la izquierda

PP , Para conseguir el posicionamiento de partida del cabezal

La posición de partida del cabezal de la máquina es el extremo izquierdo de su recorrido que se consigue, si no estuviera posicionado en él, activando el pulsador PP

Estando en la posición de partida el cabezal se desplaza hasta el extremo derecho de su recorrido al pulsar brevemente el botón PD, permaneciendo en esa posición hasta que sea activado brevemente el pulsador PI , retornando el cabezal a la posición de partida a la espera de una nueva activación del pulsador PD

La representación gráfica de la dinámica funcional del sistema podría ser:

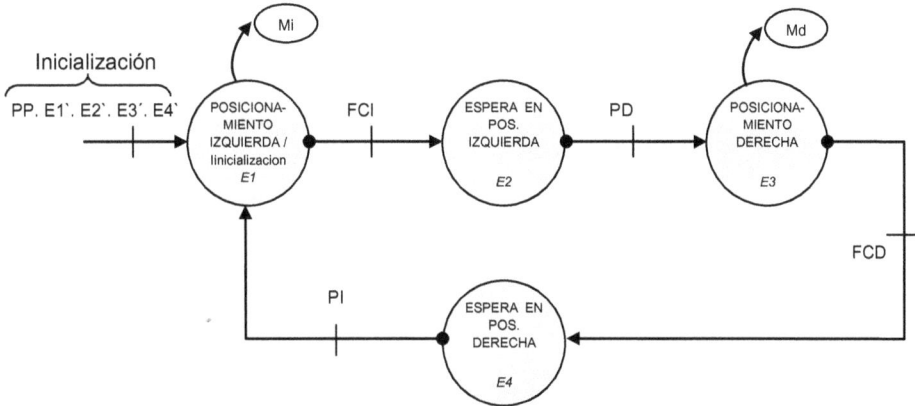

Estado	Descripción	Relé asociado	Señal activadora (S)	Señal anuladora (R)	Receptor a activar
E1	Posicionamiento izquierda/Inicialización	KE1	PP. E1´.E2´.E3´.E4` + E4.PI	E2	Mi
E2	Espera, en posición izquierda	KE2	E1 . FCI	E3	
E3	Posicionamiento derecha	KE3	E2 . PD	E4	Md
E4	Espera en posición derecha	KE4	E3 . FCD	E1	

Pudiéndose establecer las siguientes ecuaciones de mando:

E1`.E2´.E3´.E4` = Ningún estado activo

E1 = K1 = (K1 + PP E1`.E2´.E3´.E4`+ E4.PI) . E2` =

K1.E2` + PP E1`.E2´.E3´.E4`. E2` + E4.PI. E2` = K1.E2`+ PP.E1`.E2´.E3´.E4

$\underbrace{}_{E2´}$

E1 = KE1 = (KE1 + PP.KE1`.KE3´.KE4`+ KE4.PI) . KE2`

E2 = KE2 = (KE2 + KE1. FCI) KE3`

E3 = KE3 = (KE3 + KE2. PD) KE4`

E4 = KE4 = (KE4 + KE3. FCD) KE1`

Siendo los receptores a activar:

Movimiento derechas, Md = E3 = KE3

Movimiento izquierdas, Mi = E1 = KE1

Elaborándose mediante esas ecuaciones de mando el siguiente esquema :

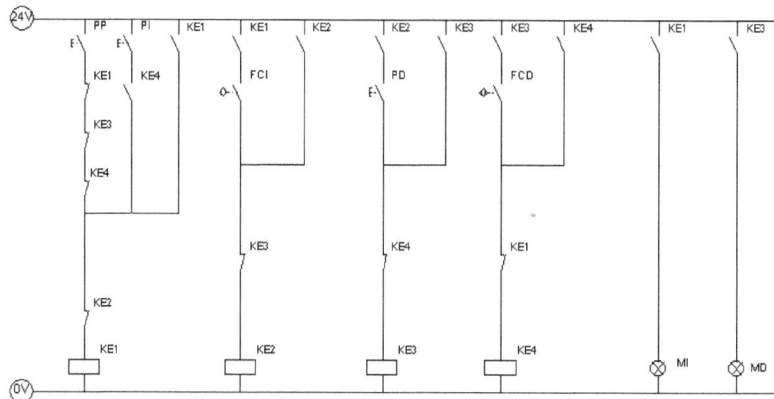

Mediante este mismo análisis y su ecuaciones, podemos elaborar el siguiente programa de control (Diagrama de contactos) del sistema para ser gobernado por PLC, sin mas que establecer la siguiente tabla de correspondencias

Símbolo	Dirección	Comentario
FCI	I0.0	Final carrera izquierdo
FCD	I0.1	Final carrera derecho
PD	I0.2	Pulsador mov. derecha
PP	I0.3	Pulsador posicionamiento partida
PI	I0.4	Pulsador mov. izquierda
Md	Q0.0	Contactor movimiento derecha
Mi	Q0.1	Contactor movimiento izquierda
E1	M0.1	Posicionamiento izquierda (Estado)
E2	M0.2	Espera en pos. izquierda (Estado)
E3	M0.3	Posiconamiento derecha (Estado)
E4	M0.4	Espera en pos. derecha (Estado)

Implementándolo mediante bloques RS, cuyas señales activadoras (S) y anuladoras (R) serian:

Estado	Descripción	Biestable asociado	Señal activadora (S)	Señal anuladora (R)	Receptor a activar
M1 (E1)	Posicionamiento izquierda/Inicialización	M0.1	I0.3..M0.1`.M0.3`. M0.4` + M0.4.I0.4	M0.2	Q0.1 (Mi)
M2 (E2)	Espera, en posición izquierda	M0.2	M0.1 . I0.0	M0.3	
M3 (E3)	Posicionamiento derecha	M0.3	M0.2 . I0.2	M0.4	Q0.0 (Md)
M4 (M4)	Espera en posición derecha	M0.4	M0.3 . I 0.1	M0.1	

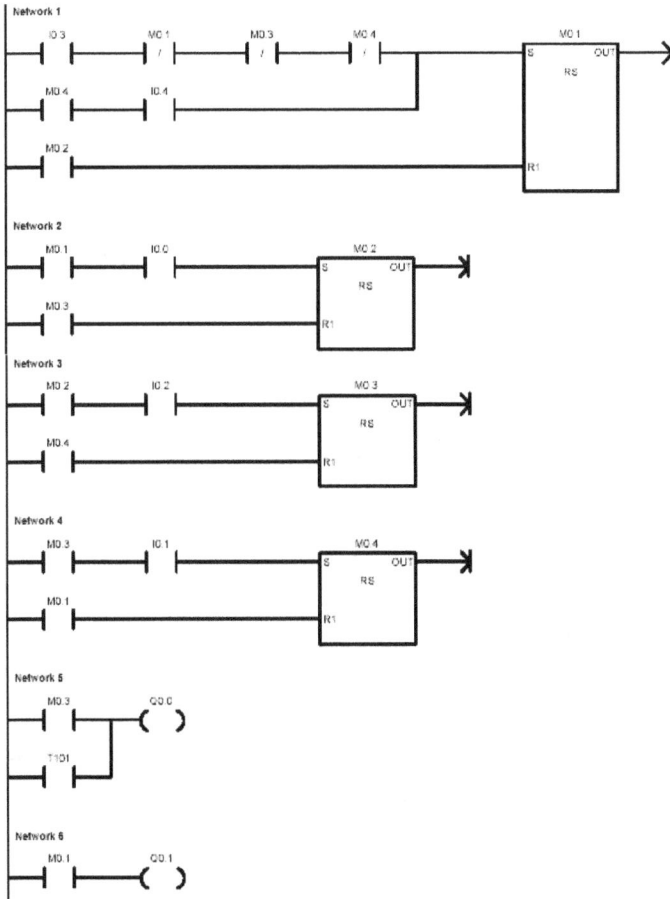

43

Ejemplificación b) : En la taladradora de la figura, la posición de partida de los cilindros (Ambos de doble efecto, gobernados por sendas electroválvulas biestables 5/2 que tienen controladas sus posiciones extremas por los oportunos finales de carrera) es retraìda la del B y extendida la del A, de manera que al activar un pulsador de puesta en marcha PM se efectuará el taladro de la pieza 2, para lo cual el cilindro B saldrá y se retirará a su posición de partida.

Seguidamente la mesa portapiezas, impulsada por el cilindro A, se moverá hacia la izquierda situando la pieza 1 en posición de taladrado, momento en el cual de nuevo el eje principal (portabrocas) de la máquina movido por el cilindro B descenderá otra vez para efectuar un segundo taladro. A continuación este cilindro se retira a su posición de partida y después la mesa portapiezas retorna a su posición de partida desplazándose hacia la derecha. Las piezas son posicionadas y retiradas manualmente por el operario

Obtener el esquema electroneumático de mando

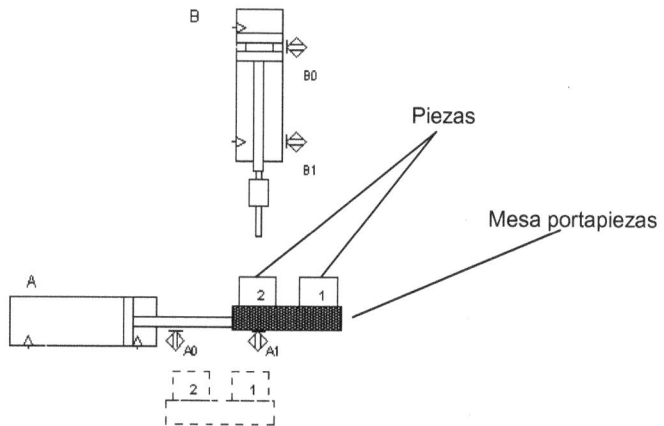

El grafo de secuencia funcional del sistema con la conformación de grupos, dado que la misma presenta señales permanentes (Ver apartado II.3.1.3, pag 119), con las señales de cambio o activadoras de los grupos/fases que la componen, se indican en la siguiente figura

(Esta estrategia de análisis será desarrollada con detalle en el punto específico II.3. Eliminación de señales permanentes que se trata mas adelante, pag 117)

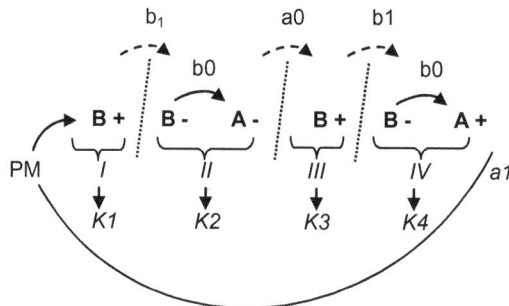

Del grafo de secuencia obtendremos la siguiente tabla para el control de grupos/fases:

CONTROL DE GRUPOS *			
Grupo	Relé asociado	(S) Activado por	(R) Anulado por
I	K1	K4 . a1 . PM	K2
II	K2	K1 . b1	K3
III	K3	K2 . a0	K4
IV	K4	K3 . b1 + Inicializa	K1

CONTROL DE FASES	
Fase	Ecuación de mando
B +	K1 + K3
B -	K2 + K4
A –	K2 . b0
A +	K4 . b0

(*) Teniendo en cuenta las siguientes premisas generales (Que se verán en el apartado II.3.1.2. Fase, pag 118)

    a)   A un grupo (N) le activa el grupo anterior (N – 1) con la señal de cambio (Señal activadora)

    b)   A un grupo (N) lo anula el siguiente (N+1)

Las ecuaciones de mando, a tenor de la tabla anterior, que nos servirán para confeccionar el correspondiente esquema electroneumático de mando, serían:

Control de grupos

$K1 = (K1 + K4 . a1 . PM) . K2´$

$K2 = (K2 + K1 . b1) . K3`$

$K3 = (K3 + K2 . a0) . K4`$

$K4 = (K4 + K3 . b1 + K2`. K3´) . K1´$

$S_{INI} = K1`.K2`.K3´$ S_{INI} Inicialización del sistema

Control de fases

$B + = Y3 = K1 + K3$

$B - = Y4 = K2 + K4$

$A - = Y2 = K2 . b0$

$A + = Y1 = K4 . b0$

$K4 = (K4 + K3 . b1 + K1`. K2`. K3`). K1`= K4 . K1`+ K3 . b1 . K1`+ K1`. K2`. K3`.K1` =$

$= K4.K1`+ K3.b1.k1` + k1`.k2`.k3`= ( K4 + K3 . b1 + K2`. K3`) . K1`$ $K1`$

Dado que las señales de los finales de carrera b0 y b1 aparecen en mas de una ecuación, deben ser pasadas por relé (Kb0 y Kb1), cuya inclusión en las ecuaciones sería:

$Kb0 = b0$ $Kb1 = b1$

Control de grupos

$K1 = (K1 + K4 . a1 . PM) . K2´$

$K2 = (K2 + K1 . Kb1) . K3`$

$K3 = (K3 + K2 . a0) . K4`$

$K4 = (K4 + K3 . Kb1 + K2`. K3´) . K1´$

Control de fases

$B + = Y3 = K1 + K3$

$B - = Y4 = K2 + K4$

$A - = Y2 = K2 . Kb0$

$A + = Y1 = K4 . Kb0$

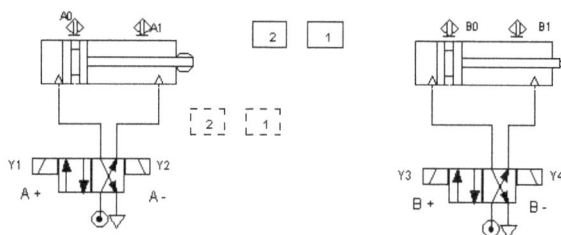

Mediante las ecuaciones de mando obtenidas, elaboramos el siguiente esquema electroneumático

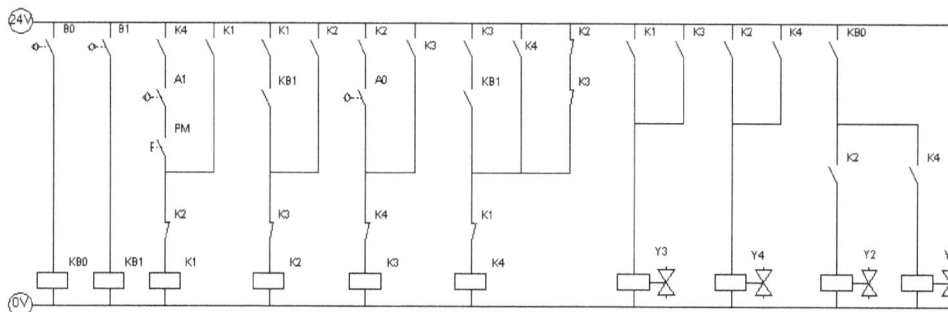

Ejemplificación c) :   Se dispone de una taladradora dotada de un pulsador PM que activa el giro de un motor GM dando movimiento al eje principal de la misma. Para el movimiento vertical de dicho eje dispone de un segundo motor que puéde imprimirle diferentes velocidades de desplazamiento, tales como:

. Bajada rápida BR. Movimiento de descenso para aproximación

. Bajada lenta BL. Taladrado propiamente dicho

. Subida rápida SR. Retorno a posición superior

El sistema dispone de un detector de presencia de pieza PP y otros tres detectores S1, S2, S3 que controlan los recorridos de bajada rápida, bajada lenta y subida rápida de la broca. Existe un segundo pulsador PSP que activa una electroválvula monoestable (B+) para gobernar la salida de un cilindro de simple efecto encargado de la sujeción de la pieza.

La funcionalidad del sistema es la siguiente:

Activado el pulsador PM, el motor MG de giro del eje principal se pondrá en marcha, de manera que una vez que se haya detectado presencia de pieza al activarse el sensor PP

si se activa el pulsador de sujeción de la pieza PSP, se generará la salida del cilindro B efectuándose al mismo tiempo el movimiento del motor de bajada rápida BR del eje principal hasta que en su descenso se activa el sensor S2 que genera la señal al motor para el movimiento de bajada lenta BL, durante el que se efectúa la operación de taladrado propiamente dicha.

Una vez alcanzada la posición final inferior de bajada, que se detecta al activarse el sensor S3, se efectúa el movimiento de subida rápida SR del eje principal, hasta alcanzar la posición superior de partida que se detecta al activarse el sensor S1, momento en el cual el motor de giro MG deberá detenerse y la pieza deberá quedar liberada.

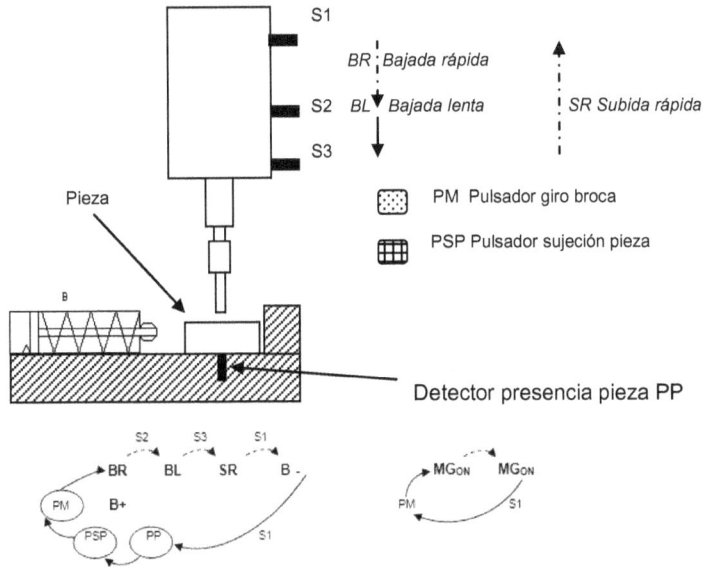

Grafcet de primer nivel

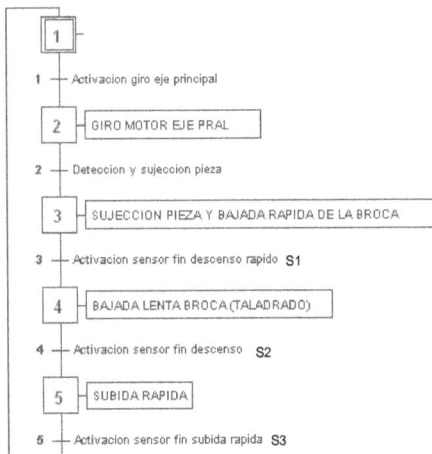

Grafcet de segundo nivel

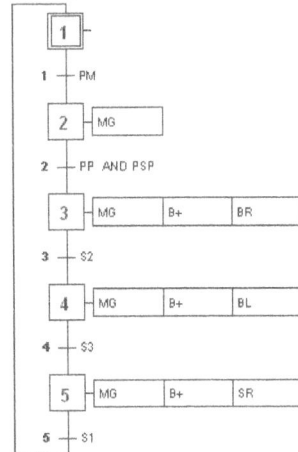

Si el control del sistema lo efectuamos mediante autómata programable basándonos en el grafcet elaborado, tendríamos:

CONTROL DE ETAPAS			
Etapa	Activada por (S)	Anulada por (R)	Receptor a activar
E1	E5 . S1 + Iniciación (*)	E2	
E2	E1 . PM	E3	MG
E3	E2 . PP . PSP	E4	MG, B+, BR
E4	E3 . S2	E5	MG, B+, BL
E5	E4 . S3	E1	MG, B+, SR

(*) Debe incorporarse la señal de inicialización de la primera etapa bien utilizando la marca especial SM que se activa en el primer ciclo de escan o mediante la no activación de ninguna etapa, esto es, E2`.E3´.E4´.E5´

Se elabora en esta ejemplificación el diagrama de contactos sin recurrir al bloque RS y que a tenor del cuadro anterior queda determinado por las siguientes ecuaciones :

Control de etapas:

E1 = (E1 + E5.S1 + E2`.E3´.E4´.E5´ ) . E2` =

= E1.E2` + E5.S1.E2` + E2´.E2`.E3´.E4´.E5´

E1 = (E1 + E5.S1. + E3´.E4´.E5´).E2`

E2 = (E2 + E1.PM) . E3`

E3 = (E3 + E2.PP.PSP) . E4`

E4 = (E4 + E3.S2) . E5`

E5 = (E5 + E5.S3) . E1`

Control de receptores:

MG = E2 + E· + E4 + E5

B+ = E3 + E4 + E5

BR = E3

BL = E4

SR = E5

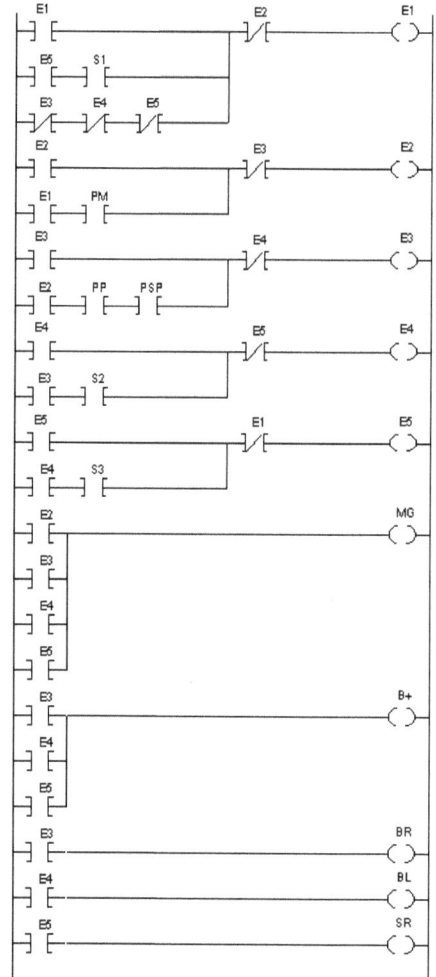

48

Ejemplificación d) : Supóngase que en el dispositivo de taladrado analizado anteriormente en la ejemplificación b (pag. 44), implementado ahora en tecnología neumática pura y cuyo esquema se adjunta en la pag 52, la mesa portapiezas no retorna a su posición izquierda debido a que el cilindro A no llega a su posición de retraído., se quiere restablecer el normal funcionamiento del sistema

Teniendo presente el diagrama de movimientos o el grafo de secuencia

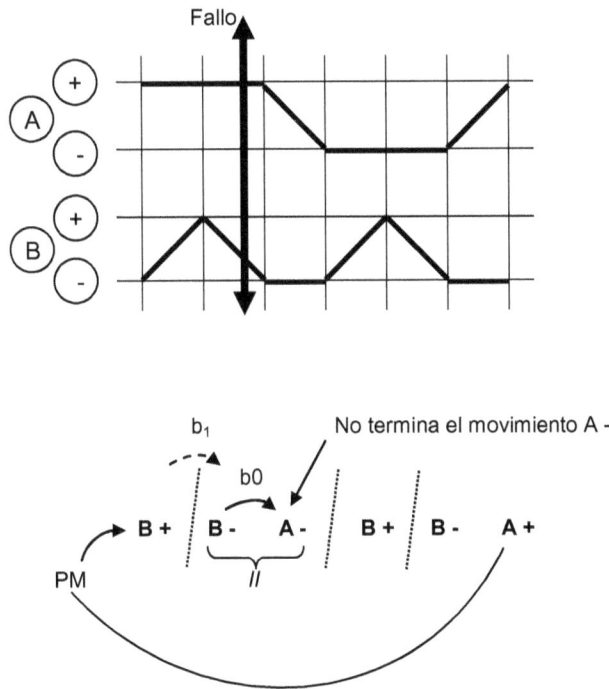

Previamente al desmontaje de elementos, deberá analizarse el diagrama de movimientos/grafo de secuencia del dispositivo para efectuar una búsqueda sistemática del fallo, determinando el punto de la secuencia de funcionamiento donde surge la avería, y estableciendo la relación entre el dispositivo que falla (En este caso el cilindro A) y los elementos de mando que lo gobiernan en el punto secuencial donde aparece la disfunción

Particularizando el grafo de secuencia anterior a su implementación en tecnología neumática (Asignando a cada grupo una memoria por medio de válvula biestable)

(Esta estrategia de análisis, paso a paso mínimo neumático, será desarrollada con detalle en el punto específico II.3.2.4.11., pag 272)

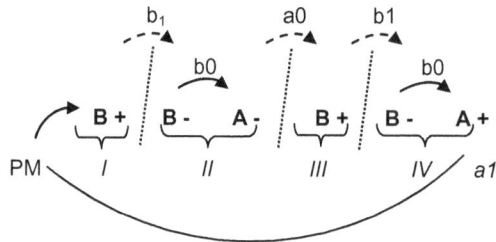

Teniendo de nuevo en cuenta las siguientes premisas generales (Ver apartado II.3.1.2. Fase, pag. 118)

a)   A un grupo (N) le activa el grupo anterior (N – 1) con la señal de cambio (Señal activadora)

b)   A un grupo (N) lo anula el siguiente (N+1)

Las ecuaciones de mando, a tenor de la tabla siguiente, que nos servirán para analizar el correspondiente esquema neumático de mando, serían:

CONTROL DE GRUPOS		
Grupo	(S) Activado por	(R) Anulado por
I	IV . a1 . PM	II
II	I . b1	III
III	II . a0	IV
IV	III . b1	I

CONTROL DE FASES	
Fase	Ecuación de mando
B +	I + II
B -	II + IV
A –	II . b0
B -	IV . b0

Estas ecuaciones de mando, a tenor de la tabla anterior, que nos servirán para confeccionar el correspondiente esquema neumático de mando (Ver pag. siguiente), serían:

Control de grupos   Control de fases

$I = IV . a1 . PM$ $I` = II$ $B + = Y3 = I + III$

$II = I . b1$ $II´ = III$ $B - = Y4 = II + IV$

$III = II . a0$ $III` = IV$ $A - = Y2 = II . b0$

$(*) IV = III . b1$ $IV` = I$ $A + = Y1 = IV . b0$

(*) Como se detalla en el apartado especifico de eliminación de señales permanentes por el método paso, en su realización neumática, el grupo último, en este caso el cuatro debe estar inicializado, esto es, tener presión de partida, al configurarse la memoria de control del mismo media una v. monoestable 3/2 n. abierta

En el caso que nos ocupa, la avería surge en la fase 3ª – grupo II , esto es, el cilindro A no retorna, debemos por tanto averiguar que elementos influyen en la misma y pueden ser los causantes de la avería, efectuando para ello una lectura del esquema de mando y/o de las ecuaciones que lo gobiernan.

- Activación/anulación Grupo II

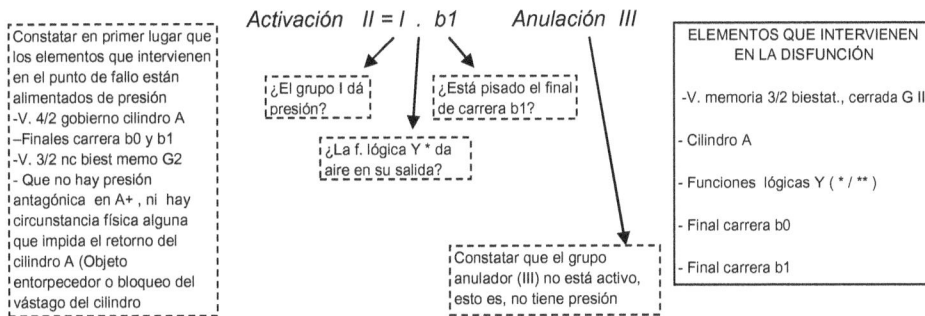

Activación II = I . b1   *Anulación III*

Constatar en primer lugar que los elementos que intervienen en el punto de fallo están alimentados de presión
-V. 4/2 gobierno cilindro A
–Finales carrera b0 y b1
-V. 3/2 nc biest memo G2
- Que no hay presión antagónica en A+ , ni hay circunstancia física alguna que impida el retorno del cilindro A (Objeto entorpecedor o bloqueo del vástago del cilindro

¿El grupo I dá presión?

¿Está pisado el final de carrera b1?

¿La f. lógica Y * da aire en su salida?

Constatar que el grupo anulador (III) no está activo, esto es, no tiene presión

ELEMENTOS QUE INTERVIENEN EN LA DISFUNCIÓN

-V. memoria 3/2 biestat., cerrada G II

- Cilindro A

- Funciones lógicas Y (* / **)

- Final carrera b0

- Final carrera b1

- Activación fase 3 (A -)

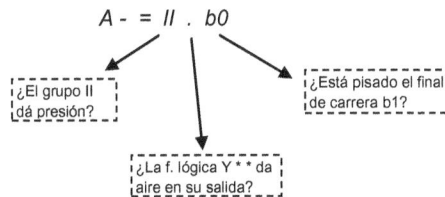

$$A - = II . b0$$

¿El grupo II dá presión?

¿La f. lógica Y * * da aire en su salida?

¿Está pisado el final de carrera b1?

La ejecución sistemática de estas averiguaciones nos proporcionará la detección de la causa de la avería

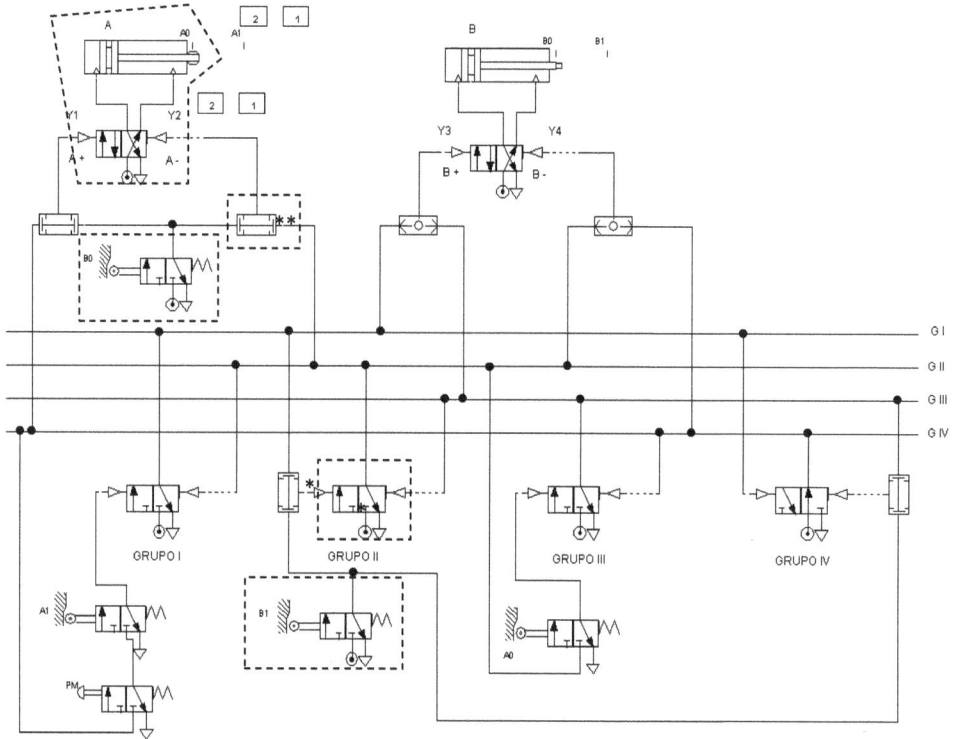

II.1.5.- Latches y flip-flops

En tecnología electrónica los elementos de memoria normalmente utilizados son los latches (Asincoronos) y los flip-flops (Sincronos). La diferencia entre ambos estriba en que estos últimos tienen una señal de reloj que los controla, permitiéndoles cambiar de estado a tenor de las señales S/R según la frecuencia de la señal de este, en consecuencia responderán solo ante una señal de reloj mientras que el latch responderá inmediatamente según la excitación S/R que le llegue

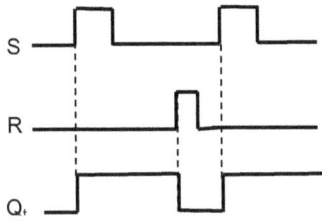

Señal reloj

Latch (Asincrono)   Flip-flop (Sincrono)

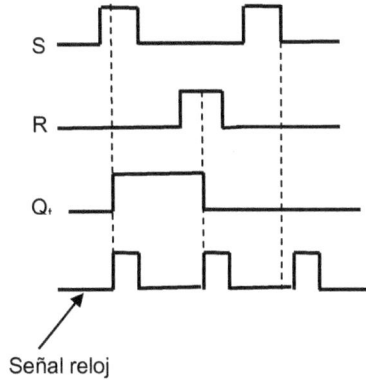

Centrándonos únicamente en los elementos de memoria asíncronos, lactch S/R, y configurándolo mediante puertas lógicas NOR de dos entradas tendríamos

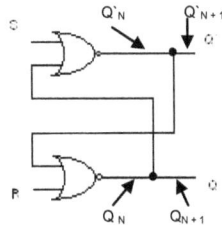

AS II 24 bis

$$Q = (R + Q`)` \qquad Q` = ( S + Q )`$$

$Q = (R + (S + Q)`)`$, aplicando Morgan (A+B)`= A`. B` (Ver Automatización Fundamentada I, pag 102)

$Q = R`. (S + Q)`` = (S + Q) . R`$, en realidad $Q_{N+1} = (S + Q`_N).R$

Cuya tabla de la verdad sería:

	Entradas					Salida	Observación	Salida negada (Complementada)	
	S	R	Q_N	R`	$S+Q_N$	Q_{N+1}		$Q`_N$	$Q´_{N+1}$
0	0	0	0	1	0	0	Sin cambio en la salida	1	1
1	0	0	1	1	1	1		0	0
2	0	1	0	0	0	0	Reset	1	1
3	0	1	1	0	1	0		0	1
4	1	0	0	1	1	1	Set	1	0
5	1	0	1	1	1	1		0	0
6	1	1	-	0	-	-	No permitido	-	-
7	1	1	-	0	-	-		-	-

A través del correspondiente mapa de Karnaught obtendríamos la ecuación lógica característica que rige el funcionamiento del Lach SR

Salida Q_{n+1}

R . Q_n / S	R` Qn´ 0 0	R´ Q_n 0 1	R Q_n 1 1	R Q_n` 1 0
0 / S`	0 _0	1 _1	0 _3	0 _2
1 / S	1 _4	1 _5	- _7	- _6

$$Q_{N+1} = S \cdot R` + R` \cdot Q_N = (Q_N + S) \cdot R`$$

que aunque perdiendo rigor en el tiempo o podríamos escribir como:

$$Q_N = (Q_N + S) \cdot R`$$

cuya implementación como elemento compacto electrónico biestable RS es:

SET (S)

RESET (R)

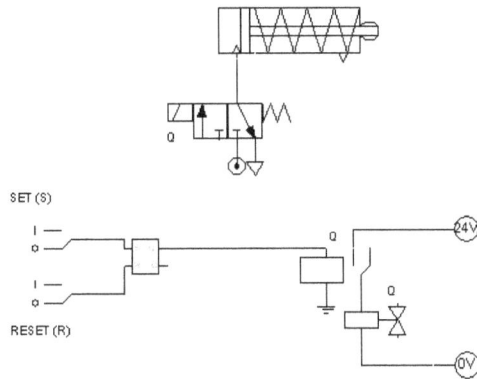

y que podríamos transformar en el siguiente circuito neumático

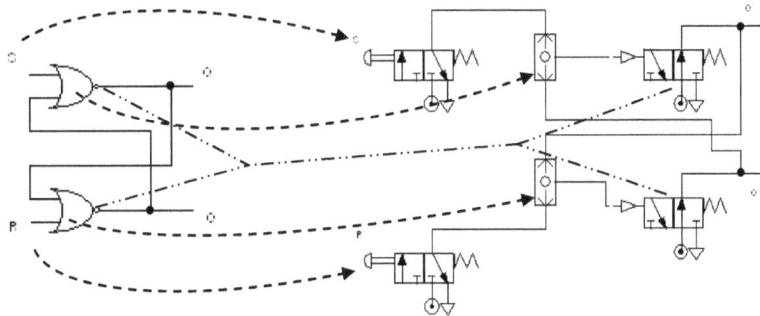

Cuyo fundamento ecuacional sería:

$Q^` = ( S + Q )^`$ $Q = (R + Q^`)^`$, sustituyendo la primera ecuación en la segunda

$Q = (R + (S + Q)^`)^`$ y aplicando Morgan $Q = R^`. (S + Q)^{``}$

$Q = (Q + S) . R^`$

Su implementación como elemento compacto neumático se sustancia en una válvula 4/2 (5/2) biestable, en la que la activación simultánea de las señales S y R no generará una nueva acción, puesto que ya existirá una señal previa , S o R, anterior también llamada "señal permanente"

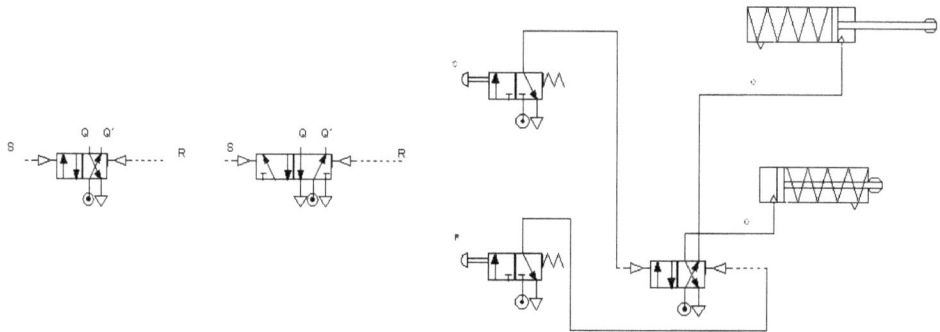

Respecto de este elemento se debe comentar que su estado tras la conexión de energía (presión) es incierta (Activación de S o R), por esta razón la necesidad de "soplado" de estas válvulas en el proceso de arranque durante su montaje

II.2.- TEMPORIZACIÓN

Los temporizadores son dispositivos/configuraciones cuya misión es generar una diferencia de tiempo (retardo) entre la emisión/anulación de la señal de mando y el efecto que la misma genere

Para clarificar las diferentes terminologías utilizadas en este ámbito, establecemos seguidamente la correspondencia entre las mismas:

Emisión señal de mando	/	Anulación señal de mando
Activación	/	Desactivación
Conexión	/	Desconexión
ON	/	OFF

II.2.1.- Temporización Neumática

Un temporizador neumático está compuesto por los elementos que se indican en la siguiente figura:

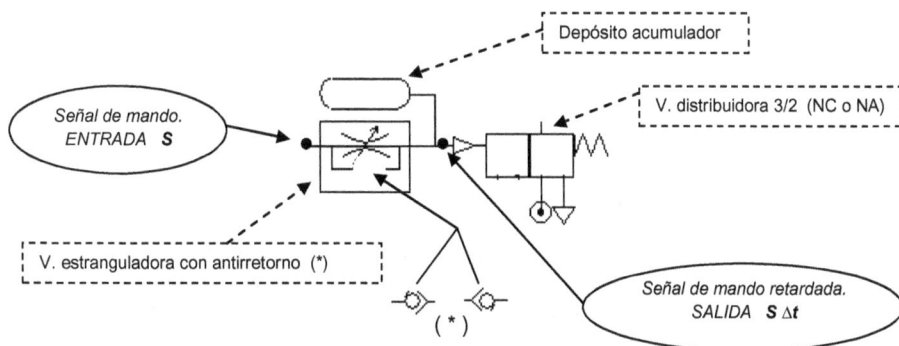

El aire comprimido de la señal de mando (S) al llegar por la entrada en el caso de encontrarse la configuración ⟶⟜◇⟞ del antirretorno, llenará el depósito acumulador mas o menos lentamente, según se haya regulado la válvula estranguladora, aumentando la presión en el mismo progresivamente, llegando un momento en que dicha presión será capaz de vencer la resistencia del muelle de la v. 3/2 que la mantenía en su posición de reposo, consiguiendo la conmutación de la misma. Con la desaparición de la señal de mando está válvula retornará instantáneamente a su posición de reposo porque el aire circulará hacia la izquierda sin restricciones . Se genera así un retardo a la activación (Conexión) que se verá con mas detalle seguidamente.

En el caso de que el aire comprimido de la señal de mando (S) al llegar por la entrada se encontrara la configuración ⟞◇⟜⟶ del antirretorno, llenará instantáneamente el depósito acumulador y la presión del mismo conmutará también instantáneamente la válvula 3/2 , pero cuando desaparezca la señal de mando el aire en descarga del depósito acumulador al encontrarse el antirretorno en la configuración ⟞◇⟜⟵ irá saliendo mas o menos lentamente según se hay regulado la válvula estranguladora, disminuyendo la presión progresivamente llegando un momento en el que el muelle comprimido de la v. 3/2 será capaz de vencerla conmutando la válvula a su posición de reposo, generándose así un retardo en la desactivación (Desconexión) que también se verá con mas detalle seguidamente

Resumiendo, según la disposición del antirretorno tendremos:

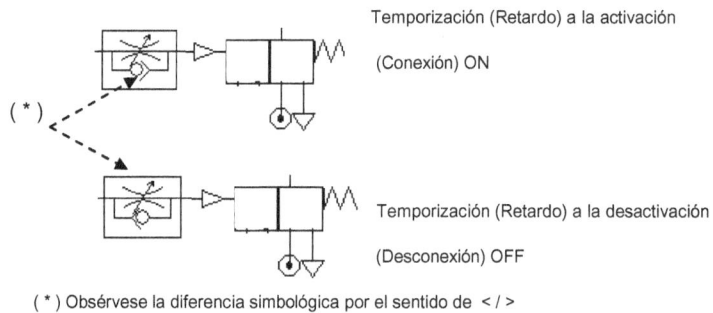

Temporización (Retardo) a la activación

(Conexión) ON

Temporización (Retardo) a la desactivación

(Desconexión) OFF

(*) Obsérvese la diferencia simbológica por el sentido de < / >

II.2.1.1.- Retardo a la activación (Conexión)

El retardo neumático a la conexión se caracteriza porque una vez generada la señal de mando, esta tarda un cierto tiempo regulable (Δt , retardo) en hacerse efectiva sobre el elemento a controlar y por el contrario, al desaparecer la señal de mando su efecto se producirá en dicho instante

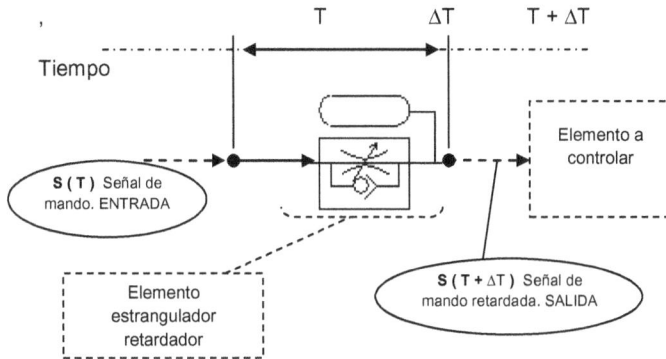

La representación gráfica de la funcionalidad del temporizador con retardo a la conexión en referencia a la evolución de la señal y presión sería la siguiente

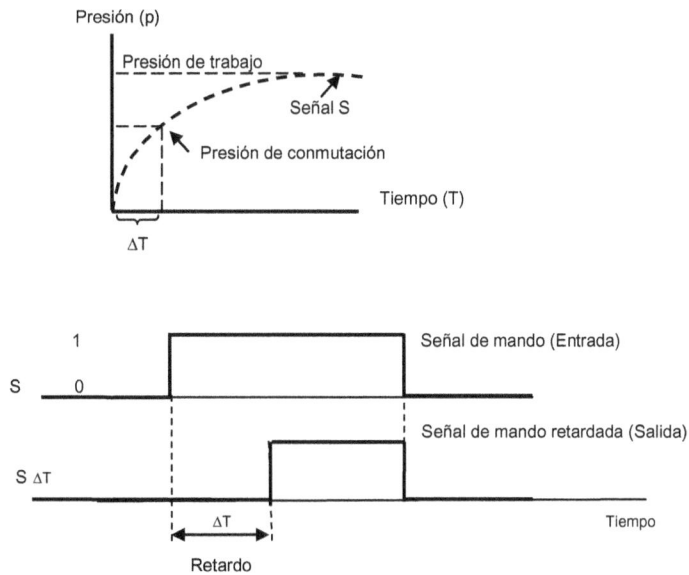

Si observamos el diagrama de señales/tiempo, vemos que es determinante que la señal de activación (S) se mantenga durante al menos el tiempo de retardo pues de lo contrario no se producirá la señal retardada (S ΔT) porque al caer la primera lo hace también la segunda , por lo que podría ser adecuado que esa señal de mando sea memorizada (retenida)

Como ya hemos visto, el elemento a controlar que acompaña al bloque estrangulador-retardador es una válvula monoestable 3/2 que puede ser NA o bien

NC, en consecuencia tendremos las siguientes configuraciones y funcionalidades:

II.2.1.1.1.-. Temporizador a la activación (Conexión) con v. monoestable 3/2 NC

Como se aprecia en la siguiente figura este dispositivo/configuración como elemento compacto o no, se compone de la válvula estranguladora con antirretorno un pequeño depósito acumulador y una válvula monoestable 3/2 NC. Ver diagrama de señales/ tiempo en la página anterior

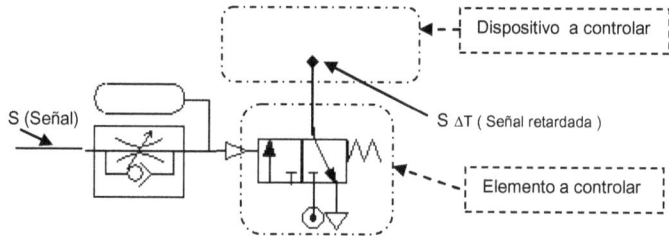

En este caso tanto el elemento como el dispositivo a controlar tardarían un tiempo ΔT en recibir la señal de mando, por eso decimos que es un retardo a la activación (ON)

Así para un sistema neumático en el que un cilindro C hace su salida un cierto tiempo después de efectuarse la activación de un pulsador S y que debe retornar automáticamente al llegar a su posición de extendido, detectada por un final de carrera c1, tendríamos las siguientes ecuaciones de mando, esquema y grafo de secuencia

$$C + = S \cdot T_{ON} \qquad C - = c1$$

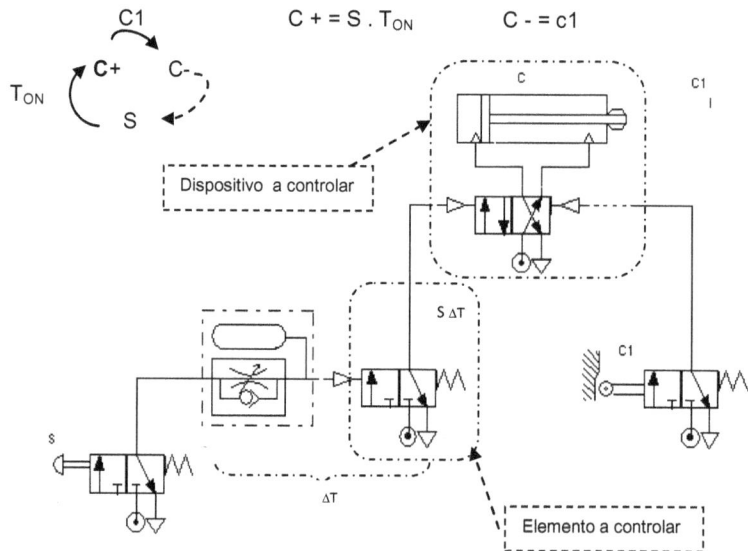

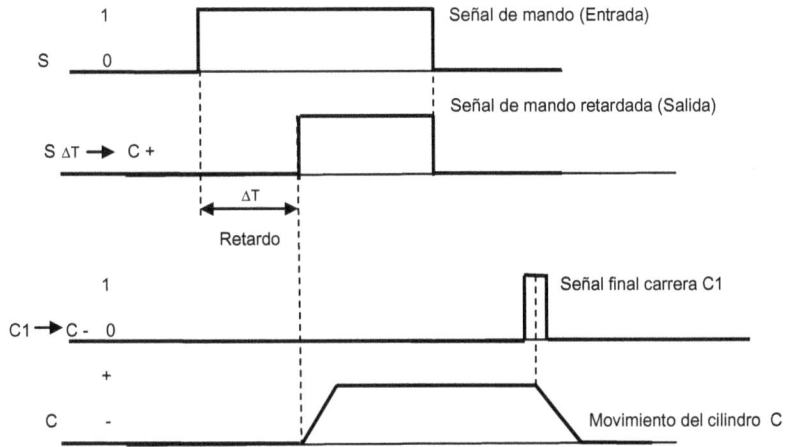

Al activar el pulsador S, esta señal de mando no será efectiva hasta trascurrido un cierto tiempo ΔT (Retardo), que corresponde con el tiempo que tarda en conmutar el temporizador ON, proporcionando así una señal $S\Delta T$ retardada para la activación de los elementos que gobierne, en este caso la válvula 4/2 del cilindro C, retrasando su salida

Ejercicio: Un cilindro de doble efecto (A) dotado de sendos finales de carrera (a_0, a_1) y gobernado por una válvula biestáble 4/2, ejecuta su salida si se activa uno cualquiera de dos pulsadores P1 / P2 , efectuando automáticamente su retorno al llegar al final de su recorrido. Por razones de seguridad se debe impedir una nueva salida del cilindro hasta tanto no hayan transcurrido 10 segundos desde la entrada del mismo . Obtener el esquema neumático del mismo

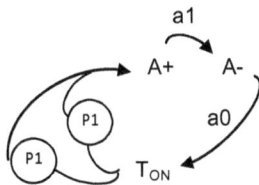

$A + = (P1 + P2) . a0 . T_{ON}$

$A - = a1$

A la vista del grafo de secuencia y las correspondientes ecuaciones de mando obtendremos el siguiente esquema neumático

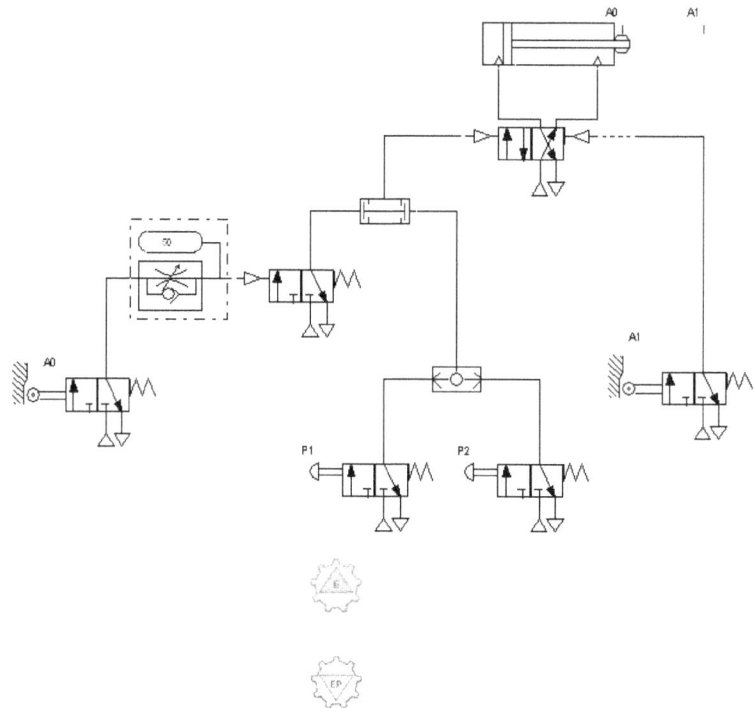

Ejercicio propuesto: El cabezal de una prensa es accionado por un cilindro neumático de doble efecto que está gobernado por una v. neumática monoestable 5/2.

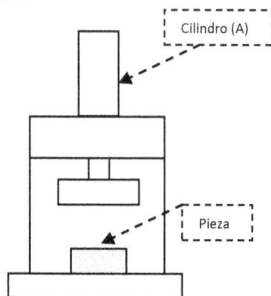

 La bajada del   mismo se inicia trascurridos 5 segundos tras la activación mantenida de un pulsador P de una v. monoestable 3/2 NC, permaneciendo en el punto inferior de su recorrido hasta que el citado pulsador deje de ser activado, momento en el cual el cabezal regresará a su punto de partida.

 Diseñar el circuito neumático correspondiente

II.2.1.1.2.- Temporizador a la activación (Conexión) con v. monoestable 3/2 NA

Si ahora combinamos el estrangulador-antirretorno con una válvula 3/2 NA como elemento a controlar, de nuevo tanto este elemento como el dispositivo a

controlar tardarán un cierto tiempo (∆T, retardo) en recibir la señal de mando (*), identificándose también como un retardo a la activación (ON)

(*) Aunque en realidad el dispositivo a controlar dejara de tener presión

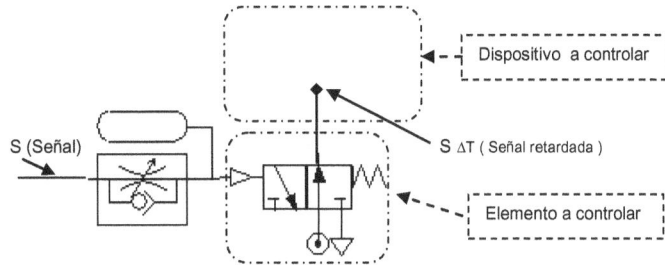

Teniendo el siguiente diagrama de señales-tiempo

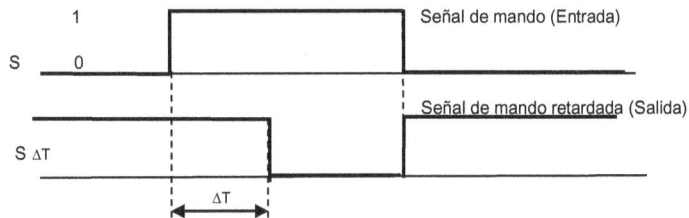

En este caso la señal S ∆T que llega al dispositivo a controlar está activa desde el comienzo debido a la naturaleza NA de la válvula 3/2 y será anulada (recortada) trascurrido un ciento tiempo ∆T desde la activación (Conexión) del pulsador /señal S

Esta disposición recibe el nombre de generador de impulsos o recortador de señal y como se verá más adelante (Apartado II.3.2.3 Temporización, eliminación de señales permanentes, pag 186) será uno de los métodos que utilicemos para controlar y eliminar la aparición de las mismas

Si en el esquema neumático tratado anteriormente en la pag. 60, se mantuviera activado el pulsador S, el cilindro C no retornaría a su posición de retraído (Esa orden, constituye lo que se denomina señal permanente e impedirá por contraposición hacer efectiva la orden C -),

Si deseáramos ahora que el cilindro salga sin más al activar el pulsador S y que retorne a pesar de que mantengamos activo dicho pulsador, aplicando la configuración del temporizador neumático con v. 3/2 NA a la señal S, estará entonces limitada su existencia al tiempo retardado de activación del temporizador, correspondiéndole el siguiente esquema

$$C + = S . T_{ON} \qquad C - = C1$$

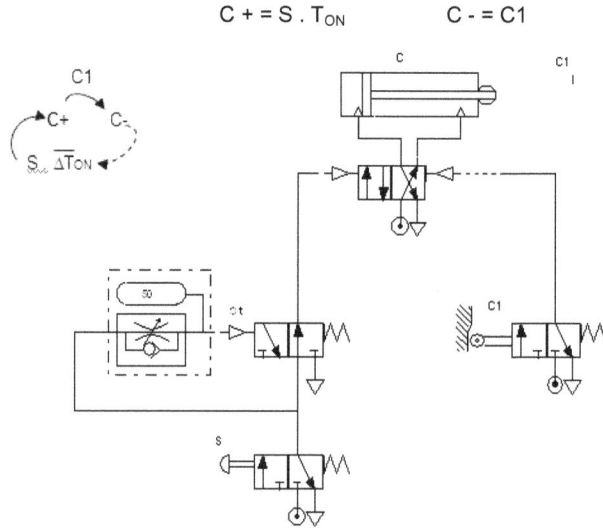

En el diagrama de movimientos-señales se observa como la señal C+ (S ΔT) temporizada, queda anulada (recortada) al cabo de un cierto tiempo ΔT a pesar de mantenerse activo el pulsador S que la genera, lo cual permite al activarse C1 al llegar el vástago al final de su recorrido, se genere la señal C - sin señal contraria alguna que impida la entrada del cilindro

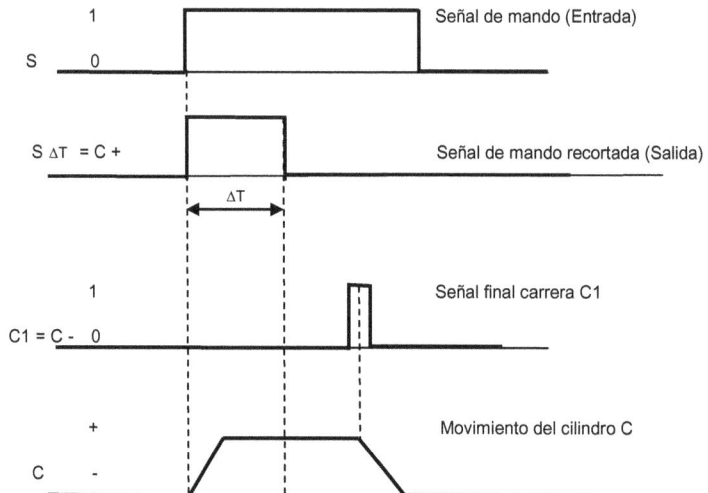

Ejercicio: La estampa superior de una prensa es accionada por un cilindro neumático de doble efecto, comandado por una válvula neumática biestáble 4/2 y dotado de un final de carrera (a1) que controla su posición de extendido.

Para la bajada de la prensa (Salida del cilindro) es preciso activar simultáneamente dos pulsadores P1 y P2 separados entre sí una cierta distancia que evite sean pulsados ambos con la misma mano, pero además por razones de seguridad y para evitar una posible manipulación incorrecta del sistema (Trabado de alguno de los pulsadores) debe configurarse el mando de modo que trascurridos 3 s. desde la activación de uno cualquiera de ellos, la señal que genere la posible activación del otro quede anulada, obligando al operario a una activación prácticamente simultánea de dichos pulsadores.

El retorno del cilindro se efectuará automáticamente al llegar al final de su recorrido

Para poder cumplir con la funcionalidad de que la activación de los pulsadores se realice con una diferencia de tiempo pequeña, recortaremos las señales de P1/P2 mediante temporizadores a la conexión con v. 3/2 abierta calibrados a 3 segundos, disparados cada uno de ellos por la señal del otro pulsador (P2/P1)

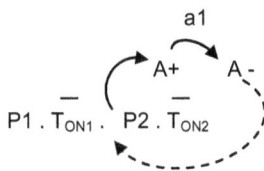

$$A + = P1 . \overline{T_{ON1\,((P2)}} . P2 . \overline{T_{ON2\,((P1)}}$$

$$A - = a1$$

Obteniéndose el siguiente esquema

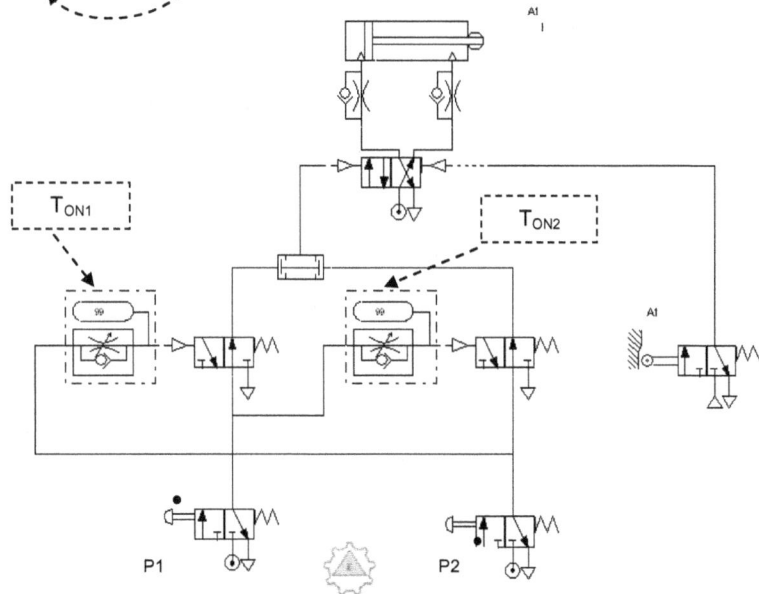

Ejercicio propuesto: Una envasadora está compuesta por un cilindro de doble efecto A, gobernado por una v. biestáble 4/2, teniendo controladas sus posiciones de retraído/extendido por sendos finales de carreara (a0 / a1). Su salida se efectúa al activar un pulsador P1 de una v. 3/2 monoestable NC, de esta forma se desplaza un determinado producto hacia una cinta trasportadora, su retorno se realiza automáticamente al llegar al final de su recorrido.

Al objeto de implantar una etiqueta sobre el producto procesado, se completa el sistema neumático de la envasadora con otro cilindro de simple efecto B gobernado por una v. monoestable 3/2 NC, cuya salida se efectuará siempre y cuando sea activado un pulsador P2 de una v. monoestalbe 3/2 NC antes que hayan trascurrido 3 segundos desde la llegada del cilindro expulsor (A) a su posición de retraído

II.2.1.2.- Retardo a la desactivación (Desconexión)

El retardo neumático a la desconexión se caracteriza porque una vez que se establece la anulación de la señal de mando tarda un cierto tiempo (ΔT retardo) en hacerse efectiva su desaparición sobre el elemento a controlar.

Por el contrario al aparecer dicha señal de mando su efecto se producirá en ese mismo instante

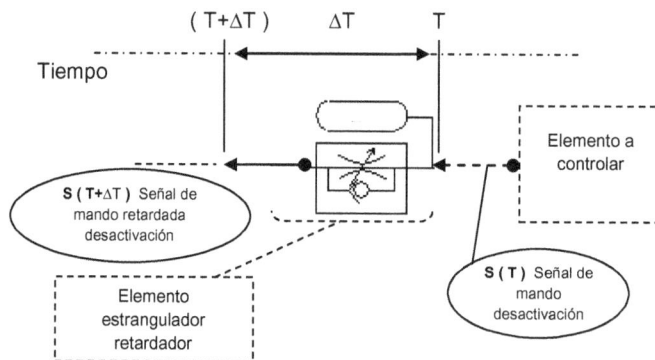

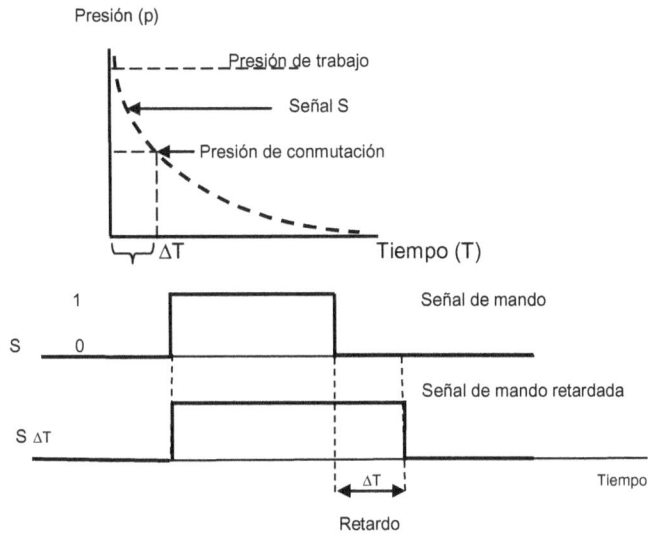

Como en el caso del temporizador a la conexión, también aquí el elemento a controlar que acompaña al bloque estrangulador-retardador es una válvula monoestable 3/2 que puede ser NA o bien NC, por tanto con las siguientes configuraciones y funcionalidades:

II.2.1.2.1.- Temporizador a la desactivación (Desconexión) con v. monoestable 3/2 NC

En este caso tanto el elemento como el dispositivo a controlar tardarían un cierto tiempo (retardo) en dejar de recibir la señal de mando una vez haya sido anulada, por eso decimos que es un retardo a la desconexión (OFF).

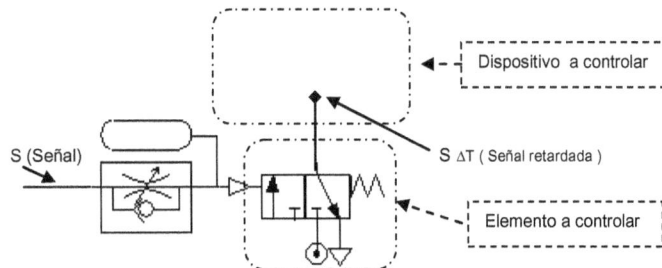

Ver diagrama de señales en la página anterior

Esta configuración temporizadora también se conoce como "prolongador de señal" porque permite la continuación de la misma una vez haya cesado su activación.

Consideremos un sistema neumático en el que un cilindro de simple efecto B debe permanecer extendido un cierto tiempo tras haber abandonado su posición de extendido un primer cilindro de doble efecto A, que sale al activarse un pulsador S y al llegar al final de su recorrido, detectado por un final de carrera a1, genera la salida del cilindro B, cuyas ecuaciones de mando, esquema y grafo de secuencia se indican seguidamente:

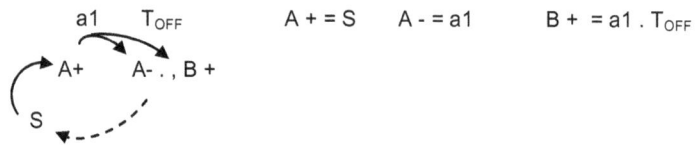

$$A + = S \qquad A - = a1 \qquad B + = a1 \cdot T_{OFF}$$

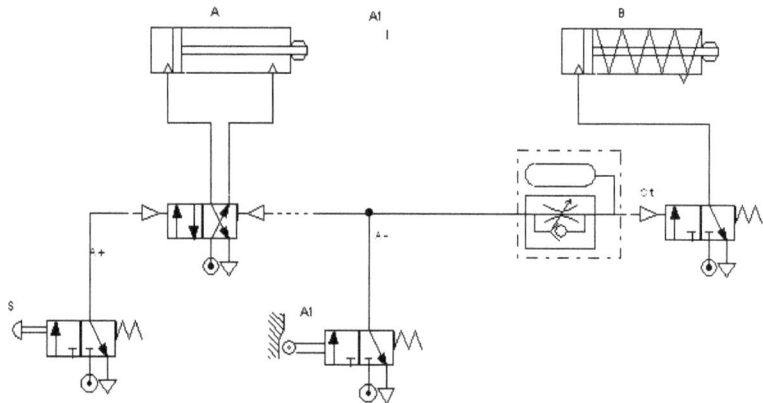

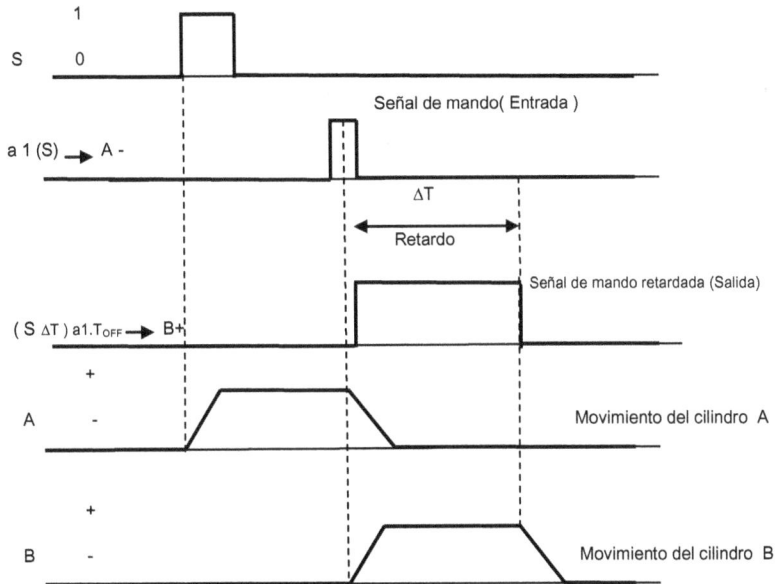

Al efectuar la puesta en marcha del sistema tras la activación del pulsador S el cilindro A realiza su salida y al llegar al final de su recorrido activa/desactiva el final de carrera a1 produciéndose su entrada (A-). Esa señal a1 constituye el disparo del temporizador a la desconexión y al dejar de producirse se prolonga un cierto tiempo (ΔT retardo) durante el cual el cilindro B permanecerá extendido

Ejercicio: En un laboratorio se dispone de una agitadora accionada por un cilindro de doble efecto gobernado por una v. biestable 4/2 que tiene controladas las posiciones extremas de su recorrido por los oportunos finales de carrera (a0 / a1, v. monoesta. 3/2 NC)

Realizada la sujeción del producto a agitar y tras una breve activación de un pulsador P, partiendo de la posición de extendido del cilindro la máquina realizará automáticamente movimientos alternativos (Entrada/Salida del cilindro) durante un cierto tiempo regulable por el operador, al cabo del cual cesará la agitación.
(El cilindro está extendido en su posición de reposo)

Diséñese el circuito neumático para dicha máquina

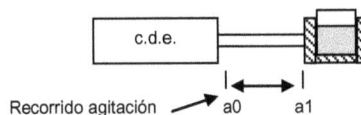

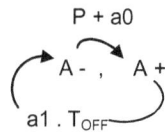

$$P + a0$$

$$A - , \quad A +$$

$$a1 . T_{OFF}$$

$$A + = P + a0$$

$$A - = a1 . T_{OFF}$$

$$P = T_{OFF}$$

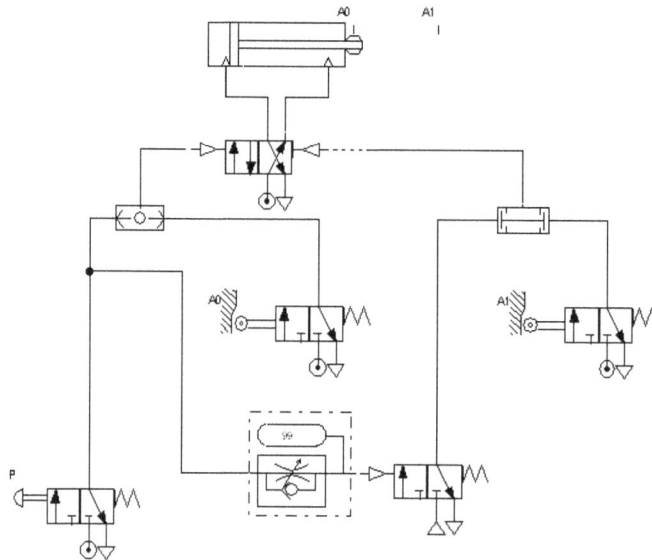

Ejercicio propuesto: El sistema de sujeción de piezas de una máquina es accionado por un cilindro neumático de doble efecto y está comandado por una v. neumática 5/2 monoestable. El cierre de la mordaza (Salida del cilindro) se efectúa tras una breve activación del pulsador P de una v. monoestable 3/2 NC , debiendo permanecer en esa posición de cierre durante 5 segundos tras dejar de ser pulsado P.

Diseñar el cierto neumático correspondiente

II.2.1.2.2.- Temporizador a la desactivación (Desconexión) con v. monoestable 3/2 NA

Si ahora combinamos el estrangulador-antirretorno con una válvula 3/2 NA como elemento a controlar, de nuevo tanto este elemento como el dispositivo a controlar tardarán un cierto tiempo (ΔT, retardo) en dejar de recibir la señal de mando (*), identificándose también como un retardo a la desactivación (OFF)

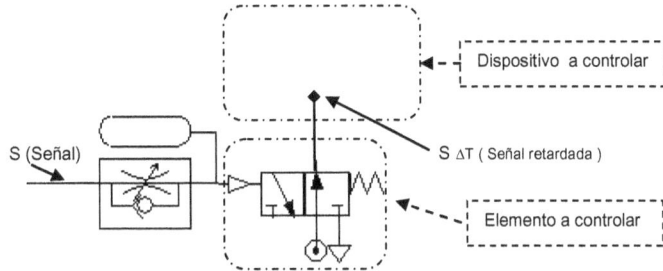

(*) Aunque en realidad el dispositivo a controlar dejará de tener presión

Teniendo el siguiente diagrama de señales-tiempo

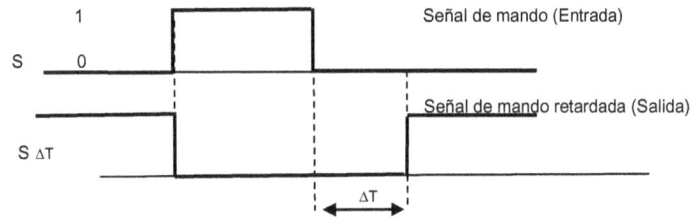

Consideremos ahora un sistema neumático en el que un cilindro de doble efecto A sale al activarse un pulsador de manera que se evite que una nueva activación del mismo genere la salida del cilindro hasta que no haya transcurrido un cierto tiempo desde que alcanzo su posición de extendido

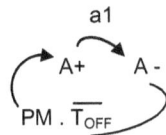

$$A + = PM . \overline{T_{OFF}} \quad (*)$$

$$A - = a1$$

(*) Disparado por a1 , $\overline{T_{OFF}}$ = a1

A la vista del esquema y del diagrama de señales/tiempo siguiente puede apreciarse como tras la activación del pulsador PM el cilindro A efectúa su salida dado que la v. 3/2 NA del temporizador al estar abierta permite el pilotaje por la izquierda de la V 4/2 de modo que al llegar el cilindro al final de su recorrido activa/desactiva el final de carrera a1 produciéndose su retorno a la posición de retraído. Esa señal a1 al dejar de producirse constituye el disparo del temporizador a la desconexión prolongándose un cierto tiempo (∆T retardo) que conmutará la v. 3/2 del temporizador a su posición de cerrado impidiendo que otra posible activación de PM tenga efectos sobre el cilindro hasta que el temporizador agote el tiempo de retardo, restableciéndose entonces la posición NA de la válvula 3/2 del temporizador y por tanto la posibilidad de que la acción de PM pueda ser efectiva

1

PM   0

Señal de mando prolongada (Salida)

S ΔT

ΔT

Retardo

1   Señal final carrera a1 = A-

a1 = A - 0   Señal de mando (Entrada)

+   Movimiento del cilindro A

A   -

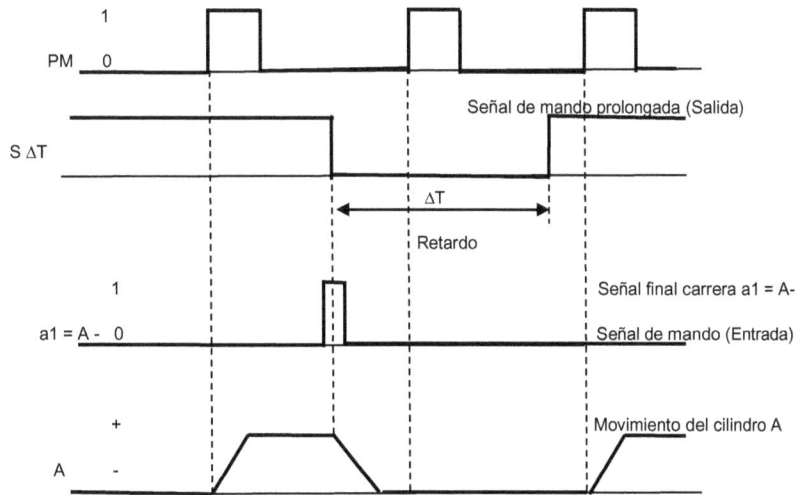

Ejercicio: En la envasadora planteada en la pag. 66, se requiere un cambio en su funcionalidad de mando, de manera que ahora el cilindro B solo podrá efectuar su salida si se activa el pulsador P2 transcurridos al menos 3 segundos después de la salida del cilindro expulsor A

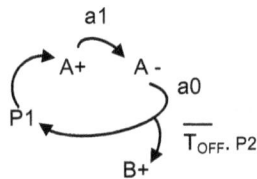

a1

A+   A -

ao

P1

$\overline{T_{OFF}}$. P2

B+

$A + = P1 . a0$

$A - = a1$

$B + = P2 . a0 . \overline{T_{OFF}}$

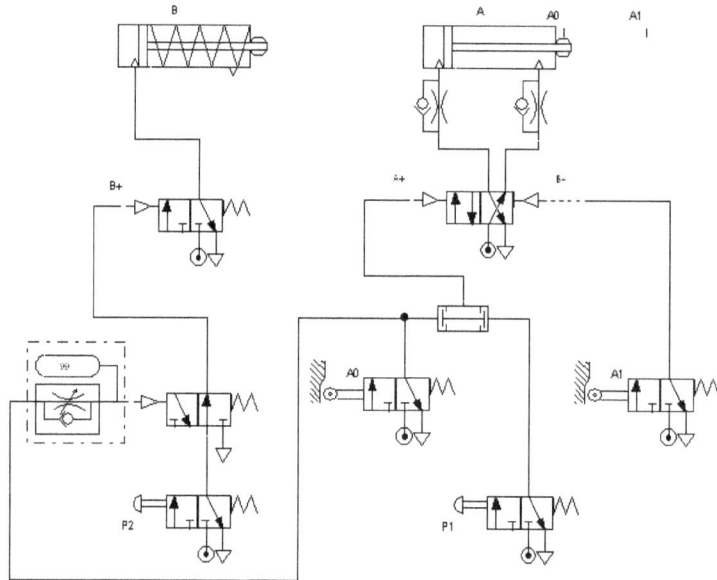

Ejercicio propuesto: Un cilindro de doble efecto comandado por una v. biestable 4/2 que dispone de un final de carrera a1 (V. monoestable 3/2 NC) para controlar su posición de extendido, ejecuta su salida tras una breve activación del pulsador P de una v. monoestable 3/2 NC, efectuando su retorno automáticamente al llegar al final de su recorrido.

Por motivos de seguridad no debe ser posible una nueva salida del cilindro hasta que hayan trascurridos 15 segundos desde que se dejo de activar el pulsador P

II.2.1.3.- Retardo a la activación y desactivación (Conexión-desconexión)

Obtendremos este tipo de retardo conjugando los elementos estranguladores/retardadores con sentidos de estrangulación del aire contrarios, y como cabe esperar, el dispositivo resultante se caracterizará porque una vez generada la señal de mando, tarda un cierto tiempo (ΔT_{ON} , retardo conexión) en hacerse efectiva sobre el elemento a controlar y también ocurrirá que una vez que haya desaparecido la señal de mando tardará un cierto tiempo (ΔT_{OFF} , retardo desconexión) en hacerse efectiva sobre el elemento a controlar, teniendo la posibilidad de regular independientemente uno del otro.

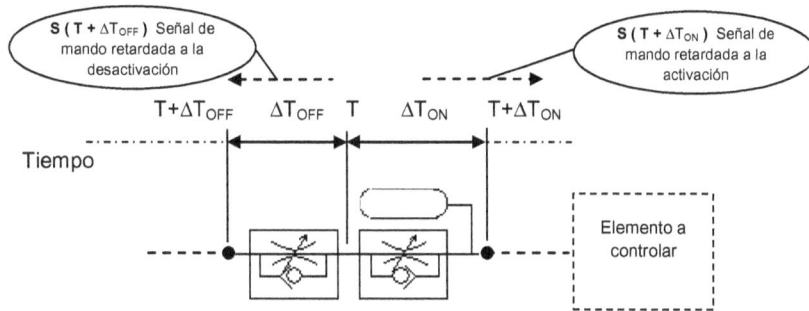

En cuanto al diagrama de señales/tiempo cabe hacer las mismas consideraciones que ya se indicaron en los correspondientes retardos unitarios y también la válvula monoestable 3/2 que acompaña a los estranguladores podría ser NC o NA

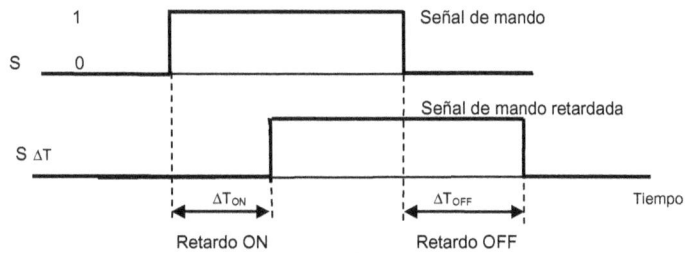

II.2.1.3.1.-. Temporizador a la activ-desactiv (Conex-Desconex) con v. monoestable 3/2 NC

Como puede observarse este dispositivo-configuración se compone de dos vávulas estranguladoras con antirretorno con sentidos de estrangulación contrarios, un pequeño acumulador y en este caso una v. monoestable 3/2 NC y cuyo diagrama de señales/tiempo se indica mas arriba

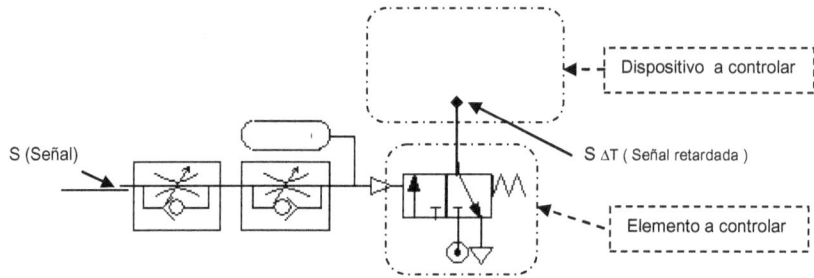

Tanto el elemento como el dispositivo a controlar tardaran un tiempo ΔT_{ON} en recibir la señal de mando desde el momento en que se hace efectiva y también tardarán un tiempo ΔT_{OFF} en dejar de recibir la señal de mando desde el momento en que deja de hacerse efectiva la citada señal. En consecuencia decimos que es un retardo a la activación-desactivación (ON-OFF)

Supongamos un sistema neumático en el que un cilindro C efectúa su salida un cierto tiempo (T1) después de realizarse la activación de un pulsador S y que retorna desde la posición de extendido un cierto tiempo (T2) después de dejar de ser activado dicho pulsador

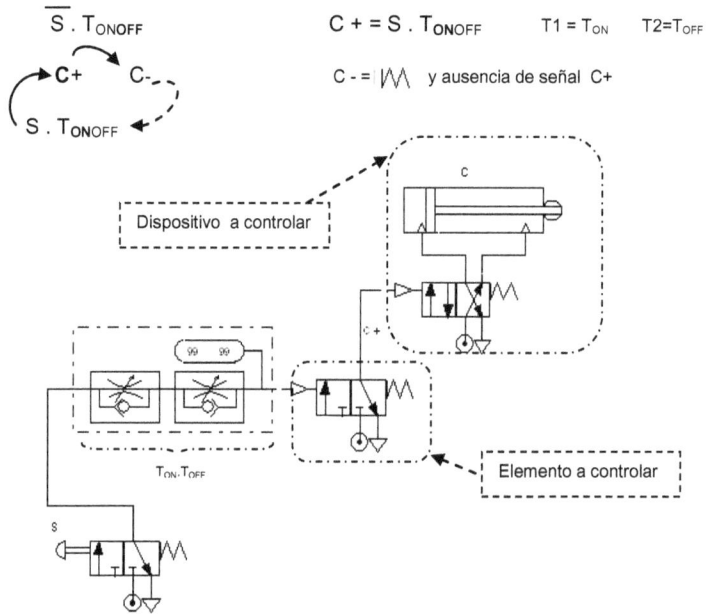

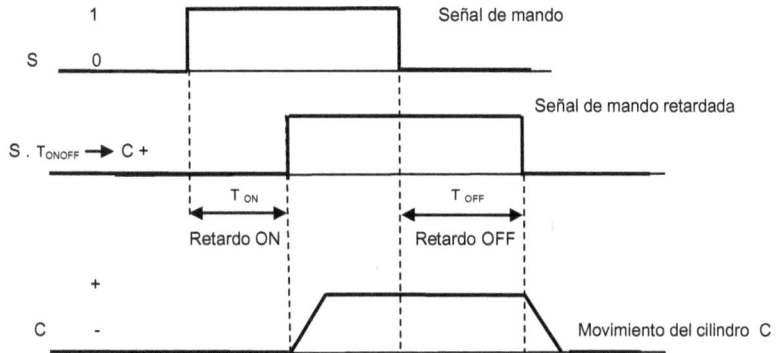

Al ser activada la señal de mando S, transcurre un tiempo $T1 = T_{ON}$ hasta que dicha señal hace conmutar la v. 3/2 NC , saliendo en ese momento el cilindro C. Tras la desactivación del pulsador S (Desaparición de la señal de mando) y trascurrido un tiempo $T2 = T_{OFF}$, la válvula 3/2 NC conmutará a su posición de cerrado, propiciándose en ese momento la entrada del cilindro C

Ejercicio: El sistema de evacuación de un determinado producto de una máquina empaquetadora dispone de dos cilindros neumáticos, uno de ellos (A) de doble efecto y el otro (B) de simple efecto, con las siguientes características:

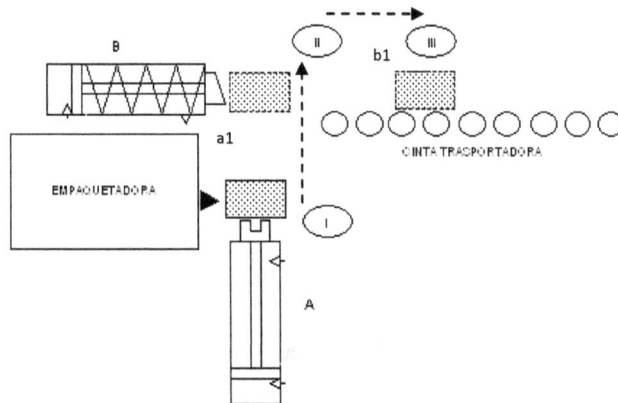

Cilindro A, encargado del traslado del producto del punto I al II, comandado por una v. biestable 5/2 y dotado de un final de carrera a1 (V. monoestable 3/2 NC) que detecta su posición de extendido cuando el producto llega a la posición II.

Cilindro B, encargado del desplazamiento del producto del punto II al III (Cinta trasportadora) que está comandado por una v. monoestable 3/2 NC.

La funcionalidad del conjunto es la siguiente:

Tras ser activado el pulsador PM (V. monoestable 3/2 NC) se efectúa el desplazamiento del producto al punto II mediante la salida del cilindro A. Trascurrido un cierto tiempo (T1, 6 s *.) desde la llegada del producto a la posición II, esto es activado el final de carrera a1, el cilindro B efectúa su salida, de modo que al llegar el producto a la posición III el cilindro A regresará a su posición de retraído y trascurrido un cierto tiempo (T2 , 3 s.*) desde que el cilindro A abandone la posición II, el cilindro B efectuará su entrada

Obtener el circuito neumático correspondiente

(*) T2 , T1 . Estos tiempos se fijan de modo que se asegure el posicionado del producto en el punto II y en el punto III, antes de que los cilindros A y B retornen a su posición de partida

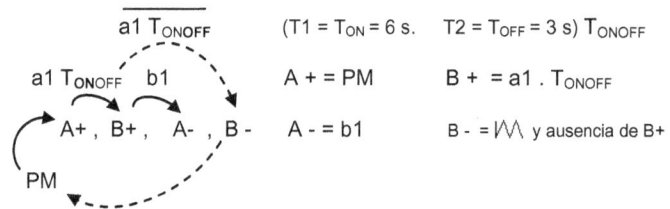

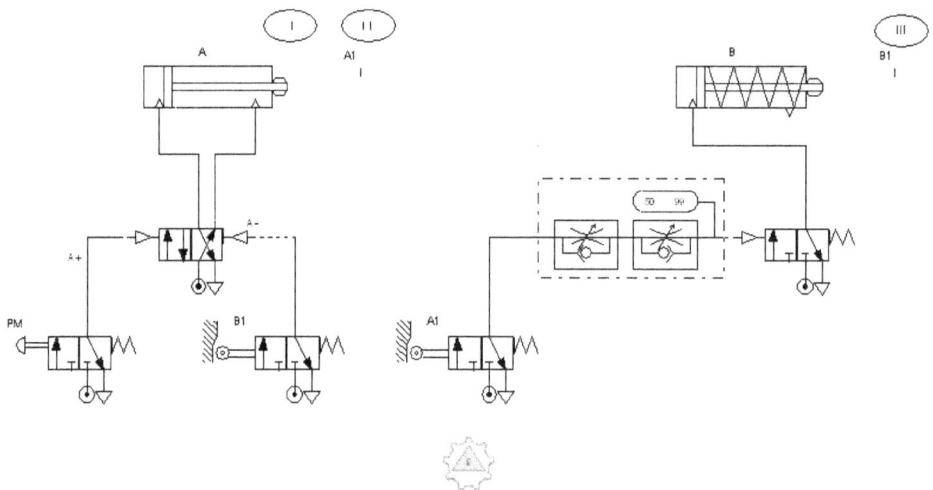

Ejercicio propuesto: En una guillotina accionada por un cilindro neumático de doble efecto que está gobernado por una v. monoestable 5/2, por razones de seguridad, la bajada de la cuchilla se inicia trascurridos 3 segundos tras la activación mantenida de un pulsador PM (V. monoestable 3/2 NC) debiendo permanecer en la posición inferior de su recorrido hasta que hayan trascurrido 5 segundos tras la desactivación del pulsador PM

Diseñar el circuito neumático correspondiente

II.2.1.3.2.- Temporizador a la activ-desactiv (Conex-Desconex) con v.monoestable 3/2 NA

Cuando la configuración de dos estranguladores con antirretorno (En sentidos contrarios) está acompañada de una v. monoestable 3/2 NA, de nuevo tanto el elemento como el dispositivo a controlar tardarán un tiempo ΔT_{ON} en recibir la señal de mando desde el momento en que se hace efectiva (*) y también tardará un cierto tiempo ΔT_{OFF} en dejar de recibirla desde el momento en el que deja de hacerse efectiva la señal de mando (**). También le denominaremos retardo a la activación-desactivación (ON-OFF)

(*) Aunque en realidad el dispositivo a controlar dejará de tener presión

(**) Aunque en realidad el dispositivo a controlar volverá a tener presión

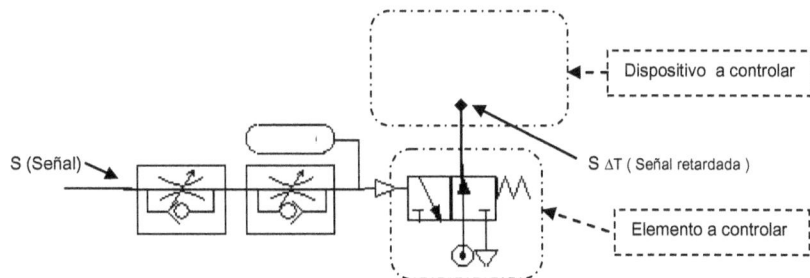

79

Respecto al diagrama de señales/tiempo también cabe hacer las mismas consideraciones que ya se indicaron en los correspondientes elementos unitarios

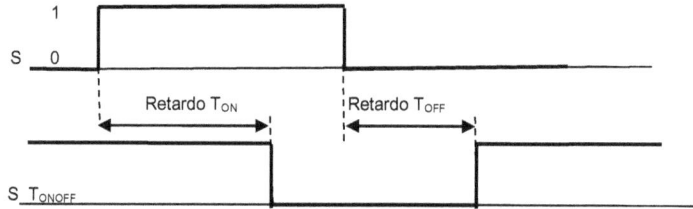

Considerese un cilindro (B) de doble efecto comandado por una v. monoestable 4/2, dotado de un final de carrera (b1) para detectar su posición de extendido y que efectúa su salida al realizarse una activación mantenida de un pulsador PM (V. 3/2 NC).

El cilindro deberá retornar desde esa posición, aun manteniéndose pulsado PM , al cabo de 5 segundos tras su llegada a la misma. Tambien debe configurarse el mando de modo que una nueva salida del cilindro no sea posible hasta que hayan trascurrido 10 segundos desde que el cilindro alcazó la posición de extendido

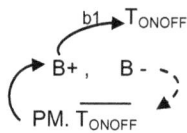

$(TON = 5\ s.\quad TOFF = 10\ s.)\ T_{ONOFF}\ (*)$

$B + = PM \cdot \overline{T_{ON\,OFF}}$

$B - \frac{7}{}\text{/\\}\quad$ y ausencia de B+

(*) Temporizador disparado por b1, $T_{ON\,OFF}$ = b1

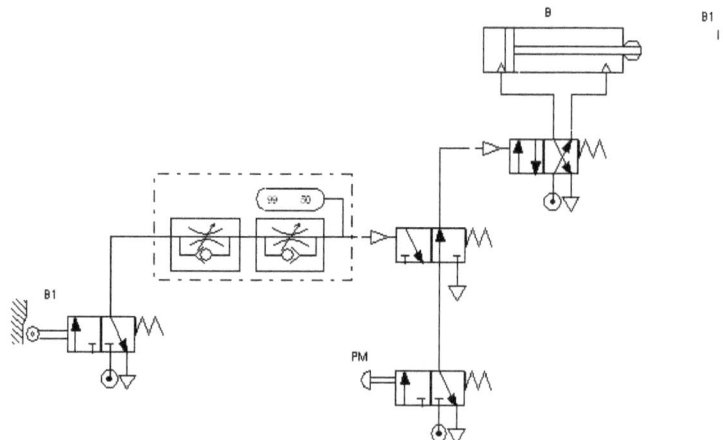

PM

b1

Señal mando. Entrada

Retardo T_{ON} Retardo T_{OFF}

Señal mando temporiz   Salida

b1 T_{ONOFF} → $\overline{B+}$

Movimiento del cilindro B

B

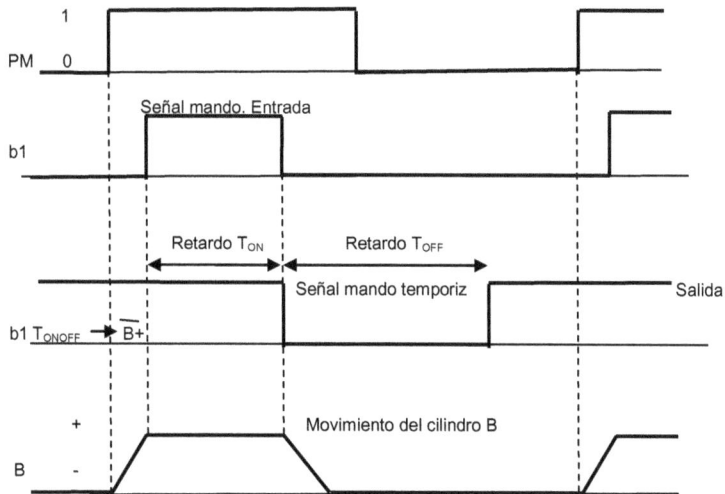

Ejercicio: Un cilindro neumático de doble efecto comandado por una v. biestable 4/2 efectúa su salida al ser activado un pulsador PM (V. monoestable 3/2 NC) y retorna desde su posición de extendido , detectada por un final de carrera a1, debiéndolo hacer en ese instante si se ha dejado de pulsar PM o al cabo de 5 s desde que llegó a la posición de extendido aunque se mantenga activado dicho pulsador

También debe evitarse que una nueva activación del pulsador PM estando el cilindro en su posición de retraído genere su salida hasta que no haya transcurridos al menos 10 segundos desde que alcanzó la posición de extendido en el caso de una activación mantenida de PM

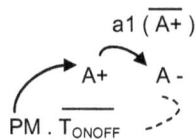

$(T_{ON} = 5\ s \quad T_{OFF} = 10s)\ T_{ONOFF}$

a1 $(\overline{A+})$

A +   A -

PM . $\overline{T_{ONOFF}}$

$A + = PM \cdot \overline{Ton_{OFF}}$ (*)

$A - = a1$ y ausencia de A+

(*) Temporizador disparado por a1

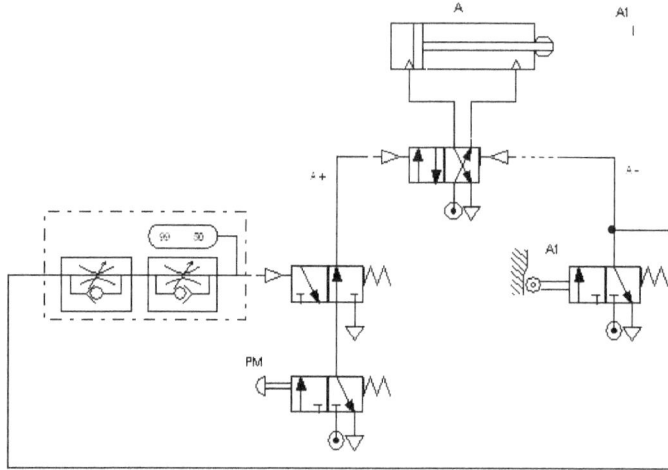

Ejercicio propuesto: Un cilindro de doble efecto comandado por una v. biestable 4/2 que dispone de un final de carrera a1 (V. monoestable 3/2 NC) para controlar su posición de extendido, ejecuta su salida tras una breve activación del pulsador P de una v. monoestable 3/2 NC, efectuando su retorno automáticamente al llegar a su posición de extendido pudiendo efectuarse una nueva salida del cilindro sin ninguna restricción temporal.

En el supuesto de que la activación del pulsador P se mantuviera, el cilindro deberá retornar también automáticamente al cabo de 5 segundos de su activación y no podrá efectuarse una nueva salida del cilindro hasta que hayan transcurrido al menos 10 segundos desde que deje de ser activado el pulsador P

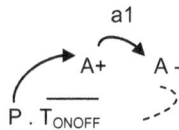

$(T_{ON} = 5 \text{ s.} \quad T_{OFF} = 10 \text{ s.}) \, T_{ONOFF}$

$A + = P \cdot \overline{To_{NOFF}}$ (*)

$A - = a1$

(*) Temporizador disparado por P $\quad T_{ONOFF} = P$

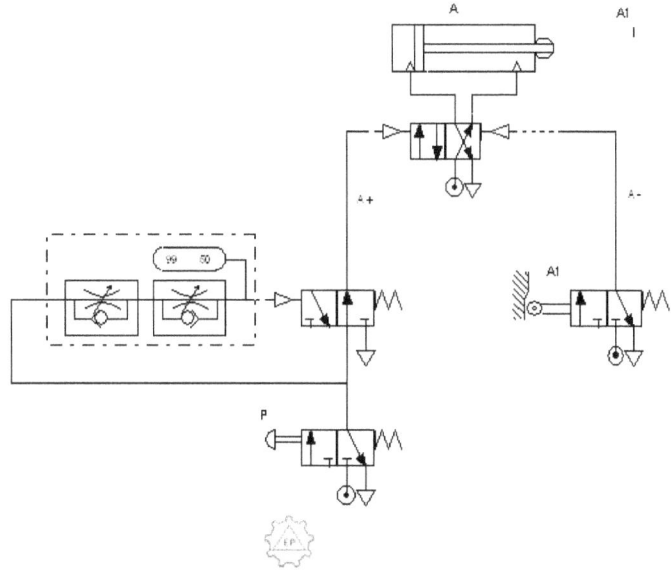

II.2.2.- Temporización Eléctrica

Un relé temporizador está compuesto de los elementos que se indican en la siguiente figura:

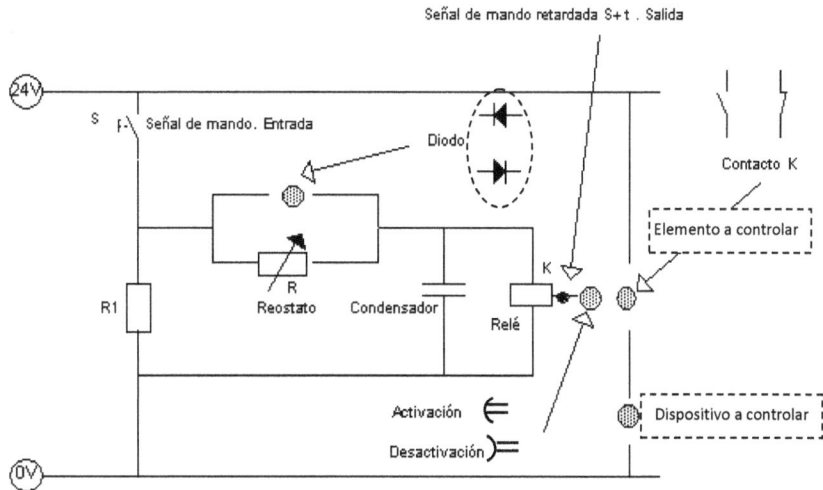

con el paralelismo de elementos funcionales respecto a un temporizador neumático que se aprecia en la que sigue:

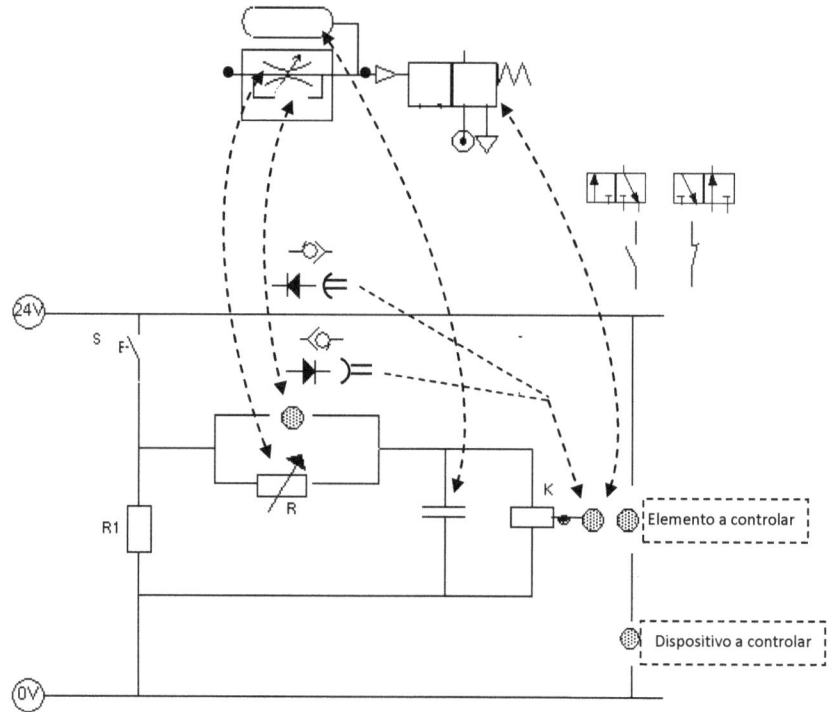

Al establecerse la señal de mando (S), la corriente eléctrica en el caso de encontrarse con la configuración "no pasa" del diodo tendrá que circular por la rama de la resistencia variable R, cargándose eléctricamente el condensador C más o menos lentamente según se haya actuado sobre el reóstato R, acumulando carga progresivamente, llegando un momento cuyo grado de saturación será capaz de excitar la bobina del relé K, consiguiendo por tanto la conmutación del correspondiente contacto asociado a K (Elemento a controlar). Cuando desaparezca la señal de mando en la bobina del relé K, se desergenizará instantáneamente debido a que la corriente eléctrica de descarga del condensador puede hacerlo libremente por el sentido "pasa" del diodo generándose así un retardo a la activación (Conexión) que se verá con màs detalle seguidamente

En el caso de que la corriente eléctrica establecida por la señal de mando (S) se encontrara con la configuración "pasa" del diodo ─▶─ circulando libremente por esta rama del circuito de forma que el condensador (C) se cargará instantáneamente, cuya tensión será capaz de excitar en ese momento la bobina del relé K y en consecuencia la consiguiente conmutación instantánea del contacto asociado (Elemento a controlar). Al desaparecer la señal de mando de la bobina del relé K, la corriente de descarga del condensador al encontrarse con el sentido "no pasa" del diodo ─◀─, lo hará mas o menos lentamente según se haya regulado el reóstato R , de forma que la tensión en el condensador irá disminuyendo lentamente llegando un momento en que no será capaz de seguir excitando la bobina del relé K, conmutando entonces el contacto asociado, generándose así un retardo en la desactivación (Desconexión) que se verá con detalle seguidamente.

Resumiendo, según la disposición del diodo tendremos:

Temporización (Retardo) a la activación (Conexión) ON   Temporización (Retardo) a la desactivación (Desconexión) OFF

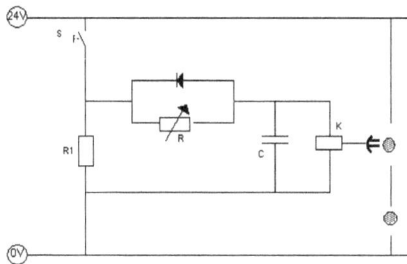

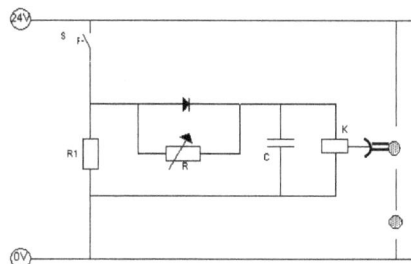

Cuya representación simbológica es:

⇐ Retardo a la conexión (ON)   )= Retardo a la conexión (ON)

Equivalentes respectivamente a la representación simbológica neumática   ─◇─   y   ◁◇─

II.2.2.1.- Retardo a la activación (Conexión)

Al igual que en el temporizador neumático, un relé temporizador a la conexión se caracteriza porque una vez generada la señal de mando, esta tardará un cierto tiempo regulable (Δt, retardo) en hacerse efectiva sobre el elemento a controlar, en cambio al desaparecer la señal de mando, su efecto se producirá en dicho instante

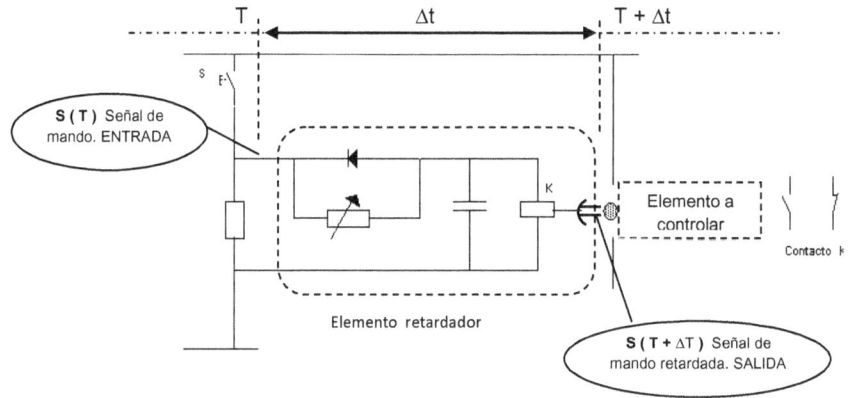

cuya representación esquemática (*), considerando al relé temporizador como conjunto sería :

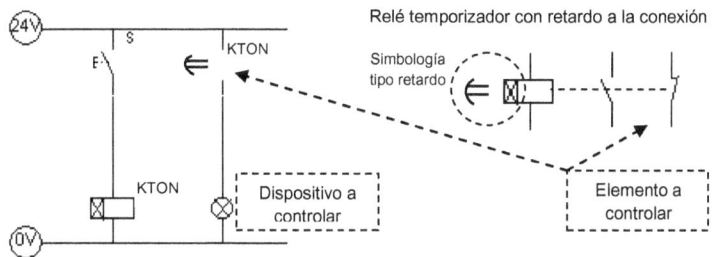

(*) En adelante la representación esquemática de los relés temporizados se realizará en esta forma

   La representación gráfica de la evolución de señales en este relé temporizador es la misma que la del temporizador neumático equivalente y recordamos que es determinante que la señal de activación (S) se mantenga durante al menos el tiempo de retardo pues de lo contrario no se producirá la señal retardada, por lo que podría ser oportuno que esa señal de mando sea memorizada (retenida)

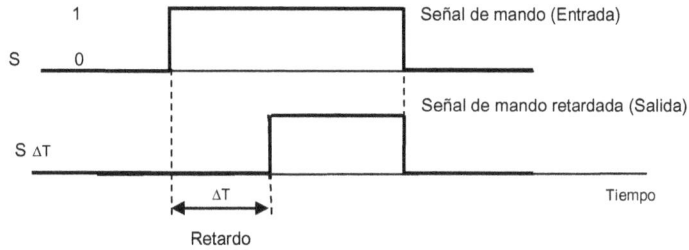

El elemento a controlar que acompaña al elemento retardador es un contacto que puede ser NA o bien NC y en consecuencia también tendremos las siguientes configuraciones y funcionalidades:

II.2.2.1.1.-. Rele temporizador a la activación (Conexión) con contacto NA

El relé temporizador a la activación puede estár acompañado de un contacto NA como elemento a controlar

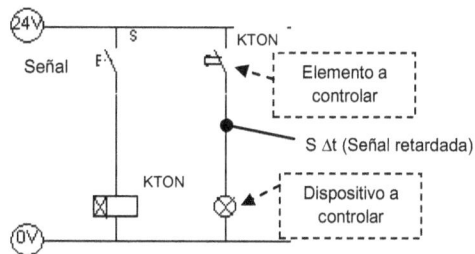

En este caso tanto el elemento a controlar, contacto NA, como el dispositivo a controlar, en el esquema que nos ocupa un receptor luminoso, tardarán un cierto tiempo Δt en recibir la señal de mando, por eso decimos que es un retardo a la activación (ON), siendo su diagrama de señales el expresado mas arriba

Para evidenciar el paralelismo entre los temporizadores de las tecnologías neumática y eléctrica, se irán analizando los mismos ejemplos y ejercicios que se trataron en el desarrollo de la temporización neumática

(Idem supuesto neumático pag 60) Así para un sistema electroneumático en el que un cilindro C hace su salida un cierto tiempo después de efectuar la activación de un pulsador S y que debe retornar automáticamente al llegar a su posición de extendido, que es detectada por un final de carrera c1, tendríamos las siguientes ecuaciones de mando, esquema y grafo de secuencia

$$C + = Y1 = K_{TON}$$

$$C - = Y1 = C1$$

$$K_{TON} = S$$

Elemento a controlar

Dispositivo a controlar

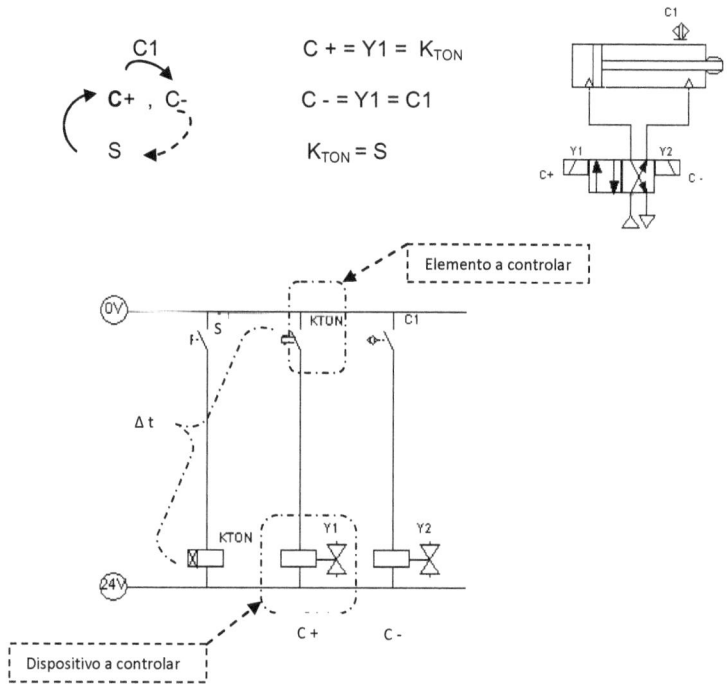

Cuyo diagrama de señales es exactamente el mismo que el obtenido en el sistema de tecnología neumática

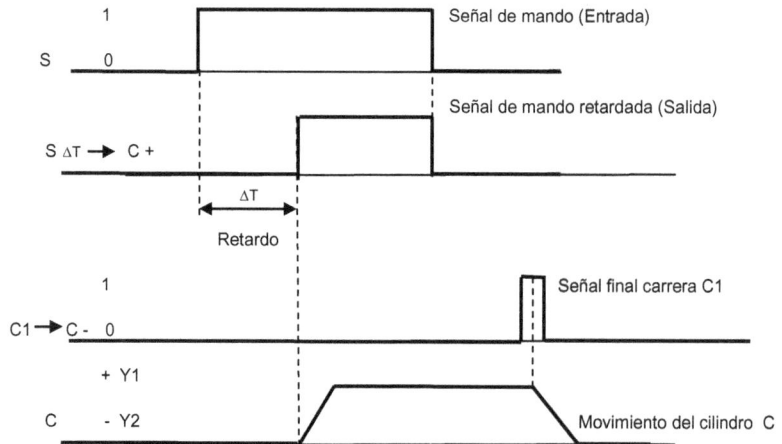

También tendremos que al activar el pulsador S, esta señal de mando no será efectiva hasta trascurrido un cierto tiempo ΔT (Retardo), que corresponde con el

el tiempo que tarda en conmutar el relé temporizador ON, proporcionando así una señal SΔT (KT_{ON}) retardada para la activación de los elementos que gobierne, en este caso la electroválvula Y1 del cilindro C, retardando su salida

Ejercicio (*Idem neumático pag 61*): Un cilindro de doble efecto (A) dotado de sendos finales de carrera (a_0, a_1) y gobernado por una electroválvula biestáble 4/2 ejecuta su salida si se activa uno cualquiera de dos pulsadores P1 / P2 , efectuando automáticamente su retorno al llegar al final de su recorrido. Por razones de seguridad se debe impedir una nueva salida del cilindro hasta tanto no hayan transcurrido 10 segundos desde la entrada del mismo . Obtener el esquema electroneumático neumático del mismo

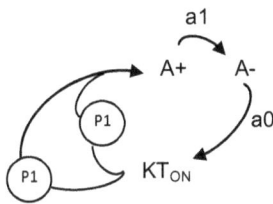

$$A + = Y1 = (P1 + P2) . KT_{ON}$$

$$KT_{ON} = a0$$

$$A - = Y2 = a1$$

A la vista del grafo de secuencia y las correspondientes ecuaciones de mando obtendremos el siguiente esquema electroneumático

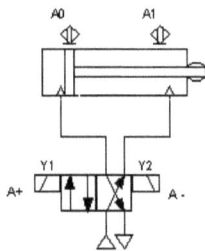

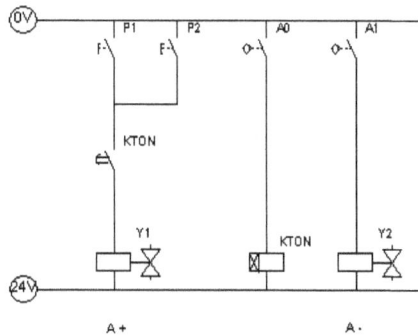

89

Ejercicio propuesto: *(Idem neumático pag 62)* El cabezal de una prensa es accionado por un cilindro neumático de doble efecto que está gobernado por una v.electroneumática monoestable 5/2.

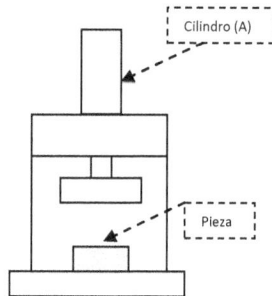

La bajada del mismo se inicia trascurridos 5 segundos tras la activación mantenida de un pulsador P (NA), permaneciendo en el punto inferior de su recorrido hasta que el citado pulsador deje de ser activado, momento en el cual el cabezal regresará a su punto de partida.

Diseñar el circuito electroneumático

II.2.2.1.2.- Rele temporizador a la activación (Conexión) con contacto NC

Combinando ahora el relé temporizador a la conexión con el contacto NC como elemento a controlar, de nuevo tanto este elemento como el dispositivo a controlar tardarán un cierto tiempo (Δt, retardo) en recibir la señal de mando (*), identificándose también como un retardo a la activación

(*) Aunque en realidad el dispositivo a controlar dejará de tener tensión, esto es, dejará de funcionar.

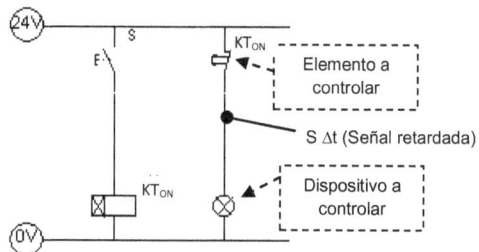

Teniendo también el mismo diagrama de señales-tiempo ya visto que su equivalente neumático (Temporizador neumático a la conexión con válvula NA)

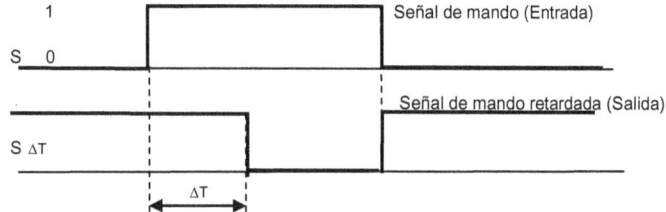

Así, la señal SΔT que llega al dispositivo a controlar está activa desde el comienzo, debido a la naturaleza NC del contacto auxiliar y será anulada (recortada) trascurrido un cierto tiempo ΔT desde la activación (Conexión) del pulsador/señal S. A esta configuración se le puede asignar el nombre de generador de impulsos o recortador de señal y como se verá más adelante (Apartado II.3.2.3 Temporización, eliminación de señales permanentes, pag 180) será uno de los métodos que utilicemos para controlar y eliminar la presencia de las mismas

Si en el esquema electroneumático tratado en la página 87, se mantuviera activado el pulsador S, el cilindro C no retornaría a su posición de retraído (Esa orden constituye lo que se denomina señal permanente e impedirá por contraposición hacer efectiva la orden Y2 = C –).

Si deseáramos ahora que el cilindro salga sin más al activar el pulsador S y que retorne a pesar de que mantengamos activado dicho pulsador, aplicando a la señal S la configuración del relé temporizador con contacto NC, estará entonces limitada su existencia al tiempo retardado de activación del relé temporizador, correspondiéndole el siguiente esquema electroneumático

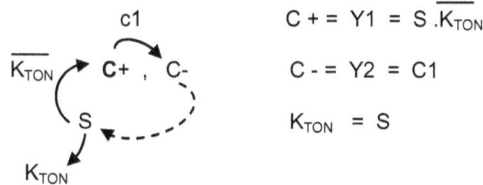

$$C + = Y1 = S \cdot \overline{K_{TON}}$$

$$C - = Y2 = C1$$

$$K_{TON} = S$$

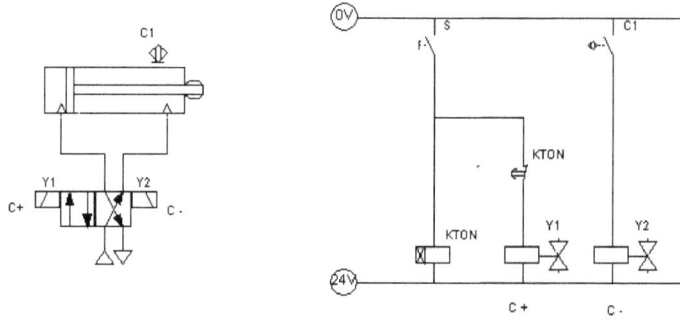

En el diagrama de señales, el mismo que en el caso de su equivalente neumático visto en la pag. 64, se observa como la señal C + = Y1 (S ΔT) temporizada, queda anulada (recortada) al cabo de un cierto tiempo ΔT a pesar de mantenerse activo el pulsador S que la genera, lo cual permite, al activarse C1 al llegar el vástago al final de su recorrido, que se genere la señal C - = Y2 sin señal contraria alguna que impida la entrada del cilindro

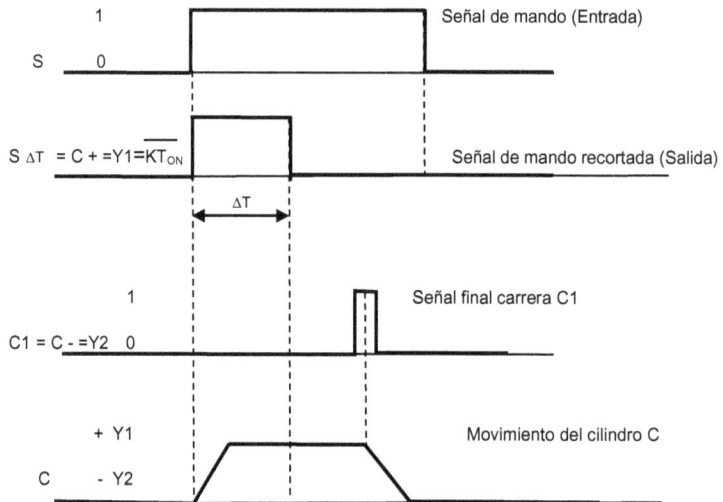

Ejercicio *(Idem neumático pag 65)*: La estampa superior de una prensa es accionada por un cilindro neumático de doble efecto, comandado por una electroválvula biestable 4/2 y dotado de un final de carrera (a1) que controla su posición de extendido.

Para la bajada de la prensa (Salida del cilindro) es preciso activar simultáneamente dos pulsadores P1 y P2 separados entre sí una cierta distancia que evite sean pulsados ambos con la misma mano, pero además por razones de seguridad y para evitar una posible manipulación incorrecta del sistema (Trabado de alguno de los pulsadores) debe configurarse el mando de modo que trascurridos 3 s. desde la activación de uno cualquiera de ellos, la señal que genere la posible activación del otro quede anulada, obligando al operario a una activación prácticamente simultánea de dichos pulsadores.

El retorno del cilindro se efectuará automáticamente al llegar al final de su recorrido

Para poder cumplir con la funcionalidad de que la activación de los pulsadores se realice con una diferencia de tiempo pequeña, recortaremos las señales de P1/P2 mediante relés temporizadores a la conexión con contacto NC calibrados a 3 segundos, disparados cada uno de ellos por la señal del otro pulsador (P2/P1)

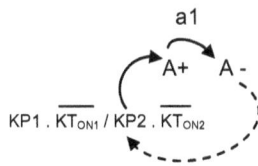

$A + = Y1 = KP1 . \overline{KT_{ON1}} . KP2 . \overline{KT_{ON2}}$

$A - = Y2 = a1$

$KT_{ON1} = KP2 \qquad KT_{ON2} = KP1$

$P1 = KP1 \qquad P2 = KP2$

Obteniéndose el siguiente esquema

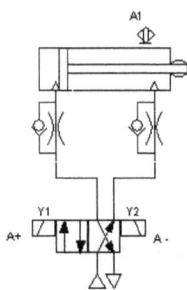

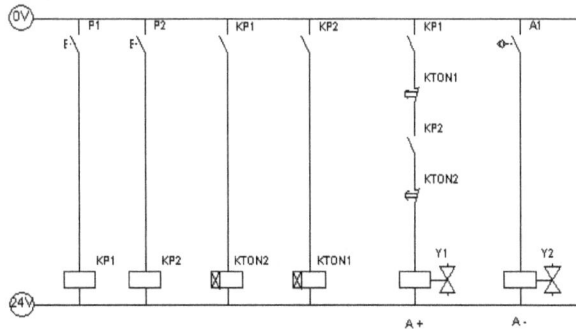

93

Ejercicio propuesto *(Idem neumático pag 66)* : Una envasadora está compuesta por un cilindro de doble efecto A, gobernado por una electroválvula biestable 4/2, teniendo controladas sus posiciones de retraído/extendido por sendos finales de carrera (a0 / a1). Su salida se efectúa al activar un pulsador P1, de esta forma se desplaza un determinado producto hacia una cinta trasportadora, su retorno se realiza automáticamente al llegar al final de su recorrido.

Al objeto de implantar una etiqueta sobre el producto procesado, se completa el sistema electroneumático de la envasadora con otro cilindro de simple efecto B, gobernado por una electroválvula monoestable 3/2 NC, cuya salida se efectuará siempre y cuando sea activado un pulsador P2 antes que hayan trascurrido 3 segundos desde la llegada del cilindro expulsor (A) a su posición de retraído

II.2.2.2.- Retardo a la desactivación (Desconexión)

El retardo con relé temporizador la desconexión se caracteriza porque una vez que se establece la anulación de la señal de mando tarda un cierto tiempo (ΔT retardo) en hacerse efectiva su desaparición sobre el elemento a controlar, por el contrario al aparecer dicha señal de mando su efecto se producirá en ese mismo instante

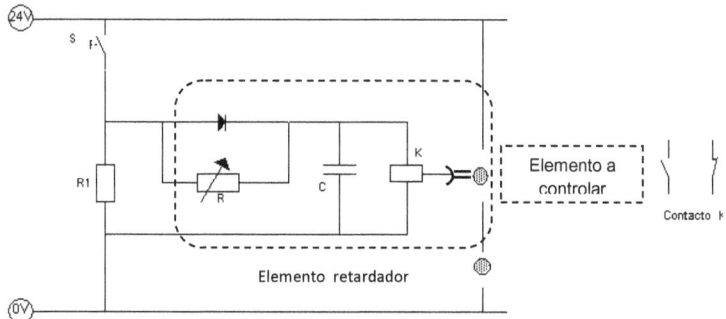

Cuya representación esquemática considerando el relé temporizador como conjunto sería:

:

Relé temporizador con retardo a la conexión

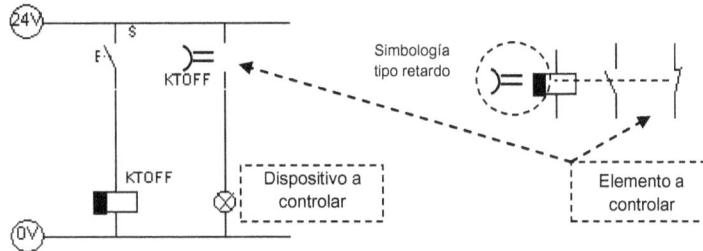

El diagrama señales-tiempo también es el mismo que el del temporizador neumático equivalente

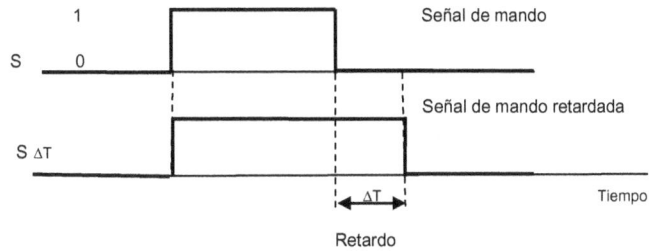

Como en anteriores configuraciones el elemento a controlar que acompaña al elemento retardador, es un contacto con posibilidad de ser NA o bien NC, pudiendo tener este relé en consecuencia las siguientes configuraciones y funcionalidades:

II.2.2.2.1.- Relé temporizador a la desactivación (Desconexión) con contacto NA

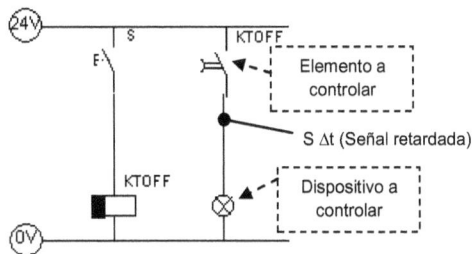

Tanto el elemento a controlar, contacto NA, como el dispositivo a controlar, tardarán un cierto tiempo Δt (retardo) en dejar de recibir la señal de mando, una vez que haya sido anulada, identificándolo como un relé con retardo a la desconexión (OFF)

(*Idem supuesto neumático pag 68*) Consideremos un sistema electroneumático en el que un cilindro de simple efecto B debe estar extendido un cierto tiempo tras haber abandonado su posición de extendido un primer cilindro de doble efecto A que sale al activarse un pulsador S y al llegar al final de su recorrido, detectado por un final de carrera a1, se efectúa la salida del cilindro B, cuyas ecuaciones de mando, esquema y grafo de secuencia serian:

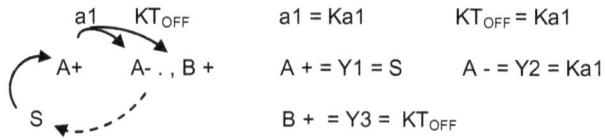

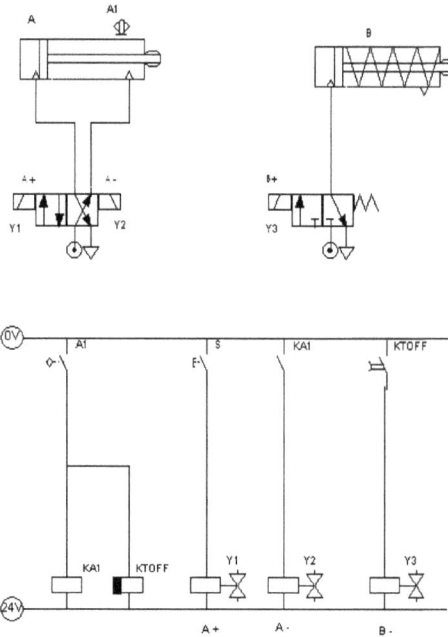

$$a1 = Ka1 \qquad KT_{OFF} = Ka1$$

$$A + = Y1 = S \qquad A - = Y2 = Ka1$$

$$B + = Y3 = KT_{OFF}$$

96

El diagrama de señales/tiempo y las consideraciones hechas para el ejemplo equivalente de la pag 69, son de aplicación en esta implementación electroneumática

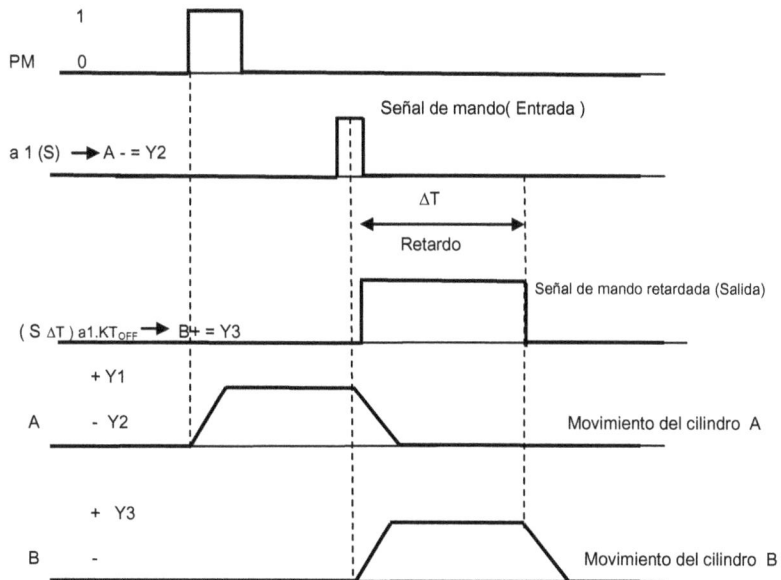

Ejercicio (*Idem neumatico pag 69/70*): En un laboratorio de análisis se dispone de una agitadora accionada por un cilindro de doble efecto gobernado por una electroválvula biestable 4/2 que tiene controladas las posiciones extremas de su recorrido por los oportunos finales de carrera (a0 / a1)

Realizada la sujeción del producto a agitar y tras una breve activación de un pulsador P , la máquina realizará automáticamente movimientos alternativos (Salida/Entrada del cilindro) durante un cierto tiempo regulable por el operador, al cabo del cual cesará la agitación.

El cilindro está extendido en su posición de reposo

Diséñese el circuito electroneumático para dicha máquina

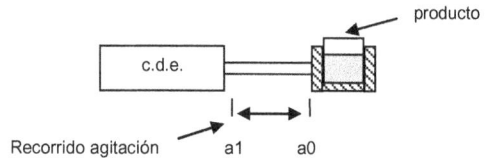

Recorrido agitación   a1   a0

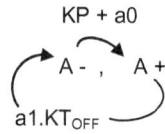

$KP + a0$

$A -$, $A +$

$a1.KT_{OFF}$

$A + = Y1 = KP + a0$

$A - = Y2 = a1 . KT_{OFF}$

$KP = P$ $T_{OFF} = KP$

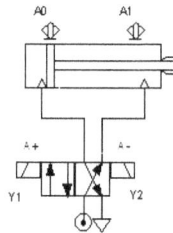

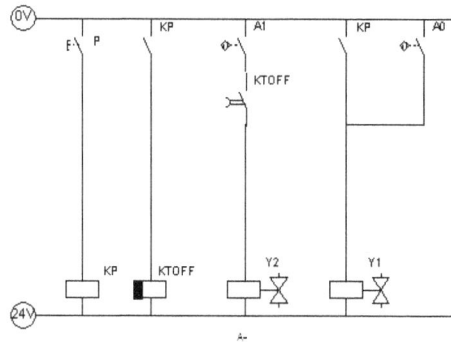

Ejercicio propuesto*(Idem neumático pag 70)*:   El sistema de sujeción de piezas de una máquina es accionado por un cilindro neumático de doble efecto y está comandado por una v. electroneumática 5/2 monoestable. El cierre de la mordaza (Salida del cilindro) se efectúa tras una abreve activación del pulsador P, debiendo permanecer en la posición de cierre durante 5 segundos tras dejar de ser pulsado P.

Diseñar el cierto electroneumático correspondiente

II.2.2.2.2.-. Relé temporizador a la desactivación (Desconexión) con contacto NC

Combinando un relé temporizador a la desconexión con un contacto auxiliar NC, de nuevo tanto este elemento como el dispositivo a controlar tardarán un cierto tiempo (∆t, retardo) en dejar de recibir la señal de mando (*), que identificaremos como un retardo a la desactivación OFF.

(*) Aunque en realidad el dispositivo a controlar dejará de tener tensión y por tanto cesa su funcionamiento

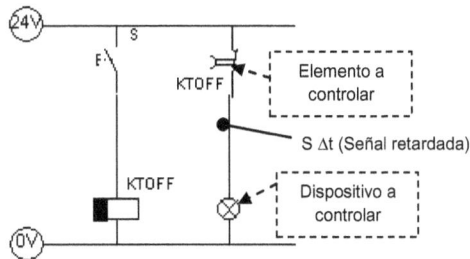

También el diagrama de señales/tiempo será el mismo que el del temporizador neumático equivalente (Temporizador a la desconexión con v. NA)

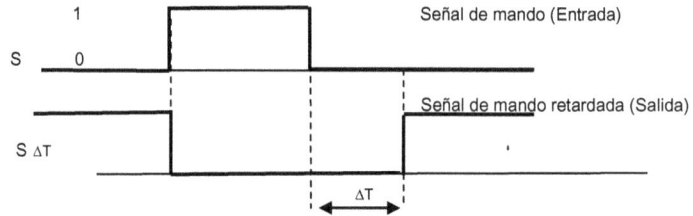

(*Idem supuesto neumático pag 72*) Igualmente, si consideramos aquí un sistema electroneumático en el que un cilindro de doble efecto A sale al activarse un pulsador de manera que se evite que una nueva activación del mismo genere la salida del cilindro hasta que no haya trascurrido un cierto tiempo desde que alcanzó su posición de extendido

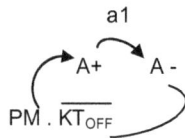

$$A + = Y1 = PM . K \overline{T_{OFF}}$$

$$A - = Y2 = Ka1$$

$$K T_{OFF} = Ka1$$

$$Ka1 = a1$$

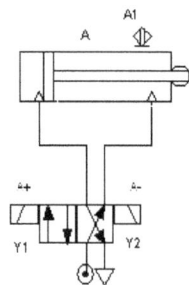

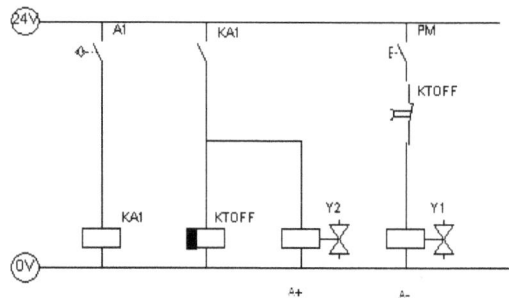

El diagrama de señales será el mismo que el del ya mencionado equivalente neumático (Pag 73)

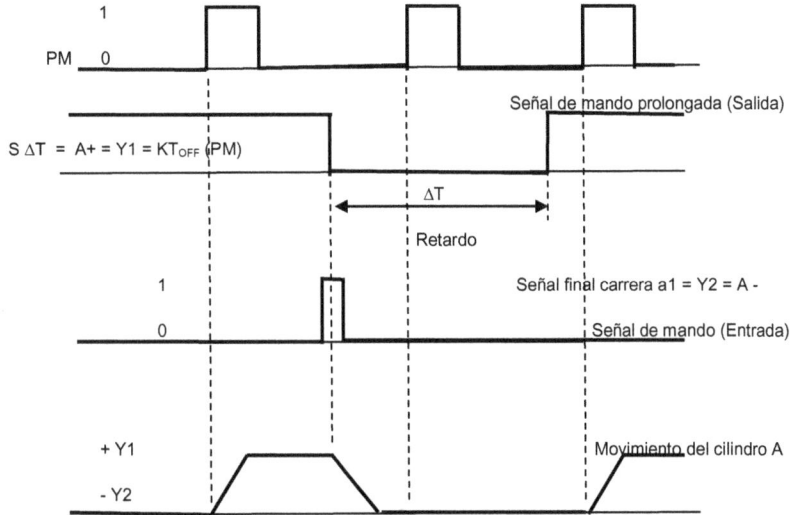

Así, tras la activación del pulsador PM, el cilindro A efectúa su salida dado que el contacto auxiliar NC (KT_{OFF}) asociado al temporizador, al estar cerrado, permite la excitación del solenoide Y1 de modo que al llegar el cilindro al final de su recorrido activa/desactiva el final de carrera a1 produciéndose su retorno a la posición de retraído. Esa señal a1 al dejar de producirse constituye el disparo del relé (Δt, retardo) que conmutará el contacto auxiliar KT_{OFF} a su posición de abierto, impidiendo temporalmente que otra posible activación de PM tenga efecto sobre el cilindro, hasta que el relé temporizador agote el tiempo de retardo restableciéndose la posición NC del relé auxiliar y por tanto la posibilidad de que la activación de PM vuelva a ser efectiva

Ejercicio : En la envasadora analizada en la pag. 94 se requiere un cambio en su funcionalidad de mando, de manera que ahora el cilindro B solo podrá efectuar su salida si se activa el pulsador P2 transcurridos al menos 3 segundos desde la salida del cilindro expulsor A

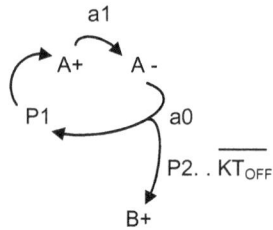

$$A + = Y1 = P1.Ka0$$

$$A - = Y2 = a1$$

$$B + = Y3 = P2 . \overline{KT_{OFF}}$$

$$Ka0 = a0$$

$$K T_{OFF} = Ka0$$

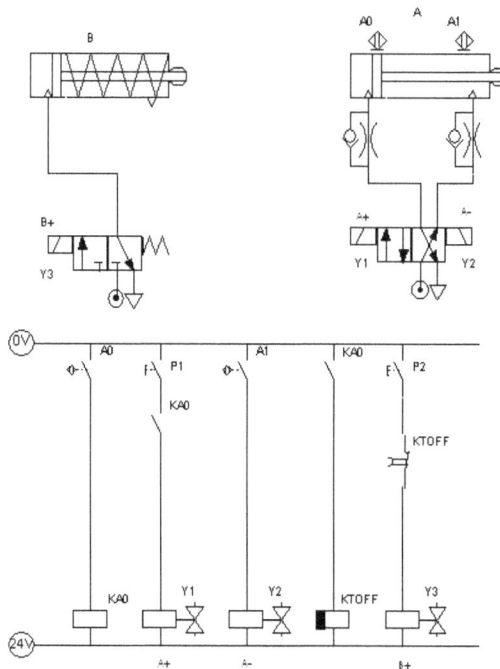

Ejercicio propuesto *(Idem neumático pag 74)* : Un cilindro de doble efecto comandado por una electroválvula biestable 4/2, dispone de un final de carrera a1 para controlar su posición de extendido, ejecuta su salida tras una breve activación del pulsador P efectuando su retorno automáticamente al llegar al final de su recorrido.

Por motivos de seguridad no debe ser posible una nueva salida del cilindro hasta que hayan trascurridos 15 segundos desde que se dejo de activar el pulsador P

II.2.2.3.- Retardo a la activación y desactivación (Conexión-Desconexión)

La conjugación de un relé con retardo a la activación con otro relé con retardo a la desactivación, proporciona un dispositivo retardador que como cabe esperar se caracteriza porque una vez generada la señal de mando, tarda un cierto tiempo (ΔT_{ON}, retardo conexión) en hacerse efectiva sobre el elemento a controlar y también

ocurrirá que una vez que haya desaparecido la señal de mando, tardará un cierto tiempo (ΔT_{OFF}, retardo desconexión) en hacerse efectiva sobre el elemento a controlar, con la posibilidad de regular los retardos independientemente uno del otro

Relé temporizador con retardo a la conexión-desconexión

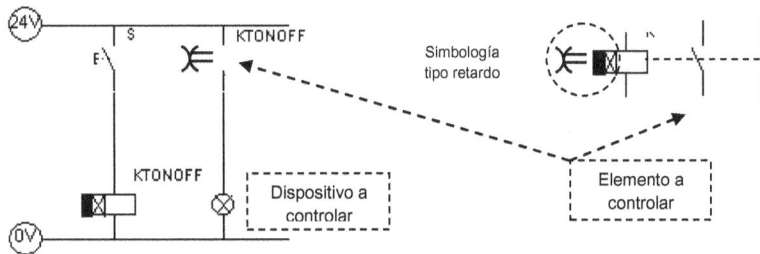

El diagrama de señales/tiempo es igual al expuesto para su equivalente neumático y caben hacer las mismas consideraciones. También el contacto auxiliar asociado al relé temporizador a la conexión/desconexión puede ser NA o NC

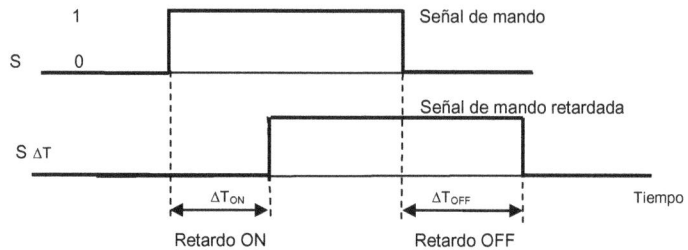

II.2.2.3.1.- *Relé temporizador a la activ-desacti (Conexión-Desconexión) con contacto   NA*

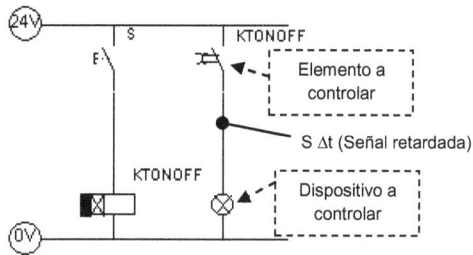

Tanto el elemento como el dispositivo a controlar tardaran un tiempo ΔT_{ON} en recibir la señal de mando desde el momento en que se hace efectiva y también tardará un tiempo ΔT_{OFF} en dejar de recibir la señal de mando desde el momento en que deja de hacerse efectiva la citada señal de mando. En consecuencia decimos que es un retardo a la activación-desactivación (ON-OFF)

(Idem supuesto neumático pag 76) Suponiendo un sistema electroneumático en el que un cilindro C efectúa su salida un cierto tiempo (T1) después de realizarse la activación de un pulsador S y retorna desde la posición de extendido un cierto tiempo (T2) después de dejar de ser activado dicho pulsador S

$$(\overline{S})\,T_{ONOFF}$$

$$C+ \quad C-$$

$$(S)\,T_{ONOFF}$$

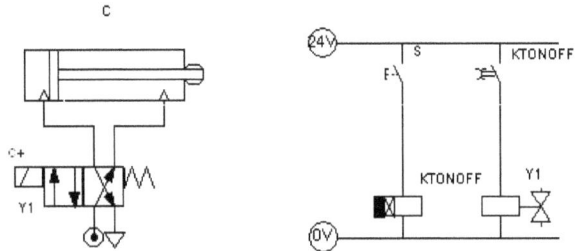

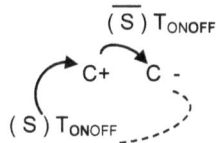

$$(T1 = T_{ON} \quad T2 = T_{OFF})\ T_{ONOFF}$$

$$C + = Y1 = KT_{ONOFF}$$

$$KT_{ONOFF} = S$$

$$(\,C\,-\,=\,\mathcal{M}\ \text{y ausencia de C+}$$

El diagrama señales- tiempo y las consideraciones al mismo, son idénticas a las indicadas en la resolución de este supuesto en tecnología neumática (Pag 77), de modo que al activar el pulsador S, trascurre un tiempo $T1 = T_{ON}$ hasta que dicha señal hace conmutar la electroválvula Y1 (C+) saliendo en ese momento el cilindro C. Tras la desactivación del pulsador S (Desaparición de la señal de mando) y trascurrido un tiempo $T2 = T_{OFF}$, la electroválvula Y1 conmutará a su posición de reposo propiciándose entonces la entrada del cilindro

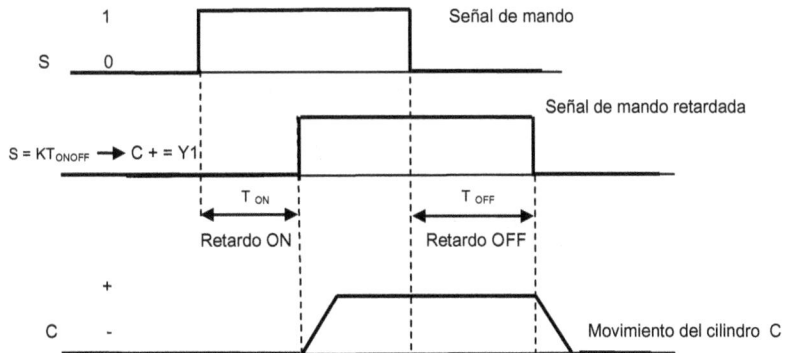

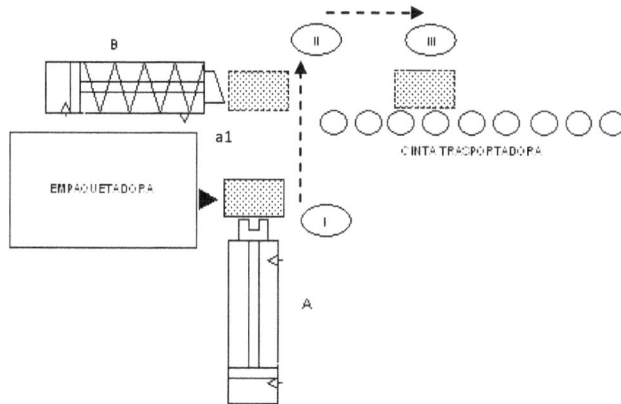

Cilindro A, encargado del traslado del producto del punto I al II, comandado por una electrovávula biestable 5/2 y dotado de un final de carrera a1 que detecta su posición de extendido cuando el producto llega a la posición II.

Cilindro B, encargado del desplazamiento del producto del punto II al III (Cinta trasportadora) que está comandado por una electroválvula monoestable 3/2 NC.

La funcionalidad del conjunto es la siguiente:

Tras ser activado un pulsador PM se efectúa el desplazamiento del producto al punto II mediante la salida del cilindro A, trascurrido un cierto tiempo (T1, 6 s.*) desde la llegada del producto a la posición II, el cilindro B efectúa su salida, de modo que al llegar el producto a la posición III el cilindro A regresará a su posición de retraído y trascurrido un cierto tiempo (T2 , 3 s.*) desde que el cilindro A abandone la posición II, el cilindro B efectuará su entrada

Obtener el circuito electroneumático correspondiente

(*) T2 , T1 . Estos tiempos se fijan de modo que se asegure el posicionado del producto en el punto II y
en el punto III, antes de que los cilindros A y B retornen a su posición de partida

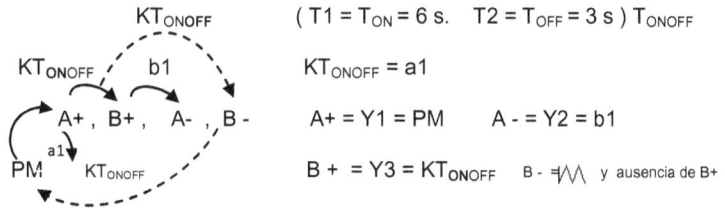

KT_{ONOFF}

KT_{ONOFF} b1

A+ , B+ ,   A- , B -

$\overset{a1}{\downarrow}$

PM KT_{ONOFF}

(T1 = T_{ON} = 6 s.   T2 = T_{OFF} = 3 s) T_{ONOFF}

KT_{ONOFF} = a1

A+ = Y1 = PM   A - = Y2 = b1

B + = Y3 = KT_{ONOFF} B - $=\!/\!\!\wedge\!\!\wedge$ y ausencia de B+

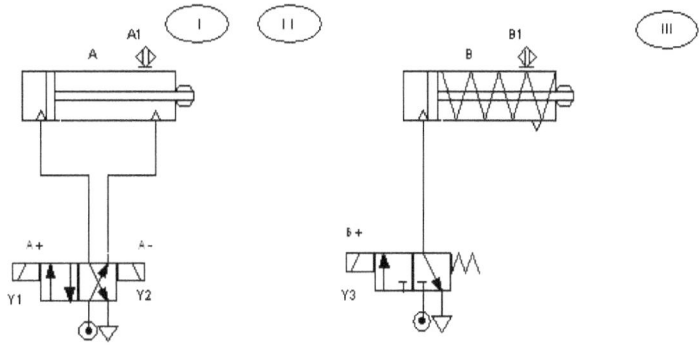

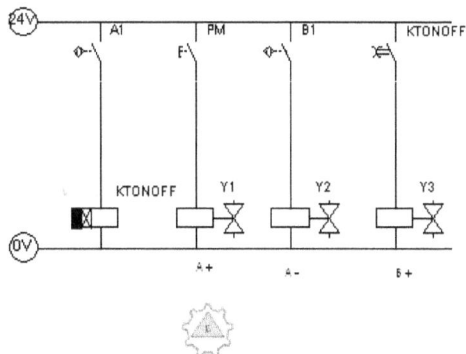

Ejercicio propuesto *(Idem neumático pag 79)*: En una guillotina accionada por un cilindro neumático de doble efecto que está gobernado por una electroválvula monoestable 5/2, por razones de seguridad, la bajada de la cuchilla se inicia trascurridos 3 segundos tras la activación mantenida de un pulsador PM debiendo permanecer en la posición inferior de su recorrido hasta que hayan trascurrido 5 segundos tras la desactivación del pulsador PM

Diseñar el circuito electroneumático correspondiente

II.2.2.3.2.- Relé temporizador a la activ-desactiv (Conexión-Desconexión) con contacto NC

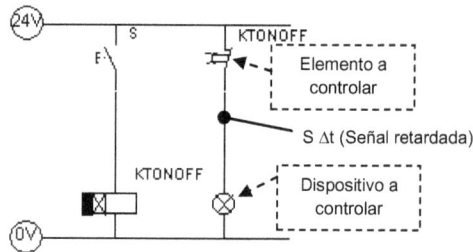

También en este caso, tanto el elemento como el dispositivo a controlar tardarán un tiempo ΔT_{ON} en recibir la señal de mando desde el momento en que se hace efectiva (*) y también tardará un cierto tiempo ΔT_{OFF} en dejar de recibirla desde el momento en que deja de hacerse efectiva la señal de mando (**) En consecuencia decimos que es un retardo a la activación-desactivación (ON-OFF)

(*) Aunque en realidad el dispositivo a controlar dejara de tener tensión (Cesará su funcionamiento)

(**) Aunque en realidad el dispositivo a controlar volverá a tener tensión (Reanuda su funcionamiento)

(*Idem supuesto neumático pag 80)* Considerese un cilindro (B) de doble efecto comandado por una electroválvula monoestable 4/2, dotado de un final de carrera (b1) para detectar su posición de extendido y que efectúa su salida al realizarse una activación mantenida de un pulsador PM.

El cilindro deberá retornar desde esa posición, aun manteniéndose pulsado PM , al cabo de 5 segundos tras su llegada a la misma. Tambien debe configurarse el mando de modo que una nueva salida del cilindro no sea

posible hasta que hayan trascurrido 10 segundos desde que el cilindro alcazó la posición de extendido

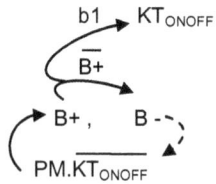

$(T_{ON} = 5 \text{ s} \quad T_{OFF} = 10 \text{ s}) \, T_{ONOFF}$

$B + = \ Y1 = PM .K \, \overline{T_{ONOFF}}$

$B - = |\wedge\!\wedge$ y ausencia de B+ ,

$b1 = KT_{ON \, OFF}$

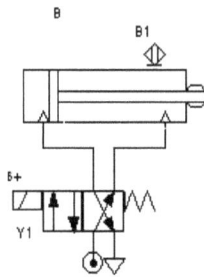

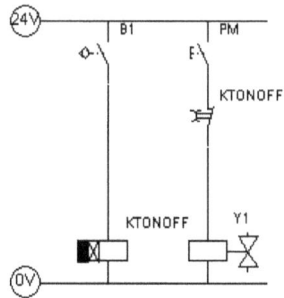

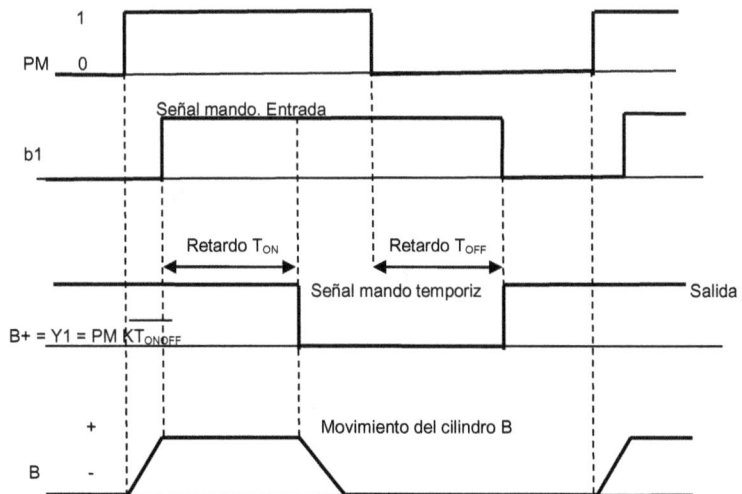

Ejercicio *(Idem neumático pag 81)*: Un cilindro neumático de doble efecto comandado por una electrovávula biestable 4/2 efectúa su salida al ser activado un pulsador PM y retorna desde su posición de extendido , detectada por un final de carrera a1, debiéndolo hacer en ese instante si se ha dejado de pulsar PM o al cabo de 5 s desde que llegó a la posición de extendido aunque se mantenga activado dicho pulsador

También debe evitarse que una nueva activación del pulsador PM estando el cilindro en su posición de retraído genere su salida hasta que no haya transcurridos al menos 10 segundos desde que alcanzó la posición de extendido, en el caso de una activación mantenida de PM

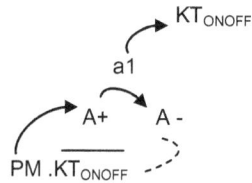

$(T_{ON} = 5 \text{ s} \qquad T_{OFF} = 10 \text{ s}) T_{ONOFF}$

$a1 = KT_{ONOFF}$

$A + = Y1 = PM . \overline{KT_{ONOFF}}$

$A - = Y2 = a1 \ (\text{Con ausencia de A+})$

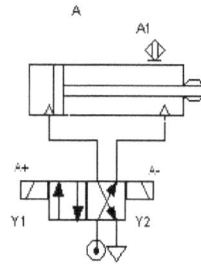

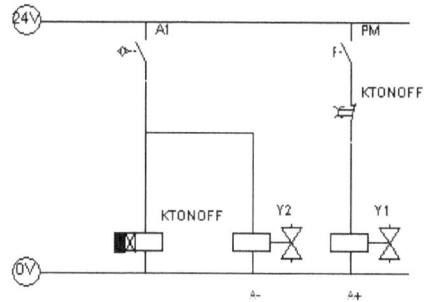

Ejercicio propuesto *(Idem neumático pag 82)*: Un cilindro de doble efecto comandado por una electroválvula biestable 4/2 dispone de un final de carrera a1 que controla su posición de extendido, ejecuta su salida tras una breve activación del pulsador P , efectuando su retorno automáticamente al llegar a su posición de extendido pudiendo efectuarse una nueva salida del cilindro sin ninguna restricción temporal.

En el supuesto de que la activación del pulsador P se mantuviera el cilindro deberá retornar también automáticamente al cabo de 5 segundos de su activación y no podrá efectuarse una nueva salida del cilindro hasta que hayan transcurrido al menos 10 segundos desde que deje de ser activado

II.2.3.- Temporización mediante PLC

El desarrollo de la temporalización mediante tecnología programable con el uso de PLC dado su importancia en la técnica de mando debe ser tratado específicamente y en conjunto con el recto de comandos/funciones de los autómatas programables, siendo el control de semáforos, intermitencias algunos ejemplos concretos de su utilización. Por todo ello en este volumen consideraremos únicamente el estudio del bloque temporizador a la conexión (T_{ON}) controlando un contacto cerrado, dada su utilización posterior en la eliminación de señales permanentes mediante control por PLC (Ver apartado II.3.2.3 Temporización, eliminación de señales permanentes, pag 180).

En este apartado siguiremos la línea utilizada con la tecnología neumática y eléctrica vista , resolviendo los supuestos ya tratados entonces intermitencias......

II.2.3.1.- Retardo a la activación (Conexión)

II.2.3.1.1.-. Temporizador a la activación (Conexión) con contacto NC

Considerando un bloque /función temporizador a la conexión (ON), gobernando un contacto negado (NC) como elemento a controlar tanto este elemento como el dispositivo a gobernar (Receptor), tardaran un cierto tiempo (Δt, retardo) en recibir la señal de mando (*), tras la activación de la señal de mando SP, identificándose también como un retardo a la activación

(*) Aunque en realidad el receptor dejará de tener tensión, esto es, dejará de funcionar

$$Yx = SP\,(TON_{SP} + \overline{TON_{SP}}^{NC})$$

Señal retardada

SP

TON_{SP}

IN   TON
PT   100 ms

$\overline{TON_{SP}}$

Yx

Dispositivo a controlar

Elemento a controlar

SP∆t (Señal retardada)

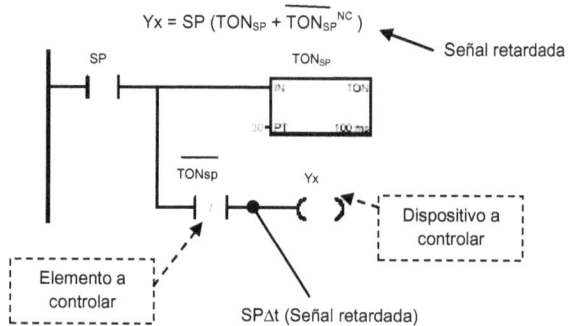

El diagrama de señales será

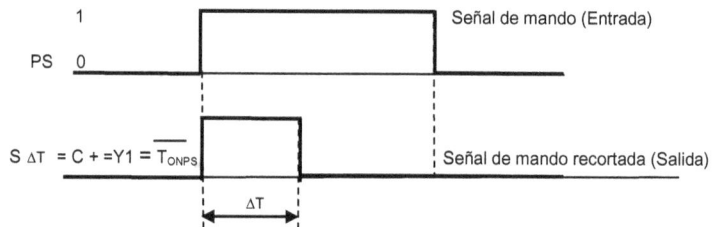

1

PS   0

Señal de mando (Entrada)

$S_{\Delta T} = C + = Y1 = \overline{T_{ONPS}}$

Señal de mando recortada (Salida)

∆T

La señal SP∆t que llega al dispositivo a controlar está presente desde que es activada la señal SP, debido al contacto NC, siendo anulada (recortada) al transcurrir un tiempo ∆t (retardo) desde la activación (Conexión) de la misma (SP). Le podemos asignar también el nombre de generador de impulsos o recortador de señal y como se verá mas adelante (II.3.2.3. Temporización, pag 180), Eliminación de señales permanentes) puede ser una estrategia para controlar y eliminar la presencia de señales antagónicas

Como ya se hizo en tecnología eléctrica (Pag. 91), si deseamos que un cilindro C salga al activar un pulsador PS y que retorne a pesar de que lo mantegamos activado, aplicando a dicha señal el bloque/función temporizadora T_{ON} con contacto NC, la existencia de la misma estará limitada al tiempo de retardo de activación o conexión ON de la función T_{ON}

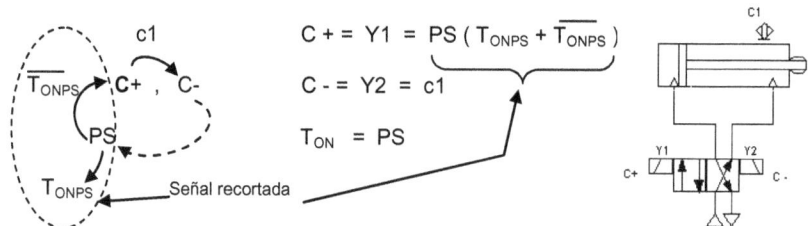

c1

$\overline{T_{ONPS}}$ C+ , C-

PS

T_{ONPS} — Señal recortada

$$C + = Y1 = PS\,(T_{ONPS} + \overline{T_{ONPS}})$$

$$C - = Y2 = c1$$

$$T_{ON} = PS$$

c1

Y1   Y2

c+   c-

112

La tabla de correspondencias y el diagrama de contactos para control por PLC, serían:

Símbolo	Dirección
PS	I0.0
e1	I0.1
Y1	Q0.1
Y2	Q0.2
TONs	T101

$$C + = Y1 = Q0.1 = PS \, (T_{ONPS} + \overline{T_{ONPS}}) = I0.0 \, (T101 + \overline{T101})$$

$$C - = Y2 = Q0.2 = c1 = I0.1$$

El diagrama de señales es el mismo que se plasma para este supuesto en tecnología eléctrica (Ver pag. 92)

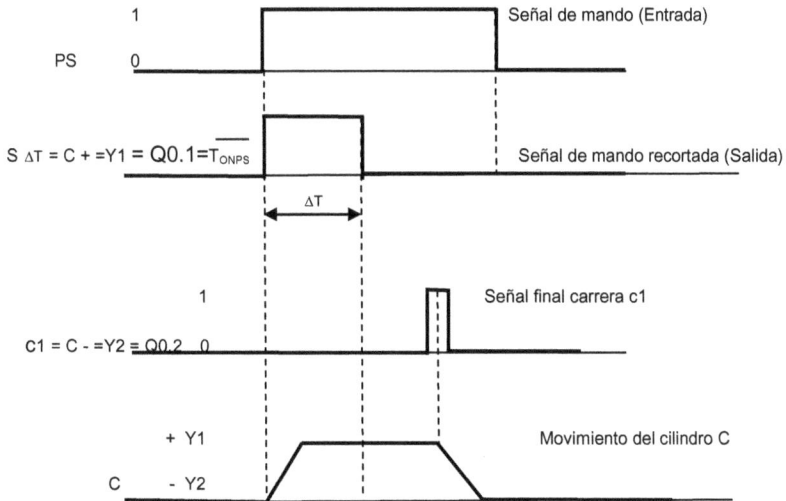

El diagrama de contactos para control por PLC sería

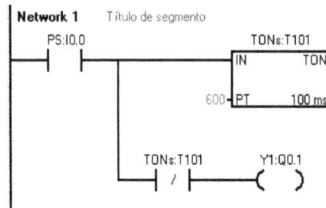

113

Ejercicio *(Idem electroneumático pag 93)*: La estampa superior de una prensa es accionada por un cilindro neumático de doble efecto, comandado por una electrovávula biestable 4/2 y dotado de un final de carrera (a1) que controla su posición de extendido.

Para la bajada de la prensa (Salida del cilindro) es preciso activar simultáneamente dos pulsadores P1 y P2 separados entre sí una cierta distancia que evite sean pulsados ambos con la misma mano, pero además por razones de seguridad y para evitar una posible manipulación incorrecta del sistema (Trabado de alguno de los pulsadores) debe configurarse el mando de modo que trascurridos 3 s. desde la activación de uno cualquiera de ellos, la señal que genere la posible activación del otro quede anulada, obligando al operario a una activación prácticamente simultánea de dichos pulsadores. El retorno del cilindro se efectuará automáticamente al llegar al final de su recorrido

Obtener el diagrama de contactos para control del sistema mediante autómata programable

Para poder cumplir con la funcionalidad de que la activación de los pulsadores se realice con una diferencia de tiempo pequeña, recortaremos las señales de P1/P2 mediante temporizadores a la conexión con contacto NC calibrados a 3 segundos, disparados cada uno de ellos por la señal del otro pulsador (P2/P1)

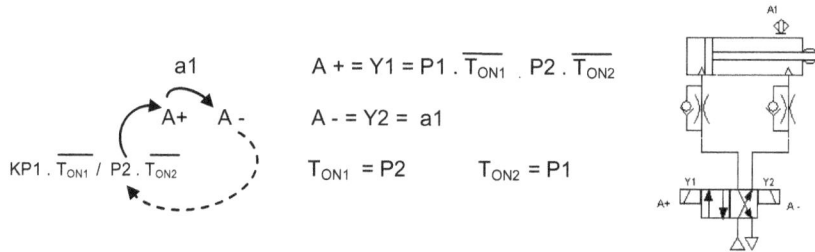

$$A + = Y1 = P1 . \overline{T_{ON1}} . P2 . \overline{T_{ON2}}$$

$$A - = Y2 = a1$$

$$T_{ON1} = P2 \qquad T_{ON2} = P1$$

$$KP1 . \overline{T_{ON1}} / P2 . \overline{T_{ON2}}$$

La tabla de correspondencias , ecuaciones de mando y el diagrama de contactos serían los siguientes

Símbolo	Dirección
P1	I0.1
P2	I0.2
a1	I0.3
Y1	Q0.1
Y2	Q0.2
TON1	T101
TON2	T102

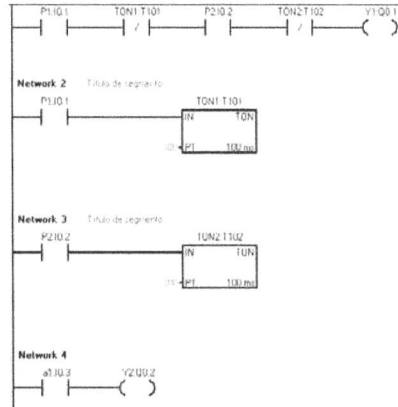

$A + = Y1 = Q0.1 = P1 . \overline{T_{ON1}} . P2 . \overline{T_{ON2}}$

$A - = Y2 = Q0.2 = a1 = I0.3$

$T_{ON1} = T101 = P2 \qquad T_{ON2} = T102 = P1$

Ejercicio propuesto *(Idem electroneuático pag 94)* : Una envasadora está compuesta por un cilindro de doble efecto A, gobernado por una electroválvula biestable 4/2, teniendo controladas sus posiciones de retraído/extendido por sendos finales de carrera (a0 / a1). Su salida se efectúa al activar un pulsador P1, de esta forma se desplaza un determinado producto hacia una cinta trasportadora, su retorno se realiza automáticamente al llegar al final de su recorrido.

Al objeto de implantar una etiqueta sobre el producto procesado, se completa el sistema electroneumático de la envasadora con otro cilindro de simple efecto B, gobernado por una electroválvula monoestable 3/2 NC, cuya salida se efectuará siempre y cuando sea activado un pulsador P2 antes que hayan trascurrido 3 segundos desde la llegada del cilindro expulsor (A) a su posición de retraìdo

Obtener el diagrama de contactos para el gobierno mediante PLC

II.2.4.- Equivalentes de temporización

En la tabla de la siguiente página se recogen ordenadamente los equivalentes de temporización en las tecnologías neumática, eléctrica y programable mediante el uso de PLC, evidenciándose el paralelismo existente entre ellas

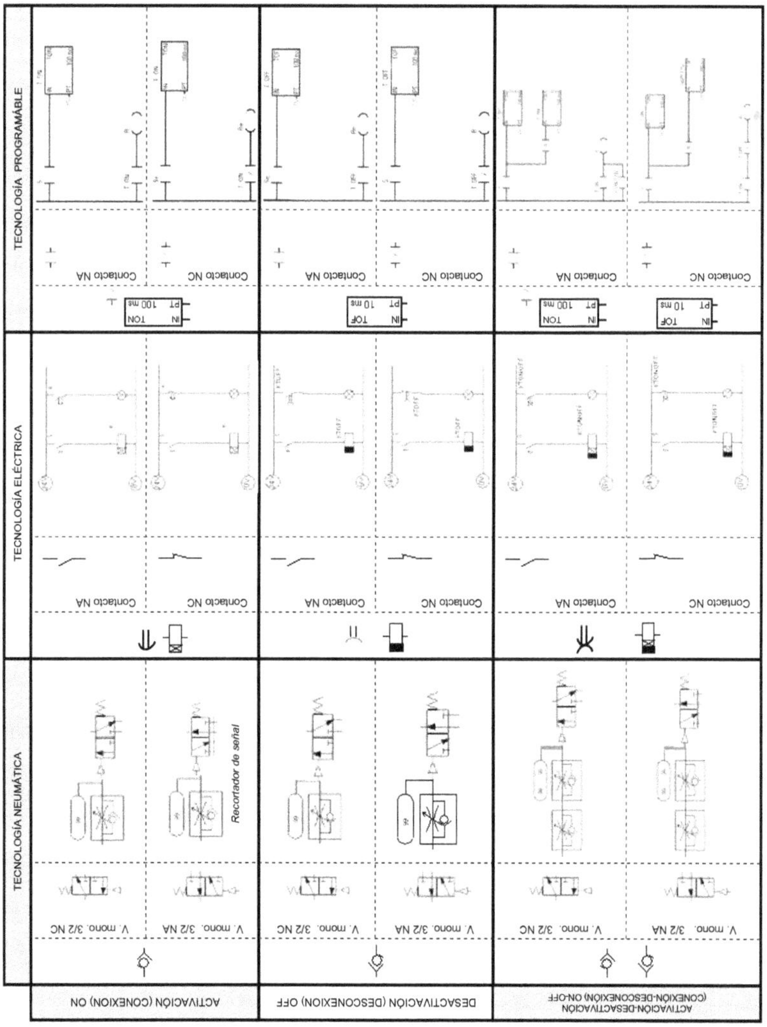
TECNOLOGÍA NEUMÁTICA
TECNOLOGÍA ELÉCTRICA
TECNOLOGÍA PROGRAMABLE
ACTIVACIÓN (CONEXIÓN) ON
DESACTIVACIÓN (DESCONEXIÓN) OFF
ACTIVACIÓN-DESACTIVACIÓN (CONEXIÓN-DESCONEXIÓN) ON-OFF
V. mono. 3/2 NC
V. mono. 3/2 NA
Recortador de señal
Contacto NA
Contacto NC
TON
TOF
IN
PT
100 ms
10 ms

II.3.- ELIMINACIÓN DE SEÑALES PERMANENTES (Señales Incompatibles)

La existencia de este tipo de señales es un problema típico que se puede presentar en los sistemas secuenciales, donde los movimientos (Entrada-Salida) de dos o más cilindros se van produciendo según un orden determinado denominado secuencia y que surgen cuando alguna/s de las válvulas/electroválvulas que controlan el movimientos de los cilindros tengan ya presión/tensión al llegarles la señal antagónica y está no surtirá efecto, generándose así un bloqueo de la v, distribuidora que conocemos con el nombre de "señal permanente"

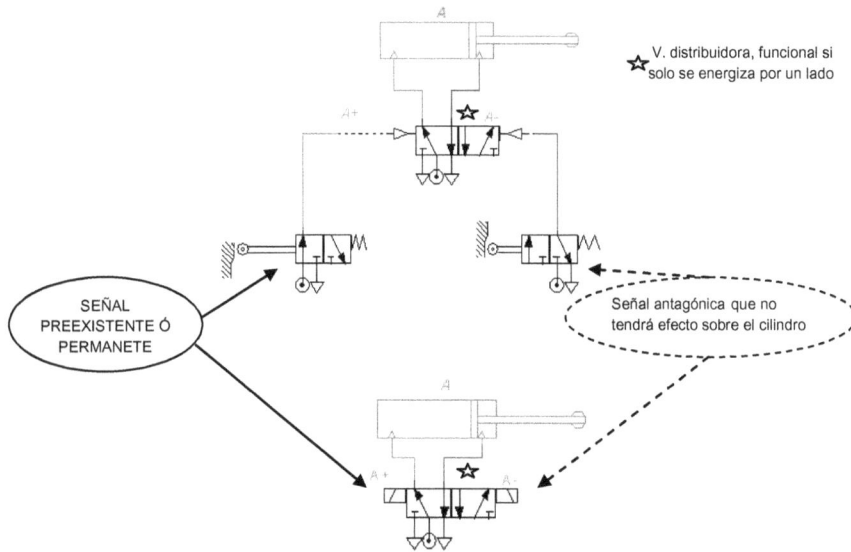

V. distribuidora, funcional si solo se energiza por un lado

SEÑAL PREEXISTENTE Ó PERMANETE

Señal antagónica que no tendrá efecto sobre el cilindro

Concluyendo, si una válvula distribuidora, tiene simultáneamente dos señales antagónicas, no conmutará, debido a que la señal preexistente dominará sobre la contraseñal que debería generar el movimiento contrario del cilindro y por ello no tendrá efecto, interrumpiendo la evolución-conclusión de la secuencia de funcionamiento por lo que será oportuno determinar en qué momento se produce esa situación para acometer la eliminación de esa señal permanente por alguno de los métodos que se irán viendo mas adelante

II.3.1.- Conceptos previos sobre señales permanentes

Introducido ya el concepto de "señal permanente" como aquella señal que incidiendo sobre una v. distribuidora impide a la señal antagónica que esta conmute, será necesario saber antes de decidir el método de resolución a utilizar, si en una determinada secuencia existen señales permanentes e identificarlas. Pero antes de acometer esa consideración debemos fijar los siguientes conceptos previos:

II.3.1.1.- Secuencia

Es el orden de activación de los actuadores de un sistema automático y está dividida en fases, su inicio exige una señal o intervención externa, humana normalmente, por ello podemos decir que el funcionamiento de un sistema se compone de tantas secuencias como intervenciones externas requiera, cuyo análisis y resolución se efectúa independientemente

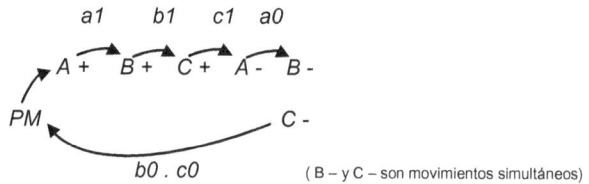

(B – y C – son movimientos simultáneos)

II.3.1.2.- Fase

Está constituida por aquellos movimientos de actuadores que se realizan simultáneamente, se producen con una misma orden, estableciendo a su vez a su conclusión la orden para el lanzamiento de la fase siguiente, por tanto, podemos decir que una secuencia está dividida en fases, de manera que cada una ellas no comenzará hasta que finalice la anterior (Carácter secuencial).

En el desarrollo funcional de una secuencia, los captadores de señal (finales de carrera, sensores …) que certifican la conclusión de la última fase, conjuntamente con las condiciones iniciales para su funcionamiento (Puesta en marcha, PM) establecen el inicio de la secuencia y por tanto de su primera fase, seguidamente, los captadores de señal que ratifican la conclusión de esta primera fase, establecen el inicio de la segunda y así sucesivamente hasta el final de la secuencia. Pues bien, generalizando estas reflexiones, en cualquier sistema secuencial, podemos decir que:

a) *" A un estado (E_N) se llega desde el estado anterior (E_{N-1}) cuando se cumple la condición de cambio (Transición) entre ambos ($CT_{EN - EN-1}$)"*

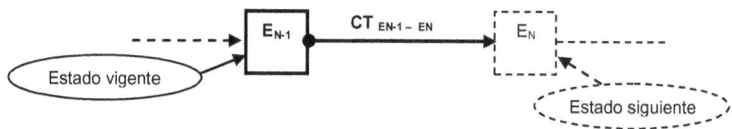

O dicho de otra forma:

Un estado es igual estado anterior por (Y) la señal de cambio

$$E_N = E_{N-1} \cdot CT_{EN-1 -EN}$$

b)   *La entrada en vigencia de un estado (E_N) , anula la vigencia del anterior (E_{N-1})*

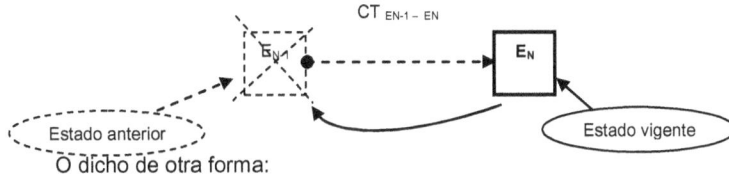

O dicho de otra forma:

A un estado le anula el siguiente

$$(E_{N-1})' = E_N$$

II.3.1.3.- Señal permanente

Como se ha indicado anteriormente, en automatización neumo-electroneumática, aparece una señal permanente cuando sobre una v. distribuidora existen simultáneamente dos señales de mando contrarias, no efectuándose en consecuencia la acción inherente a la segunda orden, lo que supone que no se realizará la fase siguiente hasta que haya desaparecido la primera de las señales antagónicas

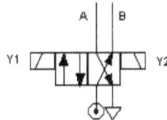

Si está excitado el solenoide Y2, habrá presión en el conducto B y aunque se active el solenoide Y1, la electroválvula no conmutará, no consiguiéndose presión en el conducto A

II.3.1.4.- Secuencia de inversión exacta (Simétrica)

Es aquella secuencia que al dividirla en dos partes (Punto de inversión) presenta las fases en el mismo orden en ambas, también se la denomina secuencia simple y en ella existe una correlación idéntica de movimientos salida/entrada y su resolución puede efectuarse de forma puramente combinacional

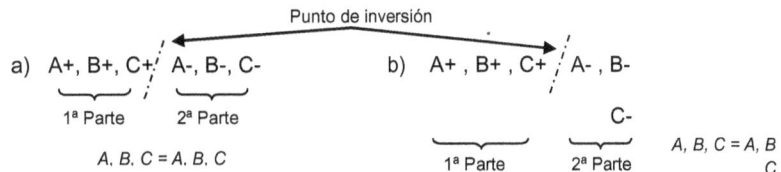

Llegados a este punto, para el análisis que sigue es oportuno , si el lector no conoce la elaboración de diagramas coordinados de movimentos-señales debería proceder antes a su lectura en el apartado II.3.1.6 (pag 133)

119

En la segunda parte de ambas secuencias, ningún movimiento se ejecuta antes que en la primera, esto es, ninguna fase se adelanta, aunque si puede aparecer a la vez que el movimiento anterior (*), pues bien, en este tipo de secuencias no existen señales permanentes (* *) como se puede apreciar gráficamente mediante lel diagrama coordinado de movimientos-señales desarrollado mas adelante y por tanto para el estudio y elaboración del esquema de mando de este tipo de secuencias no será preciso estrategia alguna para su resolución, bastando para su obtención recurrir únicamente al denominado método intuitivo (* * *)

(*) En cuyo caso, si bien no se da una señal permanente en el sentido amplio de la palabra, si existe una señal de interferencia que podríamos denominar seña permanente parcial o transitoria, que retrasará por unos breves instantes uno de los dos movimientos simultáneos . Si hacemos el oportuno gráfico de movimientos/señales coordinado observamos que entre la fase 4 y la 5 existe un coincidencia temporal – puntual de las señales antagónicas que gobiernan los movimientos del cilindro C, por tanto , el movimiento C- tardará unos instantes en comenzar a efectuarse, hasta que deje de producirse la señal antagónica b1, esto es, haya ya comenzado la entrada del cilindro B, siendo esa la causa de la no total simultaneidad de movimientos, que de ser requerida nos obligaría a utilizar alguno de los métodos de eliminación de señales permanentes, para que esos movimientos fueran completamente simultáneos

(*) A+, B+, C+, A-, B-

C-

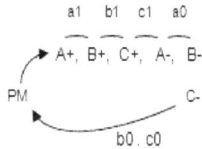

$$a1 \quad b1 \quad c1 \quad a0$$

A+, B+, C+, A-, B-

PM ———— C-

b0 . c0

⇐ Los bordes laterales del gráfico son coincidentes (Carácter cilíndrico-secuencial)

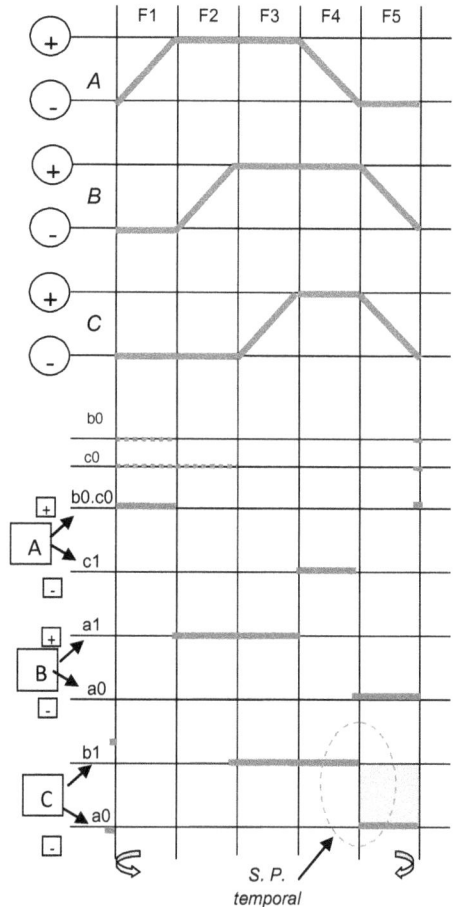

S. P. temporal

(**) A+, B+, C+, A-, B-, C-

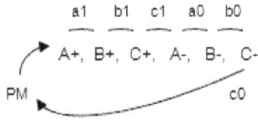

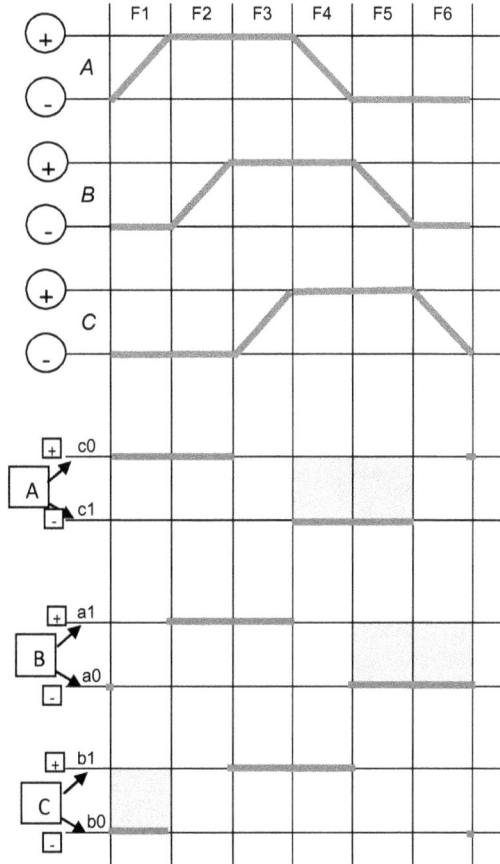

(* * *) En ocasiones se aplica el criterio de que si en una secuencia no existen movimientos opuestos (letras iguales) seguidas, no hay señales permanentes.

A+, B+, A-, B-   Secuencia sin señales permanentes $A , B = A , B$

A+, B+, B-, A-   Secuencia con señales permanentes $A , B \neq B , A$

Pero como se puede apreciar en la siguiente secuencia :   A+, B+, C+, B-, A-, C-

$$A , B , C \neq B , A , C$$

en la que si seguimos ese criterio, estableceríamos que no existen señales permanentes, si hacemos el oportuno gráfico de movimientos/señales coordinado , constataríamos que sí las hay

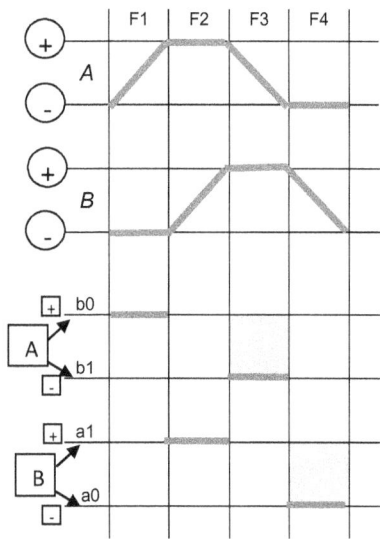

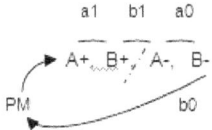

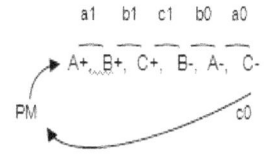

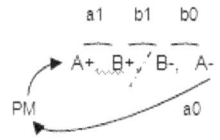

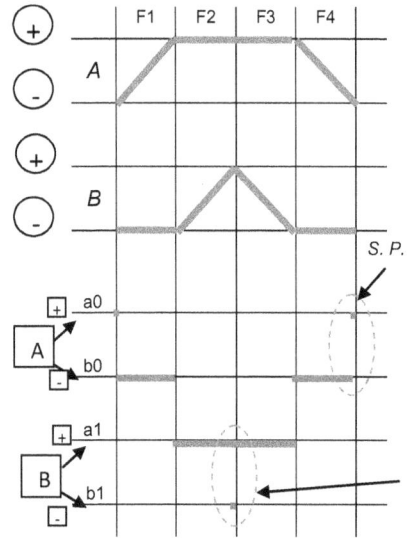

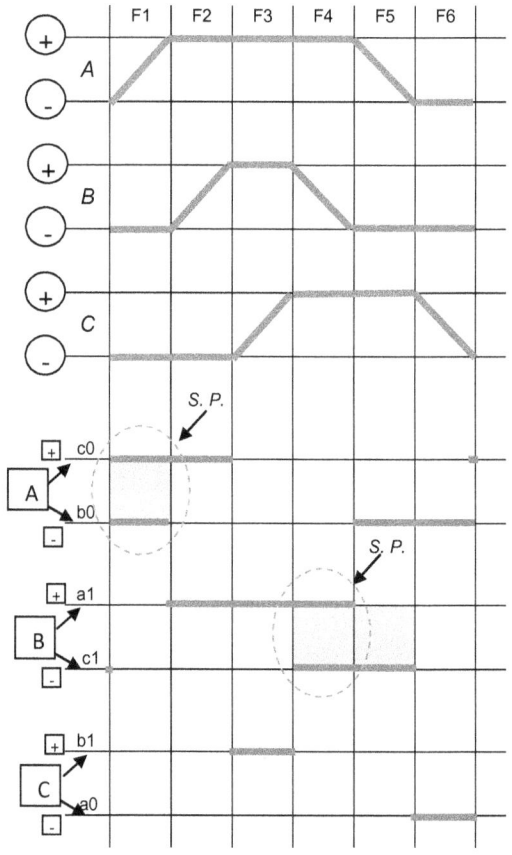

En el diseño de circuitos por el denominado "método intuitivo" o tanteo práctico, se consideran las siguientes directrices:

. Inicialmente, en la realización del esquema no se contemplan antirretornos, reguladores de caudal/presión, temporizaciones

. El circuito se representa en la posición inicial anterior al inicio de la secuencia o posición de reposo (Los finales de carrera que estuvieran "pisados" en esa situación, los representaremos también como no activados)

. Los captadores de señal (Finales de carrera, sensores…) activos a la finalización de la última fase de la secuencia, conjuntamente con las condiciones de arranque, establecen el comienzo de la secuencia y por tanto el inicio de la primera fase

Los captadores de señal activados a la conclusión de la primera fase, establecen el inicio de la segunda y así sucesivamente hasta el final de la secuencia

Considerando las secuencias indicadas al comienzo del apartado, cuyo inicio se establece al activar un pulsador de puesta en marcha (PM), tendríamos:

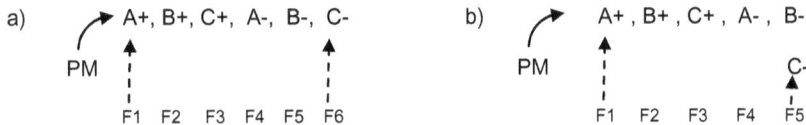

a)

$A+, B+, C+, A-, B-, C-$

PM

F1 F2 F3 F4 F5 F6

b)

$A+ , B+ , C+ , A- , B-$

PM

$C-$

F1 F2 F3 F4 F5

Establecimiento de las señales que gobiernan las fases mediante el grafo de secuencia

a1 b1 c1 a0 b0

$A+, B+, C+, A-, B-, C-$

PM c0

a1 b1 c1 a0

$A+, B+, C+, A-, B-$

PM $C-$

b0 . c0

Ecuaciones de mando para el gobierno de las fases

$A+ = Y1 = PM . c0$

$B+ = Y3 = a1$

$C+ = Y5 = b1$

$A - = Y2 = c1$

$B - = Y4 = a0$

$C - = Y6 = b0$

$A+ = Y1 = PM . b0 . c0$

$B+ = Y3 = a1$

$C+ = Y5 = b1$

$A - = Y2 = c1$

$B - = Y4 = C - = Y6 = a0$

a) Esquemas de mando (Neumático, electroneumático y control por PLC)

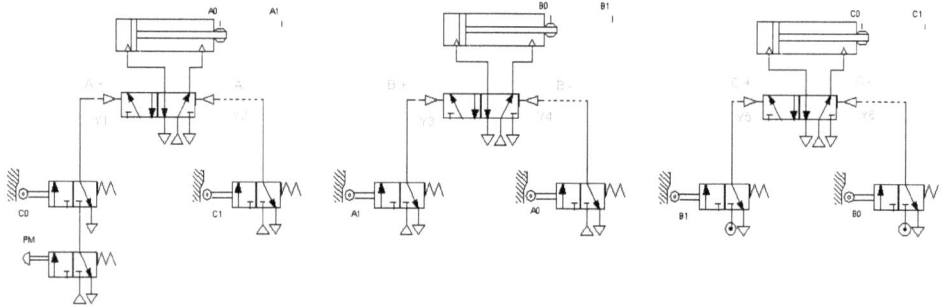

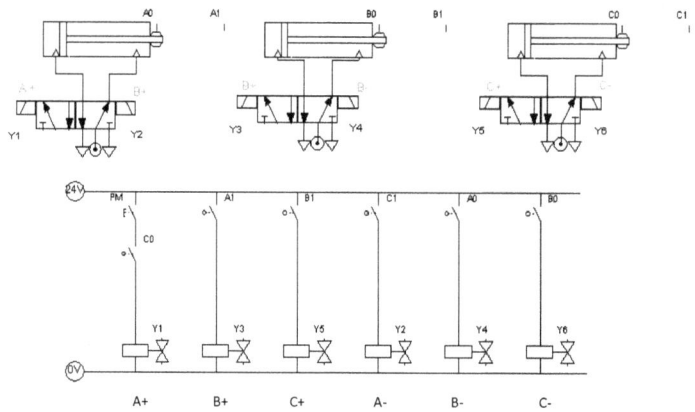

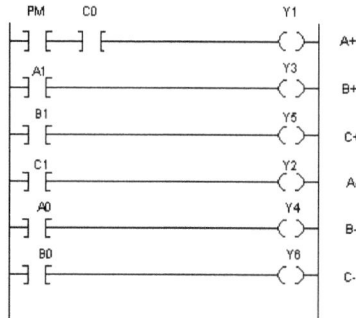

b) Esquemas de mando (Neumático, Electroneumático y control por PLC)

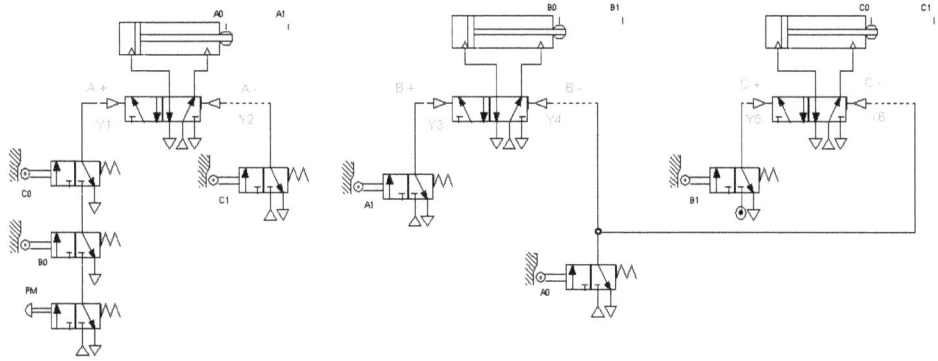

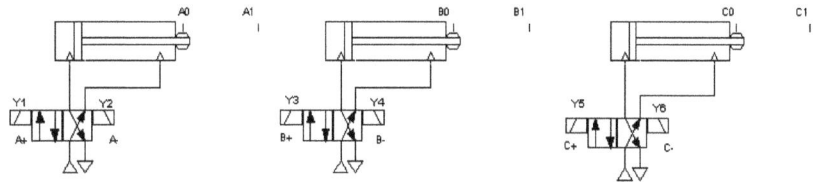

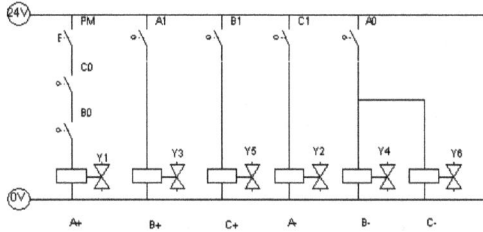

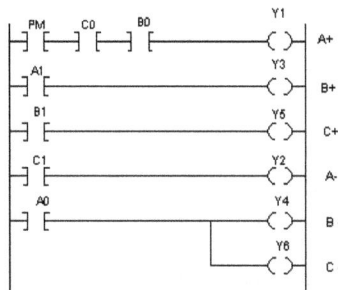

Ejercicio 1 : Una pinza de sujeción neumática que se encarga del traslado de piezas entre dos puntos, es accionada por un pequeño cilindro neumático (A) de doble efecto, de modo que en su disposición extendida A+ efectúa la apertura de la pinza, cuyo final de recorrido se detecta por un f.c. (a1) y en su disposición retraída A- ejecuta el cierre de la misma, que es detectado por otro f.c. (a0).

Estos elementos van montados en el extremo del vástago de un cilindro B, que en su posición retraída se sitúa en el punto de recogida de piezas (I), que es detectado por un f.c. (b0) y en su posición de extendido se situa en el punto de evacuación de piezas (II) que se detecta por otro f.c. (b1).

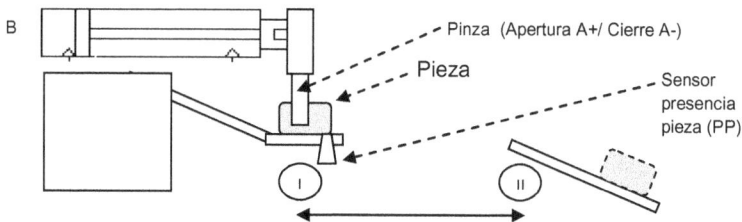

La llegada de piezas al punto de recogida es detectada por un sensor (PP) que habilita, tras la activación de un pulsador de puesta en marcha (PM), la posibilidad del traslado de las mismas hasta el punto de evacuación tras el oportuno cierre y posterior apertura de la pinza de sujeción

Los cilindros son gobernados por válvulas biestábles 4/2 que como se indicó tienen sus posiciones extremas detectadas por f.c. implementados mediante v. monoestables 3/2 NC. También, tanto el pulsador de puesta en marcha (PM) como el sensor de presencia de pieza (PP) se implementan en ese tipo del válvula.

Diseñar el esquema de mando para el control de este sistema automático, si es realizado en:

a)   Tecnología neumática (Exclusivamente)
b)   Tecnología electroneumática
c)   Mediante control por PLC.

De la descripción del sistema podemos inferir que la secuencia de funcionamiento es:

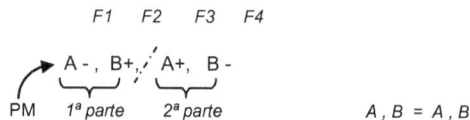

$$F1 \quad F2 \quad F3 \quad F4$$

$$A - , \; B+ , \; A+, \; B -$$

PM   1ª parte   2ª parte $A , B = A , B$

Como puede observarse, dicha secuencia es de tipo inversión exacta, dado que ninguna fase se adelanta en la 2ª parte de la secuencia respecto del orden en que se ejecutó la primera, por lo que no se precisaría ninguna consideración sobre eliminación de señales permanentes, puesto que no existen.

Procedemos por tanto a la elaboración del correspondiente grafo de señales para el gobierno de las diferentes fases

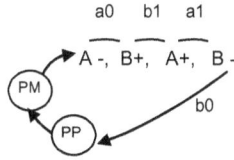

a0   b1   a1

A -, B+, A+, B -

PM

PP   b0

Cuyas ecuaciones de mando son:

A - = Y2 = PM . PP . b0

B+ = Y3 = a0

A+ = Y1 = b1

B - = Y4 = a1

a)   Esquema de mando en tecnología neumática (Exclusivamente)

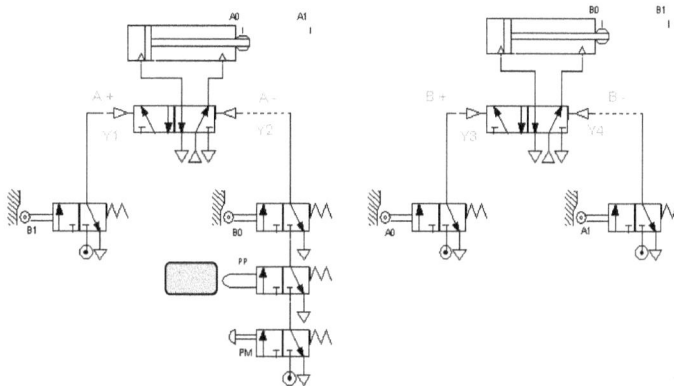

b)   Esquema de mando en tecnología electroneumática

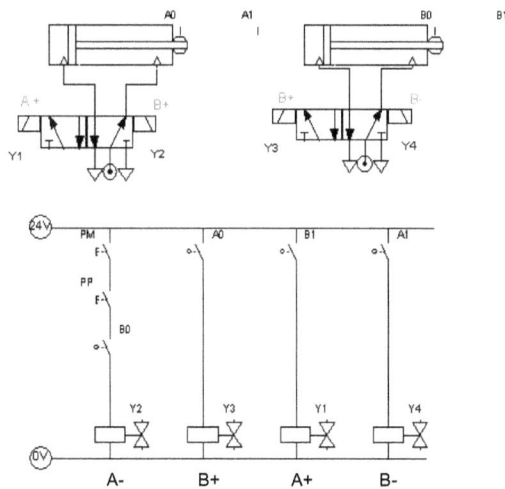

c) Esquema de mando mediante control por PLC

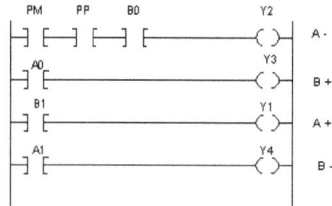

Ejercicio 2 : Ratifíquese si en la secuencia que se indica seguidamente existen señales permanentes, elabórese el grafo de señales correspondiente y las ecuaciones de mando que procedan

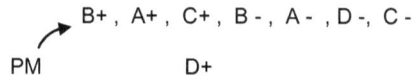

A la vista de la comparación de las dos partes de la secuencia, se observa que en la 2ª de ellas, ninguna fase/movimiento se anticipa al desarrollo de la primera, en consecuencia se ratifica la no existencia de señales permanentes,

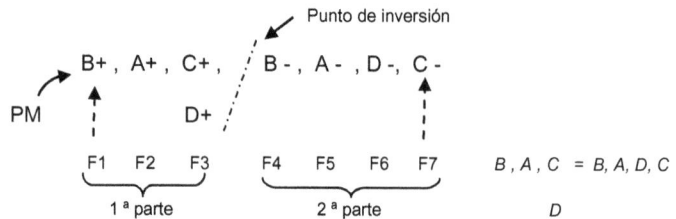

No obstante, existe una s.p. transitoria (Ver análisis gráfico en apartado 3.1.6 pag.137) que por unos instantes retrasará la salida del cilindro C hasta que no deje de estar activado el f.c. d0, causante de la interferencia, circunstancia que acaecerá una vez ya iniciada la salida del cilindro D que lo presionaba. Esa señal, d0, es sobre la que habría que actuar si se quiere eliminar ese pequeño desfase que impide la salida en el mismo instante de ambos cilindros

El grafo de señales sería:

$$\begin{array}{ccccccc} b1 & a1 & c1\,.\,d1 & b0 & a0 & d0 \\ \text{B+}, & \text{A+}, & \text{C+}, & \text{B-}, & \text{A-}, & \text{D-}, & \text{C-} \end{array}$$

PM   D+   c0

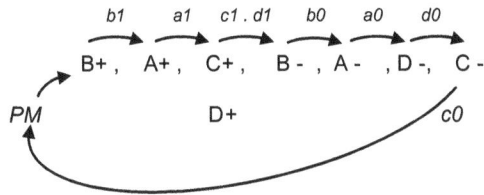

Las ecuaciones de mando que corresponden son:

B+ = PM . c0

A+ = b1

C+ = D+ = a1

B - = c1 . d1

A - = b0

D - = a0

C - = d0

Ejercicio propuesto 1 : A través de una rampa de alimentación llegan piezas (I) que deben ser elevadas (II) mediante la salida de un cilindro A de forma que un segundo cilindro B en su salida las desplaza hacia una rampa de evacuación. Seguidamente, el cilindro A retorna a su posición de retraído y al finalizar este movimiento el cilindro B efectuará su retorno.

La puesta en marcha del sistema se realiza por la activación de un pulsador PM implementado en una v. monoestable 3/2 NC.

Ambos cilindros son de doble efecto y están gobernados cada uno de ellos por su respectivo distribuidor biestáble 5/2 y tienen controladas sus posiciones extremas de recorrido por los oportunos finales de carrera a0-a1/b0-b1 (Distrib. monoestabl 3/2 NC)

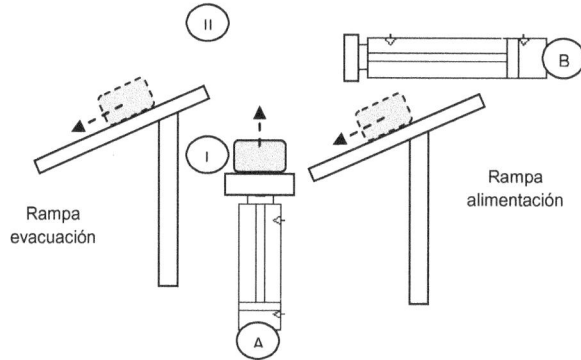

Rampa
evacuación

Rampa
alimentación

Determinar si la secuencia es del tipo de inversión exacta o inexacta, obtener el diagrama de movimientos/señales coordinados, estableciendo las señales permanentes se las hubiere y diseñar el esquema y las oportunas ecuaciones de mando para el control de este sistema automático, si es realizado en:

a)   Tecnología neumática (Exclusivamente)
b)   Tecnología electroneumática
c)   Control mediante PLC

Ejercicio propuesto 2 : Ratifíquese si en la secuencia que se indica seguidamente existen señales permanentes, elabórese el grafo de señales correspondiente y las ecuaciones de mando que procedan

A+ , B+ , D+ , C + , A - , B -, D -

PM   C -

II.3.1.5.- Secuencia de inversión inexacta (Asimétrica)

Es aquella secuencia que al dividirla en dos partes (Punto de inversión), la segunda de ellas no se realiza en el mismo orden que en la primera porque alguna fase (movimiento) se adelanta respecto al momento de ejecución en la otra, esto es, no hay una correlación idéntica de movimientos.

Estas secuencias originan simultaneidad de señales antagónicas (Señales permanentes) de modo que si una v. biestáble recibe una señal y posteriormente recibe la antagónica, como ya se dijo anteriormente, esta no surtirá efecto en tanto en cuanto exista la inicial

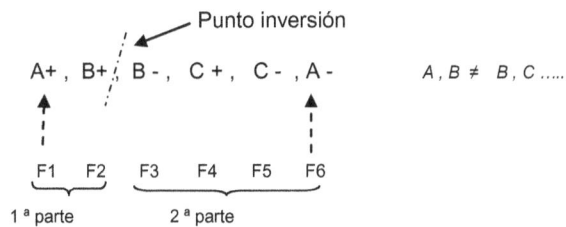

$$A+, \ B+, \ B-, \ C+, \ C-, A- \qquad A, B \neq B, C .....$$

1 ª parte   2 ª parte

En la segunda parte existe un movimiento (B -) que se adelanta al orden de ejecución en la primera, pues bien, en este tipo de secuencias existen señales permanentes como se puede apreciar mediante un análisis gráfico de movimientos-señales coordinado que se verá seguidamente, por tanto, para el análisis-estudio del esquema de mando de este tipo de secuencias es necesario recurrir a alguna estrategia (método) de eliminación de las mismas.

Para la secuencia considerada el grafo de señales sería:

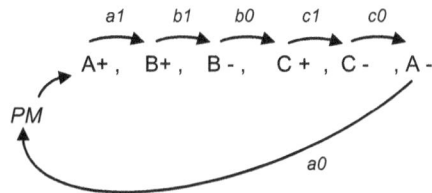

y a priori, las ecuaciones de mando serían:

$$A+ = PM . a0 \qquad B- = b1 \qquad C- = c1$$

$$B+ = a1 \qquad C+ = b0 \qquad A- = c0$$

que nos conducirían a un esquema de mando no operativo (Qué en este caso detendría el sistema ya en la primera fase, no efectuándose la salida del cilindro A y deteniéndose también antes de la realización del movimiento B-, consecuencia de las señales permanentes que respectivamente son c0 y a1. También se genera señal permanente por los movimientos seguidos opuestos C+ / C -, a consecuencia de la s. p. b0

LLegados a este punto, parece oportuno saber que señales son las que se constituyen en "señales permanentes" , máxime cuando alguno de los métodos para su eliminación se basan en una actuación directa y concreta sobre ellas, acortando/eliminando su existencia, para lo cual una estrategia puede ser su determinación gráfica mediante el denominado "Gráfico de movimientos y señales coordinado" que veremos en el punto siguiente

Como se apreció en el apartado anterior, en el caso de movimientos simultáneos, que si bien cumplan el criterio de que no hay adelantamiento y por tanto no existen señales permanentes en el sentido estricto del término, no es menos cierto que aparece una señal permanente transitoria cuya duración es de unos breves instantes que retrasará el inicio de alguno de estos movimientos simultáneos y que habrá que tener en consideración si fuera preciso

Se recuerda también, como igualmente se indicó en el apartado anterior para el criterio establecedor "que existen señales permanentes si hay movimientos seguidos contrarios , puede enmascarar casos que aun cumpliendo este criterio, si tengan s.p., por ejemplo como ocurre en la secuencia: A+, B+, C+, B-, A-, C- (A , B, C ≠ B , A , C)

El diagrama de movimientos/señales coordinado para la secuencia A+,B+,B-,C+,C-,A, que veníamos tratando mes:

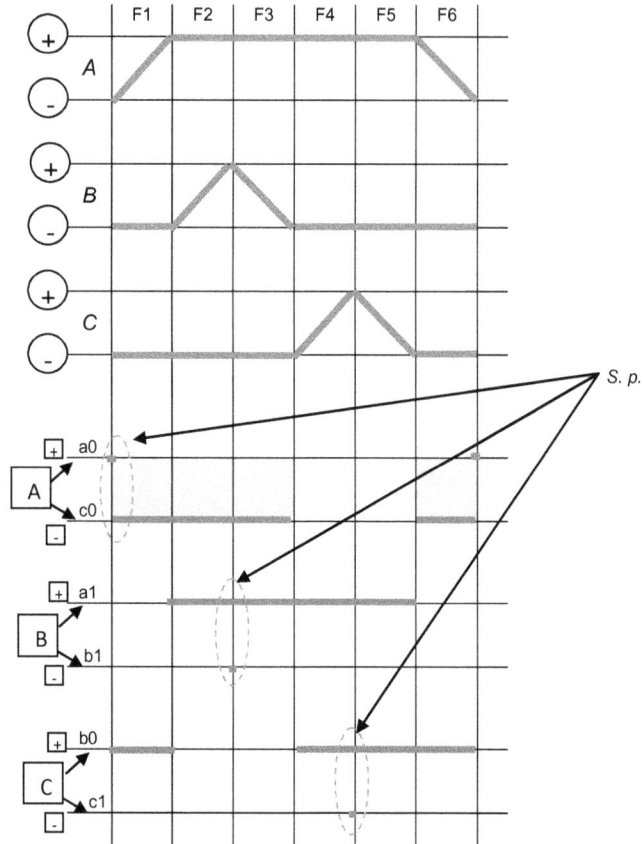

II.3.1.6.- *Gráfico de movimientos-señales coordinados*

En principio diremos que este gráfico tiene como objetivo mostrar en que fases son accionados los diferentes finales de carrera, esto es, cuando emiten señal. Supongamos que estamos ante una secuencia de inversión inexacta que contiene por tanto señales permanentes y ante las cuales es necesario aplicar algún método de eliminación de las mismas por actuación directa sobre ellas (Rodillos escamoteables, temporización,…), será por tanto preciso identificarlas, para lo cual usaremos este instrumento gráfico que denominamos "Gráfico de movimientos señales coordinado", que nos servirá para tal propósito al evidenciarnos que señales generan señal permanente y en que momento lo hacen pudiendo ahora si actuar sobre ellas.

Consideremos la secuencia A + , B +, C + , C - , B - , A - , aunque ya por el criterio básico se observa que existen movimientos opuestos seguidos (C+ , C -) y por tanto podemos decir que hay señales permanentes, vamos a aplicar no obstante el criterio general de establecer si la secuencia es o no de inversión exacta/inexacta y en consecuencia determinar así si no existen/ existen s. p.

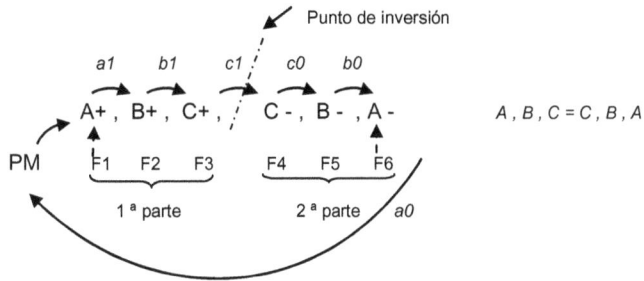

cuyas ecuaciones de mando, a priori, son:

$$A + = PM . a0 \qquad C - = c1$$

$$B + = a1 \qquad B - = c0$$

$$C+ = b1 \qquad A - = b0$$

en la que constatamos que las fases 4 y 5 de la 2ª parte de la secuencia, esto es, los movimientos C -, B – se adelantan sobre el momento de su realización en la 1ª parte, por lo que establecemos por tanto que existen señales permanentes.

Realizamos un diagrama de movimientos de las diferentes fases de la secuencia y debajo en su parte inferior en correspondencia representamos emparejadamente las señales que generan los movimiento de salida (+) y los de entrada (-) de los cilindros que intervienen y que fácilmente deducimos del grafo de secuencia o/y de las ecuaciones de mando (En la representación de las señales solo plasmamos mediante trazo grueso cuando están activados cada uno de los f.c./señales)

Diagrama de movimientos

Señal b0
acortada

Diagrama de señales

Señal c0
acortada

Señal c0
acortada

Señal b1
acortada

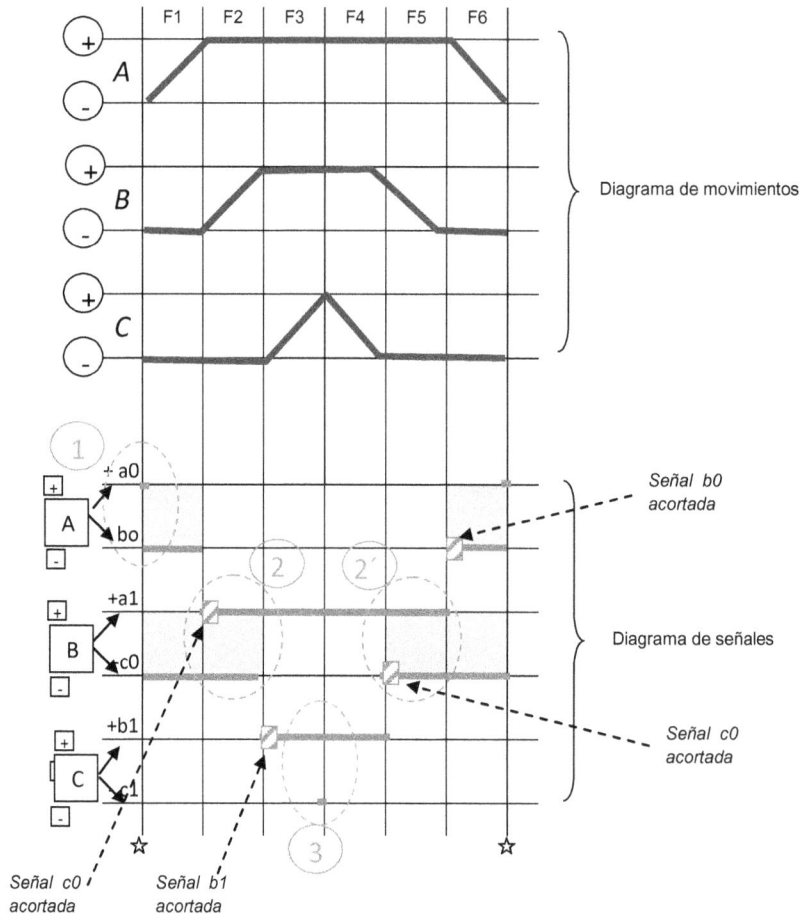

☆   El diagrama es cíclico y los extremos del mismo son coincidentes

Observando dicho diagrama, se aprecia que se produce señal permanente (1 ,2, 2′, 3) cuando existe coincidencia gráfica (temporal) de señales de mando opuestas que actúan simultáneamente sobre una misma v. distribuidora de gobierno de un determinado cilindro, debiendo actuar (acortado 🔲) sobre una de ellas y en ocasiones sobre las dos si actuando solo en una de ellas persistiera la coincidencia gráfica de señales, como ocurre en este caso con las señales del cilindro B

Acortar señal b0   Acortar señales a1 y c0   Acortar señal b1

(1)   (2)   (2′)   (3)

Si analizamos las señales que inciden sobre el cilindro A, observamos la existencia de s.p. por la coincidencia gráfica temporal en el punto 1 y dado que la señal a0 ya es puntual

(corta duración) , no nos queda mas opción que actuar sobre la otra señal, esto es, b0, acortándola para hacerla también puntual por algún método (Rodillos escamoteables, temporización, memoria,…), quedando vigente únicamente en el punto indicado mediante el símbolo 🔲

Si consideramos ahora las señales que gobiernan al cilindro B, apreciamos coincidencia gráfica/señal permanente en los puntos 2 y 2` y si actuamos acortando la señal a1, efectivamente conseguimos la desaparición de esa coincidencia temporal en el punto 2`, pero aún sigue existiendo en el punto 2, por lo que debemos actuar también acortando la señal c0.

Por último, en el cilindro C, como ya se consideró para el cilindro A, actuamos sobre la señal B1 que genera señal permanente.

Como puede apreciarse en el detalle parcial de la parte inferior (señales) del gráfico elaborado, una vez incorporados los correspondientes recortes de señal se constata la no coincidencia gráfica de las señales antogónicas actuantes sobre la v. distribuidoras que gobiernan los cilindros

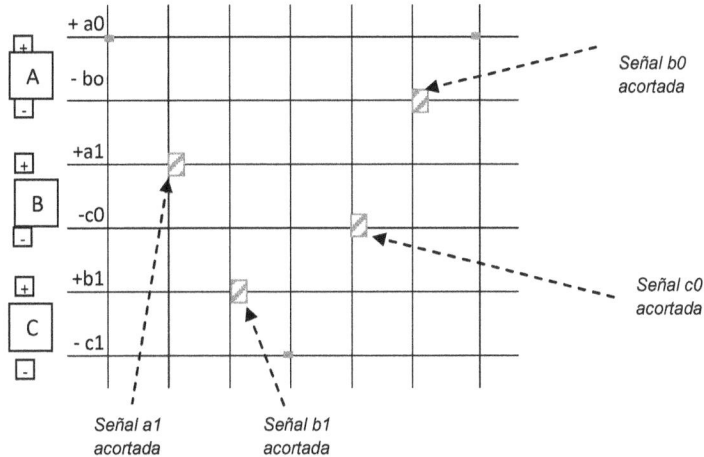

Señal b0 acortada

Señal c0 acortada

Señal a1 acortada

Señal b1 acortada

Resumiendo, las señales b0, a1, c0 y b1 generan señal permanente, siendo sobre ellas sobre las que habrá que actuar por alguno de los métodos de anulación directa, para hacerlas mas o menos puntuales de modo que no interfieran con la señal antagónica

A modo de conclusión general podemos decir que:

El diagrama de movimientos-señales coordinado, contiene el diagrama desplazamiento-fase de los movimientos de los cilindros que intervienen en una secuencia de funcionamiento, conjuntamente con el diagrama de señales que los propician, pudiéndose mediante este instrumento contrastar las señales que inciden en una misma v. distribuidora que controla el movimiento en cada sentido de los cilindros y apreciar si interfieren entre si, esto es, constatar si existen o no señales permanentes

Consideremos la secuencia planteada en el ejercicio 2 de la pag 128, en la que ya se analizó la no existencia de señales permanentes en el sentido estricto del término, aunque como en ese momento también se indicó, existe una s. p. transitoria, que por unos instantes retrasará la salida del cilindro C hasta que no deje de estar activado el f.c. d0, causante de la interferencia, circunstancia que acaecerá una vez ya iniciada la salida del cilindro D que lo presionaba. Esa señal (d0) es sobre la que habrá que actuar si se quiere eliminar el pequeño desfase que impide la salida en el mismo instante de ambos cilindros.

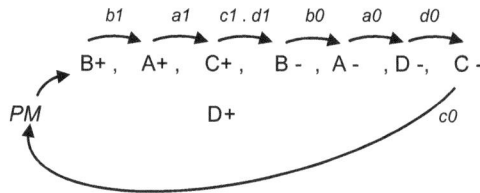

$$b1 \quad a1 \quad c1 \cdot d1 \quad b0 \quad a0 \quad d0$$

$$B+ \;, \quad A+ \;, \quad C+ \;, \quad B- \;, \quad A- \;, \; D- \;, \quad C-$$

$$PM \qquad\qquad\qquad D+ \qquad\qquad\qquad\qquad c0$$

Seguidamente se plasma el diagrama de movimientos-señales coordinados que corresponde a dicha frecuencia, donde podemos constatar lo indicado anteriormente

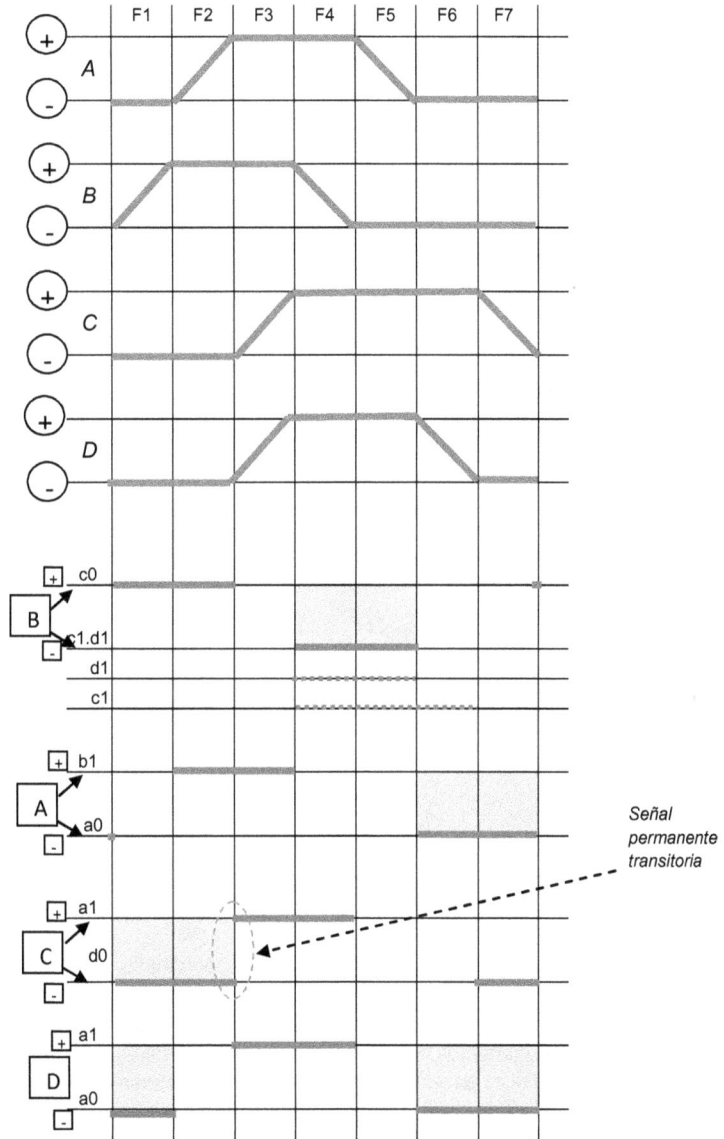

Señal
permanente
transitoria

AUTOMATIZACIÓN FUNDAMENTADA I I.- Estrategias complementarias

Ejercicio : Para la secuencia que se indica seguidamente:

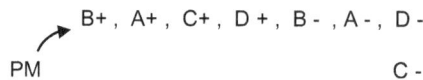

$$B+ , \quad A+ , \quad C+ , \quad D + , \quad B - , \quad A - , \quad D -$$

PM   C -

a) Determinar si existen señales permanentes
b) Elaborar el diagrama de movimientos/señales coordinado
c) Si fuera el caso, indíquese que señal/es genera/n señal permanente y como quedaría/n una vez acortada su vigencia

a) En principio podemos decir que no existen señales permanentes, puesto que en la segunda parte de la secuencia ninguna fase se adelanta respecto al orden de realización de la primera.

No obstante y como evidencia el diagrama de movimientos-señales coordinado, el movimiento del cilindro D - se retrasará unos breves instantes respecto al movimiento del cilindro C -, porque en tanto en cuanto este último cilindro no haya iniciado su retorno no dejara de estar activado el f.c. c1, señal antagónica que propicia el movimiento D+ que impide su retorno

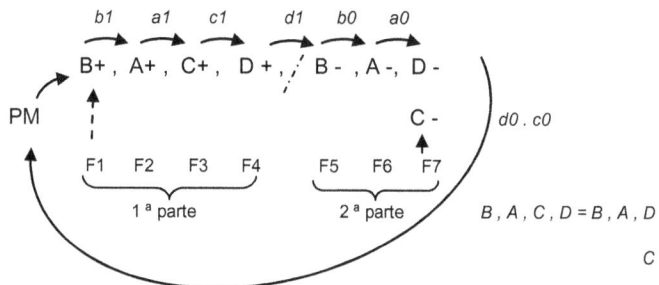

b) Diagrama de movimientos/señales coordinado . Ver hoja siguiente

c) Como ya se indicó en el apartado a, podemos decir que no existen señales permanentes en el sentido estricto del término, pero volvemos a indicar que la señal c1 genera un s. p. transitoria que retrasa el inicio del retorno del cilindro D, en consecuencia es sobre esta señal sobre la que abría que actuar para eliminar esa interferencia, quedando acortada como se indica en el diagrama ( )

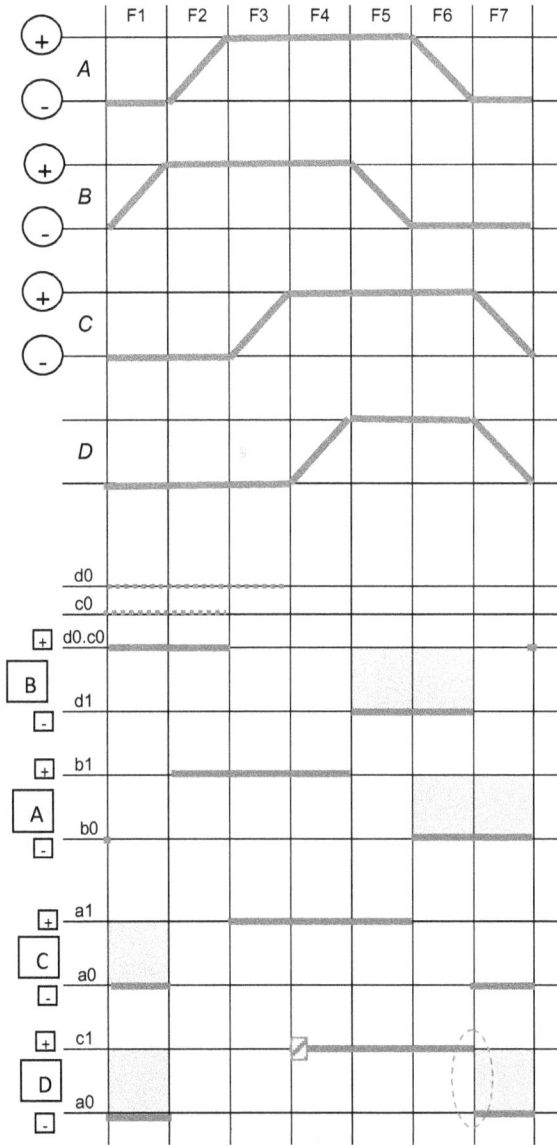

Ejercicio propuesto : Para la secuencia que se indica seguidamente:

A+ , B+ , C+ , B - , A -, C -

PM

a) Determinar si existen señales permanentes

b) Elaborar el diagrama de movimientos/señales coordinado

c) Si fuera el caso, indíquese que señal/es genera/n señal permanente y como quedaría/n una vez acortada su vigencia

II.3.2.- *Métodos eliminación señales permanentes*

Para lograr tal fin, en principio, hay dos grandes estrategias:

a) Controlar la existencia de las señales permanentes, acortando/limitando su duración. En este grupo incluiremos métodos tales como:

. Rodillos escamoteables
. Memoria
. Temporización

En este tipo de métodos se actuará directamente sobre la señal permanente para que no llegue a constituirse en el tiempo como tal

Veáse mas abajo un esquema compendio de estos métodos, que se irán analizando en detalle uno a uno seguidamente.

En la secuencia del esquema compendio (A+, B+, B-, A-) existen señales permanentes que concretamente son a1 y b0 (Ver diagrama movimientos señales coordinado en la pag.123), cuyas ecuaciones de mando a priori son:

$$A+ = PM . a0 \qquad B+ = a1 \qquad B- = b1 \qquad A- = b0$$

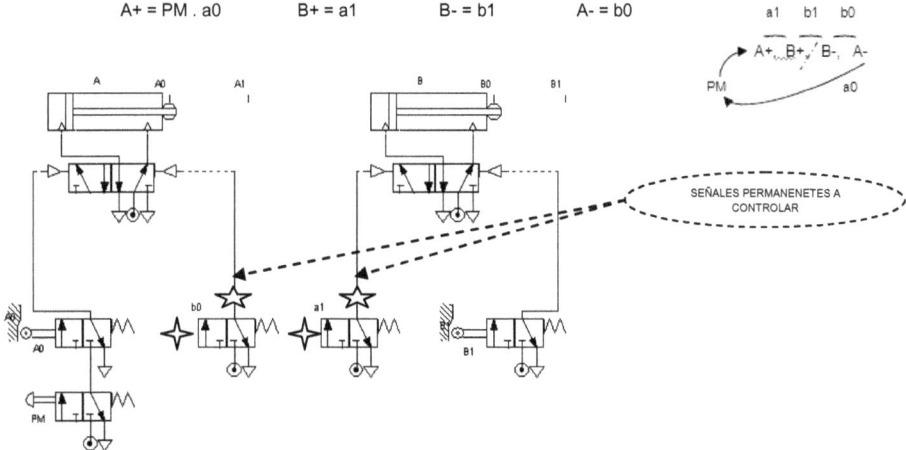

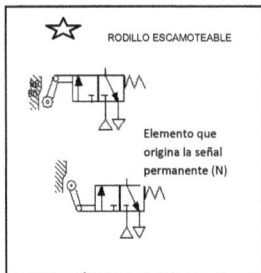

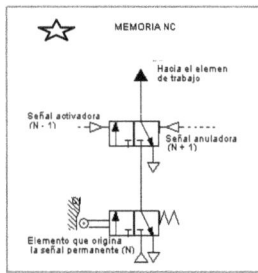

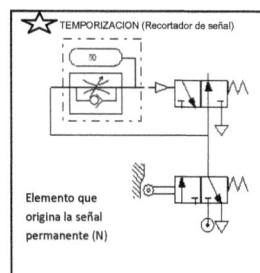

b) Establecer señales secundarias (auxiliares) utilizando memorias que se constituyen como líneas energéticas, determinando y controlando el momento en que deben intervenir las diferentes v. distribuidoras que controlan los movimientos de los cilindros, energetizándolas en ese momento, que obviamente deberán anularse a lo mas tardar antes de que se haga presente la respectiva contraseñal sistemática antagónica . En este grupo, incluiremos por tanto métodos basados en la alimentación controlada de las v. distribuidoras que gobiernan los cilindros, tales como:

. Paso a paso
. Cascada
. Programación-análisis de estados

Estos métodos sistemáticos de eliminación de señales permanentes se rigen por el siguiente principio:

Los finales de carrera (detectores de posición) generadores de señal para el movimiento de los cilindros tendrán presión/tensión únicamente en el momento que sean necesarios para la dinámica de la secuencia, evitándose así que se constituyan en señal fija/permanente que impediría la acción de la señal antagónica cuando esta se produzca

En el diseño de circuitos neumático-electroneumáticos no simples, es necesaria la utilización   de métodos que faciliten su implementación dado que el método intuitivo es útil únicamente para circuitos sencillos, siendo preciso para sistemas mas complejos métodos de resolución sistemáticos

c) Podría hablarse de una tercera estrategia para la eliminación de señales permanentes mediante métodos que se basan en establecer "prioridades de señal" de modo que una señal permanente será anulada por la señal antagónica si esta es de mayor presión.

Pueden utilizarse para ello válvulas biestables diferenciales (Diferentes superficies de pilotaje) también denominadas de pilotaje predominante

O bien, limitar la presión del pilotaje de la señal permanente, estableciendo una apreciable diferencia de presión con la del pilotaje de la señal antagónica

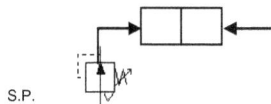

Debe tenerse presente que una vez hay desaparecido el pilotaje de la derecha, la señal permanente puede hacerse presente de nuevo con el consiguiente cambio de la v. distribuidora y movimiento del cilindro que gobierna

II.3.2.1.- Rodillos escamoteables

Este método se basa en el principio de no crear señales permanentes o mejor dicho limitar su existencia. Como ya hemos dicho, es un método de actuación directa sobre cada una de las señales permanentes, que mecánicamente acorta la duración de las mismas mediante una configuración abatible de los finales de carrera

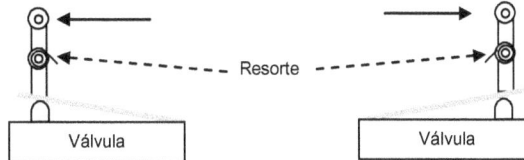

La denominación "rodillo escamoteable" surge porque estos f.c. acusan/emiten señal al ser activados por la leva del vástago de los cilindros cuando se desplazan en un sentido y no lo acusan cuando el vástago del cilindro se mueve en el sentido contrario, en consecuencia tendremos activación por la izquierda ◄— (Entrada del cilindro), aquellos que se instalan en el entorno de la posición retraída del cilindro y activación por la derecha —► (Salida del cilindro) que se instalan en el entorno de la posición extendida del cilindro.

Se les conoce también como mando unidireccional, generando una señal corta de mayor o menor duración, que proporciona un impulso evitando así que la señal sea continua

En las figuras se ilustra la dinámica del movimiento de un cilindro con f.c. unidireccional o rodillo escamoteable de accionamiento por la derecha, en las que se puede apreciar que la señal de a1 (Figura central) solo existirá en el momento del paso del cilindro sobre el rodillo en su desplazamiento hacia la derecha, una vez sobrepasado desaparecerá,no existiendo tampoco en el movimiento de entrada, al podríamos decir "agacharse" el rodillo

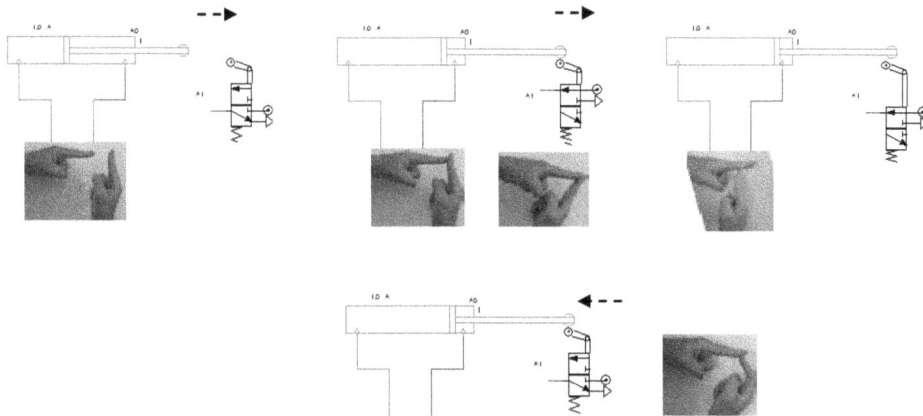

En las siguientes figuras se ilustra la dinámica del movimiento de un cilindro con f.c. unidireccional o rodillo escamoteable de accionamiento por la izquierda, en las que se puede apreciar que la señal de b0 (Segunda figura por la izquierda) solo existirá en el momento del paso del cilindro sobre el rodillo en su desplazamiento hacia la izquierda, una vez sobrepasado desaparecerá,no existiendo tampoco en el movimiento de salida, al podríamos decir "agacharse" el rodillo

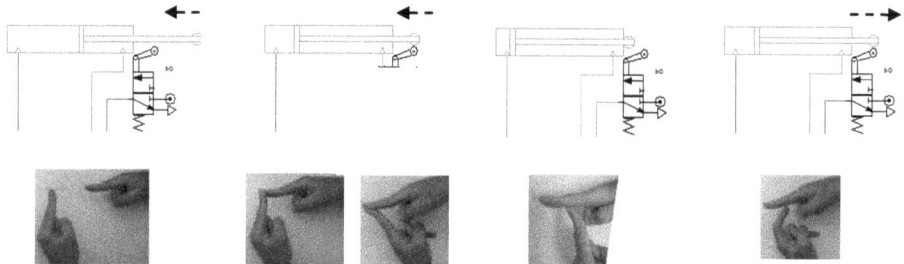

La posición de este tipo de finales de carrera debe fijarse aproximadamente unos 5 mm. antes del final del recorrido del vástago del cilindro , dependiendo de la configuración constructiva (izquierda-derecha), de modo que su leva le sobrepase. En consecuencia la duración de la señal dependerá de la longitud de la leva así como de la velocidad de desplazamiento del vástago (*) .

(*) Ese desplazamiento del lugar de accionamiento, en movimientos cortos y rápidos, puede llegar a ser el 50 % de su recorrido)

La representación esquemática del accionamiento por la derecha/izquierda se efectúa colocando el símbolo ⊢⟩ / ⟨⊣ respectivamente según proceda, además de la propia configuración específica del rodillo

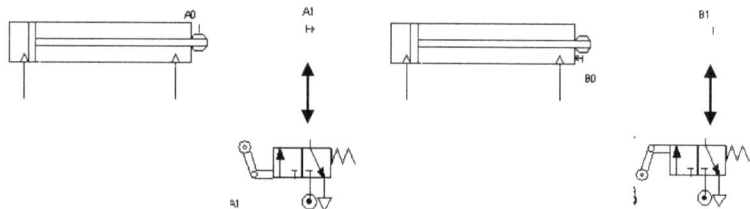

F. C.escamoteable por la derecha   F.C. escamoteale por la izquierda

El proceso para el análisis y diseño de circuitos neumáticos basados en la eliminación de señales permanentes mediante rodillos escamoteables es el siguiente:

   a) Determinar la existencia de señales permanentes
   b) Evidenciar y concretar cuales son las señales permanentes
   c) Elaborar el esquema de mando dotando de f.c. con rodillos escamoteables a las señales que lo requieran, esto es, las que generen s.p.

cuyo resultado final, a modo de ejemplo, queda reflejado en la siguiente figura, proceso que a continuación seguiremos específicamente para la obtención del esquema de mando de otra secuencia

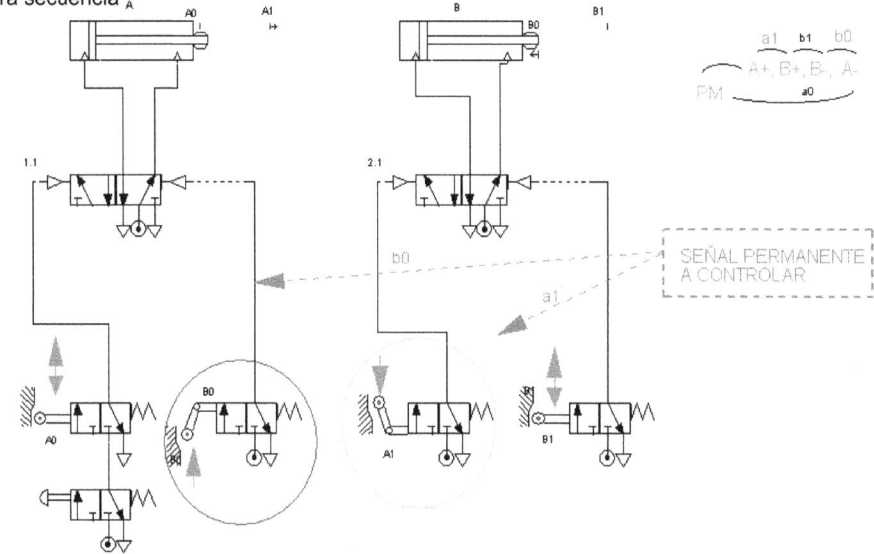

Consideremos la secuencia que se muestra seguidamente, a la cual aplicaremos el proceso de resolución anteriormente indicado :

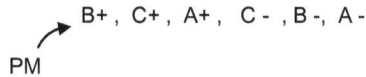

$$B+ , \ C+ , \ A+ , \ \ C- , B-, A-$$

PM

a) Determinación de la existencia de señales permanentes

Para lo cual previamente podemos elaborar el oportuno grafo de secuencia con las señales que se generan en las diferentes fases y/o las ecuaciones de mando previas correspondientes

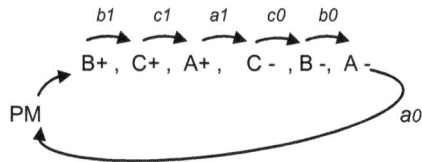

$B+ = PM . a0$	$C- = a1$
$C+ = b1$	$B- = c0$
$A+ = c1$	$A- = b0$

Constatación de si hay fases que se adelantan en una parte de la secuencia respecto del orden de ejecución en la otra, esto es, si existe o no concordancia en el desarrollo de la secuencia, para lo cual observamos la misma:

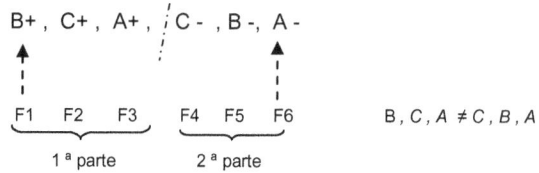

B+ , C+ , A+ , C - , B -, A -

F1   F2   F3   F4   F5   F6 $B , C , A \neq C , B , A$

1 ª parte   2 ª parte

Comprobamos que la 4ª fase (C -) se adelante respecto el orden en que se ejecutó el movimiento opuesto (C+) en la primera parte, por tanto podemos concluir que existen señales permanentes.

b)   Determinación/concreción de las señales permanentes.

Si como es el caso, por requerimiento de diseño deseamos realizar la eliminación de las señales permanentes por el método de f. c. con rodillos escamoteables, para poderlos configurar de esa forma constructiva según proceda necesitamos saber que finales de carrera concretos (señales) son los que generan señal permanente, para lo cual elaboramos el correspondiente gráfico de movimientos y señales coordinado

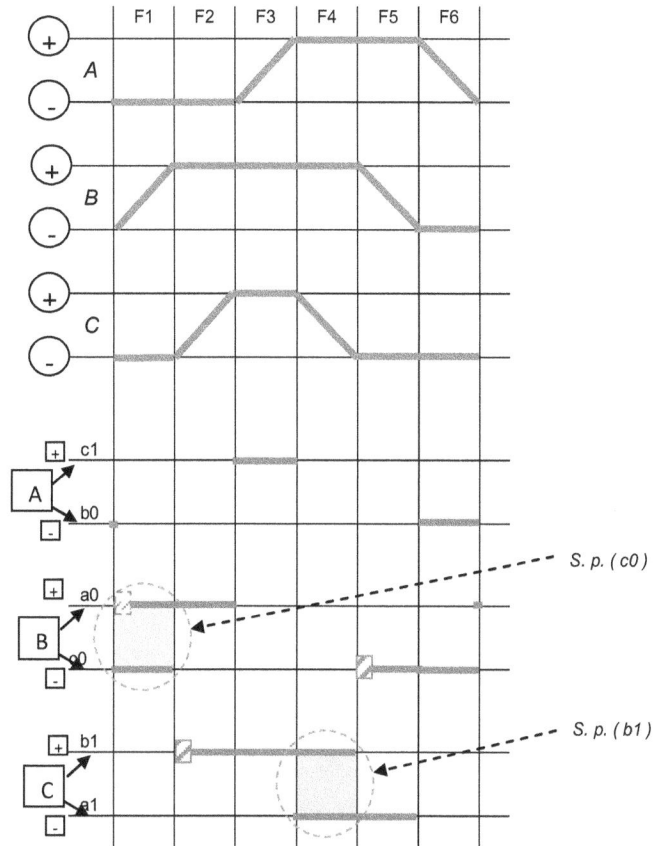

Se evidencia la existencia de señal permanente en el gobierno del movimiento del cilindro B en la fase 1ª , coincidencia de las señales antagónicas a0 / c0, de manera que establecemos como generadora de s. p. la señal c0, siendo por tanto a este final de carrera al que dotemos de rodillo escamoteable (abatible) , quedando acortada esa señal como se indica (▨) en el diagrama

Si fijáramos a0 como generadora de señal permanente y le dotáramos de rodillo escamoteable, aún recortada (▨) seguiría existiendo coincidencia temporal de señales antagónicas

También evidencia el diagrama la simultaneidad de señales antagónicas en la 4ª fase, por la coincidencia temporal de las señales b1 / a1 y para eliminar esta circunstancia dotamos al f. c. b1 de rodillo escamoteable, quedando acortada como se indica (▨)

c) Elaboración del esquema de mando.

A la vista del grafo de secuencia/ecuaciones de mando fijadas en la fase a), hacemos el esquema por el método convencional, sin considerar de momento los finales de carrera que generan s. p.y que ya fueron concretados en la fase b), en este caso c0 (B -) y b1 (C +)

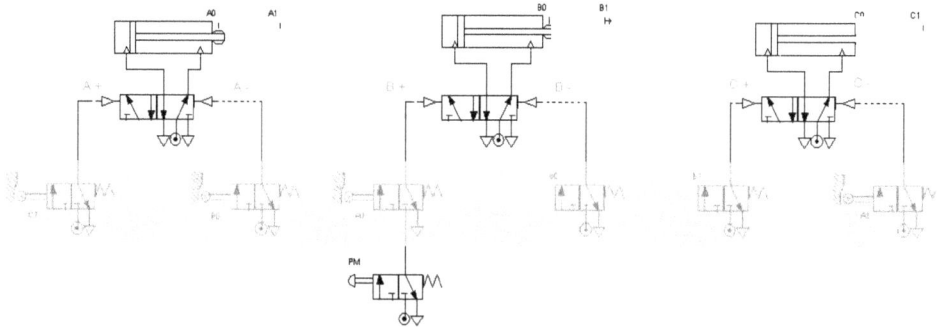

Incorporación de los f. c. escamoteables (unidireccionales) c0 y b1, indicando también en el esquema, mediante el símbolo que corresponda ↦ / ↤ la dirección del accionamiento (Accionamiento por la derecha   ↦ lo tienen los finales de carrera con subíndice 1 (uno), esto es. los que detectan posición de extendido/fuera/ + de los cilindros y el accionamiento por la izquierda   ↤ lo tendrán los f. c. con subíndice 0 (cero). esto es, los que detectan posición de retraído/dentro/ - . En el caso que nos ocupa c0 será con accionamiento por la izquierda y b1 con accionamiento por la derecha

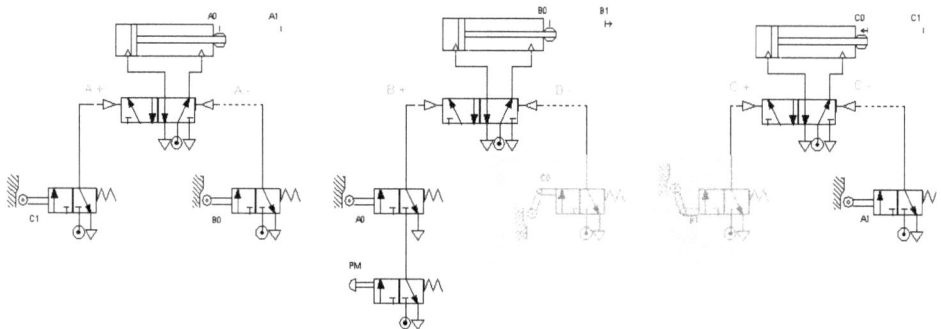

Ejercicio : Se dispone de un sistema de doblado de los extremos de una chapa, compuesto por tres cilindros de doble efecto, comandados cada uno de ellos por su respectiva v. distribuidora biestable 4/2 y que tienen controladas las posiciones extremas de sus recorridos por los oportunos finales de carrera, configurados mediante v. monoestables 3/2 NC, rodillo-muelle

El sistema se pondrá en marcha al activar un pulsador (PM) implementado en una v. monoestable 3/2 NC, pulsador-muelle, para que la chapa sea sujetada mediante la salida de un cilindro A. Seguidamente, un segundo cilindro B efectúa su salida realizando el primer doblado de la chapa y cuando esto haya ocurrido el tercero de los cilindros C en su movimiento de salida propicia un segundo doblado del extremo de la misma. A continuación el cilindro C se mete y concluido ese movimiento los cilindros A y B se retraen simultáneamente liberando la sujección de la chapa para que pueda ser retirada del punto de trabajo

1) Diséñese el sistema neumático de mando oportuno, utilizando si fuera preciso finales de carrera con rodillo escamoteable

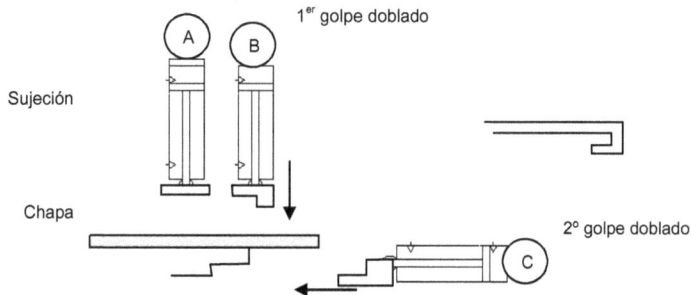

2) Realícese también el diseño considerando que los cilindros A y B son de simple efecto

A la vista del enunciado, la secuencia desarrollada por el sistema es:

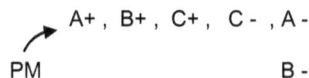

$$A+ , \; B+ , \; C+ , \; C - , A -$$
$$PM \qquad\qquad\qquad B -$$

1a) Constatación de la existencia existencia de señales permanentes

El grafo de secuencia con las señales generadas en las distintas fases y sus ecuaciones de mando son:

$$a1 \quad b1 \quad c1 \quad c0$$

$$A+ , \ B+ , \ C+ , \quad C- , A-$$

PM   B -

$$a0 . b0$$

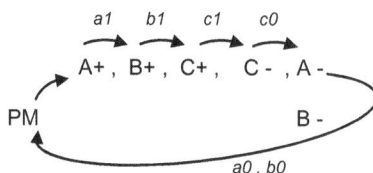

Constatamos la existencia de señales permanentes, puesto que no hay concordancia en el desarrollo de la 2ª parte de la secuencia respecto de la primera, al adelantarse el movimiento C –

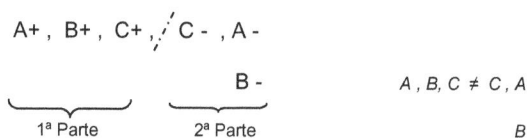

$$A+ , \ B+ , \ C+ , \ C- , A-$$

B - $A , B, C \neq C, A$

1ª Parte   2ª Parte   B

También por el criterio corto se puede constatar dicha circunstancia al existir dos movimientos opuestos seguidos (C+ / C-)

Inicialmente las ecuaciones de mando son:

$A + = PM . a0 . b0$ $\qquad$ $C - = c1$

$B + = a1$ $\qquad$ $A - = B - = c0$

$C + = b1$

1b) Determinación-concreción de las señales permanentes

Para poder determinar a que finales de carrera hay que dotarles de rodillo escamoteable porque generan señal permanente, elaboramos el diagrama de movimientos-señales coordinado (Ver pag. siguiente) auxiliándonos del grafo de secuencia/ecuaciones de mando antes vistas.

La asignación de los rodillos escamoteables en los emparejamientos de señales antagónicas donde se produce simultaneidad de señales se establece de la siguiente forma:

En el caso de la s.p. de la primera fase (A+), al ser una de las señales ya puntual (a0.b0), tendrá que ser la otra señal (c0) la que acortemos dotando de rodillo escamoteable a ese final de carrera, de forma que quede recortada como se indica (▨) en el gráfico, deshaciéndose así la simultaneidad de señales antagónicas

Para la señal permanente de la segunda fase (B+) y la s.p. que se genera entre las fases 5ª/6ª, asignamos rodillo escamoteable al f.c. a1 quedando recortada su vigencia como se indica en el gráfico (▨) y dado que la señal c0 ya está recortada, se elimina así la coincidencia temporal de las señales

En la s. p. presente entre las fases 3ª y 4ª, al ser ya puntual la señal c1, tendremos que asignar rodillo escamoteable al f.c. b1

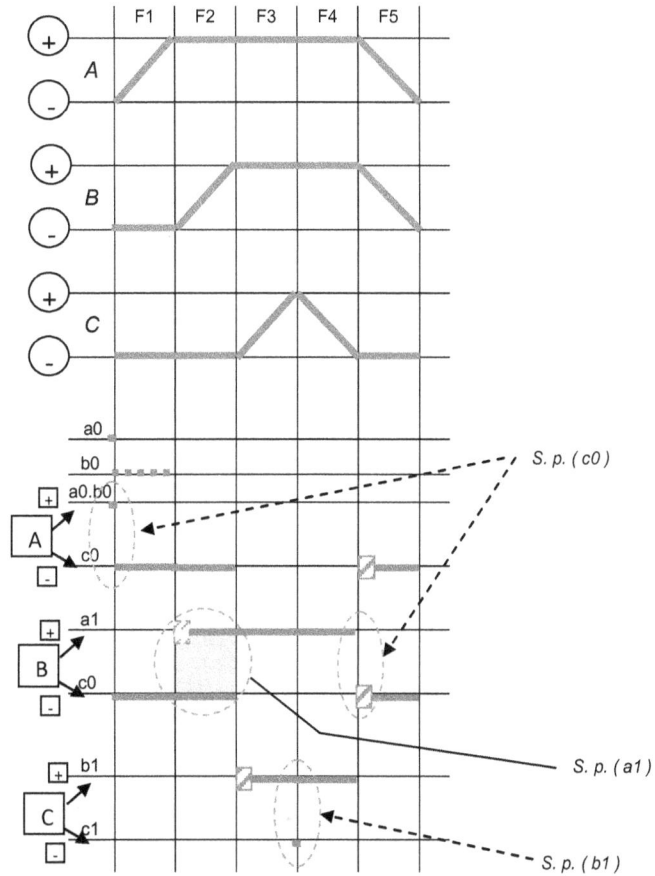

1c) Elaboración del esquema de mando

Apoyándonos en el grafo de secuencia/ecuaciones de mando y sin considerar aún las determinaciones de f.c. con rodillos escamoteables (c0, b1, a1) el esquema parcial sería:

Esquema parcial, sin incorporar aún los f.c. con rodillo escamoteables

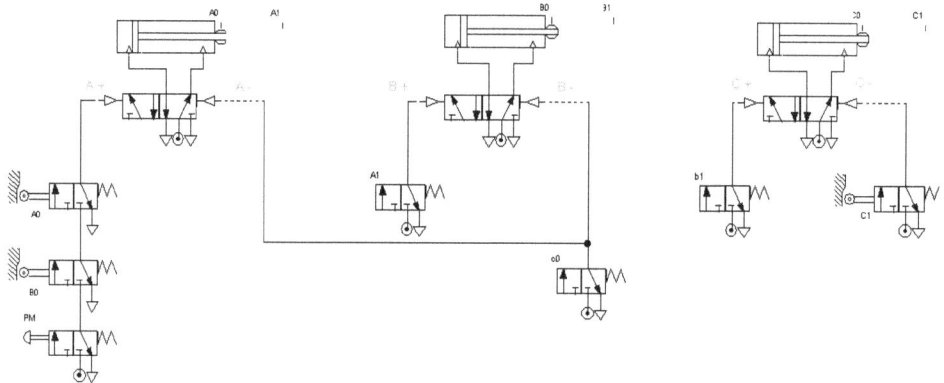

Incorporando los f.c. con rodillo escamoteable, fijados en el apartado anterior, el esquema de mando definitivo sería:

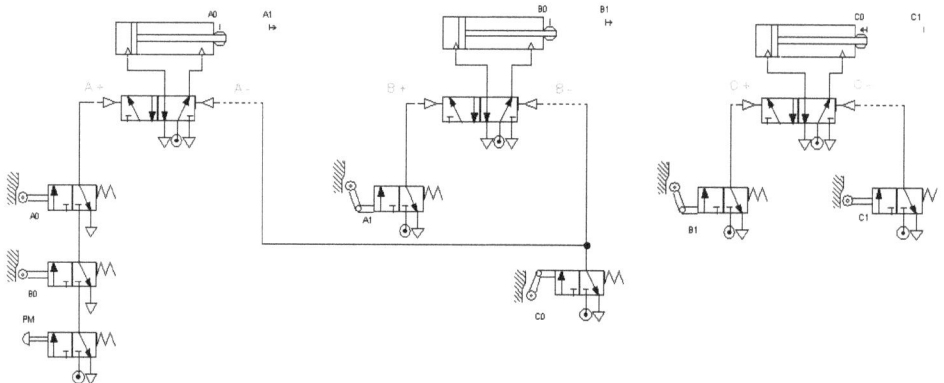

Para el supuesto planteado de que los cilindros A y B fueran de simple efecto tendríamos

2a) Constatación existencia de señales permanentes

Idem. al supuesto 1, las ecuaciones de mando también son las mismas con la excepción de las referidas al control de los cilindros A y B que al ser de simple efecto y además estar gobernadas por una v. monoestable, tendremos que efectuar retención (Memorización de la señal de mando, configuración biestable RS, $E = (E + S) . R'$,ver apartado II.1.1 (Pag 14):

Cilindro A:

. Señal de mando-Activación (A+) ---- PM . a0 . b0 (S), salida del cilindro
. Anulación señal de mando ---- c0 (R), entrada cilindro

Cuya ecuación de mando con prioridad al paro R, sería:

$$A + = (A+ \ + \ PM \ . \ a0 \ . \ b0) \ . \ c0`$$

Cilindro B:

. Señal de mando-Activación (B+) ---- a1 (S), salida del cilindro

. Anulación señal de mando ---- c0 (R), entrada cilindro

Cuya ecuación de mando con prioridad al paro R, sería:

$$B + = (B+ \ + \ a1) \ . \ c0`$$

La entrada de los cilindros A y B no es preciso comandarla dada su configuración/gobierno monoestable

A - = B - = $\bigwedge$ *(Presencia señal c0/ ausencia señal A+))*

2b) Determinación-concreción de las señales permanentes

Las mismas consideraciones que en el supuesto anterior (F. c. con rodillo escamoteable , a1, b1, c0)

2c) Elaboración del esquema de mando

·   Apoyándonos en el grafo de secuencia/ecuaciones de mando y sin considerar aún la asignación de f.c. con rodillos escamoteables (a1, b1, c0) el esquema parcial sería:

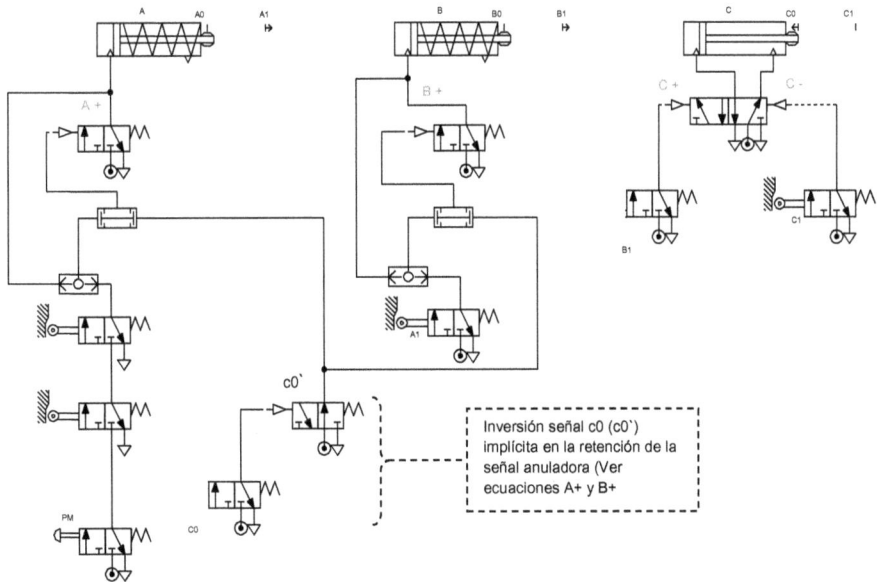

153

Incorporando los f.c. con rodillo escamoteables, fijados en el apartado anterior, el esquema de mando definitivo sería:

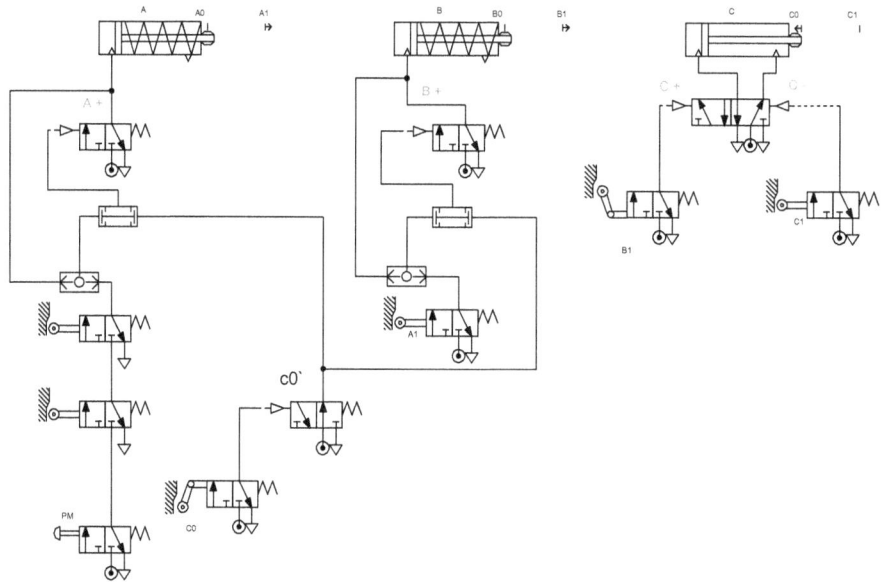

Ejercicio trasversal: Un dispositivo alimentador de chapa en banda está integrado en una cizalladora que tiene tres fases de funcionamiento:

I.- Sujección-avance chapa   II.- Amarre-corte chapa   III.- Reposición alimentador

Consta de los siguientes elementos y funcionalidad:

Un cilindro B que denominamos de "avance chapa" en su movimiento de salida alimenta la cizalladora, llevando al efecto montado sobre su vástago una pinza de sujeción, que es accionada por un cilindro A que en su movimiento de salida pinzará sobre la banda de chapa.

Tras la activación de un pulsador de puesta en marcha PM se realiza la sujeción de la chapa por el cierre de la pinza (Salida del cilindro A), tras esa situación el cilindro alimentador de chapa B saldrá hasta alcanzar un tope regulable implementado como final de carrera b1 de ese cilindro. Seguidamente un tercer cilindro de amarre C saldrá para sujetar la chapa y a continuación la pinza abrirá liberando la chapa al efectuarse la entrada del cilindro A. A partir de ese momento, la cizalla bajará/subirá movida por un cuarto cilindro D, en su movimiento de entrada/salida.

Al objeto de poder realizar un nuevo corte, el cilindro B entrará regresando a su posición inicial de retraído y cumplido este movimiento, el cilindro de amarre C se meterá, soltando la chapa, quedando así el sistema dispuesto para poder realizar un nuevo ciclo de trabajo

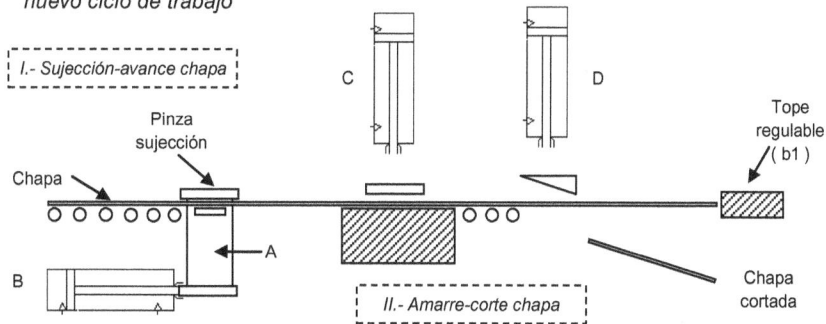

Suponiendo que todos los cilindros son de doble efecto y que están gobernados por v. distribuidoras biestables 4/2, dotados de los correspondientes finales de carrera que controlan las posiciones extremas de su recorrido, implementados mediante v. distribuidoras monoestables 3/2 rodillo-muelle, elaborar:

a) *Grafo de la secuencia y ecuaciones de mando, determinando/justificando si existen señales permanentes*
b) *Diagrama de movimientos-señales coordinado, determinando si fuera el caso cuales son las señales permanentes existentes*
c) *Esquema neumático, utilizando finales de carrera con rodillo escamoteable si fueran precisos*

a) *De la descripción del sistema podemos inferir que la secuencia de funcionamiento y las ecuaciones de mando son:*

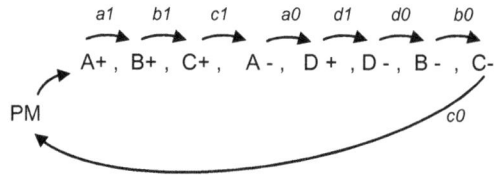

$$a1 \quad b1 \quad c1 \quad a0 \quad d1 \quad d0 \quad b0$$

$$A+ , \ B+ , \ C+ , \quad A- , \quad D+ , D- , \ B- , \ C-$$

PM

$c0$

A + = PM . c0	D + = a0
B + = a1	D - = d1
C + = b1	B - = d0
A - = c1	C - = b0

Existen señales permanentes porque no hay concordancia entre las partes de la secuencia (Además porque existen dos movimientos antagónicos seguidos (D+ , D-)

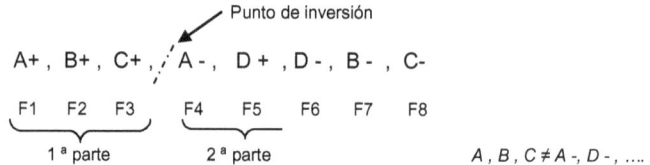

Punto de inversión

$$A+ , \ B+ , \ C+ , \ A- , \quad D+ , D- , \ B- , \ C-$$

F1   F2   F3   F4   F5   F6   F7   F8

1 ª parte   2 ª parte

$A , B , C \neq A- , D- , ...$

b) *A la vista del diagrama de movimientos-señales coordinado (Ver pag. siguiente), se aprecian dos zonas de coincidencia temporal, de señales antagónicas, una, la existente en las fase 2ª y 3ª en el cilindro B, fijando como señal permanente la que genera d0 y la otra la que existe entre las fases 5ª y 6ª en el cilindro D, fijando como s.p. la generada por a0*

(Si se fija como señal permanente a1, seguirá existiendo coincidencia temporal de señales antagónicas en el cilindro B . En el caso del cilindro D, la elección esta predeterminada a ser a0 la señal a acortar dado que la señal d1 ya es puntual)

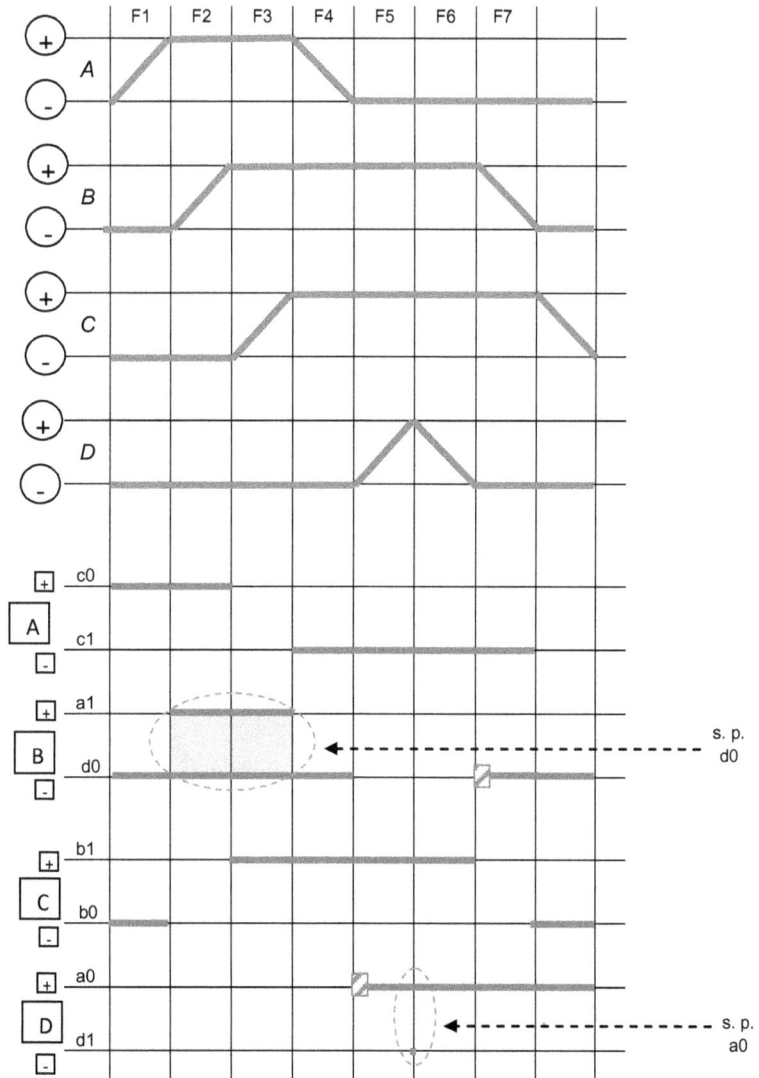

a)   *Esquema neumático con f. c. de rodillo escamoteable por la izquierda en a0 y d0:*

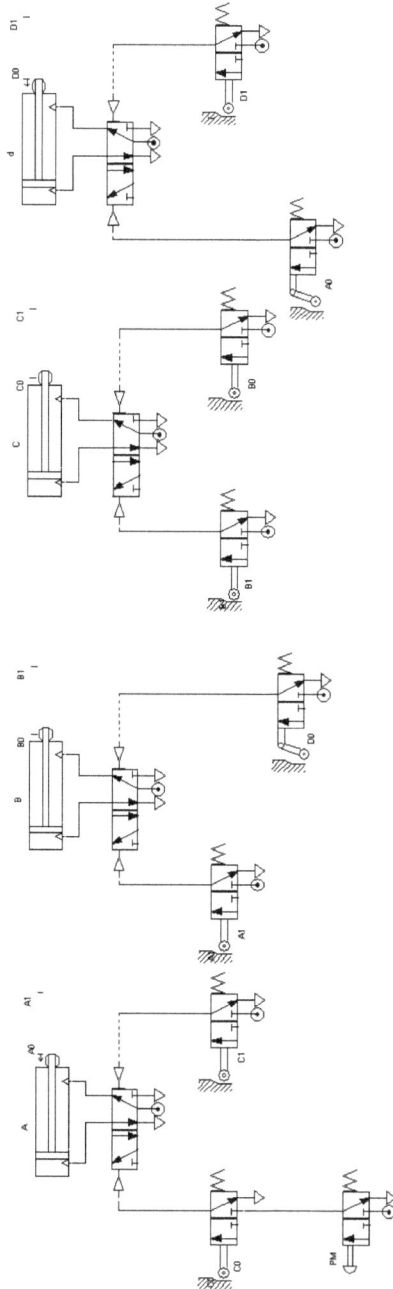

Supongamos ahora que en el sistema de la cizalladora con alimentador de chapa son sustituidos los elementos de trabajo A y C por cilindros de simple efecto debido a que efectúan solo trabajo en el movimiento de salida y que estarán gobernados por sendas v. distribuidoras monoestables 3/2 y ambos cilindros seguirán disponiendo de los oportunos finales de carrera en las posiciones extremas de sus recorridos, configurados con v. monoestables 3/2 NA rodillo-muelle.

Basándose en el grafo de secuencia y diagrama de movimientos-señales antes elaborado:

a) *Establecer las ecuaciones de mando oportunas*
b) *Realizar el esquema de mando*

Dado que la configuración constructiva de los cilindros A y C es de simple efecto y además están gobernados por v. monoestables, habrá que retener la señal de mando de la salida de cada uno de ellos hasta que se inicie el retorno de los mismos, dotándolas de la oportuna configuración biestable con retención al paso (Biestable RS), que en concreto sería:

a) *Ecuaciones de mando*

   Cilindro A

   . Señal de mando - activación (A+) ----- c0 . PM (S) , salida del cilindro

   . Anulación señal de mando ------   c1 (R), entrada del cilindro

   Cuya ecuación de mando, con prioridad al paro R, sería:

$$A + = (A+ + PM . c0) . c1´$$

   Cilindro C

   . Señal de mando - activación (C+) ----- b1 (S) , salida del cilindro

   . Anulación señal de mando …----- b0 (R), entrada del cilindro

   Cuya ecuación de mando, con prioridad al paro R, sería:

$$C+ = (C+ + b1) . b0´$$

El resto de ecuaciones de mando y configuración de f.c. con rodillos escamoteables permanecen igual con la única diferencia de que ahora no será preciso comandar la entrada de los cilindros A y C, dada su configuración de simple efecto (Que en realidad son generados por el correspondiente resorte de las v. distribuidoras monoestables)

$B + = a1$ $B - = d0$ *(Rodillo escamoteable por la izquierda ⟵)*

$D + = a0$ *(Rodillo escamoteable por la izquierda ⟵)* $D - = d1$

$A - =$ ⋀⋀ *(Presencia señal c1 o ausencia A+)* $C - =$ ⋀⋀ *resencia señal b0 o auencia C+)*

a) *Esquema de mando*

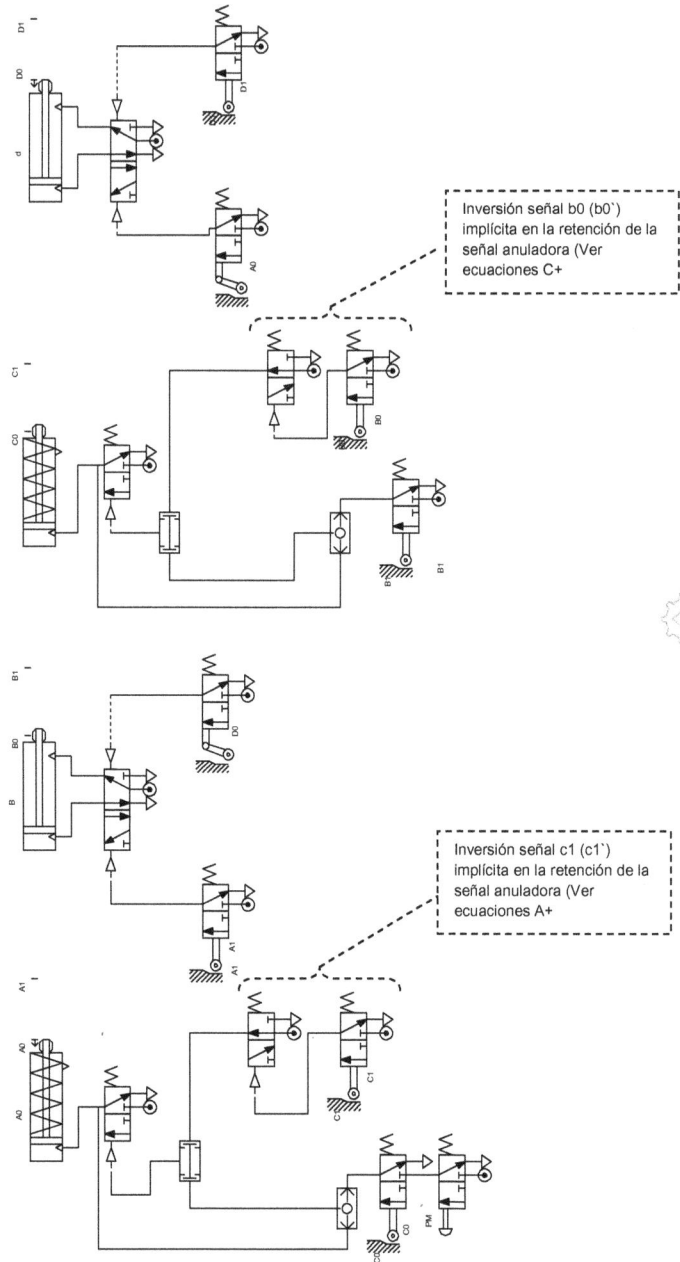

Inversión señal b0 (b0`) implícita en la retención de la señal anuladora (Ver ecuaciones C+

Inversión señal c1 (c1`) implícita en la retención de la señal anuladora (Ver ecuaciones A+

Ejercicio propuesto: Un dispositivo remachador está compuesto por tres cilindros de doble efecto A, B, C, gobernados por v. biestables 4/2 y dotados cada uno de ellos de los oportunos f.c. que detectan las posiciones extremas de sus recorridos (a0/a1, b0/b1, c0/c1) implementados en v. monoestables 3/2 NC rodillo-muelle, que funciona de la siguiente forma : Salida del cilindro A para sujetar las piezas, después los cilindros B y C entran y salen (B+/B-) (C+/C-) para dar dos golpes de remachado y por último el cilindro A retrocede, liberando las piezas unidas

El sistema se pone en marcha al ser activado un pulsador de puesta en marcha PM configurado mediante una v. monoestable 3/2 pulsador/muelle

1) Diseñar el sistema neumático de mando oportuno utilizando, si fueran preciso, finales de carrera con rodillo escamoteable

2) Rediseñar el sistema suponiendo que el cilindro A destinado a sujetar las piezas se implemente como un cilindro de simple efecto y esté gobernado por una v. monoest 3/2 presión/muelle

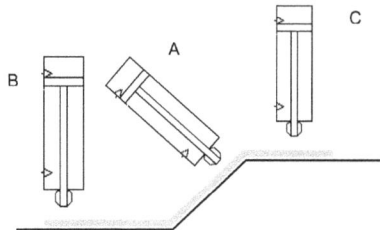

II.3.2.2.- Memoria

Esta métodología se basa en el principio de hacer que una señal solo sea efectiva en aquel momento en que sea necesaria, de modo que la señal permanente que se genere en una fase (N) será activada (Preparación) mediante la señal que proporcione una fase anterior (N - 1) y anulada (Borrado) por la señal generada en una fase siguiente (N + 1) al momento de su ejecución

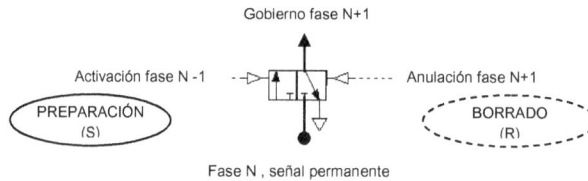

Fase N , señal permanente

Supóngase la secuencia siguiente:

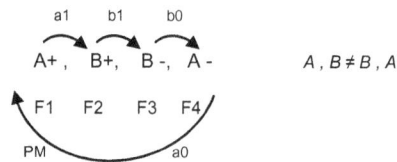

$$A, B \neq B, A$$

cuyas ecuaciones de mando son:

$$A + = PM . a0 \qquad A - = b0 \qquad B + = a1 \qquad B - = b1$$

en la que como se vio en el apartado anterior II.3.1.3, pag 122, existen señales permanentes, en concreto a1 y bo generadas en las fases (N, N`), 1ª (A+) y 3ª (B -) respectivamente, pues bien, si consideramos la señal a1 generada en la fase (N) 1ª, que afecta a la fase 2ª (B+), la memoria que gobierna esa señal será activada por la señal generada por una fase anterior (N-1) = 4ª, esto es, a0 y anulada por la señal generada en una fase siguiente (N+1) = 2ª, esto es, b1

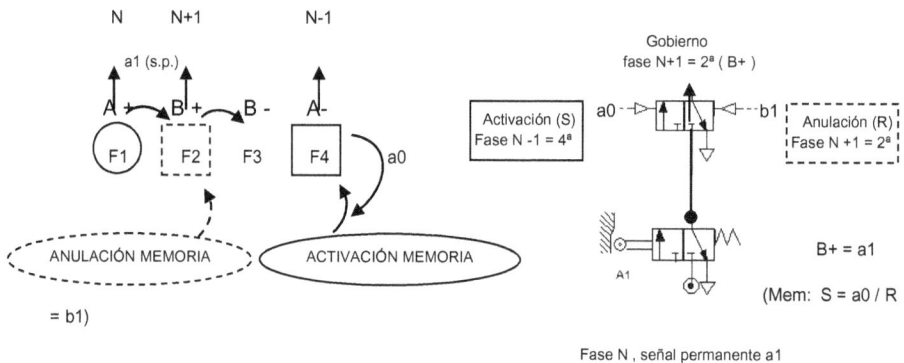

Fase N , señal permanente a1

Si consideramos ahora la señal b0 generada en la fase (N`) 3ª que afecta a la fase 4ª (A-), la memoria que gobierna esa señal será activada (S) por la señal generada en una fase anterior (N´-1) 2ª (B+), esto es, b1 y anulada (R) por la señal generada en una fase siguiente (N´+1) 4ª (A-), esto es, a0

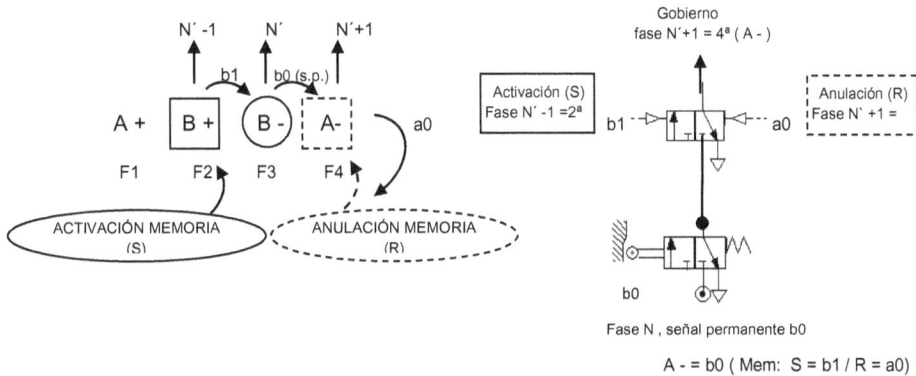

Fase N , señal permanente b0

A - = b0 (Mem: S = b1 / R = a0)

Hay que comprobar que las dos señales que se escogen para el gobierno de cada una de las memorias , N -1 / N +1 (antagónicas) no tengan interferencia temporal, de no ser así, a la vista del diagrama de movimientos-señales coordinado se elegirá una pareja N -1 / N +1 que cumplan ese requisito

El proceso para el análisis y diseño de circuitos neumáticos basados en la eliminación de señales permanentes mediante memoria es el siguiente:

a) Determinación de si existen o no señales permanentes
b) Evidenciar y concretar cuales son las señales permanentes
c) Realizar el esquema de mando dotando de una memoria (biestable) a cada una de las señales permanentes, que será activada por una fase anterior (N-1) y anulada por una fase siguiente (N+1) a la fase N que genera la s.p.
d) Comprobar que no existe interferencia entre las señales elegidas, eligiendo en otro caso una pareja de señales que cumpla este criterio, siguiendo lo indicado en c)

Para la secuencia mas arriba analizada e integrando todas estas consideraciones, con las ecuaciones de mando elaboramos el siguiente esquema de funcionamiento, en tecnologias neumática, electroneumática y PLC, una vez constatado que no existe interferencia temporal entre los pares de señales establecidos para el gobierno de las memorias

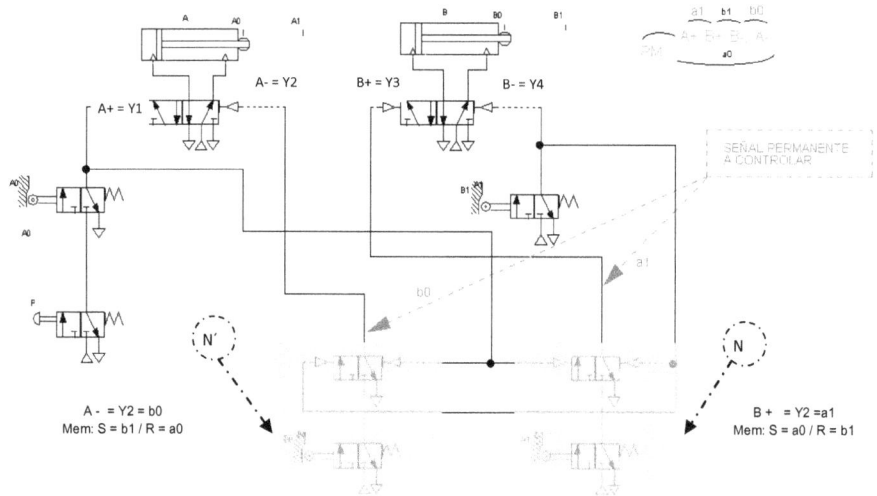

A - = Y2 = b0
Mem: S = b1 / R = a0

B + = Y2 = a1
Mem: S = a0 / R = b1

Para tecnología electroneumática , a la vista de las ecuaciones resultantes adaptadas a esta terminología, dada la intervención de algunas variables (señales) en varias de ellas, nos obliga a pasarlas por relé :

$$a0 = Ka0 \quad y \quad b1 = Kb1$$

Cada una de las memorias para la eliminación de las s. p. la desarrollamos mediante un biestable RS (Con prioridad al paro, R), tomando como señales de control :

Memoria para la s.p. a1 (KNa1) : S , N -1 = a0 y R , N +1 = b1,   KNa1 = (KNa1 + Ka0) b1`

Memoria para la s.p. b0 (KN`b0) :S ,  N´-1 = b1  y  R , N´+1 = a0,   KN`b0 = (KNb0 + Kb1) a0`

que conjuntamente con las ecuaciones iniciales de mando, adaptadas a la terminología eléctrica

memoria   memoria

A + = PM . Ka0   A - = b0 . KN´b0   B+ = a1 . KNa1   B - = Kb1

nos proporcionan el siguiente esquema:

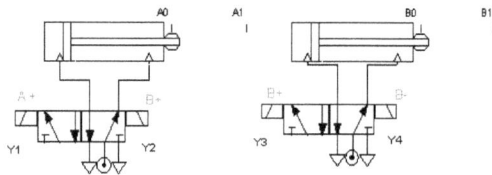

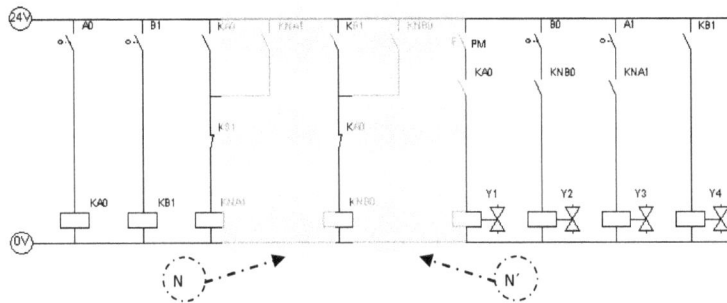

y el diagrama de contactos para PLC siguiente:

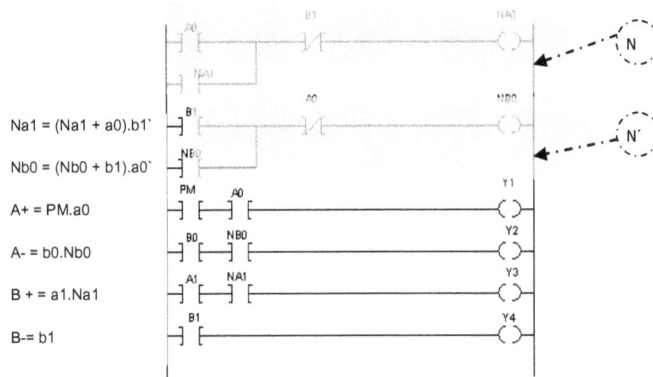

$Na1 = (Na1 + a0).b1`$

$Nb0 = (Nb0 + b1).a0`$

$A+ = PM.a0$

$A- = b0.Nb0$

$B+ = a1.Na1$

$B-= b1$

Ejercicio : La secuencia que se indica seguidamente es ejecutada por cilindros de doble efecto gobernados cada uno de ellos por su respectiva v. distribuidora biestáble 5/2 y tienen controladas las posiciones extremas de sus recorridos mediante los oportunos finales de carrera implementados en v. distribuidoras monoestables 3/2 rodillo/muelle

$$A+, B-, C+, B+, C-, A-$$

Considerando que el sistema se pondrá en marcha al activarse un pulsador de puesta en marcha PM (V. monoestable 3/2 pulsador/muelle):

a) Determinar si existen señales permanentes. Obtener también el grafo de secuencia y ecuaciones de mando
b) Concretar cuales son las señales permanentes, elaborando para ello el correspondiente diagrama de movimientos/señales coordinado.
c) Elaborar el esquema de mando en tecnologías neumática, electronuemática y para PLC , utilizando para la eliminación de las señales permanentes, si fuera preciso, el método de memorias.

a) Determinación existencia señales permanentes

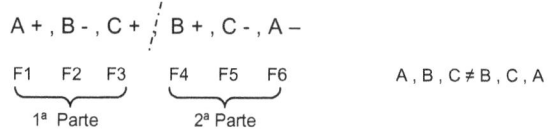

$$A + , B - , C + \quad B + , C - , A -$$

| F1 | F2 | F3 | | F4 | F5 | F6 | | $A , B , C \neq B , C , A$ |

1ª Parte   2ª Parte

Observamos como en la 2° parte de la secuencia las fase 4ª (B +) se adelanta respecto al orden de ejecución en la 1ª, por tanto, existen señales permanentes.

El grafo de secuencia sería:

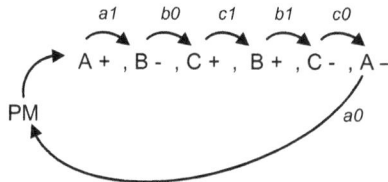

Las ecuaciones de mando a priori son :

| A + = PM . a0 | B + = c1 | C + = b0 |
| A - = c0 | B - = a1 | C - = b1 |

b) Concreción de las señales permanentes

Elaboramos el diagrama de movimientos/señales coordinado (ver página siguiente), de cuyo análisis se establecen como señales permanentes las generadas por los finales de carrera a1 y c0

Las ecuaciones de mando, utilizando el método de memorias para la eliminación de las señales permanentes serían las ya indicadas en el apartado a, salvo a1 y c0 que serán controladas por su respectiva memoria, cuyo control se obtendría así:

Señal permanente a1 (N)

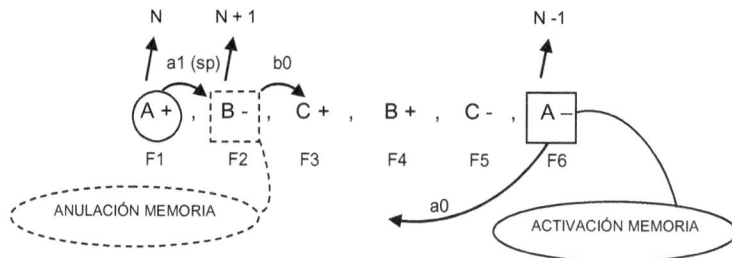

La memoria que gobierna la s.p. a1 (N) = 1ª , será activada (S) por la señal generada por una fase anterior (N-1) = 6ª, esto es, a0 y será anulada (R) por la señal generada en una fase siguiente (N + 1) = 2ª, esto es, b0

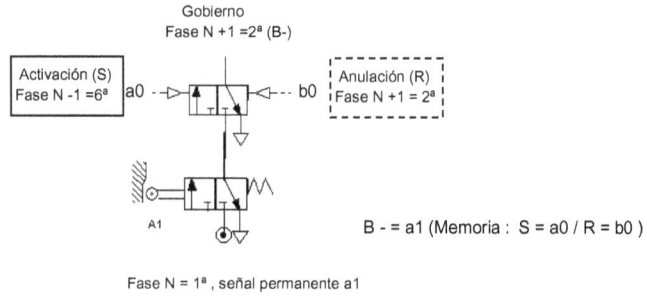

Fase N = 1ª , señal permanente a1

Constatamos mediante el diagrama de movimientos/señales coordinados que entre las señales a0 y b0 no existe interferencia temporal.

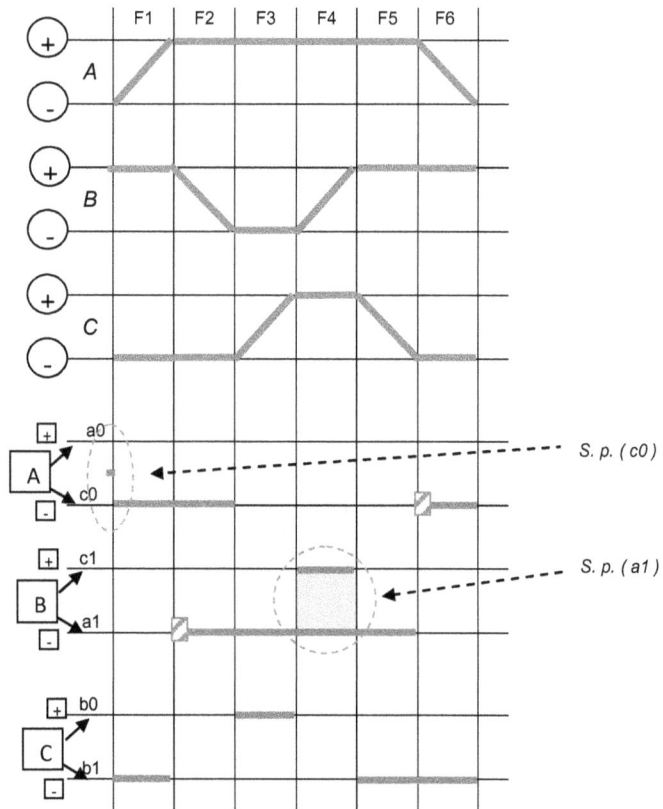

Señal permanente c0 (N)

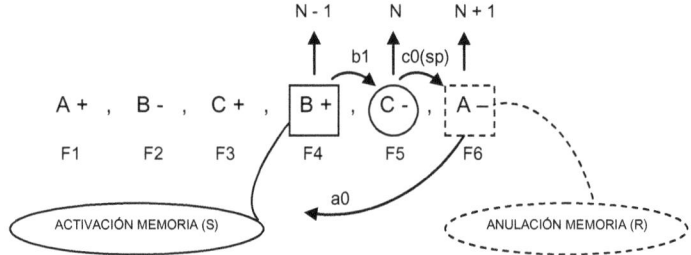

La memoria que gobierna la s.p. c0 (N) , será activada por la señal generada (S) por una fase anterior (N-1) = 4ª, esto es, b1 y anulada (R) por una fase siguiente (N + 1) = 6ª, esto es, a0.

Si consideramos estas dos señales antagónicas, a0/b1, en el diagrama de movimientos señales coordinados vemos que existe interferencia temporal entre ambas, por lo que optamos por escoger como señal activadora de la memoria, en lugar de b1, la señal c1, con la cual constatamos que no hay interferencia temporal con a0

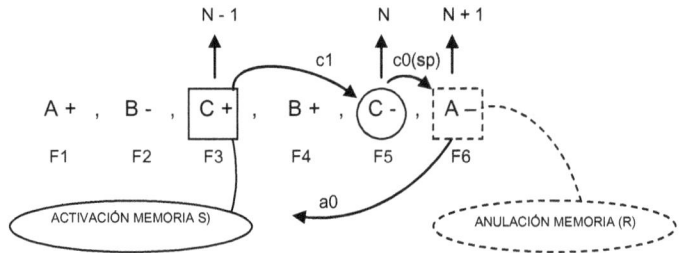

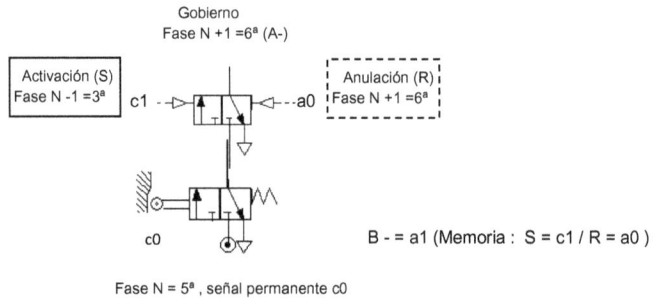

Gobierno
Fase N +1 =6ª (A-)

B - = a1 (Memoria : S = c1 / R = a0)

Fase N = 5ª , señal permanente c0

168

1c) Elaboración del esquema de mando en tecnologías neumática, electroneumática y para PLC

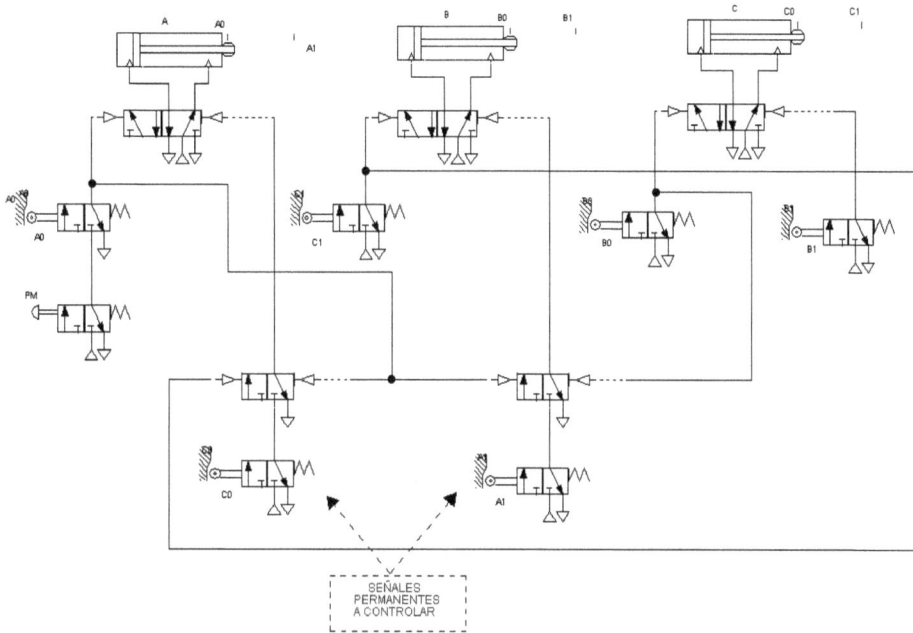

A la vista de las ecuaciones resultantes, adaptadas a la terminología eléctrica, dada la intervención en varias de ellas de las señales a0, b0 y c1, nos obliga a pasarlas por relé

$$a0 = Ka0 \qquad b0 = Kb0 \qquad c1 = Kc1$$

Cada una de las memorias para la eliminación de las s. p. la desarrollamos mediante un bistable RS (Con prioridad al paro, R), tomando como señales de control :

Memoria s.p. c0 (KNc0) : S, N -1 = c1 y R , N +1 = a0, KNc0 = (KNc0 + Kc1) Ka0`

Memoria s.p. a1 (KNa1) : S, N-1 = a0 y R , N+1 = b0, KNa1 = (KNa1 + Ka0) Kb0`

que conjuntamente con las ecuaciones iniciales de mando, adaptadas a la terminología eléctrica

$$A + = PM \,.Ka0 \qquad B+ = Kc1 . \qquad C + = Kb0$$

$$A - = c0 . KNc0 \qquad B - = a1\, KNa1 \qquad C - = b1$$

nos proporcionan el siguiente esquema:

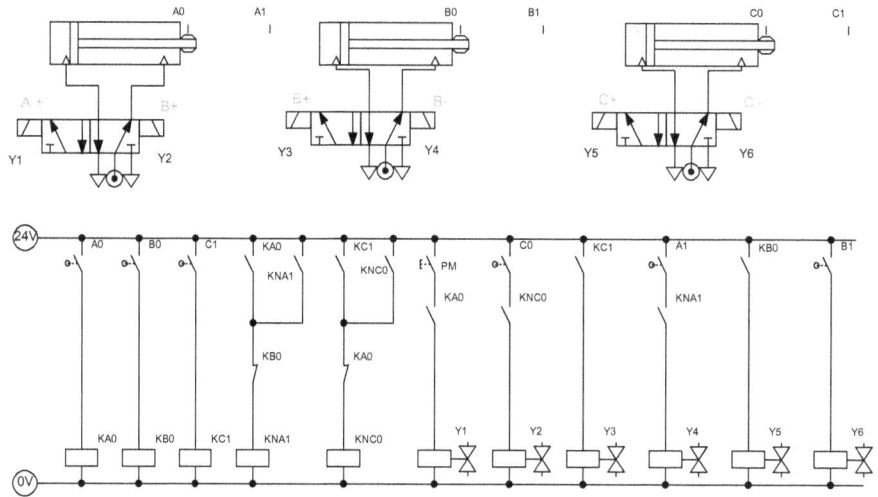

y el diagrama de contactos para PLC siguiente:

$$Na1 = (Na1 + a0).b0`$$

$$Nc0 = (Nc0 + c1).a0`$$

$$A+ = PM.a0$$

$$A- = c0.Nc0$$

$$B+ = c1$$

$$B- = a1.Na1$$

$$C+ = b0$$

$$C- = b1$$

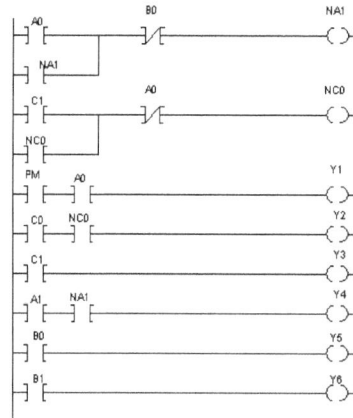

Ejercicio transversal: Consideremos de nuevo la secuencia del dispositivo alimentador de chapa en banda tratado en el apartado anterior (Pa. 155), en el que ya se evidenció y determinaron las señales permanentes existentes (a0, d0) pues bien, la resolución de este sistema por el método de memorias sería:

Las ecuaciones de mando, utilizando el método de memorias para la eliminación de s.p. serían las mismas que en el supuesto de resolución por rodillo escamoteable, salvo las referidas

a los movimientos A- (a0) y D- (d0) gobernados por s.p. que serán controladas por su respectiva memoria, cuyo control se obtendría así:

A + = PM . c0 / A - = c1,   B + = a1 / B - = d0 (s.p.),   C + = b1 / C - = b0,   D + = a0 (s.p.) / D - = d1,

Memoria control señal permanente a0

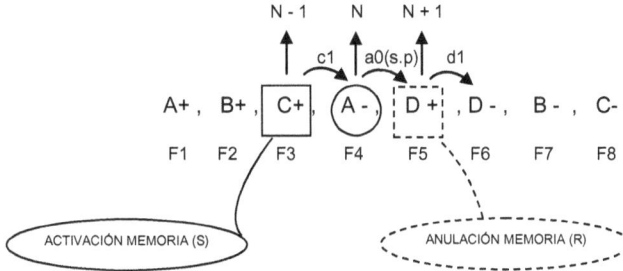

La memoria que gobierna la s.p. a0 (N),4ª , será activada por la señal generada por una fase anterior (N-1) = 3ª, esto es, c1 y anulada por una fase siguiente (N + 1) = 5ª, esto es, d1. Pero si consideramos estas dos señales antagónicas (c1/d1), en el diagrama movimientos-señales coordinado(Pag. 157) vemos que existe interferencia temporal entre ambas, por lo que optaremos por escoger como señal activadora de la memoria en lugar de c1, la señal anterior a1 (Si escogiéramos b1, también tendríamos interferencia) con la cual constatamos no tiene interferencia temporal

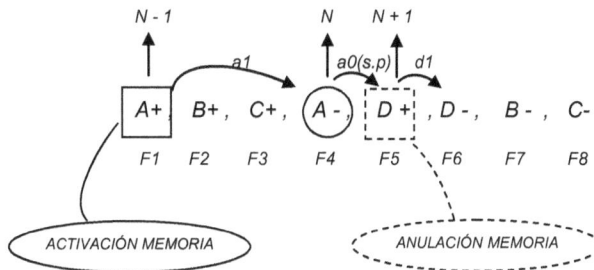

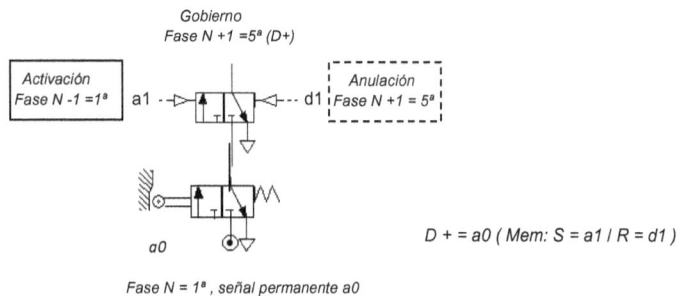

D + = a0 (Mem: S = a1 / R = d1)

Fase N = 1ª , señal permanente a0

Memoria control señal permanente d0

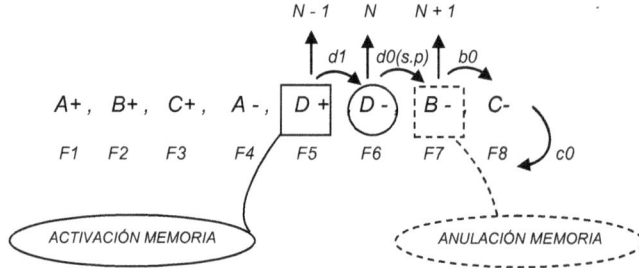

La memoria que gobierna la s.p. d0, F6ª, (N) , será activada por la señal generada por una fase anterior (N-1) = 5ª, esto es, d1 y será anulada por una fase siguiente (N + 1) = 7ª, esto es, b0, constatando en el diagrama de movimientos-señales coordinado que entre ambos no existe interferencia

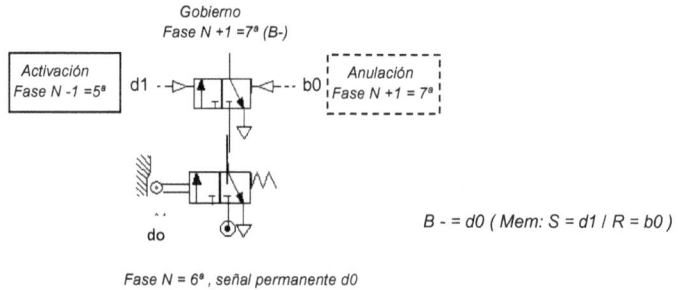

$B - = d0 (Mem: S = d1 / R = b0)$

Fase N = 6ª , señal permanente d0

El esquema de mando en tecnología neumática sería (Ver pagina siguiente):

También en las siguientes páginas se reflejan el esquema de mando en tecnología eléctrica y el diagrama de contactos para PLC

AUTOMATIZACIÓN FUNDAMENTADA I I.- Estrategias complementarias

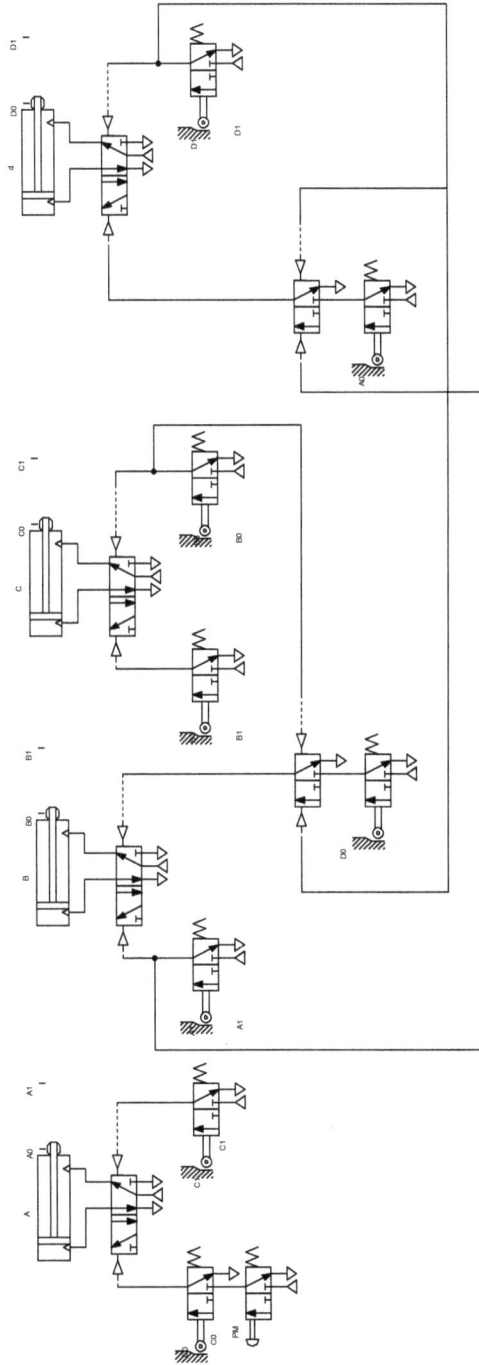

173

Considerando las ecuaciones resultantes adaptadas a la tecnología eléctrica, dada la inclusión en varias de ellas de las señales a1, b0, y d1 nos obliga a pasarlas por relé

$$a1 = Ka1 \qquad b0 = kb0 \qquad d1 = kd1$$

Cada memoria para eliminación de las s.p. (a0 / d0) la configuraremos mediante biestable RS (Prioridad al paro), considerando como señales de control las ya establecidas en tecnología neumática

Memoria para la s.p. a0 : S,   N -1 = a1   y R,   N +1 = d1,   KNa0 = (KNa0 + Ka1) Kd1`

Memoria para la s.p. d0 : S, N -1 = d1   y R,   N+1 = b0,   KNd0 = (KNd0 + Kd1) Kb0`

que conjuntamente con las ecuaciones iniciales de mando adaptadas a tecnología eléctrica nos posibilitan la elaboración del siguiente esquema eléctrico (Ver en pag. siguiente)

$$A + = PM . c0 \qquad B + = Ka1 \qquad C + = b1 \qquad D + = a0 . KNa0$$

$$A - = c1 \qquad B - = d0 . KNd0 \qquad C - = Kb0 \qquad D - = Kd1$$

Y el diagrama de contactos para PLC sería:

Na0 = (Na0 + a1).d1`

Nd0 = (Nd0 + d1).b0`

A+ = PM.a0

A- = c1

B + = a1

B-= d0.Nd0

C + = b1

C-= b0

D + = a0.Na0

D-= d1

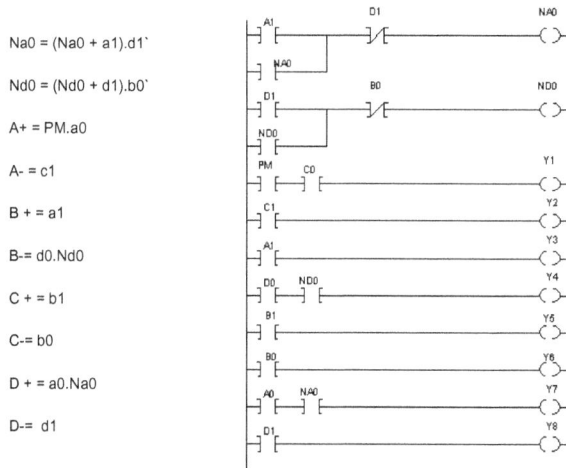

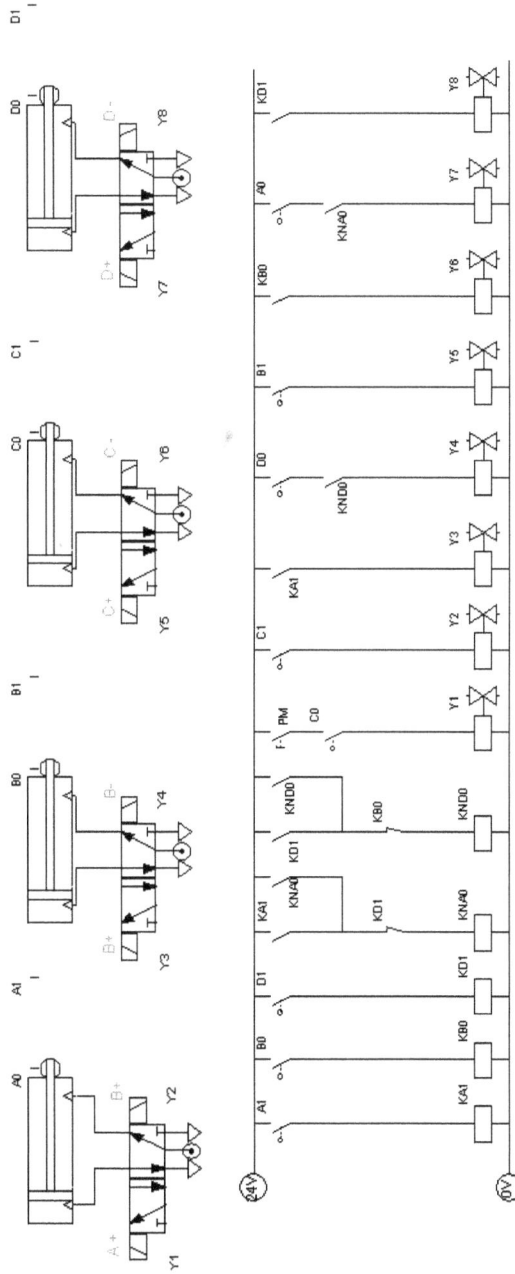

Al igual que se hizo en la aplicación de eliminación de s.p. con rodillo escamoteable, supongamos que en el dispositivo alimentador de chapa, los elementos de trabajo A y C son sustituidos por sendos cilindros de simple efecto, gobernados por v. distribuidoras monoestables 3/2 con sus correspondientes finales de carrera para detectar las posiciones extremas de sus recorridos. Pues bien, teniendo como referencia el grafo de secuencia y el diagrama de movimientos-señales cooordinado y aplicando ahora el método de eliminación de s.p.:

a) Establecer las ecuaciones de mando correspondientes
b) Realizar el esquema de mando correspondiente en tecnologías neumática, electroneumática y para PLC

Como ya se justificó anteriormente en el caso de rodillos escamoteables, será necesario retener las señales que gobiernan la salida de cada uno de estos cilindros de simple efecto

$$A + = (A + + PM . c0) . c1\` \qquad (A - = \wedge\!\!\wedge \ y \ presencia \ c1)$$

$$C + = (C + + b1) . b0\` \qquad (C - = \wedge\!\!\wedge \ y \ presencia \ b0)$$

el resto de ecuaciones son las mismas

$$B + = a1 \qquad D + = a0 \qquad B - = d0 \qquad D - = d1$$

También las memorias para el gobierno de las señales permanentes generadas por a0 y d0 serán comandadas según el análisis ya efectuado en el supuesto de rodillos escamoteables, esto es:

$$D + = a0 \ (Memoria: \ S = a1 \ / \ R = d1)$$

$$B - = do \ (Memoria: \ S = d1 \ / \ R = b0)$$

con estas consideraciones elaboramos el correspondiente esquema neumático para el control del sistema   (Ver página siguiente)

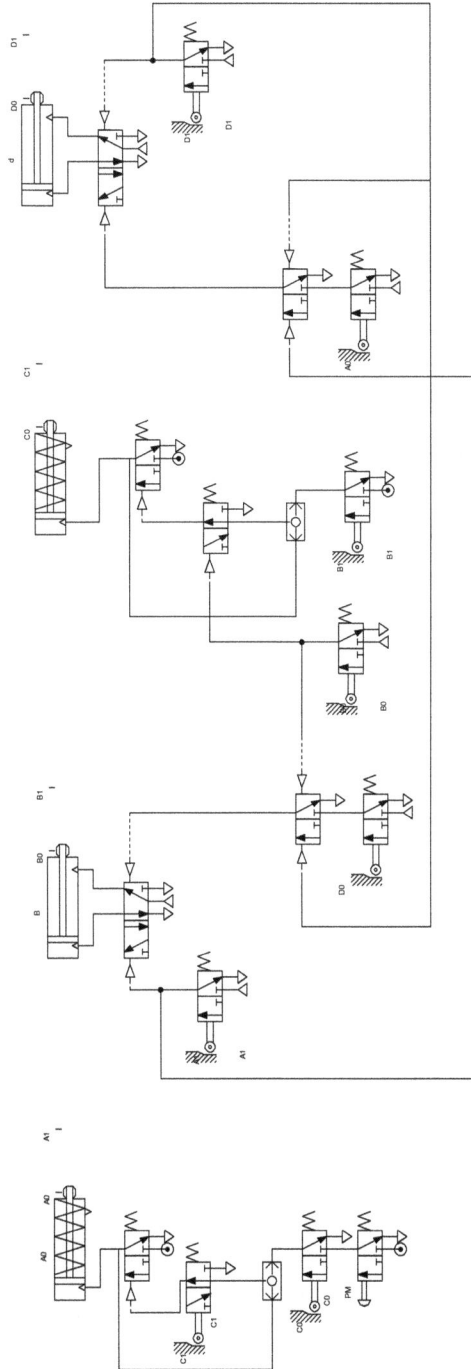

Para tecnología electroneumática, observando las ecuaciones resultantes adaptadas a esta tecnología y dada la intervención de algunas señales en varias de ellas, nos obliga a pasarlas por relé:

$$a1 = Ka1 \qquad\qquad b0 = Kb0 \qquad\qquad d1 = Kd1$$

Cada una de las memorias para la eliminación de las s.p. la desarrollamos mediante biestable RS (Prioridad al paro), tomando como señales de control (S/R) las ya establecidas anteriormente en el supuesto ya considerado antes, de que todos los cilindros eran de doble efecto

$$KNa0 = (KNa0 + Ka1) . Kd1`$$

$$KNdo = (KNd0 + Kd1) Kb0`$$

el resto de ecuaciones que intervienen,con las adaptaciones eléctricas oportunas también son iguales:

$$KA+ = (KA+ + PM . c0). Kc1` \qquad KC+ = (KC+ + b1) Kb0` \qquad (A- / C- = \wedge\!\!\wedge)$$

$$B + = Ka1 \qquad\qquad D+ = a0 . KNa0$$

$$B - = d0 . KNa0 \qquad\qquad D - = Kd1$$

mediante las cuales podemos elaborar el diagrama electroneumático (Ver pagina siguiente):

y el diagrama de contactos para PLC que sigue:

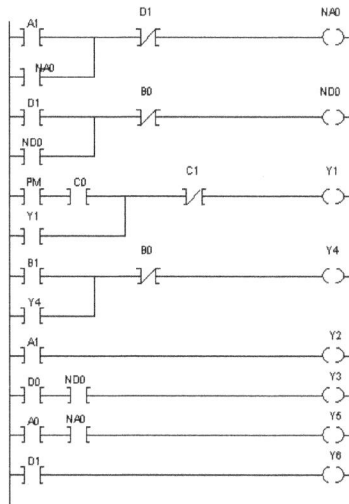

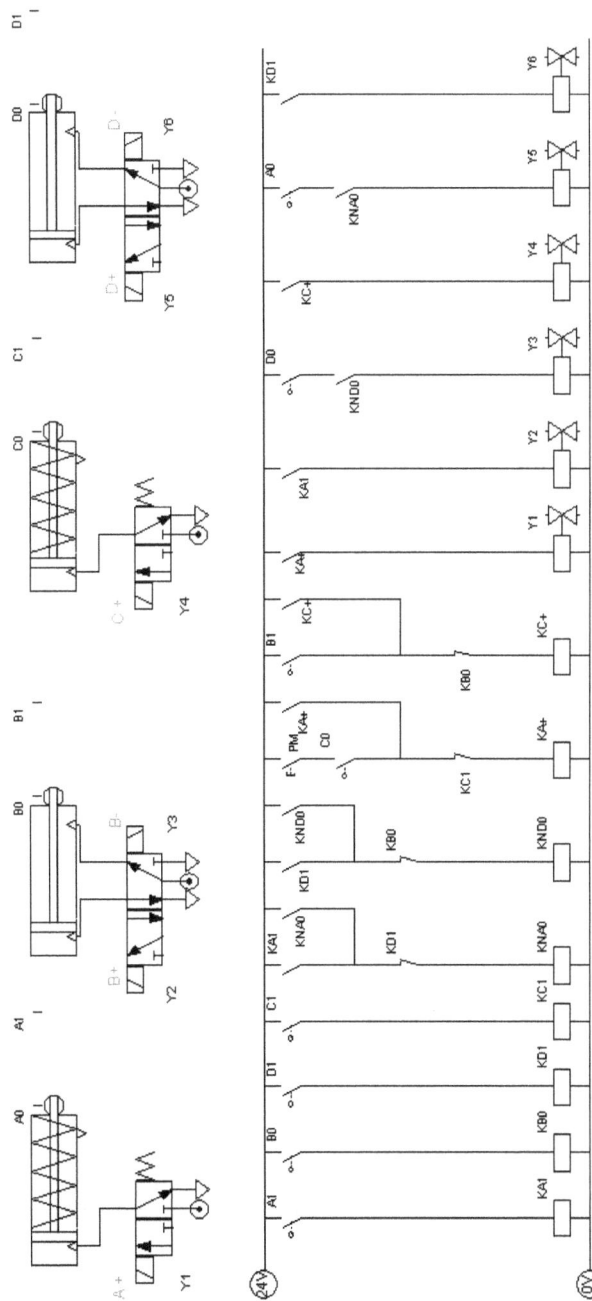

Ejercicio propuesto: Consideremos de nuevo el ejercicio del dispositivo remachador ya propuesto en el apartado de rodillos escamoteables (pag 161) y para el mismo

Diseñar el sistema de mando oportuno, utilizando para la eliminación de señales permanentes el método de memorias, obteniendo los oportunos esquemas en tecnología neumática, eléctrica y para PLC

II.3.2.3.- Temporización

Al igual que ocurre con el método de rodillo escamoteable, en el que la señal permanente tiene una existencia limitada al tiempo de circulación de la leva del vástago sobre el rodillo, mediante la limitación de la existencia de la s.p. con elementos temporizadores (Neumáticos / Eléctricos / Programables) conseguiremos ese mismo propósito de acortamiento de señales (Recortador de señal)

(Ver temporización neumática, apartado II.2.1.1.2, Temporizador a la activación (conexión) con v. monoestable 3/2 NA (pag. 62) y temporización eléctrica, apartado II.2.2.1.2, Relé temporizador a la activación (conexión) con contacto NC (pag. 90) y su equivalente en PLC función Temporizador a la activación (Conexión) con contacto NC, apartado II.2.3.1.1 pag. 111)

$Yx = sp \, (\overline{TONsp} + TONsp^{NA})$ $\qquad Yx = sp \, (\overline{KTONsp} + KTONsp^{NC})$ $\qquad Yx = sp \, (\overline{TONsp} + TONsp^{NC})$

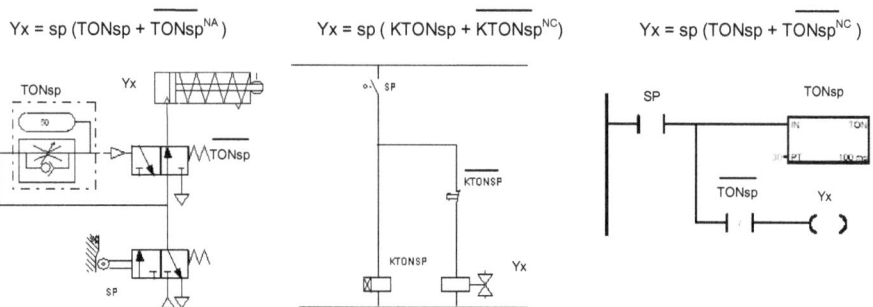

Este, también es un método de activación directa sobre cada una de las señales permanentes, acortando la duración de las mismas al tiempo indispensable para la emisión de la orden que corresponda, mediante el empleo de temporizadores, cuyo

proceso de análisis y diseño de circuitos basados en estos elementos es el mismo que se siguió en el método de rodillos escamoteables

a) Determinar la existencia de señales permanentes
b) Evidenciar/concretar cuales son las s. p.
c) Realizar el esquema, temporizando las s.p. mediante temporizador neumático a la conexión con válvula NA (recortador de señal), relé temporizado a la conexión con contacto NC ó función temporizadora con contacto NC en control por PLC

cuyo resultado final, a modo de ejemplo, queda reflejado en las siguientes figuras, y que también seguiremos específicamente para el esquema de mando de otra secuencia que se analizará por completo seguidamente, cuyas ecuaciones de mando, conocido ya de métodos anteriores que en la secuencia-ejemplo A+, B+, B-, A- son señales permanentes las originadas por a1 y b0, son las siguientes:

Para tecnología neumática

$$A+ = Y1 = PM . a0 \qquad\qquad B+ = Y3 = a1 (TONa1 + \overline{TONa1})$$

$$A- = Y2 = b0 (TONb0 + \overline{TONb0}) \qquad B- = Y4 = b1$$

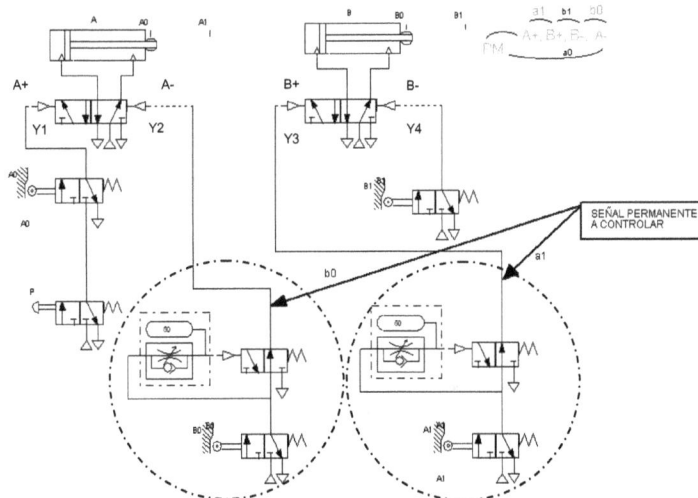

SEÑAL PERMANENTE A CONTROLAR

Para tecnología electroneumática, son las mismas con adaptación terminológica de las siguientes

$$B+ = Y3 = a1 (KTONa1 + \overline{KTONa1})$$

$$A- = Y2 = b0 (KTONb0 + \overline{KTONb0})$$

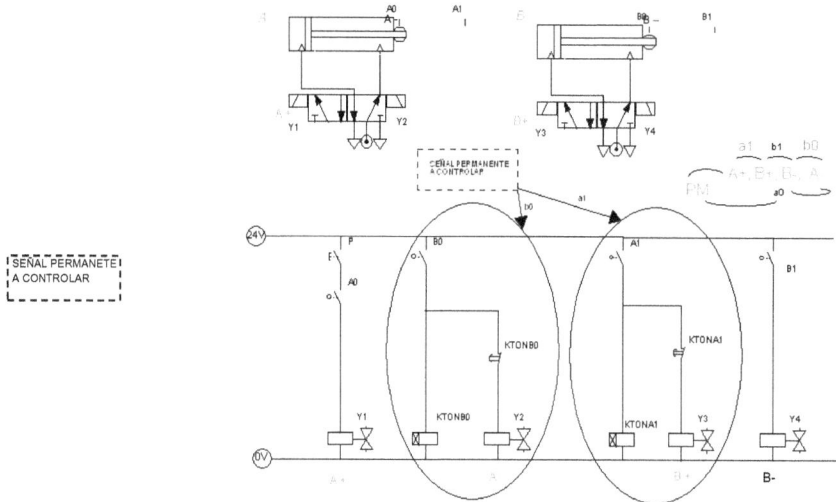

En diagrama de contactos para control por PLC

Símbolo	Dirección
PM	I0.0
a0	I0.1
a1	I0.2
b0	I0.3
b1	I0.4
Y1	Q0.1
Y2	Q0.2
Y3	Q0.3
Y4	Q0.4
TONb0	T101
TONa1	T102

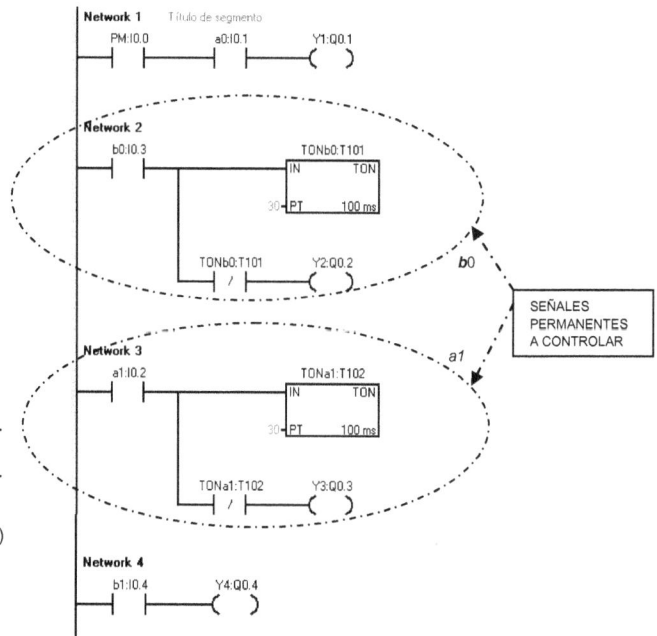

$A+ = Y1 = Q0.1 = PM \cdot a0 = I0.0 \cdot I0.1$

$A- = Y2 = Q0.2 = b0 \, (TONb0 + \overline{TONb0})$

$\qquad = I0.3 \, (T101 + \overline{T101})$

$B+ = Y3 = Q0.3 = a1 \, (TONa1 + \overline{TONa1})$

$\qquad = I0.2 \, (T102 + \overline{T102})$

$B- = Y4 = Q0.4 = b1 = I0.4$

Consideraremos a continuación la secuencia ya tratada en el método de rodillos escamoteables:

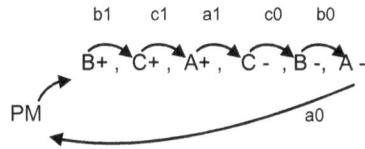

Para la que lógicamente las fases de análisis a) y b) son las mismas que se reflejaron entonces (pag. 145), materializándose mediante temporización las ecuaciones de mando afectadas por las señales permanentes (c0 y b1), para asi poderlas convertir en señales de corta duración, de modo que para tecnología neumática serían

$$B + = Y3 = PM . a0 \qquad\qquad C - = Y6 = a1$$

$$C + = Y5 = b1.(TONb1 + \overline{TONb1}) \qquad B - = Y4 = c0 (TONc0 + \overline{TONc0})$$

$$A + = Y1 = c1 \qquad\qquad A - = Y2 = b0$$

(Detalle del acortamieto de señales)

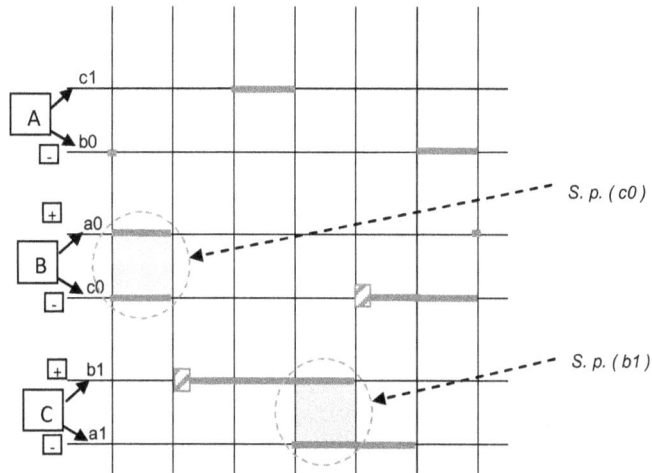

A la vista de las ecuaciones de mando se desarrolla el esquema neumático, incorporando el oportuno recortador de señal (V. temporizadora a la conexión con válvula NA) en cada una de las s.p. (co/b1), siendo por tanto válido para el resto, el esquema desarrollado en el método de rodillos escamoteables

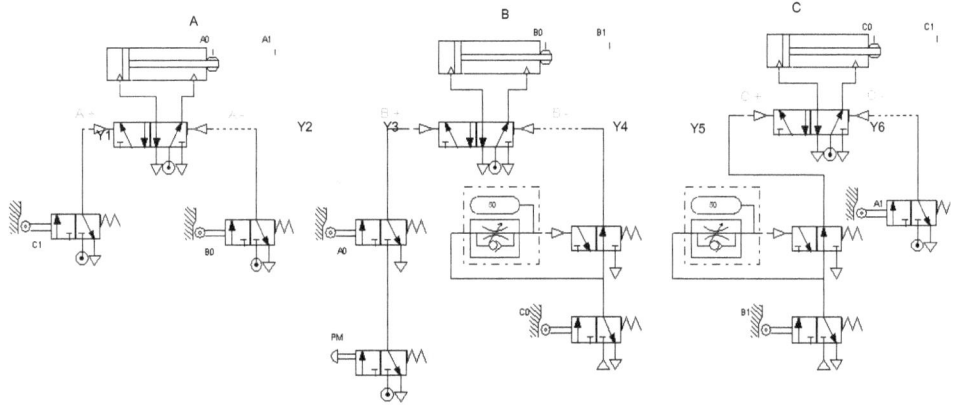

Para la implementación del esquema de mando en tecnología electroneumática, son válidas las ecuaciones ya fijadas, con la oportuna adaptación a la terminología eléctrica, incorporando la temporalización (Rele temporizador a la conexión con contacto NC) a cada una de las s.p. (c0/b1), permaneciendo igual el resto de ecuaciones

$$C + = Y5 = b1 (KTONb1 + \overline{KTONb1}) \qquad B - = Y4 = c0 (KTONc0 + \overline{KTONc0})$$

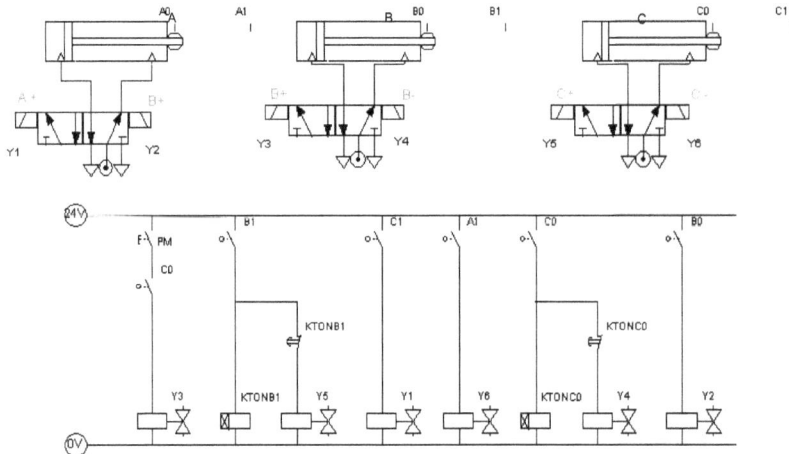

El esquema de contactos para mando mediante PLC sería:

Símbolo	Dirección
PM	I0.0
a0	I0.1
a1	I0.2
b0	I0.3
b1	I0.4
e0	I0.5
e1	I0.6
Y1	Q0.1
Y2	Q0.2
Y3	Q0.3
Y4	Q0.4
Y5	Q0.5
Y6	Q0.6
TONb1	T101
TONe0	T102

B+ = Y3 = Q0.3 = PM . a0 = I0.0 . I0.1

C+ = Y5 = Q0.5 = b1 (TONb1 + $\overline{TONb1}$)

$\qquad$ = I0.4 (T101 + $\overline{T101}$)

A+ = Y1 = Q0.1 = c1 = I0.6

C- = Y6 = Q0.6 = a1 = I0.2

B- = Y4 = Q0.4 = c0 (TONc0 + $\overline{TONc0}$)

$\qquad$ = I0.5 (T102 + $\overline{T102}$)

A- = Y2 = Q0.2 = b0 = I0.3

Network 1 Título de segmento

PM:I0.0 ── a0:I0.1 ──(Y3:Q0.3)

Network 2

b1:I0.4 ──┬── TONb1:T101 [IN TON] 30─PT 100 ms

└── TONb1:T101 /── Y5:Q0.5 ──( )

Network 3 Título de segmento

e1:I0.6 ── Y1:Q0.1 ──( )

Network 4 Título de segmento

a1:I0.2 ── Y6:Q0.6 ──( )

Network 5

e0:I0.5 ──┬── TONe0:T102 [IN TON] 30─PT 100 ms

└── TONe0:T102 /── Y4:Q0.4 ──( )

Network 6

b0:I0.3 ── Y2:Q0.2 ──( )

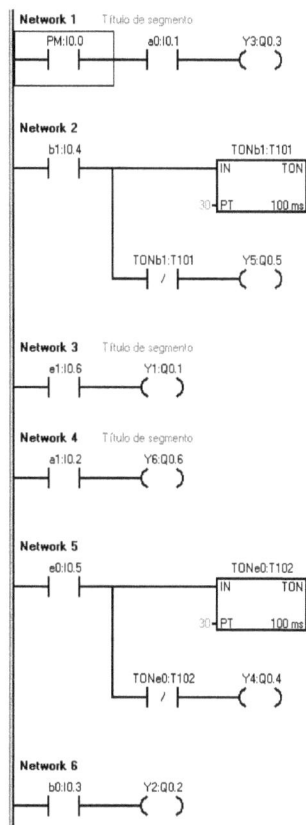

Ejercicio : Se dispone de una máquina transfer para el taladrado-avellanado del agujero de una pieza que es situada manualmente en la mordaza de sujeción . El sistema está compuesto por dos cabezales, uno de ellos taladrador, cuyo movimiento de bajada/subida es proporcionado por la salida/entrada de un cilindro A, de modo que realizada por el mismo la operación de taladrado, un cilindro B efectuará su salida desplazando la mordaza de sujeción situando la pieza bajo el cabezal avellanador, cuyos movimientos de bajada/subida son efectuados por la salida/entrada de otro cilindro C. Concluida la retirada del cabezal avellanador, el cilindro B se meterá para situar la mordaza en la posición de partida para la descarga/carga de la pieza piezas.

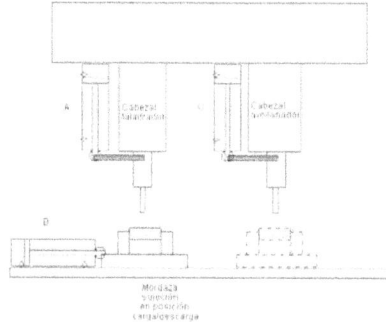

Todos los cilindros son de doble efecto, están gobernados por v. distribuidoras biestables y tienen controladas las posiciones extremas de sus recorridos por los oportunos f.c. (a0/a1 , b0/b1 , c0/c1) implementados en v. distribuidoras monoestables 3/2 NC. , rodillo-muelle

El sistema se pondrá en marcha al ser activado un pulsador PM, implementado en una v. distribuidora monoestables 3/2 NC, pulsador-muelle si el sistema se desarrolla en tecnología neumática y un pulsador NC si el sistema es desarrollado en tecnología eléctrica o por control mediante PLC. (los elementos de control serán entonces electroválvulas)

Diseñar el esquema de mando en tecnología neumática, electroneumática y por control mediante PLC, utilizando para la eliminación de señales permanentes el método de temporización de las mismas

Siguiendo el proceso de análisis y diseño sugerido anteriormente tendremos:

a) Determinamos la existencia de señales permanentes observando la secuencia de funcionamiento del sistema

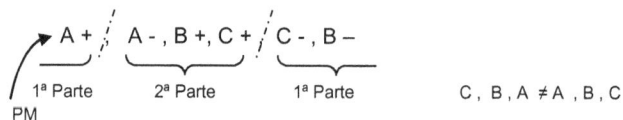

$$A + \quad / \quad A - , B + , C + \quad / \quad C - , B -$$

1ª Parte   2ª Parte   1ª Parte

PM

$$C , B , A \neq A , B , C$$

evidenciándose que es una secuencia de inversión inexacta porque el orden de desarrollo de la 2ª parte no coincide con el de la primera y también podemos decir porque al aparecer movimientos contrarios seguidos /(A+/A- , C+/C-) existen señales permanentes.

Las ecuaciones de mando iniciales (pendientes de ser afectadas de temporización las que incorporen s.p.) son:

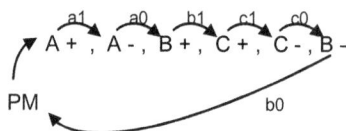

$$A + , A - , B + , C + , C - , B -$$

a1 a0 b1 c1 c0

PM   b0

A + = Y1 = PM . b0	B + = Y3 = a0	C+ = Y5 = b1
A - = Y2 = a1	B - = Y4 = c0	C - = Y6 = c1

b) Evidenciamos y concretamos cuales son las señales permanentes mediante el gráfico de movimientos/señales coordinado

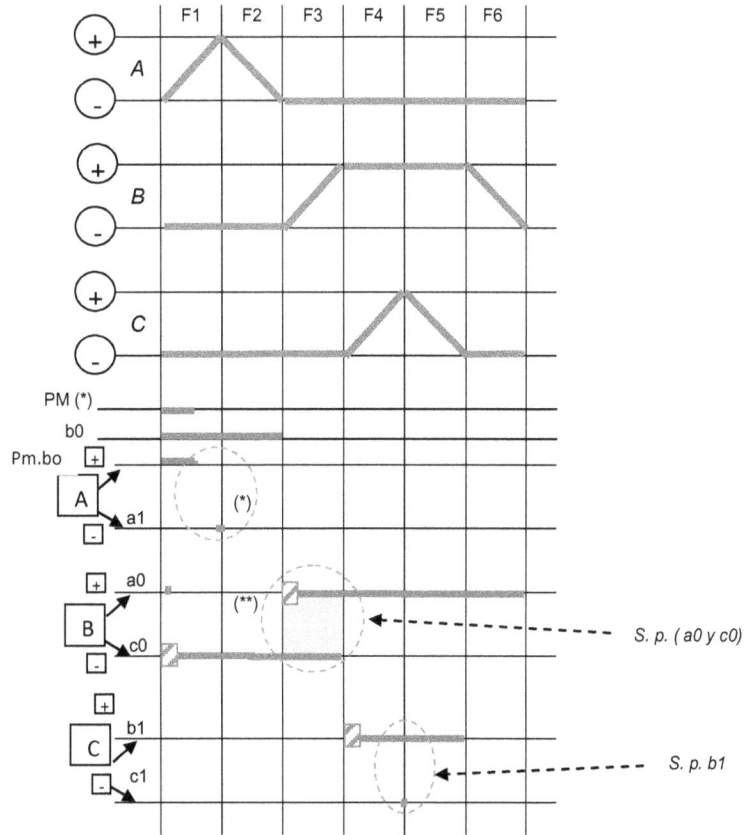

(*) No habrá s. p. siempre y cuando deje de activarse PM, esto es, sea una pulsación breve

(**) Respecto a las señales que gobiernan los movimientos del cilindro B (a0/c0) es preciso temporizar ambas señales, dado que si solo si hiciera en una de ellas seguiría existiendo s.p., por tanto estas señales y b1 que gobierna la salida del cilindro C, serán afectadas de temporización

$$B + = Y3 = a0 .(TONa0 + \overline{TONa0})$$ $$C + = Y5 = b1 .(TON b1 + \overline{TONb1})$$

$$B - = Y4 = c0 .(TONc0 + \overline{TONc0})$$

c) El esquema neumático, temporizando las s.p. (a0, b1, c0) mediante temporizador neumático a la conexión N.A. (Recortador de señal) sería el siguiente:

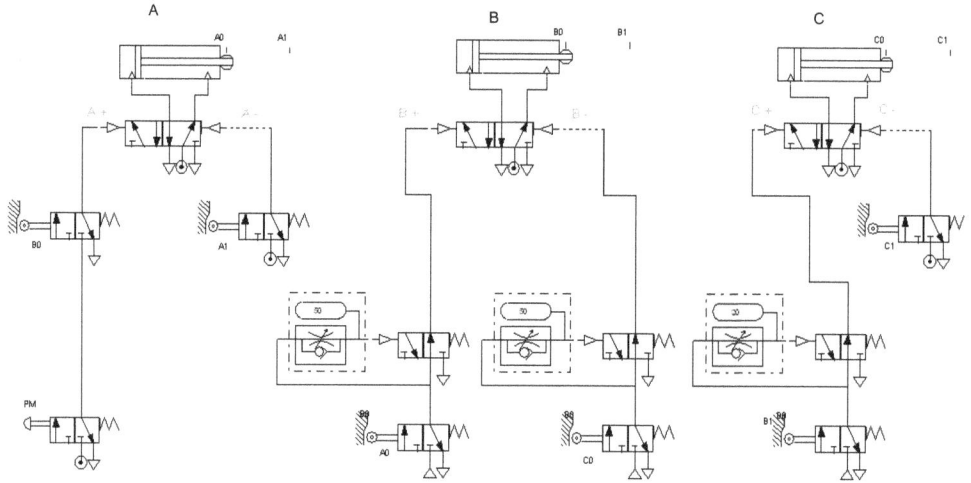

Para la realización del esquema de mando en tecnología electroneumática, son válidas las ecuaciones antes establecidas con la oportuna adaptación terminológica, incorporando la temporización mediante relé temporizador a la conexión con contacto NC a cada una de las s. p. (a0, b1, c0)

$$B + = Y3 = a0 \, (KTONa0 + \overline{KTONa0}).$$

$$B - = Y4 = c0 \, (KTONc0 + \overline{KTONc0}).$$

$$C + = Y5 = b1 \, (KTONb1 + \overline{KTONb1}).$$

$$A + = Y1 = PM \cdot b0$$

$$A - = Y2 = a1$$

$$C - = Y6 = c1$$

Permanecen igual

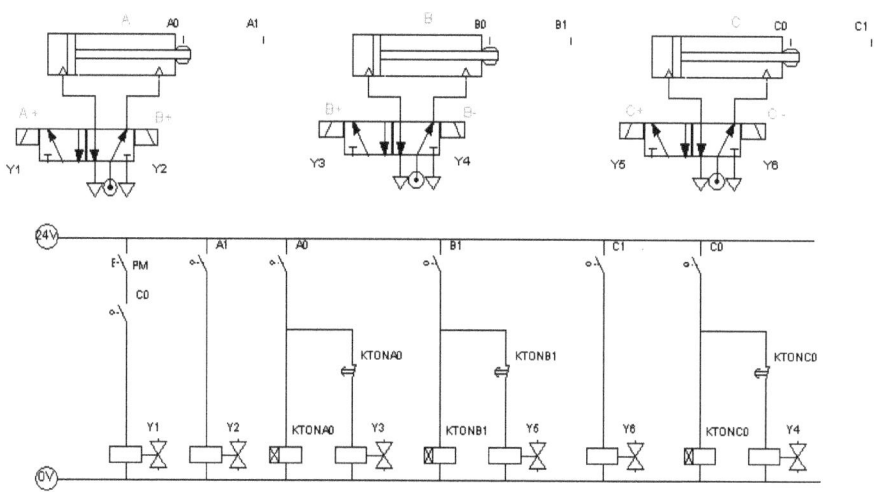

y el diagrama de contactos para PLC sería el siguiente

Símbolo	Dirección
PM	I0.0
a0	I0.1
a1	I0.2
b0	I0.3
b1	I0.4
e0	I0.5
e1	I0.6
Y1	Q0.1
Y2	Q0.2
Y3	Q0.3
Y4	Q0.4
Y5	Q0.5
Y6	Q0.6
TONa0	T101
TONb1	T102
TONe0	T103

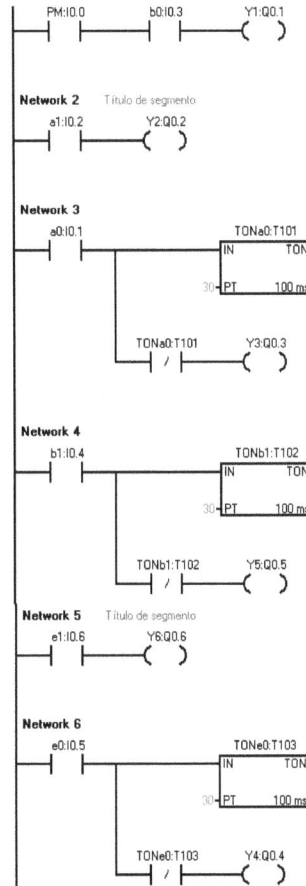

$A+ = Y1 = Q0.1 = PM \cdot b0 = I0.0 \cdot I0.3$

$A- = Y2 = Q0.2 = a1 = I0.2$

$B+ = Y3 = Q0.3 = a0 \, (\, TONa0 + \overline{TONa0}\,)$

$\quad\quad = I0.1 \, (T101 + \overline{T101})$

$C+ = Y5 = Q0.5 = b1 \, (\, TONb1 + \overline{TONb1}\,)$

$\quad\quad = I0.4 \, (T102 + \overline{T102})$

$C- = Y6 = Q0.6 = c1 = I0.6$

$B- = Y4 = Q0.4 = c0 \, (\, TONc0 + \overline{TONc0}\,)$

$\quad\quad = I0.5 \, (T103 + \overline{T103})$

Considerando ahora que en el sistema descrito anteriormente los cilindros A y C que siguen siendo de doble efecto, pero que cambian a estar gobernados por válvulas monoestables, las ecuaciones de mando del sistema incorporando ahora la retención de señal mediante configuración biestable RS con prioridad al paro (Señales anuladoras prioritarias), para la activación de los movimientos A+ y C+, serían:

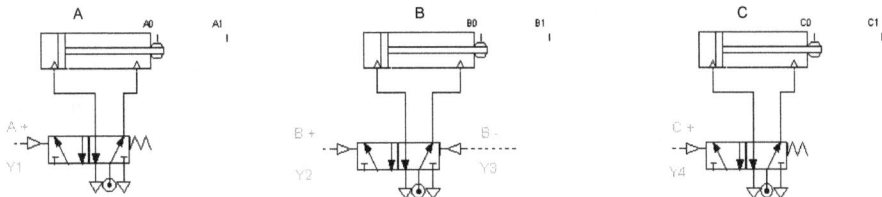

$A+ = Y1 = (A+ + PM . b0) . a1$ ` $B+ = Y2 = a0 (TONa0 + \overline{TONa0})$

$C+ = Y4 = (C+ + b1 (TONb1 + \overline{TONb1})) . c1$ ` $B- = Y3 = c0 (TONco + \overline{TOBc0}))$

El diagrama de movimientos-señales coordinado es el mismo

Dado el carácter monoestable de las v. distribuidoras (Y1/Y4 = A+/C+) no existirán como tales las ecuaciones de mando de los movimientos A- y C-, aunque podemos decir que:

A - = $\wedge\wedge$ y presencia de señal a1   C- = $\wedge\wedge$ y presencia de señal c1

Se debe regular la temporización de la señal b1 lo mas bajo posible para evitar un bucle continuo de C+/C-

Mediante las ecuaciones ahora establecidas y siendo el resto las mismas del supuesto anterior elaboramos el correspondiente esquema neumático de mando

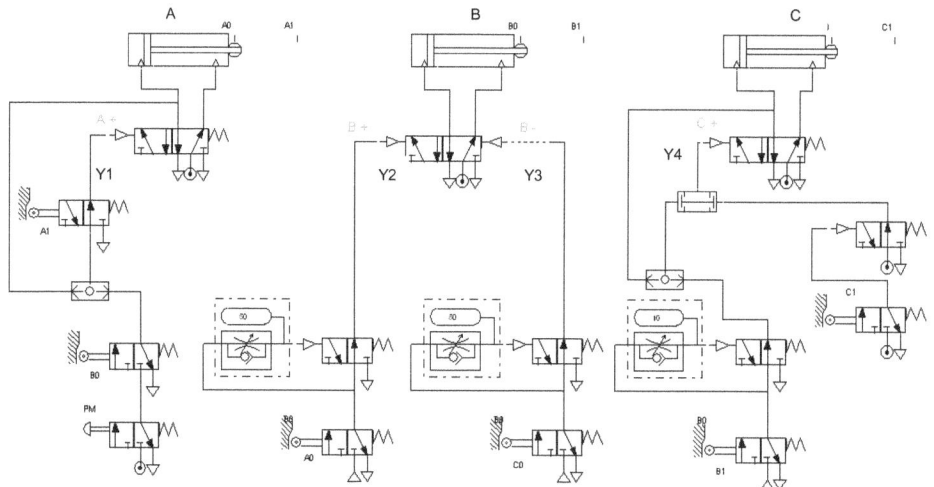

Para la realización del esquema de mando en tecnología electroneumática, son válidas las ecuaciones establecidas con las oportunas adaptaciones a la terminología eléctrica, temporizando cada una de las s. p. (a0, b1, c0) mediante relé temporizador a la conexión con contacto NC

$A+ = KA+ = Y1 = (KA+ + PM . b0).a1´$ $B+ = Y2 = a0 (KTONa0 + \overline{KTONa0}) .$

$B- = Y3 = c0 (KTONc0 + \overline{KTONc0}) .$

$Kb1_{TEMP} = b1 (KTONb1 + \overline{KTONb1})$

$C+ = KC+ = Y4 = (KC+ + Kb1_{TEMP}) c1$ `

El esquema electroneumático de mando es:

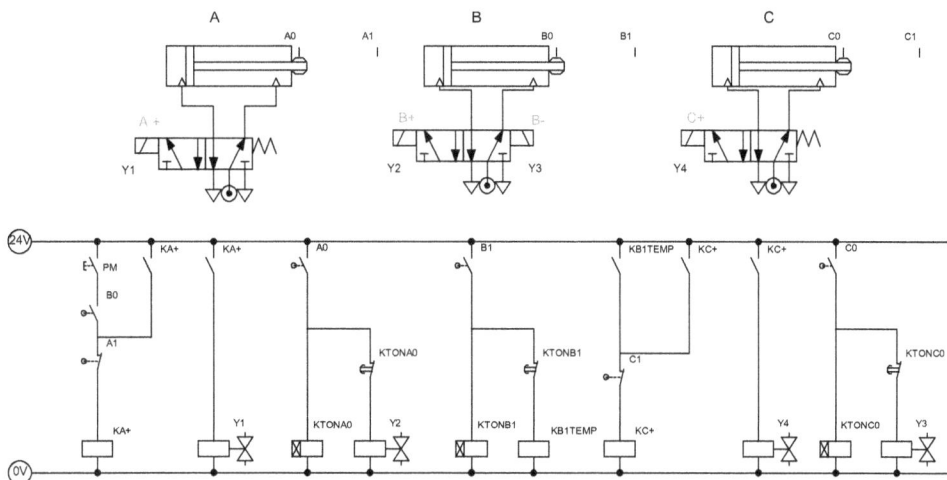

La implementación del esquema de mando en un diagrama de contactos para control mediante PLC sería (Ver hoja siguiente) :

Sin utilizar y utilizando bloques biestables RS

$A+ = Y1 = Q0.1 = (A+ + PM.b0) . a1\grave{}$

$= (Q0.1 + I0.0 . I0.3) I0.2\grave{}$

Símbolo	Direc
PM	I0.0
a0	I0.1
a1	I0.2
b0	I0.3
b1	I0.4
e0	I0.5
e1	I0.6
Y1	Q0.1
Y2	Q0.2
Y3	Q0.3
Y4	Q0.4
Kb1temp	Q0.5
TONa0	T101
TONb1	T102
TONe0	T103

$A+ = Y1 = Q0.5 (RS)$

$(S = PM . b0 = I0.0 . I0.3$

$R = a1 = I0.2)$

$B+ = Y2 = Q0.2 = a0 ((TONa0 + \overline{TONa0})$

$= I0.1 (T101 + \overline{T101})$

$Kb1_{TEMP} = Q0.5 = b1 (TONb1 + \overline{TONb1})$

$= I0.4 (T102 + \overline{T102})$

$B+ = Y2 = Q0.2 = a0 (TONa0 + \overline{TONa0})$

$Kb1_{TEMP} = Q0.5 = b1 (TONb1 + \overline{TONb1})$

$= I0.4 (T102 + \overline{T102})$

$C+ = Y4 = Q0.4 = (C+ + Kb_{TEMP}) .c1\grave{}$

$= (Q0.4 + Q0.5) I0.6$

$C+ = Y4 = Q0.4 (RS)$

$(S = Kb1_{TEM} = Q0.5)$

$R = c1 = I0.6)$

$B- = Y3 = Q0.3 = c0 (TONc0 + \overline{TONc0})$

$= I0.5 (T103 + \overline{T103})$

$B- = Y3 = Q0.3 = c0 (TONc0 + \overline{TONc0})$

$= I0.5 (T103 + \overline{T1103})$

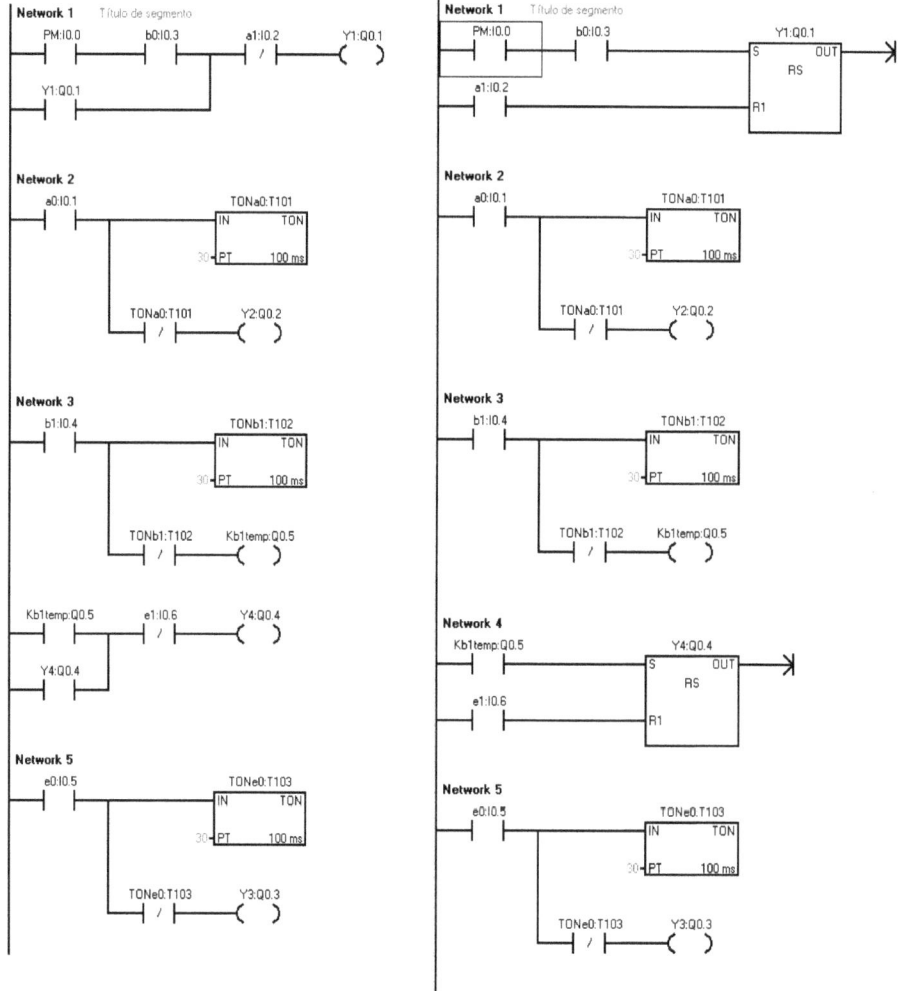

AUTOMATIZACIÓN FUNDAMENTADA I I.- Estrategias complementarias

Ejercicio trasversal: Para el dispositivo alimentador de chapa que se viene tratando (Enunciado en pag. 115), que como ya se estableció tiene las señales permanentes d0 y a0, cuya secuencia de funcionamiento es:

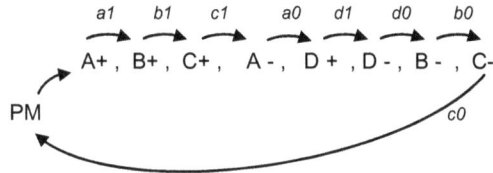

y con las ecuaciones de mando previas:

$$A + \; = Y1 = PM \cdot c0 \qquad\qquad D + \; = Y7 = a0$$

$$B + \; = Y3 = a1 \qquad\qquad D - \; = Y8 = d1$$

$$C + \; = Y5 = b1 \qquad\qquad B - \; = Y4 = d0$$

$$A - \; = Y2 = c1 \qquad\qquad C - \; = Y6 = b0$$

se aplicará ahora para la obtención de los esquemas de mando, la eliminación de s.p. mediante temporización, considerando en principio que todos los cilindros son de doble efecto para tecnología neumática tendremos que "recortar" las s.p. a0 y d0 mediante el respectivo temporizador neumático a la conexión (ON) con v. distribuidora 3/2 NA, adaptando las ecuaciones donde intervienen estas señales de la siguiente forma:

$$B - \; = Y4 = d0 \; (\; TONdo + \overline{TONdo}).$$

$$D + = Y7 = a0 \; (\; TONa0 + \overline{TONa0})$$

quedando el resto de ecuaciones como se refleja mas arriba, mediante las cuales obtendremos el siguiente esquema neumático (Ver pag. siguiente)

Para la implementación del esquema de mando en tecnología electroneumática., realizamos la adaptación a terminología eléctrica de las ecuaciones de mando utilizadas, usando para la temporización de las s.p. a0/d0 relés temporizadores a la conexión con contacto NC

$$B - = Y4 = d0 \; . \; (\; KTONd0 + \overline{KTONd0} \;)$$

$$D + = Y7 = a0 \; . \; (\; KTONa0 + \overline{KTONa0} \;)$$

obteniéndose con ellas el esquema electroneumático que sigue (Ver hojas siguiente)

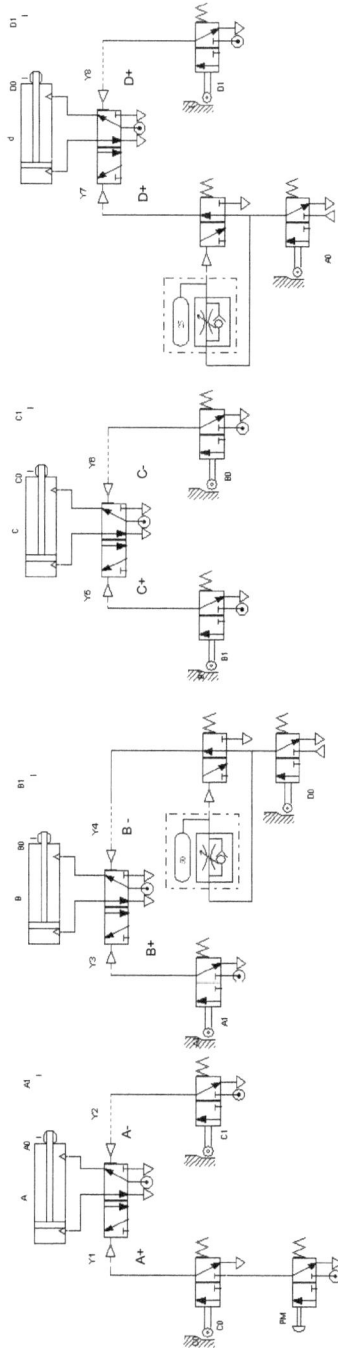

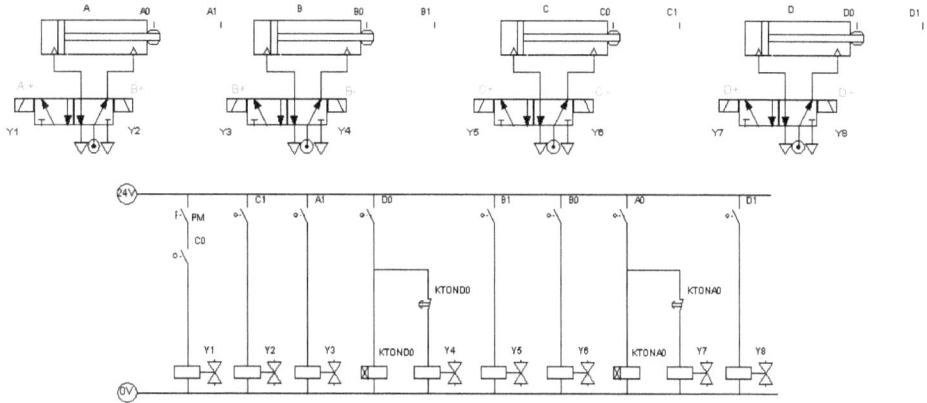

Las ecuaciones y esquema de contactos para mando por PLC serán:

Símbolo	Dirección
PM	I0.0
a0	I0.1
a1	I0.2
b0	I0.3
b1	I0.4
c0	I0.5
c1	I0.6
d0	I0.7
d1	I1.0
Y1	Q0.1
Y2	Q0.2
Y3	Q0.3
Y4	Q0.4
Y5	Q0.5
Y6	Q0.6
Y7	Q0.7
Y8	Q1.0
TONa0	T101
TONd0	T102

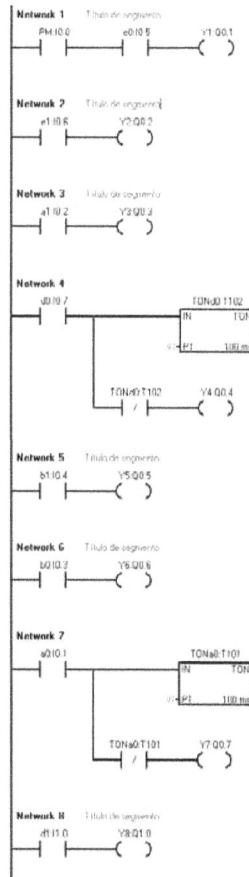

$A+ = Y1 = Q0.1 = PM \cdot c0 = I0.0 \cdot I0.1$

$A- = Y2 = Q0.2 = c1 = I0.6$

$B+ = Y3 = Q0.3 = a1 = I0.2$

$\qquad B- = Y4 = Q0.4 = d0 \, (\, TONd0 + \overline{TONd0} \,)$

$\qquad\qquad = I0.7 \, (\, T102 + \overline{T102} \,)$

$C+ = Y5 = Q0.5 = b1 = I0.4$

$C- = Y6 = Q0.6 = b0 = I0.3$

$D+ = Y7 = Q0.7 = a0 \, (\, TONa0 + \overline{TONa0} \,)$

$\qquad\qquad = I0.1 \, (T101 + \overline{T101} \,)$

$D- = Y8 = Q1.0 = d1 = I1.0$

Si se establece ahora que los elementos de trabajo A y C sean de simple efecto y que estén gobernados por v. distribuidoras monoestables 3/2 NC, manteniéndose el resto de componentes y utilizando el método de temporización para la eliminación de señales permanentes, se pide obtener ecuaciones y esquema de mando en tecnología neumática, electroneumática y con PLC

De nuevo para esta configuración del dispositivo, debemos retener la señal de mando (S) que gobierna el movimiento de salida en los elementos monoestables (A+ y C+) , mediante configuración por mando biestable RS con prioridad al paro

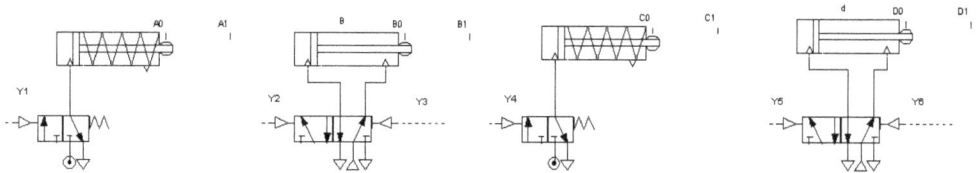

cuyas ecuaciones son las mismas que se fijaron para este mismo supuesto en su resolución por el método de memoria (Pag. 1760), esto es:

$$A + = Y1 = (A + \ + \ PM . c0) . c1` \qquad (A - = \wedge\wedge \ y \ presencia \ c1)$$

$$C + = Y4 = (C + \ + \ b1) . b0` \qquad (C - = \wedge\wedge \ y \ presencia \ b0)$$

el resto de ecuaciones de mando (B + / B - , D + / D -) son las mismas que finalmente se establecieron en el supuesto antes tratado cuando todos los cilindros eran de doble efecto, también temporizando neumáticamente las s.p. d0 y a0

$$B + = Y2 = a1$$

$$B - = Y3 = d0 \ (TONdo + \overline{TONdo}).$$

$$D + = Y5 = a0 \ (TONa0 \ + \overline{TONa0})$$

$$D - = Y6 = d1$$

El esquema de mando en tecnología neumática basado en las ecuaciones establecidas es: (Ver pag. siguiente)

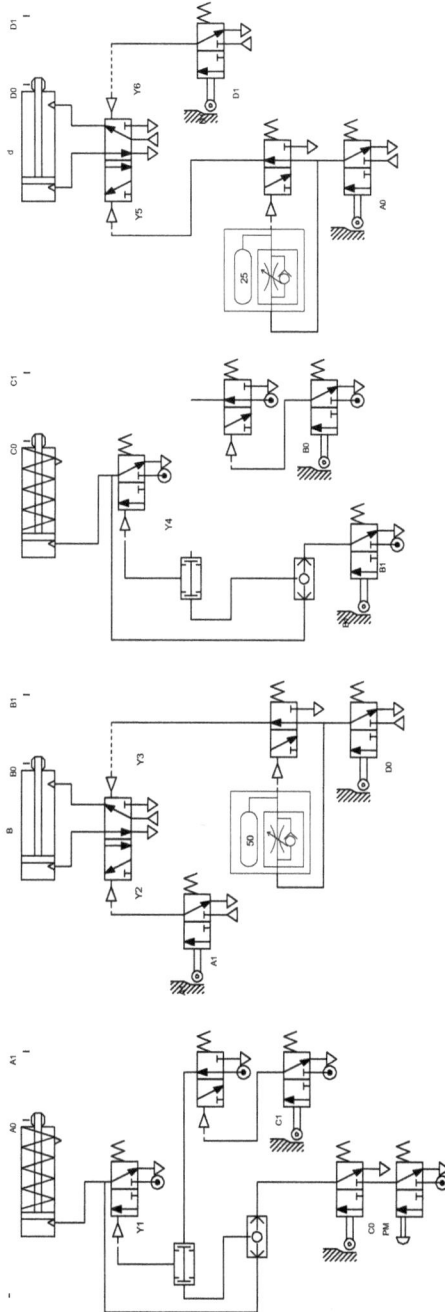

Para la implementación en tecnología electroneumática realizando la temporalización mediante relés temporizadores a la activación con contacto NC, adaptamos a terminología eléctrica las ecuaciones establecidas

$$KA+ = Y1 = (KA+ + PM . c0) . c1`$$

$$KC+ = Y4 = (KC+ + b1) . b0`$$

$$B - = Y3 = d0 (KTONd0 + \overline{KTONd0})$$

$$D+ = Y5 = a0 (KTONa0 + \overline{KTONa0}).$$

permaneciendo igual el resto de ecuaciones.

El esquema electroneumático de mando sería :

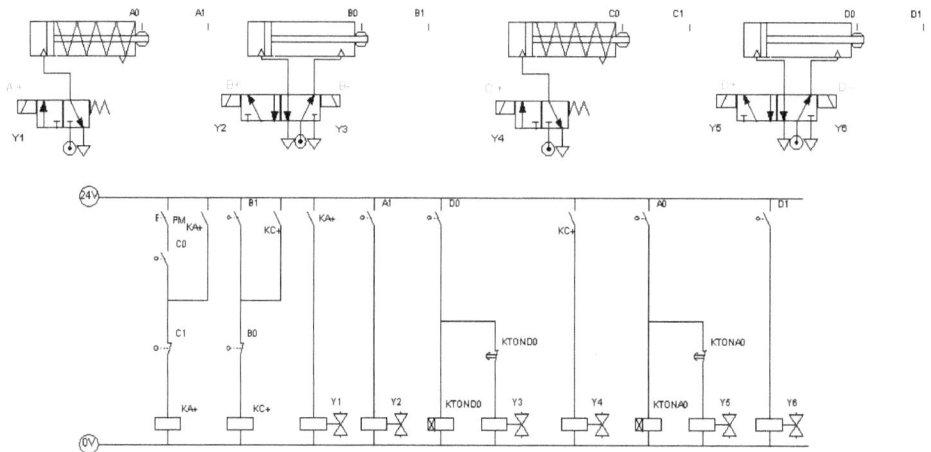

Las ecuaciones y esquema de mando (Sin y con bloque RS) para control mediante PLC son:

$$A + = Y1 = Q0.1 = (A+ + PM . c0).c1´= (Q0.1 + I0.0 . I0.5) . I0.6`$$

$$C + = Y4 = Q0.4 = (C+ + b1). bo` = (Q0.4 + I0.4) . I0.3`$$

$$B+ = Y2 = Q0.2 = a1 = I0.2$$

$$B -= Y3 = Q0.3 = d0 (TONdo0 + \overline{TONdo}) = I0.7 (T102 + \overline{T102})$$

$$D+ = Y5 = Q0.5 = a0 (TONa0 + \overline{TONa0})= I0.1 (T101 + \overline{T101})$$

$$D - = Y6 = Q0.6 = d1 = I1.0$$

Símbolo	Dirección
PM	I0.0
a0	I0.1
a1	I0.2
b0	I0.3
b1	I0.4
e0	I0.5
e1	I0.6
d0	I0.7
d1	I1.0
Y1	Q0.1
Y2	Q0.2
Y3	Q0.3
Y4	Q0.4
Y5	Q0.5
Y6	Q0.6
TONa0	T101
TONd0	T102

Para la variante utilizando bloques RS son válidas todas las ecuaciones anteriores excepto las que siguen:

$$A + = Y1 = Q0.1 \ (RS) \qquad (S = PM . c0 = I0.0 . I0.5) \qquad R = c1 = I0.6)$$

$$C + = Y4 = Q0.4 \ (RS) \qquad (S = b1 = I0.4 \qquad R = b0 = I0.3)$$

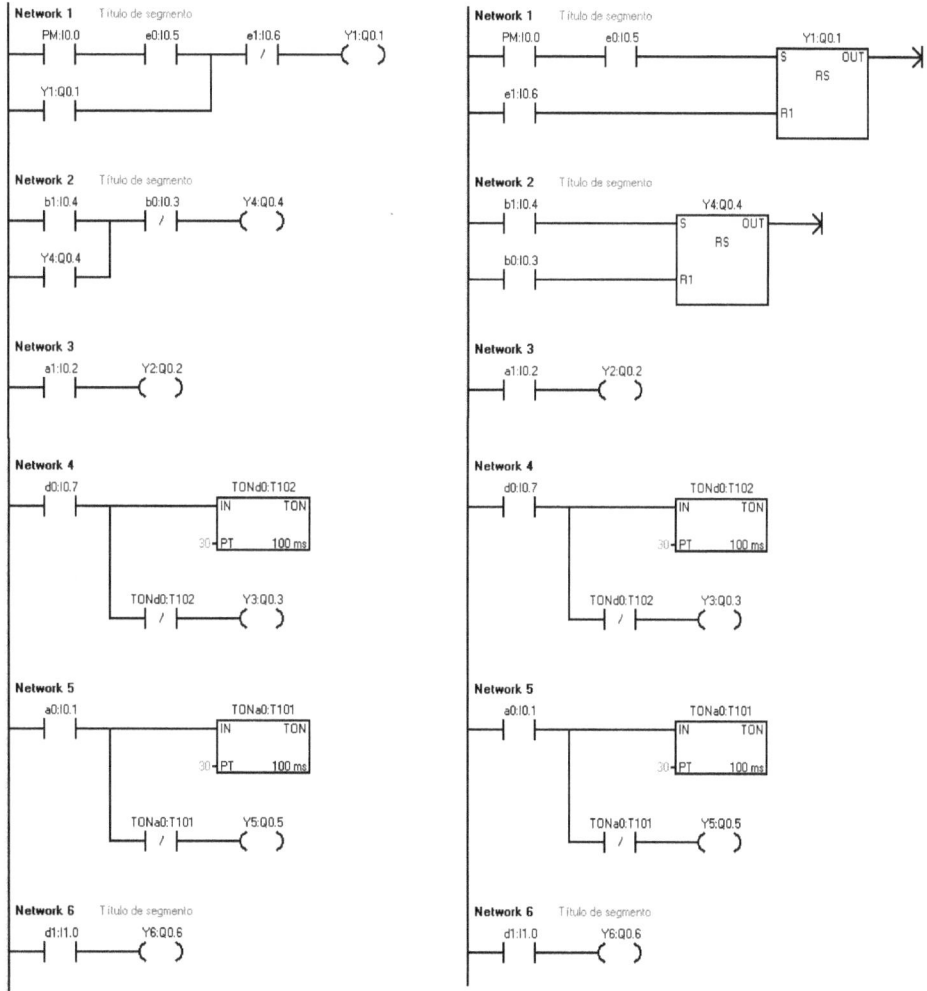

Network 1   Título de segmento

```
  PM:I0.0        e0:I0.5        e1:I0.6        Y1:Q0.1
  ─┤ ├──────────┤ ├───────────┤/├───────────(   )
  Y1:Q0.1
  ─┤ ├───┘
```

Network 2   Título de segmento

```
  b1:I0.4        b0:I0.3        Y4:Q0.4
  ─┤ ├──────────┤/├───────────(   )
  Y4:Q0.4
  ─┤ ├───┘
```

Network 3

```
  a1:I0.2        Y2:Q0.2
  ─┤ ├──────────(   )
```

Network 4

```
  d0:I0.7                    TONd0:T102
  ─┤ ├──────────────┌IN        TON┐
                    │                │
                30─┤PT      100 ms│
                    └───────────────┘
  TONd0:T102     Y3:Q0.3
  ─┤/├───────────(   )
```

Network 5

```
  a0:I0.1                    TONa0:T101
  ─┤ ├──────────────┌IN        TON┐
                    │                │
                30─┤PT      100 ms│
                    └───────────────┘
  TONa0:T101     Y5:Q0.5
  ─┤/├───────────(   )
```

Network 6   Título de segmento

```
  d1:I1.0        Y6:Q0.6
  ─┤ ├──────────(   )
```

Network 1   Título de segmento

```
  PM:I0.0        e0:I0.5                      Y1:Q0.1
  ─┤ ├──────────┤ ├────────────┌S      OUT┐──►
                                │     RS     │
  e1:I0.6                       │            │
  ─┤ ├─────────────────────────┤R1          │
                                └────────────┘
```

Network 2   Título de segmento

```
  b1:I0.4                       Y4:Q0.4
  ─┤ ├────────────┌S      OUT┐──►
                  │     RS     │
  b0:I0.3         │            │
  ─┤ ├────────────┤R1          │
                  └────────────┘
```

Network 3

```
  a1:I0.2        Y2:Q0.2
  ─┤ ├──────────(   )
```

Network 4

```
  d0:I0.7                    TONd0:T102
  ─┤ ├──────────────┌IN        TON┐
                    │                │
                30─┤PT      100 ms│
                    └───────────────┘
  TONd0:T102     Y3:Q0.3
  ─┤/├───────────(   )
```

Network 5

```
  a0:I0.1                    TONa0:T101
  ─┤ ├──────────────┌IN        TON┐
                    │                │
                30─┤PT      100 ms│
                    └───────────────┘
  TONa0:T101     Y5:Q0.5
  ─┤/├───────────(   )
```

Network 6   Título de segmento

```
  d1:I1.0        Y6:Q0.6
  ─┤ ├──────────(   )
```

Ejercicio propuesto: Un dispositivo marcador de piezas está compuesto por un cilindro A que en su salida sitúa piezas, provenientes de un alimentador de gravedad, en un punto de marcaje sujetándolas contra un tope. Durante el proceso operativo, baja un cilindro B que en su salida estampará una marca sobre las pieza de manera que tras ejecutar su retroceso, el cilindro A retrocerá a su posición de partida liberando la pieza y seguidamente un cilindro C efectuará su salida/entrada para hacer posible la evacuación de la pieza ya marcada

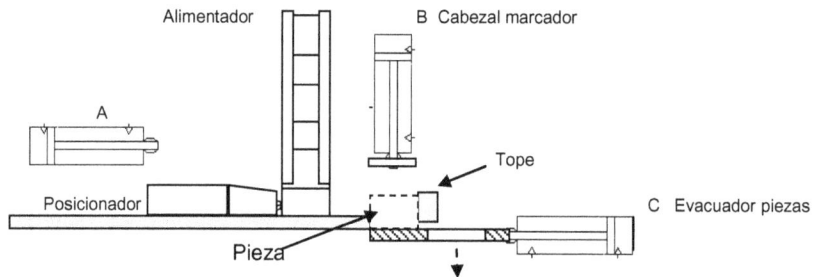

Todos los cilindros son de doble efecto, están gobernados por v. biestables y tienen controladas la posiciones extremas de sus recorridos por f.c. implementados en v. distribuidoras 3/2 NC rodillo-muelle. El sistema se pondrá en marcha al ser activado un pulsador PM que gobierna una v. monoestable 3/2 NC pulsador-muelle

Diseñar el esquema de mando en tecnología neumática, electroneumática y por PLC , utilizando temporización para la eliminación de señales permanentes

Realícese también el diseño considerando al cilindro C de simple efecto siendo gobernado por v. distribuidora 3/2 monoestable NC presión-muelle, permaneciendo igual el resto de componentes de la instalación

II.3.2.4.- Paso-Paso

En todas las secuencia utilizadas en las explicaciones, salvo indicación expresa en contra, el control de los ementos que gobiernan los movimientos de los elementos de trabajo se efectúa con distribuidores biestables

II. 3.2.4.1.- Introducción al método paso-paso

Este método, al igual que el de cascada que se verá mas adelante, pertenece al grupo de estrategias basadas en la alimentación controlada de las v. distribuidoras que gobiernan el movimiento de los cilindros, estableciendo variables (señales) auxiliares (Grupos) que se constituyen como líneas energetizadoras que controlan el momento en que deben intervenir las diferentes v. distribuidoras (Fases) y por tanto los movimientos de los elementos de trabajo

El principio básico funcional de esta estrategia se basa en las leyes ya citadas para los sistemas funcionales (Ver apartado III.3.1.2 , pag 118)

a) *Un estado E_N es igual estado anterior E_{N-1} por la señal de cambio (Condición de transición entre ambos)*

$$E_N = E_{N-1} . CT_{EN-1 / EN}$$

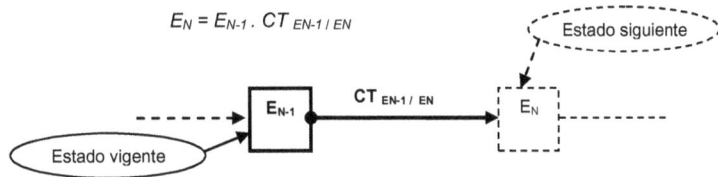

b) *A un estado E_{N-1} le anula el siguiente E_N*

$$(E_{N-1})' = E_N$$

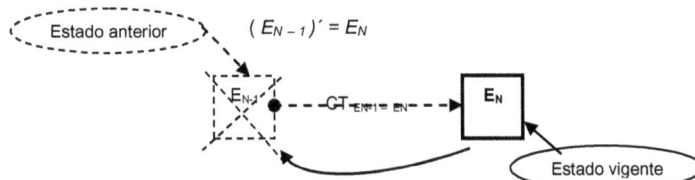

En su momento lo referiremos y aplicaremos a los grupos (Estados) diciendo:

a) Un grupo (estado) es alimentado / activado por el grupo anterior (estado anterior) y la señal de cambio entre ambos

$$GRUPO_{N} = GRUPO_{N-1} \times SEÑAL\ DE\ CAMBIO_{N--1/N}$$

b) A un grupo (estado) le anula el siguiente

$$(GRUPO_{N})^` = GRUPO_{N+-1}$$

Esto asegura que en cada momento hay solo un grupo activo

II. 3.2.4.2.- Conformación- de grupos

Para poder configurar y controlar las diferentes partes de la secuencia funcional de un sistema que serán gobernadas por la correspondiente línea o señal auxiliar energetizadora, estableceremos grupos con las fases de la secuencia de forma que en cada uno de ellos no intervengan movimientos opuestos de un mismo cilindro , con lo cual se asegura que en cada grupo, aisladamente no existan señales permanentes.

Consideremos a modo de ejemplo la secuencia B + , B - ; A - ; B + , B - , A +

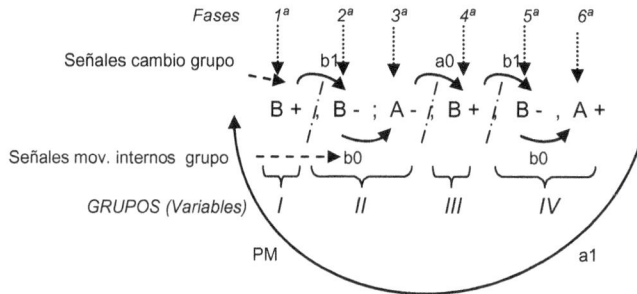

A la vista del grafo anterior podemos establecer las ecuaciones de mando de los grupos que son reflejadas en la siguiente tabla y donde podemos apreciar que a pesar de existir dos grupos (II / IV) con una misma señal de cambio (b1), sus ecuaciones al estar afectadas cada una de ellas por la variable/señal auxiliar grupo anterior (I y III respectivamente) las hacen diferentes algebraicamente, evitándose así saltos de secuencia porque de no diferenciarse la activación de grupos incluyendo el grupo de partida tendríamos que:

$$II = b1 = IV$$

por contra, al incluir la variable de estado grupo anterior tendremos:

$$II = I . b1 \neq IV = III . b1$$

esto es, al grupo II se llega únicamente si estando en el grupo I se dá la señal de cambio (b1) y por otro lado al grupo IV se llega únicamente si estando en el grupo III se dá señal de cambio (b1), expresiones ambas diferentes algebraicamente.

GRUPO	ACTIVACION (S) *Grupo anterior x Señal de cambio*	ANULACIÓN (R) *Grupo siguiente*
I	IV x PM x a1	II
II	I x b1	III
III	II x a0	IV
IV	III x b1 *	I

* Ver mas adelante concepto de inicialización

La necesidad/ventaja de incorporar como señal de cambio de un grupo a otro no solo la señal generada por el primero de ellos (Señal de cambio N – 1 / N), sino también la variable que constata la existencia/activación de ese primer grupo (Grupo N – 1) asegura la diferenciación lógica booliana que de no hacerlo así generaría saltos de secuencia incontrolables

.   Consideremos la secuencia anterior para ilustrar está situación y observemos que la señal de cambio entre los grupos I y II por un lado y los grupos III y IV por otro, es la misma (b1) en ambos casos con lo cual podría ocurrir un salto de secuencia, por el paso del grupo I al IV aleatoriamente y de forma incontrolable

Por las mismas razones, la anulación de grupos basada en las señales de cambio entre ellos, puede generar en el caso de movimientos repetidos, el mismo tipo de indeterminaciones o saltos de secuencia

Además de lo dicho y globalmente hablando podemos decir que la estructuración del control de grupos basada en la estrategia descrita facilita una configuración fundamentada en el concepto biestable RS (Memoria), nos permitirá una elaboración de esquemas racionales ya sea en tecnología neumática, eléctrica o con autómatas programables permitiéndonos un análisis metódico de la dinámica del sistema automático que estemos tratando. Por otro lado esa estructuración de los esquemas de mando facilitará la interpretación de los mismos en posibles tareas de mantenimiento del sistema durante la investigación de averías que se puedan producirse en el sistema

II. 3.2.4.3.- Inicialización

Consideremos ahora lo que se conoce como "inicialización del sistema", pues bien, si analizamos la lógica de las anteriores ecuaciones de mando, observaremos que implícitamente existe un bucle funcional que hace que ninguno de los grupos esté activo. Realicemos la siguiente abstracción para evidenciar tal hecho:

El grupo I estará activo si lo está el grupo IV, si acudimos a la expresión de su activación, apreciamos que el grupo IV estará activo si lo está el III y este lo estará si está activo el grupo II, a su vez, este lo estará si lo está el I, con lo que constatamos que el sistema está inmerso en un circulo cerrado que impide su funcionamiento.

Por esta razón es necesario que alguno de ellos se inicialice, esto es, se establezca una señal inicializadora S_{INI} que de alguna forma active uno de ellos (Mediante pulsador auxiliar de excitación P_{EX}, o con una v. distribuidora normalmente abierta / contacto cerrado haciendo que un grupo esté activo y tenga presión/tensión directamente, o bien por la abstracción lógica de vincular la existencia de uno de ellos a la no existencia de ninguno, con un bit de inicialización en control por PLC) que veremos y analizaremos oportunamente. No obstante, se avanza que esta consideración inicializadora se realiza sobre el último grupo para que el sistema quede preparado de forma que se inicie el funcionamiento sin impedimento alguno desde el comienzo de la secuencia cuando sea activada la puesta en marcha, entrando en funcionamiento el grupo I y la primera fase del mismo

$$G\ I = G_{ULTIMO\ (N)}\ x\ PM\ x\ SCAMBIO_{GULTIMO(N)\ -\ G\ I} \qquad G_{ULTIMO\ (N)} = G_{N\ -\ 1}\ x\ SCAMBIO_{G\ N\ -\ 1\ /\ G\ N} + S_{INI}$$

$$I = IV\ .\ PM\ .\ a1 \qquad e\ inicializando\ el\ último\ grupo \qquad IV = III\ .\ b1 + S_{INI}$$

esto es, el grupo IV se activará cuando exista una señal inicializadora S_{INI}, por ejemplo activando un pulsador de excitación P_{EX} ó si estando ya el sistema en funcionamiento, esté activo el grupo III y se dé la señal de cambio b1, posibilitándose así que estando el sistema en reposo a la hora de activarse el pulsador de puesta en marcha PM se active el grupo I

II. 3.2.4.4.- Control de fases

Establecido ya el control de grupos, queda ahora abordar el control de las fases que se encuentran en los mismos según la división efectuada anteriormente. Así en la secuencia que venimos utilizando tendremos:

GRUPO	FASES CONTROLADAS			
	1ª de grupo		No primeras de grupo	
I	11	B +		
II	2	B −	3	A −
III	4	B +		
IV	5	B −	6	A +

B + = I + III

B - = II + IV

Establecemos para la determinación de las ecuaciones de mando de las fases los siguientes criterios lógicos:

a) *Las fases primeras de grupo se activaran directamente, esto es, al entrar en funcionamiento el grupo al que pertenecen, entra ellas*

$$
\left.
\begin{array}{l}
B + = I \\
B - = II \\
B + = III \\
B - = IV
\end{array}
\right\}
\quad
\begin{array}{l}
B + = I + III \\[1em]
B - = II + IV
\end{array}
$$

b) *El resto de las fases, esto es, las no primeras de grupo, se activaran si estando activo el grupo a que correspondan, se dá la la señal de cambio entre fases correspondiente*

$$
A - = II \cdot b0 \\
A + = IV \cdot b0
$$

expresiones algebraicamente diferentes, donde se aprecia que las fases A – y A +, aún teniendo la misma señal de cambio b0, son diferentes, al incluir la variable grupo (II / IV) distinta que las diferencia, evitándose así la posibilidad de funcionamiento incorrecto

Reagrupando todo lo dicho para la secuencia tratada tendremos

CONTROL DE GRUPOS			CONTROL DE FASES		
GRUPO	ACTIVADO POR (S) *Grupo anterior x Señal de cambio*	ANULADO POR (R) *Grupo siguiente*		FASE	Ecuaciones de mando
I	IV x PM x a1	II	1	B +	I
II	I x b1	III	2	B -	II
			3	A -	II . b0
III	II x a0	IV	4	B +	III
IV	III x b1 + S_{INI}	I	5	B -	IV
			6	A +	IV . b0

$$
\left.
\begin{array}{l}
B + = I + III \\[1em]
B - = II + IV
\end{array}
\right\}
$$

Apliquemos todo lo dicho para el establecimiento de la ecuaciones de mando de grupos y sus respectivas fases en la siguiente secuencia de funcionamiento de un sistema automático

$$A - , \; A + , B - ; \; C + , A - , \; A + , B - , C -$$

$$B + \qquad\qquad B +$$

a) **Establecimiento de grupos** (Partes de secuencia en la que no haya movimientos contrarios de un mismo cilindro)

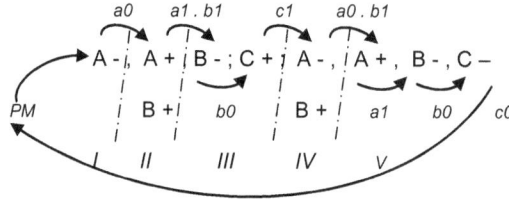

CONTROL DE GRUPOS		
GRUPO	ACTIVADO POR (S) *Grupo anterior x Señal de cambio*	ANULADO POR (R) *Grupo siguiente*
I	V x PM x c0	II
II	I x a0	III
III	II x a1 x b1	IV
IV	III x c1	V
V	IV x a0 x b1 + S_{IN} (*)	I

(*) De la observación de estas ecuaciones de mando apreciamos que el sistema no arrancará (+) por lo que es preciso inicializarlo (S_{INI})

(+) El grupo I se activará si al activar PM está activo el grupo V y este estará en funcionamiento si lo está el IV y a1 y b1 cosa que no ocurrirá en el estado de espera del sistema, aún así, el grupo IV estará activo si lo está el III y este se activará si lo está el II, al mismo este grupo II se activará si lo está el I, cerrándose el bucle de no funcionalidad

b) **Control de fases** (Considerando que las" primeras" de grupo se activaran directamente y las "no primeras" de grupo cuando esté activo el grupo correspondiente y se dé la señal de cambio entre las fases consideradas)

CONTROL DE FASES		
GRUPO	FASE	Ecuación de mando
I	A -	I
II	A + / B +	II
II	B -	III
	C +	III . b0
IV	A - / B +	IV
V	A +-	V
	B -	V x a1
	C -	V . b0

A + = II + IV

A - = I + IV

B + = II + IV

B - = III + V . a1

Reuniendo todo lo anterior en una sola tabla tendríamos:

CONTROL DE GRUPOS			CONTROL DE FASES	
GRUPO	ACTIVADO POR (S) *Grupo anterior x Señal de cambio*	ANULADO POR (R) *Grupo siguiente*	FASE	Ecuaciónes de mando
I	V x PM x c0	II	A -	I
II	I x a0	III	A + / B +	II
III	II x a1 x b1	IV	B -	III
			C +	III . b0
IV	III x c1	V	A - / B +	IV
V	IV x a1 x b1 + S_{INI}	I	A +	V
			B -	V x a1
			C -	V . b0

$A + = II + IV$

$A - = I + IV$

$B + = II + IV$

$B - = III + V. a1$

Ejercicio: Establecer el grafo de secuencia con las señales y ecuaciones de mando para el control de la siguiente secuencia, al objeto de realizar la eliminación de s. permanentes por el método paso a paso

$$A + , \ C + , C - ; B + ; \ C + , \ C - , \ A -$$

$$B -$$

Partiendo del grafo de secuencia que se plasma seguidamente, elaboramos la tabla con las ecuaciones de mando para el control de la secuencia

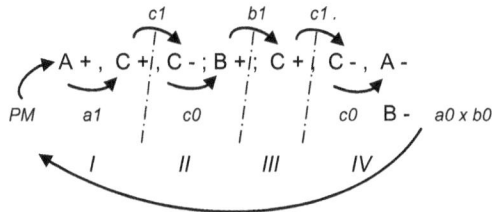

CONTROL DE GRUPOS			CONTROL DE FASES	
GRUPO	ACTIVADO POR (S) *Grupo anterior x Señal de cambio*	ANULADO POR (R) *Grupo siguiente*	FASE	Ecuaciones de mando
I	IV x PM x a0 x b0	II	A +	I
			C +	I . a1
II	I x c1	III	C -	II
			B +	II . c0
III	II x b1	IV	C +	III
IV	III x c1 + S_{INI}	I	C -	IV
			A - / B -	IV.c0

$$C+ = I . a1 + III$$
$$C- = II + IV$$

Ejercicio propuesto: Establecer el grafo de secuencia con las señales y ecuaciones de mando para el control de la siguiente secuencia al objeto de realizar la eliminación de s. permanentes por el método paso a paso

$$A + , B + , C + ; A - ; C - , C + , B -$$

$$C -$$

II. 3.2.4.5.- Variantes en la conformación de grupos

A la hora de conformar grupos en principio caben dos opciones (*) respecto a cuantas fases puede contener cada grupo, disyuntiva esta que incide en el mayor o menor número de componentes del sistema así como en la rapidez y fiabilidad de su funcionamiento

(*) Respetando siempre la regla de que no existan movimientos opuestos de un mismo cilindro en cada uno de los grupos

a) *Paso-paso mínimo (Simplificado)* el compuesto por el menor número posible de grupos o lo que es lo mismo, cada grupo estará compuesto del mayor número posible de fases

La conformación de grupos hce como fué efectuada en el apartado anterior

b) *Paso-paso máximo (Extendido)* el compuesto por el mayor número posible de grupos, esto es, cada fase un grupo.

Esto supondrá que el sistema requiera un mayor número de componentes pero por el contrario se ganará en rapidez de la propagación de señales y en fiabilidad de

funcionamiento en comparación con otros métodos como por ejemplo el cascada que será analizado mas adelante

Así si consideramos la secuencia ya vista al comienzo del apartado I.3.2.4.2 (Pag. 202),

$$B + , B - ; A - ; B + , B - , A +$$

donde efectivamente se efectuó un agrupamiento para paso-paso mínimo, elaboraremos ahora un agrupamiento de las mismas para un paso-paso máximo estableciendo tantos grupos como fases

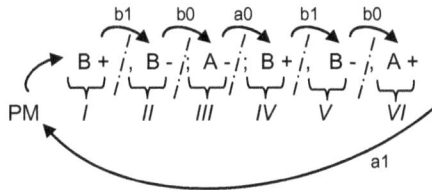

cuyo grafo de secuencia nos facilita la elaboración de la siguiente tabla que recoge las ecuaciones de mando del sistema

CONTROL DE GRUPOS			CONTROL DE FASES	
GRUPO	ACTIVADO POR (S) *Grupo anterior x Señal de cambio*	ANULADO POR (R) *Grupo siguiente*	FASE	Ecuaciiones de mando
I	VI x PM x a1	II	B +	I
II	I . b1	III	B -	II
III	II . b0	IV	A -	III
IV	III . a0	V	B +	IV
V	IV . b1	VI	B -	V
VI	V . b0 + S$_{INI}$	I	A +	VI

$$B+ = I + IV$$
$$B = II + V$$

Ejercicio: Establecer el grafo de secuencia con las señales y ecuaciones de mando para el control de la siguiente secuencia mediante la eliminación de s. permanentes por el método paso a paso máximo

$$A + , C + , C - ; B + ; C + , C - , A -$$

$$B -$$

Partiendo del grafo de secuencia , elaboramos la tabla con las ecuaciones de mando para el control de la secuencia

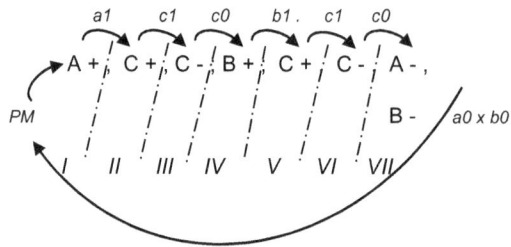

	CONTROL DE GRUPOS		CONTROL DE FASES	
GRUPO	ACTIVADO POR (S) *Grupo anterior x Señal de cambio*	ANULADO POR (R) *Grupo siguiente*	FASE	Ecuaciones de mando
I	VII x PM x a0 x b0	II	A +	I
II	I . a1	III	C +	II
III	II x c1	IV	C -	III
IV	III . c0	V	B +	IV
V	IV x b1	VI	C +	V
VI	IV x c1	VII	C -	VI
VII	VI . c0 + S_{INI}	I	A - / B-	VII

$$C+ = II + V$$
$$C- = III + VI$$

Ejercicio propuesto: Establecer el grafo de secuencia con las señales y ecuaciones de mando para el control de la siguiente secuencia en la eliminación de s. permanentes por el método paso a paso máximo

$$A + , B + , C + ; A - ; C - , C + , B -$$
$$C -$$

II. 3.2.4.6.- Cola de secuencia

Independientemente de las consideraciones respecto del número de componentes necesarios para realizar el circuito de mando del sistema y la mayor o menor rapidez de funcionamiento, se puede decir que en tanto en cuanto se respete la norma de que no existan movimientos contrarios dentro de un mismo grupo, la configuración de los mismos puede ser cualquier otra además de las "límite" que puedan establecerse para paso-paso máximo y mínimo . Aunque pudiera ser mejor que la división de grupos termine al finalizar la secuencia porque supone cierta ventaja terminar en grupo porque al estar este activado, ante cualquier señal imprevista solo tendrían alimentación los finales de carrera de las fases que lo componen que generarían solo movimientos del sistema previos al inicio de la secuencia, esto es, el estado de espera

En referencia a la cola de secuencia, consideremos una de ellas ya analizada (Pag. 206) para la variante paso-paso mínimo

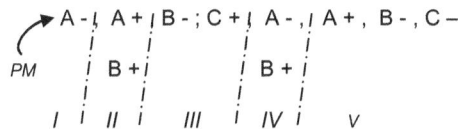

$$
\begin{array}{ccccccc}
\text{PM} \nearrow & A - & A + & B - & C + & A - , & A + , & B - , & C - \\
 & & B + & & & & B + & \\
I & & II & & III & & IV & & V
\end{array}
$$

en la que ahora libremente optamos desde el establecimiento de grupos anterior por subdividir el grupo III en dos (B - / C +) y el grupo V en otros dos (A - / B - , C -), quedando establecido la conformación de grupos de la siguiente forma

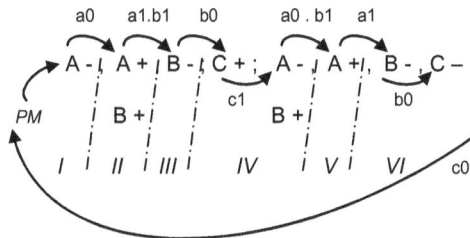

$$
\begin{array}{ccccccccc}
 & a0 & a1.b1 & b0 & & a0 . b1 & a1 & \\
\text{PM} \nearrow & A - & A + & B - & C + ; & A - & A + , & B - & C - \\
 & & B + & & c1 & & B + & & b0 \\
I & & II & III & & IV & & V & VI & c0
\end{array}
$$

obteniéndose las siguientes ecuaciones de mando para los nuevos grupos establecidos y sus correspondientes fases

211

CONTROL DE GRUPOS			CONTROL DE FASES	
GRUPO	ACTIVADO POR (S) _Grupo anterior x Señal de cambio_	ANULADO POR (R) _Grupo siguiente_	FASE	Ecuaciones de mando
I	VI x PM x c0	II	A -	I
II	I x a0	III	A + / B +	II
III	II x a1 x b1	IV	B -	III
IV	III x b0	V	C +	IV
			A - / B+	IV . c1
V	IV x a0 x b1	VI	A +	V
VI	V -.a1 + S_{INI}	I	B -	VI
			C -	VI . b0

A + = II + IV

A - = I + IV . c1

B + = II + IV . c1

B - = III + VI

Incluso si observamos el establecimiento de grupos realizado, podemos decir que el grupo VI en realidad podría pertenecer al grupo I

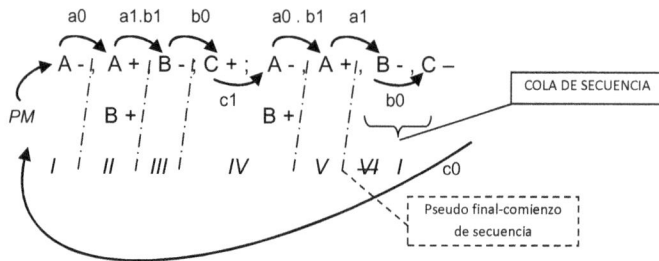

Esa cola de secuencia puede presentarse ocasionalmente en la conformación de grupos de algunas secuencias y es oportuno tenerla presente si se desea optimizar dicha agrupación, puesto que nos proporciona un sistema con un grupo menos

Lo dicho propicia las siguiente ecuaciones de mando

CONTROL DE GRUPOS			CONTROL DE FASES	
GRUPO	ACTIVADO POR (S) _Grupo anterior x Señal de cambio_	ANULADO POR (R) _Grupo siguiente_	FASE	Ecuaciones de mando
I	V xa1	II	B -	I
			C -	I . b0
			A -	I . PM . c0 (*)
II	I x a0	III	A + / B +	II
III	II x a1 x b1	IV	B -	III
IV	III . b0	**V**	C +	IV
			A - / B+	IV . c1.
V	IV . a0 . b1 + S_{INI}	I	A +	V

A+ = II + V

A = I . PM .c0 + IV . c1

B+ = II + IV . c1

B = I .+ III

212

(*) Obsérvese como al agrupar la cola de la secuencia (B - , C -) con el comienzo de la misma (A -) surge lo que podríamos denominar pseudo-final-comienzo de secuencia al termino del grupo V, lo cual incide en el establecimiento de las ecuaciones de mando y presupone un grupo menos lo que podría contribuir a la optimización del diseño

En efecto, consideremos la siguiente secuencia:

$$D + , D - ; A + , B + , A - , C + , B - , C -$$

para la cual establecemos a priori la siguiente agrupación de fases (paso paso mínimo):

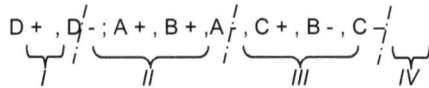

$$D + , D' - ; A + , B + , A' ; C + , B - , C' -$$
$$\underbrace{\quad}_{I} \underbrace{\qquad\qquad}_{II} \underbrace{\quad}_{III} \underbrace{\quad}_{IV}$$

pero si observamos el agrupamiento establecido podemos apreciar que el grupo IV es cola de secuencia y agrupable con el grupo I, lo cual supondrá un grupo menos

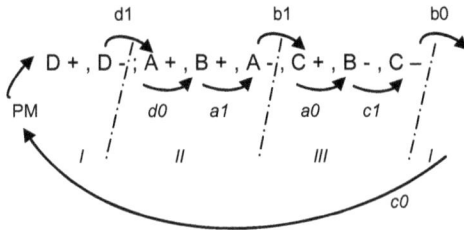

CONTROL DE GRUPOS			CONTROL DE FASES	
GRUPO	ACTIVADO POR (S) *Grupo anterior x Señal de cambio*	ANULADO POR (R) *Grupo siguiente*	FASE	Ecuación de mando
I	III xb0	II	C -	I
			D +	I . PM .c0
II	I x d1	III	D -	II
			A +	II . d0
			B +	II . a1
III	II .b1 + S_{IN}	I	A -	III
			C +	III . a0
			B +	III. c1

Ejercicio: Establecer el grafo de secuencia con las señales y ecuaciones de mando para el control de la siguiente secuencia mediante eliminación de s. permanentes por el método paso a paso mínimo. Realícese una agrupación de fases lo mas optimizada posible

$$A+ \, , \; A- \; ; \; B- ; \; C- , \; C+ ,$$

$$B+$$

si bien podría considerarse el siguiente establecimiento de cuatro grupos:

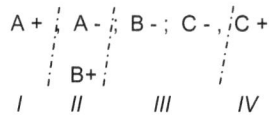

$$A+ \; | \; A- \; | \; B- ; \; C- , \; | C+$$
$$| \; B+ \; | \quad\quad |$$
$$I \quad II \quad\quad III \quad\quad IV$$

observamos que el grupo IV es cola de secuencia del grupo I, siendo reunibles ambos en uno solo, con lo cual optimizamos su configuración con un grupo menos, quedando establecida la agrupación de fases de la siguiente forma:

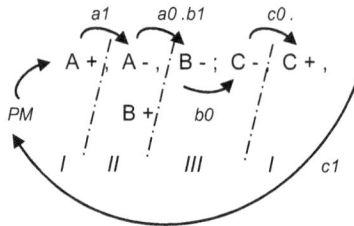

CONTROL DE GRUPOS			CONTROL DE FASES	
GRUPO	ACTIVADO POR (S) *Grupo anterior x Señal de cambio*	ANULADO POR (R) *Grupo siguiente*	FASE	Ecuación de mando
I	III xc0	II	C +	I
			A +	I . PM .c1
II	I x a1	III	A - / B +-	II
III	II .a0 .b1 + S $_{INI}$	I	B -	III
			C -	III . b0

214

Ejercicio propuesto: Establecer el grafo de secuencia con las señales y ecuaciones de mando para el control de la siguiente secuencia mediante eliminación de s. permanentes por el método paso a paso mínimo. Realícese una agrupación de fases lo mas optimizada posible

$$A + \, , \, A - \, ; \, B - ; \, C + \, , \, C - , B +$$

$$D + \quad D -$$

II. 3.2.4.7.- Paso a paso con dos grupos

Como se explicará con detalle mas adelante, en principio, para la implantación de circuitos mediante el método paso a paso son precisos al menos tres grupos (Grupo anterior G_{N-1}, Grupo actual G_N, Grupo siguiente G_{N+1}) (Ver pag. 220) . Pues bien, pueden presentarse secuencias de dos grupos para las cuales hay que conseguir obtener un tercero, bien si es posible subdividiendo alguno de los grupo iniciales o bien incorporando un falso grupo en el cual no hay ninguna fase, esto es, no se ejecuta ningún movimiento

Consideremos la secuencia A + , B + , B - , A - , cuya configuración optimizada de grupos es (paso paso mínimo) :

$$A + , \, B + \, | \, B - , \, A -$$
$$I \qquad | \quad II$$

atendiendo a lo antes indicado podríamos subdividir alguno de los dos existentes, con lo cual ya tendríamos los tres grupos

$$A + | , \, B + \, | \, B - , \, A -$$
$$I \quad | \quad II \quad | \quad III$$

cuyas ecuaciones de mando se establecen de la forma habitual,

También podríamos incluir un tercer grupo en el que no se realice ningún movimiento

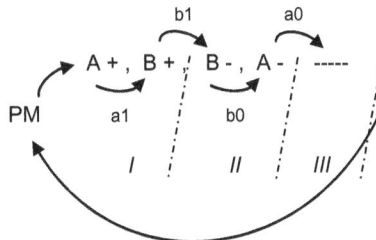

215

CONTROL DE GRUPOS			CONTROL DE FASES	
GRUPO	ACTIVADO POR (S) *Grupo anterior x Señal de cambio*	ANULADO POR (R) *Grupo siguiente*	FASE	Ecuación de mando
I	III . PM	II	A +-	I
			B +	I . a1
II	I.b1	III	B -	II
			A -	II . b0
III	II . a0 + S_{INI}	I	---	------

Ejercicio : Establecer alternativas para un agrupamiento de fases optimizado en el control de la secuencia que se indica seguidamente, resolviendo la eliminación de s. permanentes por el método paso-paso obteniendo el grafo de secuencia con señales y las ecuaciones de mando oportunas

$$A + , B + , C + , C - ; B - , A -$$

Si establecemos un agrupamiento optimizado tendremos únicamente dos grupos,

$$A + , B + , C + \mid C - ; B - , A -$$
$$I \qquad\qquad II$$

pero si subdividimos uno de ellos (Alternativa "a"), por ejemplo el grupo I, o añadimos un tercer grupo (Alternativa "b"), obtendremos tres grupos

Alternativa "a":

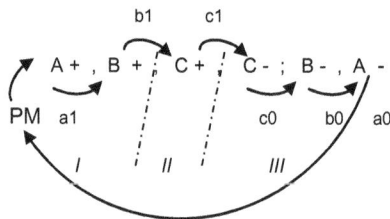

CONTROL DE GRUPOS			CONTROL DE FASES	
GRUPO	ACTIVA POR (S) *Grupo anterior x Señal de cambio*	ANULADO POR(R) *Grupo siguiente*	FASE	Ecuación de mando
I	III . PM . a0	II	A +-	I
			B +	I . a1
II	I.b1	III	C +	II .
III	II . c1 + S_{INI}	I	C -	III
			B -	III . c0
			A -	III . b0

Alternativa "b":

CONTROL DE GRUPOS			CONTROL DE FASES	
GRUPO	ACTIVADO POR (S) *Grupo anterior x Señal de cambio*	ANULADO POR (R) *Grupo siguiente*	FASE	Ecuación de mando
I	III . PM .	II	A +	I
			B +	I . a1
			C +	I . b1
II	I.c1	III	C -	II
			B -	II . c0
			A -	II . b0
III	II . ao + S$_{INI}$	I	---	------

Ejercicio propuesto : Establecer alternativas para un agrupamiento de fases optimizado en el control de la secuencia siguiente, resolviendo la eliminación de s. permanentes por el método paso-paso obteniendo el grafo de secuencia con señales y las ecuaciones de mando oportunas

$$A + , \; B + , \; B - , A -$$
$$C + \qquad\qquad C -$$

Tras las consideraciones desarrolladas en los dos apartados anteriores, podemos decir que la configuración de grupos sin entrar en contemplar posibles requerimientos de velocidad o economía de componentes,   puede hacerse de cualquier forma, siempre y cuando se respete la regla de que en un mismo grupo no puede haber movimientos antagónicos

II. 3.2.4.8.- Implementación de circuitos paso a paso máximo. Tecnología. Neumática

Fijadas ya las bases para la lógica de mando mediante el establecimiento de grupos y sus ecuaciones así como de las fases, abordamos ahora el análisis y diseño de circuitos mediante esta metodología, cuyo proceso de realización es el siguiente:

a) Constatación de que la secuencia contenga señales permanentes
b) División de la secuencia en tantos grupos como fases tenga
c) Elaboración del grafo de la secuencia con las señales de mando
d) Establecimiento de las ecuaciones de gobierno de los grupos y fases
e) Diseño del esquema de mando a partir de las ecuaciones establecidas

Así para la secuencia: A + , B + , B - , C + , C - , A - , tendremos :

a) Existen señales permanentes porque la secuencia tiene movimientos opuestos seguidos de un mismo cilindro (También, porque es una secuencia de inversión inexacta $A, B \neq B, C ..$)

b) División de la secuencia en tantos grupos como fases

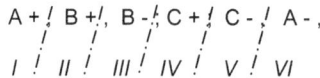

$$A + \, / \, B +/, \, B -/, C +/ \, C - , / \, A - ,$$
$$I \quad II \quad III \quad IV \quad V \quad VI$$

c) Grafo de secuencia con señales de mando

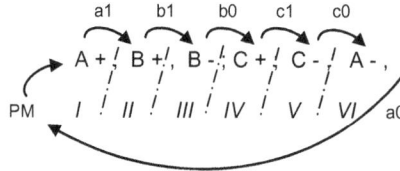

d) Establecimiento de las ecuaciones de mando del sistema

GRUPOS		FASES
Activación	Anulación	
I = VI . PM . a0	I '= II	A + = Y1 = I
II = I . a1	II `= III	B + = Y3 = II
III = II . b1	III `= IV	B - = Y4 = III
IV = III . b0	IV '= V	C + = Y5 = IV
V = IV . c1	V `= VI	C - = Y6 = V
VI = V . c0 + S$_{INI}$	VI '= I	A - = Y2 = VI

e) Diseño del esquema de mando

Un esquema de mando por el método paso a paso presenta la siguiente fisonomía general

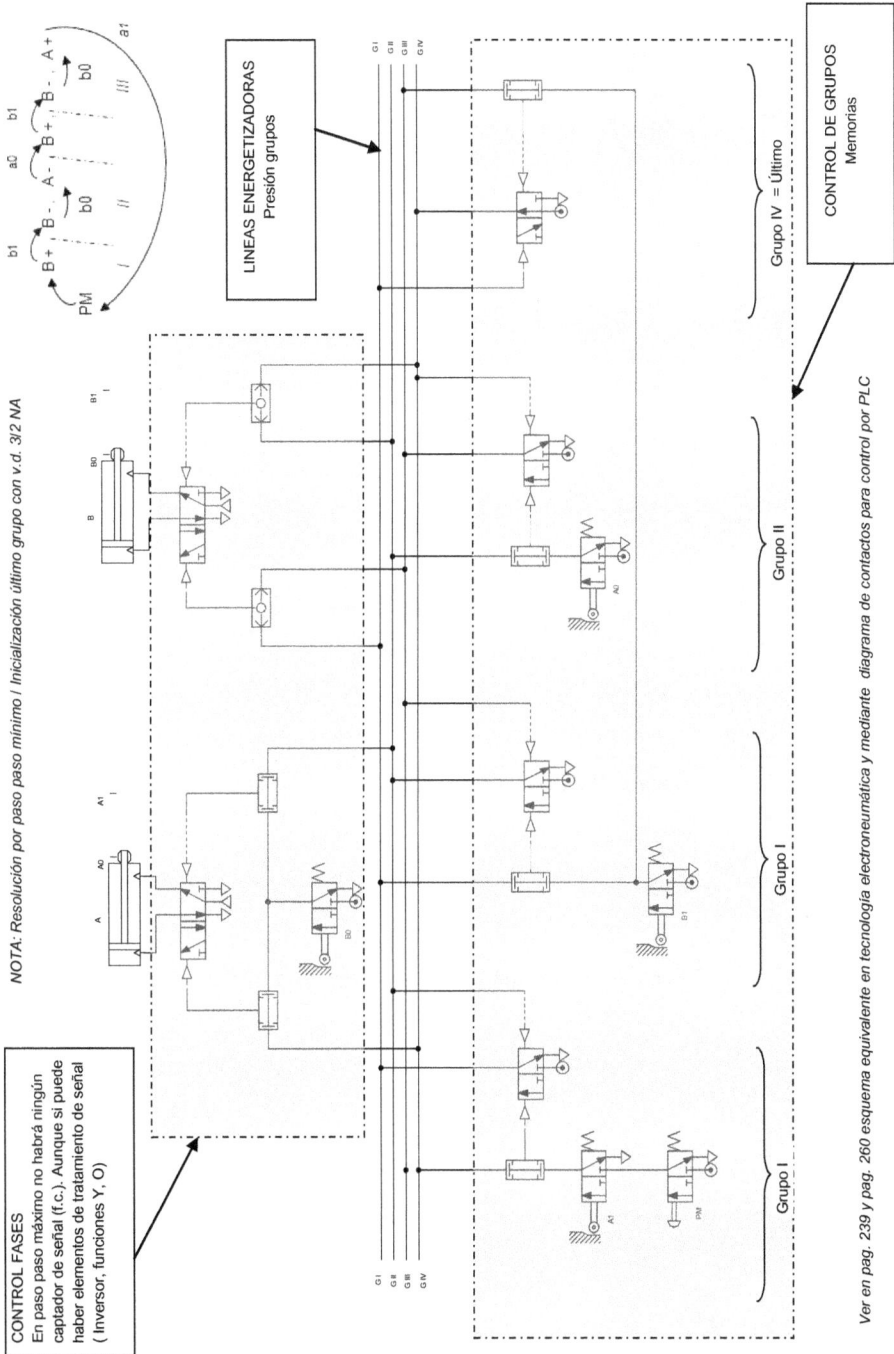

CONTROL FASES
En paso paso máximo no habrá ningún
captador de señal (f.c.). Aunque si puede
haber elementos de tratamiento de señal
(Inversor, funciones Y, O)

NOTA: Resolución por paso paso mínimo / Inicialización último grupo con v.d. 3/2 NA

LINEAS ENERGETIZADORAS
Presión grupos

CONTROL DE GRUPOS
Memorias

Grupo I   Grupo I   Grupo II   Grupo IV = Último

Ver en pag. 239 y pag. 260 esquema equivalente en tecnología electroneumática y mediante diagrama de contactos para control por PLC

219

Del método paso paso máximo , diremos que es eL que tiene el mayor numero de grupos posible, esto es, tantos como fases,   alimentándose cada una de ellas directamente de su grupo

Cada una de las variables "Grupo" (Líneas energetizadoras) discriminadoras que se establecen, se controla mediante un elemento biestable o "memoria" implementado en el caso de tecnología neumática por una v. distribuidora 3/2 NC, cuyo pilotaje izquierdo es su activación (S) y su pilotaje derecho la anulación (R) de la misma, siendo cada una de estas señales activadoras/ anuladoras las establecidas en las tablas que se han venido realizando, según se refleja en la siguiente figura:

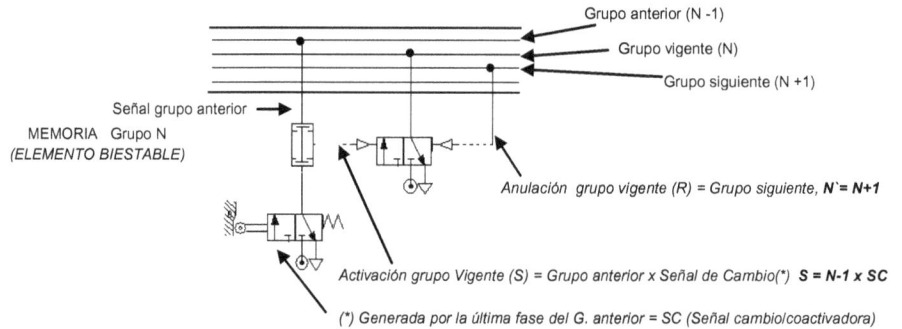

Mediante esta disposición se asegura que en el método paso a paso, en todo momento solo hay un único grupo discriminador activo, dado que siempre a un grupo le anula el siguiente

Detallando y generalizando las anteriores observaciones tendremos::

Control de grupos

Cada grupo es alimentado por una "memoria", cuya activación (S) es : GN = G (N -1) x SC

G(N-1) = Grupo anterior   SC = Señal de cambio, coactivadora, última señal grupo anterior

y su anulación R (´) es: *(GN)` = G (N+1),*   G (N+1) = Grupo siguiente

P. ej.: Activación del grupo II en la siguiente secuencia

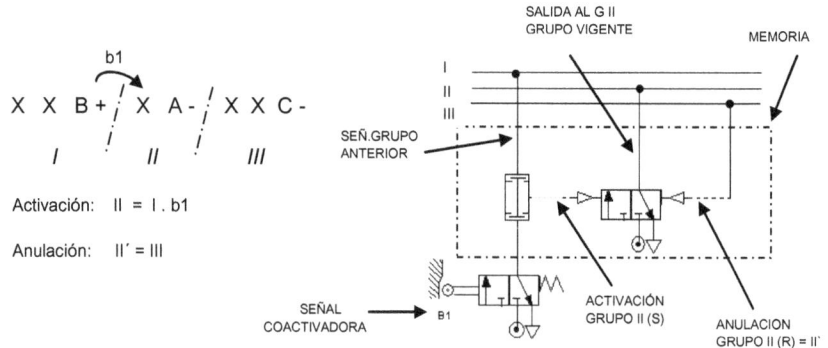

Activación: II = I . b1

Anulación: II´ = III

Se puede simplificar la anterior disposición, eliminando la función "Y", alimentando directamente desde el grupo anterior el final de carrera que proporciona la señal coactivadora, esto es, se sigue manteniendo el producto de ambos al ponerse en serie, II = I x b1, (Habrá que tener en consideración su incidencia en la rapidez del sistema)

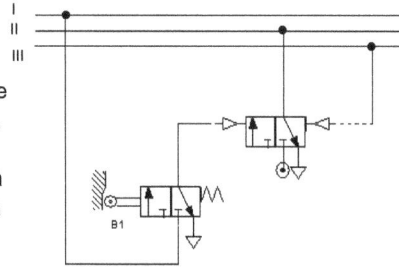

Abordemos ahora el aspecto de la inicialización del sistema, pues bien, de partida todos los distribuidores biestables de las memorias serán normalmente cerrados, excepto el de la última memoria (grupo último) que como ya se analizó, (Ver apartado II.-3.2.4.3, pag 204) debe ser afectado de una señal inicializadora (S_{INI}) para que de cara a la puesta en marcha del sistema, esté energetizado teniendo presión/tensión. Una de las formas de lograrlo es configurar la memoria del último grupo con un distribuidor biestable normalmente abierto $G_{ULTIMO} = G_{N-1} . SC + S_{INI}$

Siguiendo con la secuencia ejemplo anterior:

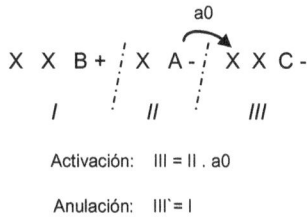

$$X\ X\ B + \ \vdots \ X\ A - \ \vdots \ X\ X\ C -$$

$$\quad I \qquad\quad II \qquad\quad III$$

Activación: III = II . a0

Anulación: III`= I

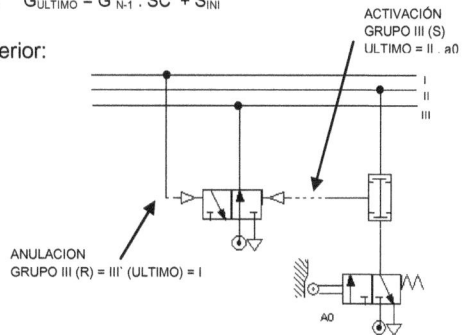

ACTIVACIÓN
GRUPO III (S)
ULTIMO = II . a0

ANULACION
GRUPO III (R) = III` (ULTIMO) = I

Observese que la activación/anulación del grupo cambian de lado

También, si los requerimientos de operatividad del sistema lo permiten podría incorporarse como señal inicializadora un pulsador de excitación Pex para la activación del último grupo, siendo en este caso el distribuidor biestable de la memoria normalmente cerrado como el del resto de los grupos

Activación grupo último (III)

III = II . a0 + Pex

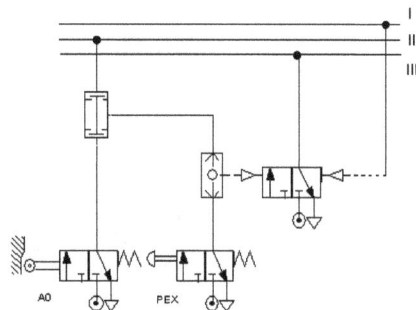

Control de fases

Cada grupo alimentará únicamente a la fase que le corresponde, esto es, cada movimiento de un cilindro a través de su v. distribuidora estará conectado al grupo al que pertenezca ese movimiento o fase (*)

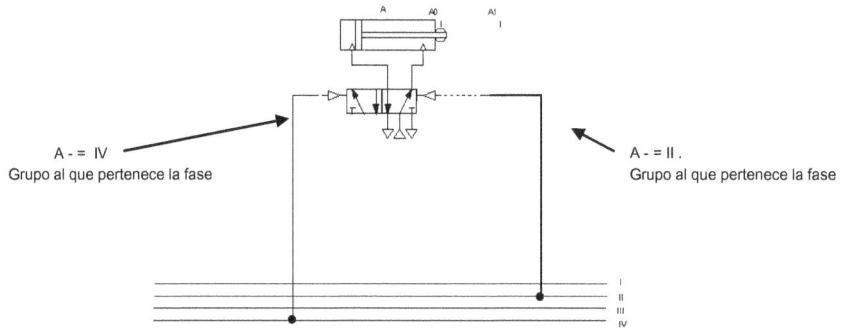

A - = IV
Grupo al que pertenece la fase

A - = II .
Grupo al que pertenece la fase

(*) Se recuerda que en referencia al control de fases en el método paso a paso, esto es:

a) *Las fases primeras de grupo se activaran directamente, esto es, al entrar en funcionamiento el grupo al que pertenecen, entra ellas*

En el método paso paso máximo al no haber nada mas que una fase por grupo todas ellas son primeras de grupo y por tanto todas van conectadas directamente al grupo al que pertenecen

Retomando la secuencia que se venía tratando en este apartado, *A+, B+, B-, C+, C-, A-* y para la cual ya fueron establecidas las ecuaciones de mando

GRUPOS		FASES
Activación	Anulación	
I = VI . PM . a0	I ´= II	A + = Y1 = I
II = I . a1	II `= III	B + = Y3 = II
III = II . b1	III `= IV	B - = Y4 = III
IV = III . b0	IV ´= V	C + = Y5 = IV
V = IV . c1	V `= VI	C - = Y6 = V
VI = V . c0 + S $_{INI}$	VI ´= I	A - = Y2 = VI

se realiza el oportuno esquema , contemplando las diferentes alternativas que se han planteado mas arriba, a saber:

1ª) Considerar como señal de inicialización la habitual configuración de incorporar una v. distribuidora biestable, NA en el control del último grupo (VI), quedando el sistema dispuesto de forma tal que el grupo tendrá presión en estado de espera a la activación del pulsador de puesta en marcha para que sistema ejecute la secuencia requerida (Ver pag. siguiente)

2ª) Contemplar la simplificación del sistema no incorporando la válvula de simultaneidad Y en la señal de activación de cada grupo, alimentando directamente con presión del grupo anterior a los finales de carrera que generan la señal coactivadora , esto es, realizar una conexión en serie del producto $G_N = G_{N-1}$. *Señal de cambio $_{(N-1/N)}$.* siempre y cuando no se ponga en entredicho La rapidez de funcionamiento requerida del sistema (Ver pag. siguientes)

3ª) Incorporar como opción de inicialización la inclusión de un pulsador de excitación $S_{INI} = P_{EX}$, si la operatoria funcional del sistema lo permite de modo que tras la activación del mismo quede energetizado (Con presión/tensión) el último grupo (VI) en estado de espera para que tras la activación del pulsador de puesta (*) en marcha PM, se ejecute la secuencia completa de funcionamiento.

(*) Generalizando: Establecidas las condiciones de puesta en marcha

(Ver pag. siguientes)

Alternativa 1ª . Ver página siguiente para

una mejor Identificación de componentes

en disposición fraccionada horizontal del

esquema

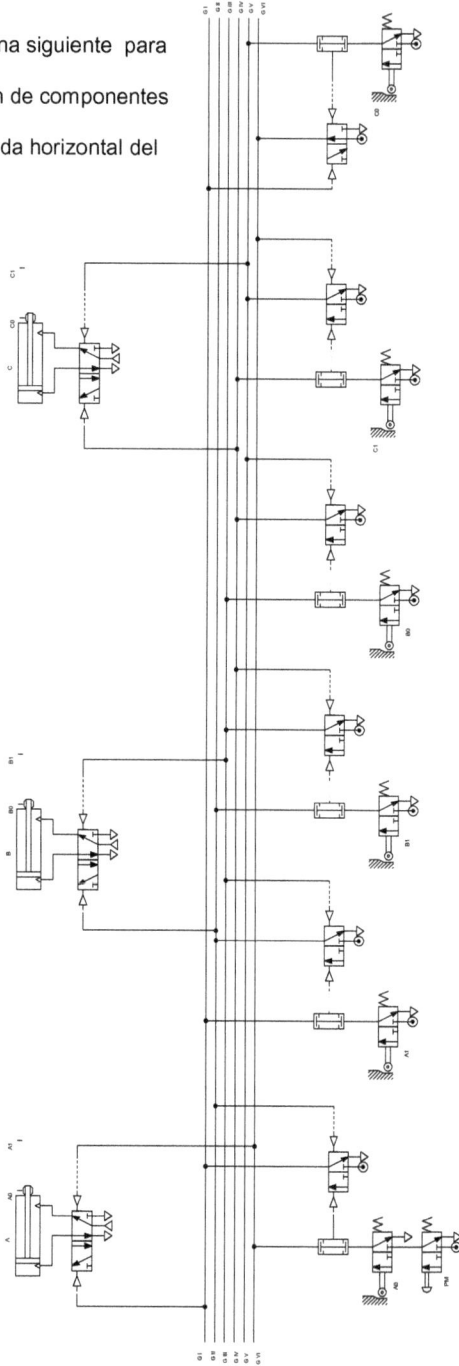

Para facilitar la identificación visual de componentes, los esquemas de gran longitud se mostrarán fraccionados y en disposición horizontal

Alternativa 1ª

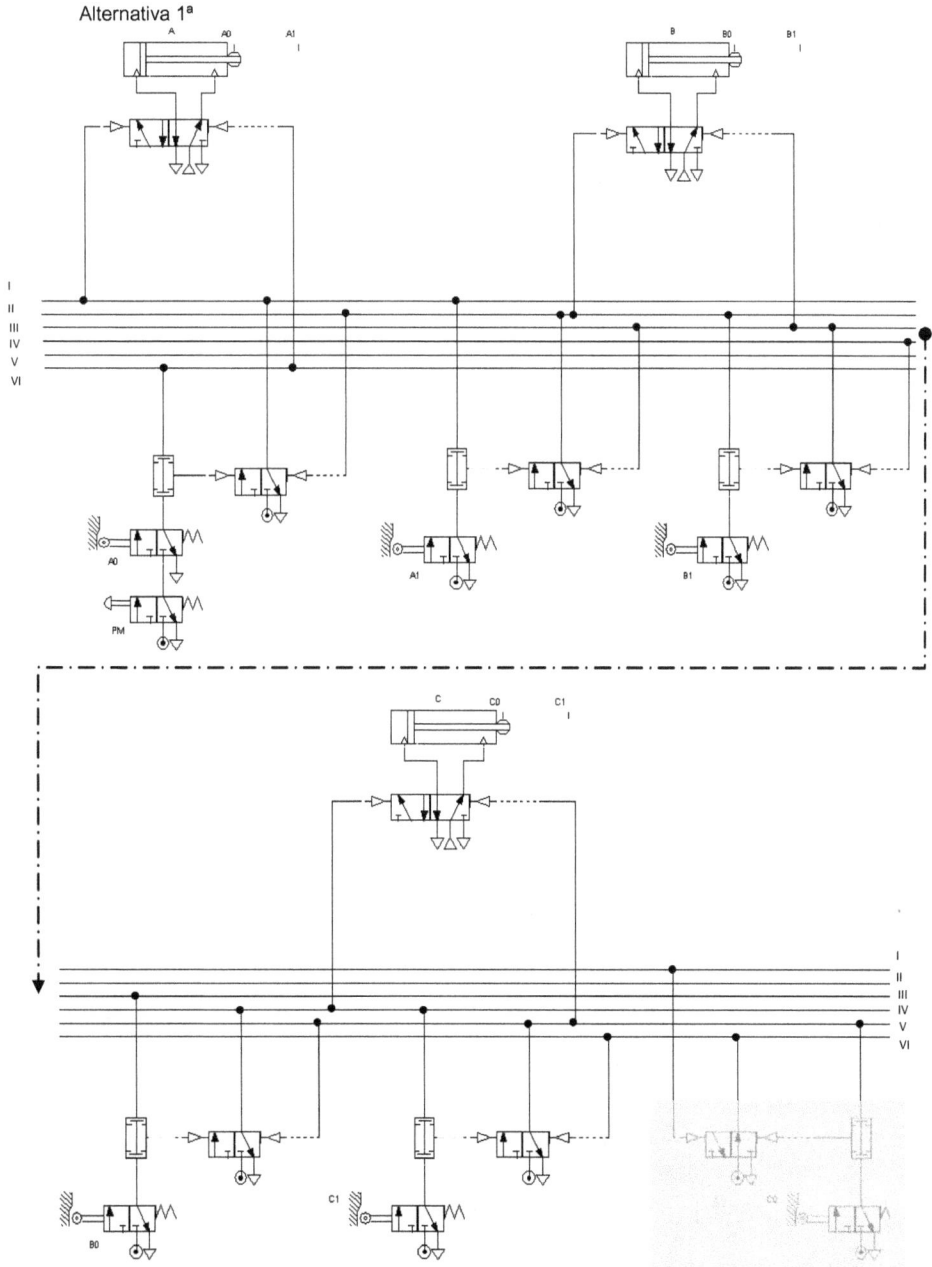

Alternativa 2ª

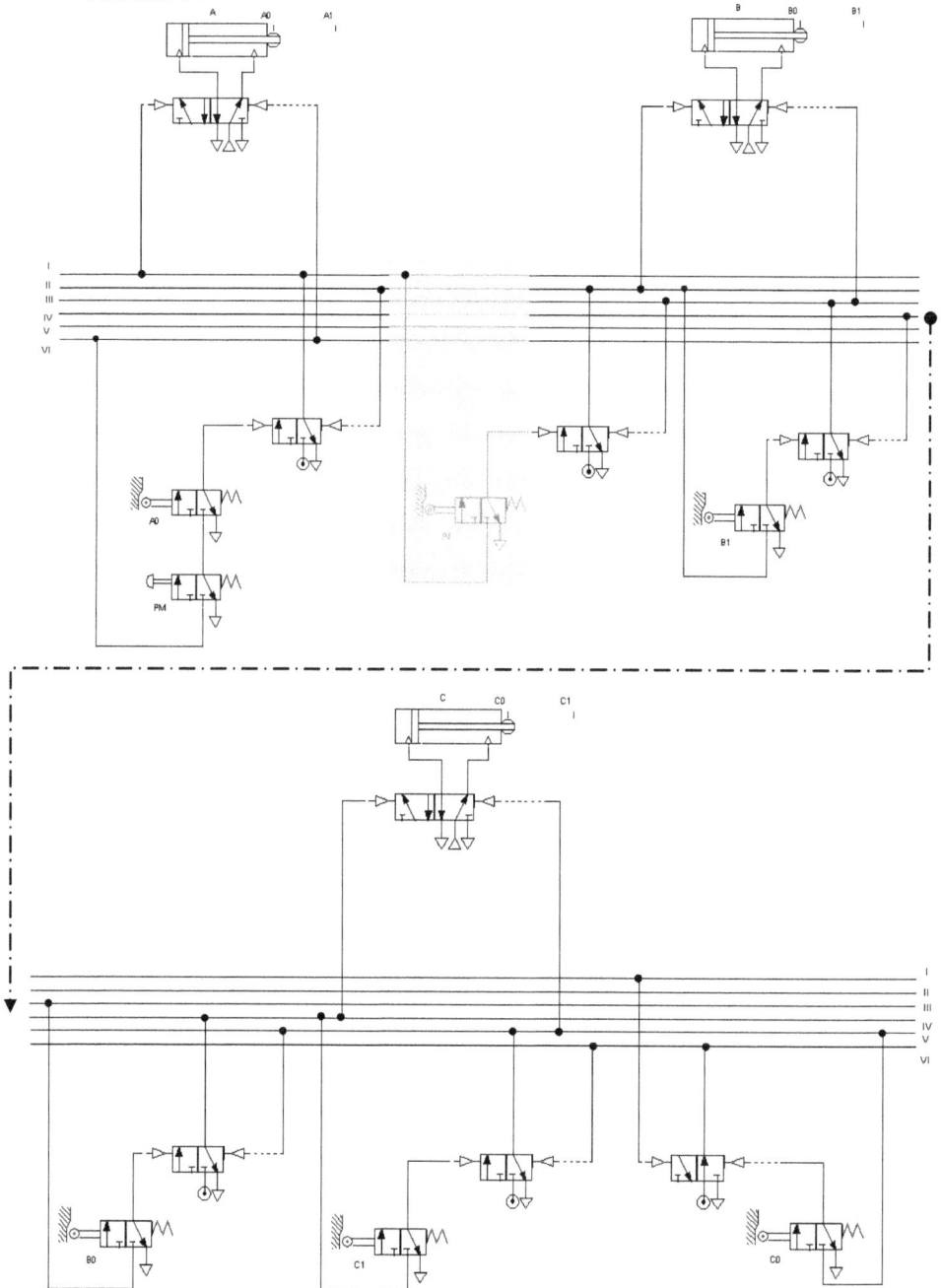

Alternativa 3ª

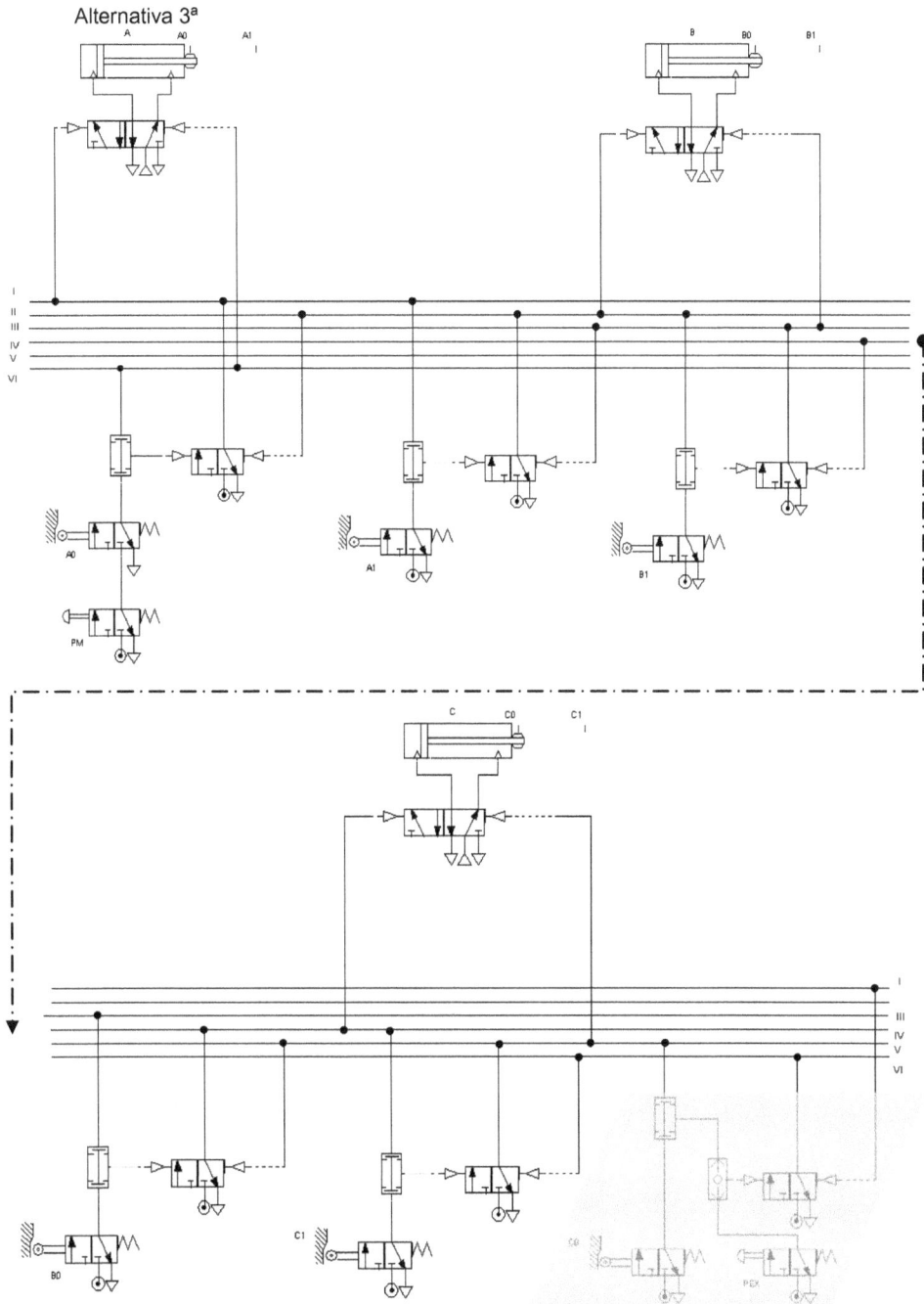

Ejercicio : Se dispone de un sistema de taladrado de piezas cuyos elementos y funcionalidad son los siguientes:

En primer lugar un cilindro A, saldrá para desplazar una pieza desde un alimentador de gravedad y al alcanzar la posición extrema de su recorrido se retraerá, simultáneamente a este movimiento, otro cilindro B desplazará la pieza contra un tope de sujeción, de manera que cuando alcance su posición de extendido otro cilindro C en su salida propulsará el movimiento vertical descendente del útil perforador y al llegar a su posición inferior iniciará su subida por el retraimiento de ese cilindro C. Este movimiento ascendente/descendente se efectuará de nuevo otra vez, a modo de pasada de acabado, de forma tal que simuntáneamente al segundo retroceso del cilindro C se efectúa también la entrada del cilindro B que sujetaba la pieza a mecanizar.

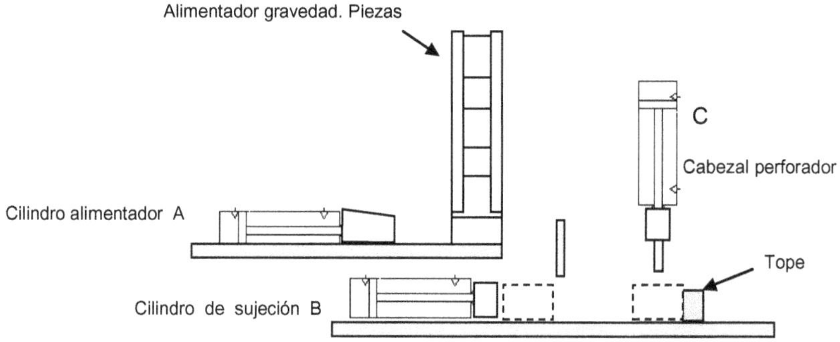

Alimentador gravedad. Piezas

C

Cabezal perforador

Cilindro alimentador A

Tope

Cilindro de sujeción B

Los cilindros están dotados de los oportunos finales de carrera (V. distribuidoras 3/2 NC monoestable) que detectan las posiciones extremas de sus respectivos recorridos, siendo todos de doble efecto y gobernados cada uno por su respectiva v. d. biestable 5/2, excepto el cilindro B que está gobernado por medio de una v. distribuidora monoestable 5/2.

El sistema se pondrá en funcionamiento al ser activado un pulsador de puesta en marcha PM (V. distribuidora 3/2 NC monoestable).

Diseñar un sistema de mando neumático mediante metodología paso paso máximo implementando el circuito correspondiente con inicialización por:

a) Pulsador de excitación Pex
b) V. memoria 3/2 NA en el grupo que corresponda
c) Circuito optimizado en cuanto a numero de componentes a utilizar, respetando la metodología de diseño indicada de p.p. máximo

A la vista de la descripción del sistema, la secuencia de funcionamiento es la siguiente:

A + , A - , C + , C - , C + , C –

B +   B -

a) Existen señales permanentes dada presencia de movimientos contrarios seguidos

b y c) Establecimiento de grupos para metodología paso paso máximo y las consiguientes señales de gobierno

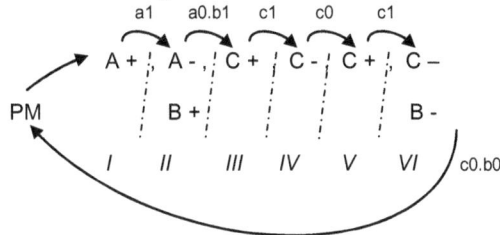

d) Definición de las ecuaciones de mando (Grupos/fases) recopiladas en la siguiente tabla:

GRUPOS		FASES
Activación (S)	Anulación (R)	
I = VI . PM . c0 .b0	I ´= II	A + = I
II = I . a1	II `= III	A - = II , (*) B + = (B+ + II) . VI`
III = II .a0 . b1	III `= IV	C + - = III
IV = III . c1	IV ´= V	C - = IV
V = IV . c0	V `= VI	C + = V
VI = V . c1 + S $_{INI}$	VI ´= I	C - = VI , B - = Presencia de VI . y muelle v.d.

C + = III + V

C - = IV + VI

(*) El cilindro B, al estar gobernado por una v. d. 5/2 monoestable, implica que la señal que genera el movimiento B+ (II) debe ser retenida hasta que se dé la señal que permite su retorno, esto es la salida del cilindro C = c1., o lo que es lo mismo, activación del grupo VI

e) Elaboración del esquema neumático. Ver páginas siguientes

    1) Utilizando un pulsador de excitación Pex
    2) Mediante memoria 3/2 NA
    3) Circuito optimizado respetando el carácter paso paso máximo

1) Con pulsador de excitación Pex

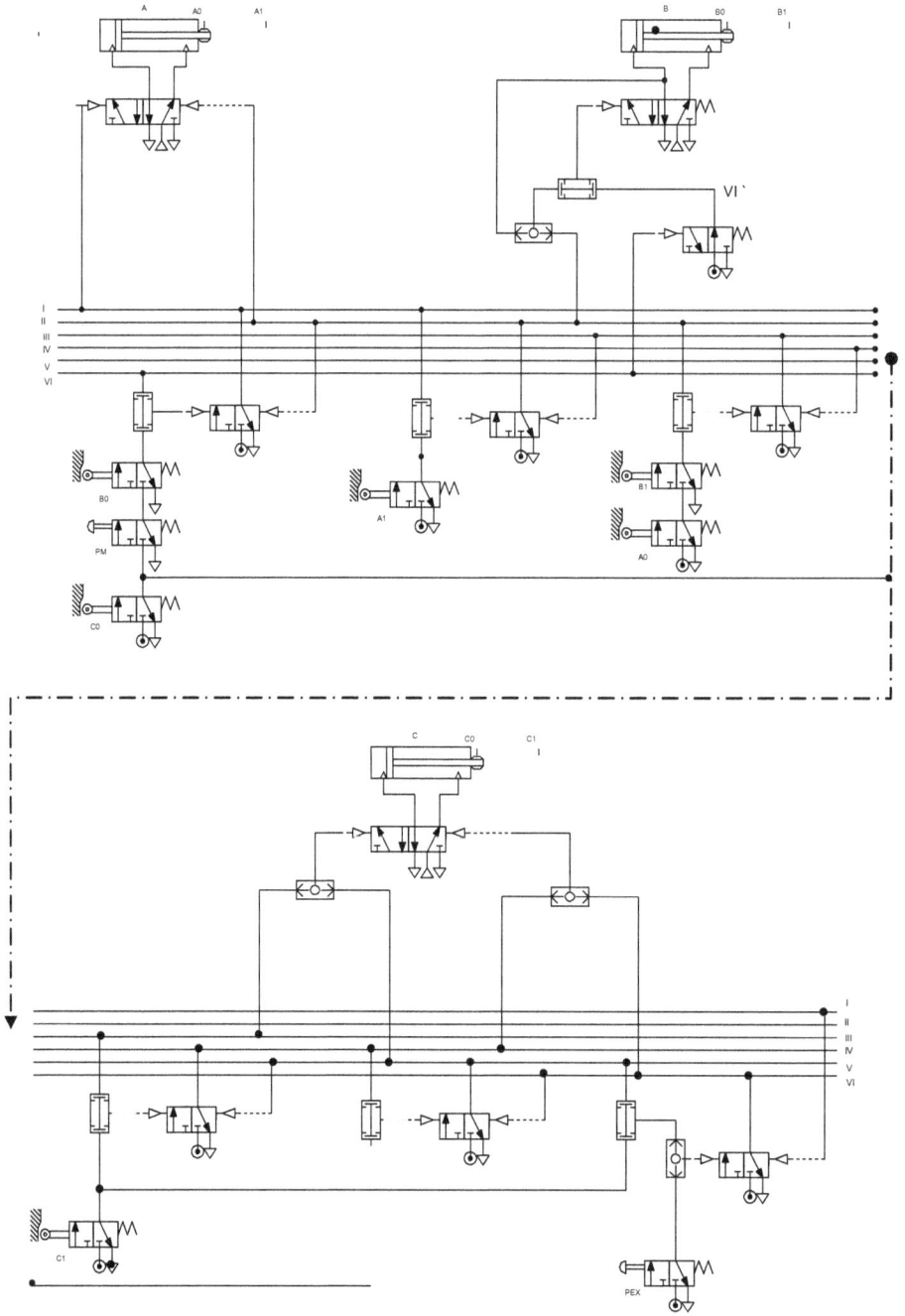

2) Mediante memoria 3/2 NA

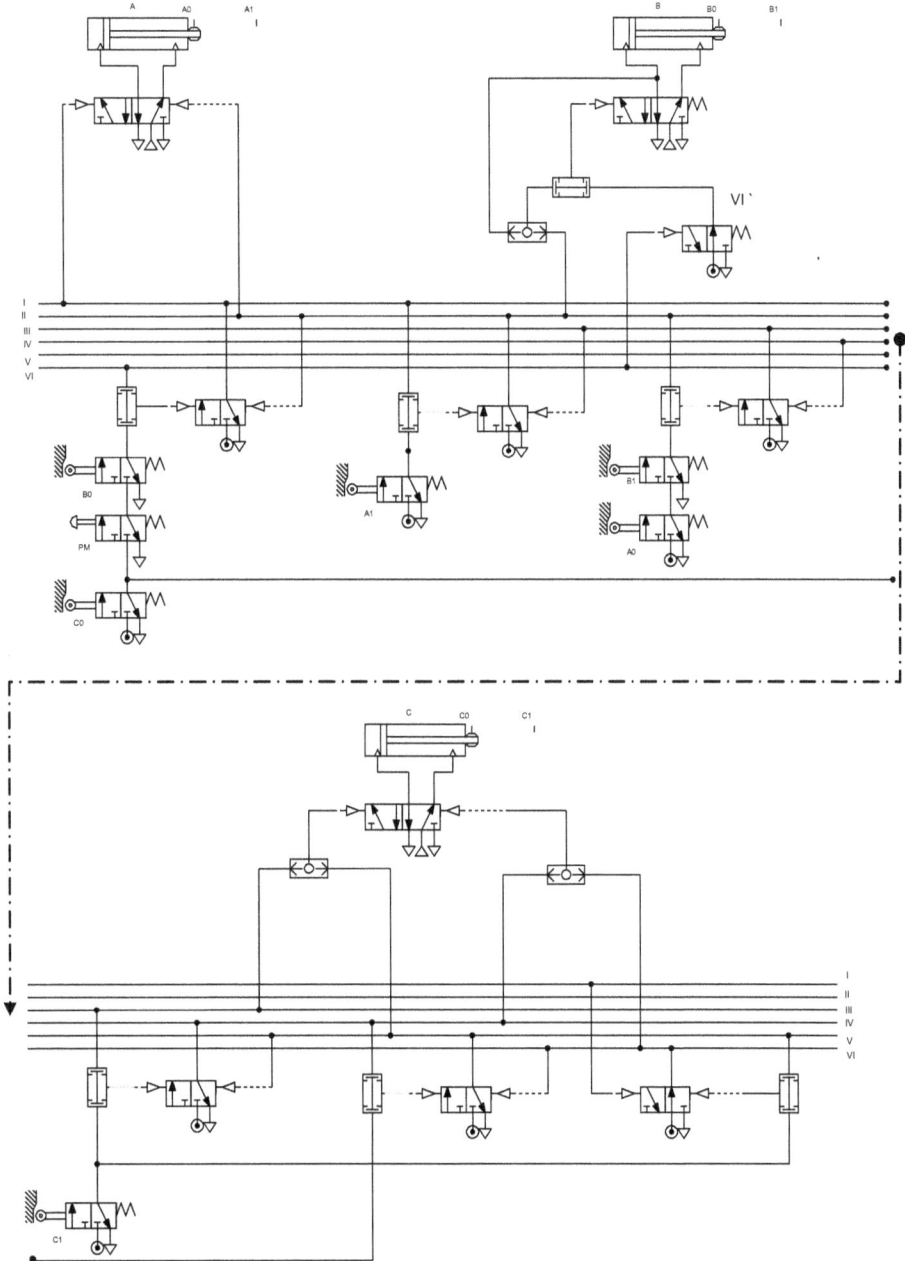

3) Circuito optimizado paso paso máximo (Sin válvulas Y en el comando de grupos), donde la lógica funcional de mando lo permite

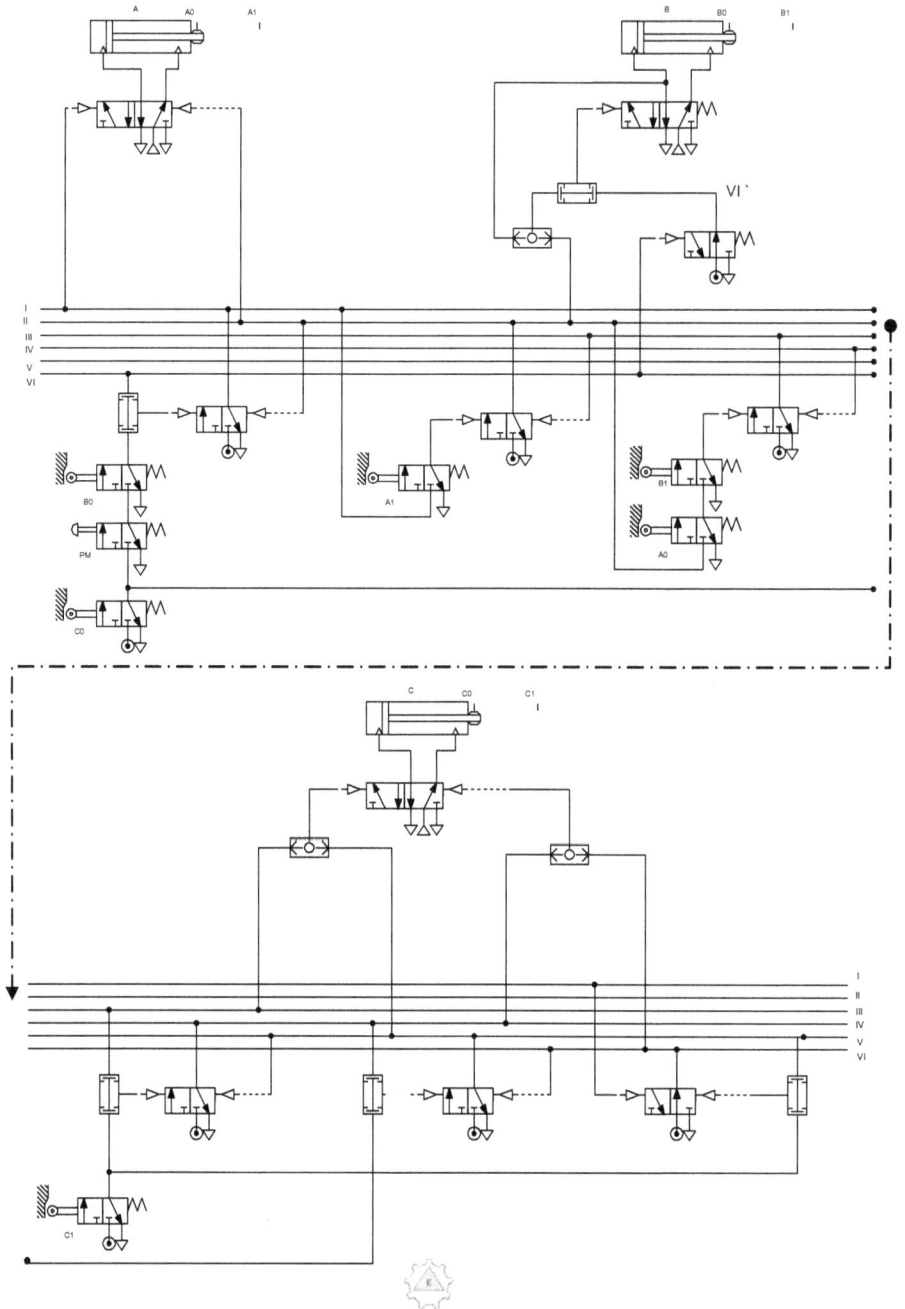

Ejercicio trasversal: Retomando de nuevo el dispositivo alimentador de chapa (Enunciado pag. 155) para aplicarle la eliminación de s.p. mediante el método de paso a paso máximo, considerando que todos los cilindros del sistema sean de doble efecto y que están gobernados por v. biestables, excepto los cilindros A y C que serán de simple efecto y estarán gobernados por v. monoestables 3/2 NC,

    Elaboración del esquema neumático mediante (Ver páginas siguientes)

       1) *Memoria 3/2 NA*
       2) *Pulsador de excitación Pex*
       3) *Circuito optimizado respetando el carácter paso paso máximo*

    Recordemos que la secuencia de funcionamiento de este sistema era:

$$A+, \ B+, \ C+, \ \ A-, \ D+, D-, \ B-, \ C-$$

a) *Existen señales permanentes debido a la presencia de movimientos contrarios seguidos (Cilindro D) también podemos establecer dicha afirmación por evidenciarse que es una secuencia de inversión inexacta (A, B C ≠ A , D ….), lo que implica sin mas consideraciones la posibilidad de utilización del método paso a paso máximo para la eliminación de las mismas*

  b y c) La división de grupos/fases y señales de mando se representa en el grafo de secuencia siguiente::

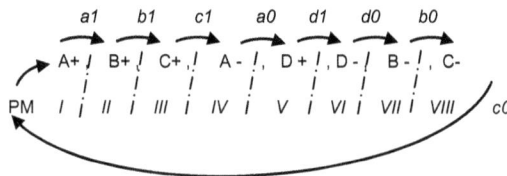

d) *Las ecuaciones de mando para los grupos/fases son:*

GRUPOS		FASES
Activación (S)	**Anulación (R)**	
I = VIII . PM . c0	I ´= II	A + = (A+ + I) IV` (*)
II = I . a1	II ´= III	B +- = II
III = II . b1	III `= IV	C + - = (C+ + III) VIII`
IV = III . c1	IV ´= V	A - = Presencia de IV y muelle de la v. d.
V = IV . a0	V `= VI	D + = V
VI = V . d1	VI ´= VII	D - = VI
VII = VI . d0	VII¨= VIII	B - = VII
VIII = VII . b0 + S$_{INI}$	VIII´= I	C - = Presencia de .VIII y muelle de la v.d.(* *)

(*) Al ser el cilindro A de simple efecto y la válvula que lo gobierna monoestable la señal que genera su salida (I) deberá ser retenida hasta que se establezca la señal que permite su retorno (IV)

(**) Idem cilindro C. Retener la señal que genera su salida (III) hasta que se de la señal que permite su retorno (VIII)

e) *Esquema neumático de mando (Ver paginas siguientes)*

1)   Mediante memoria 3/2 NA

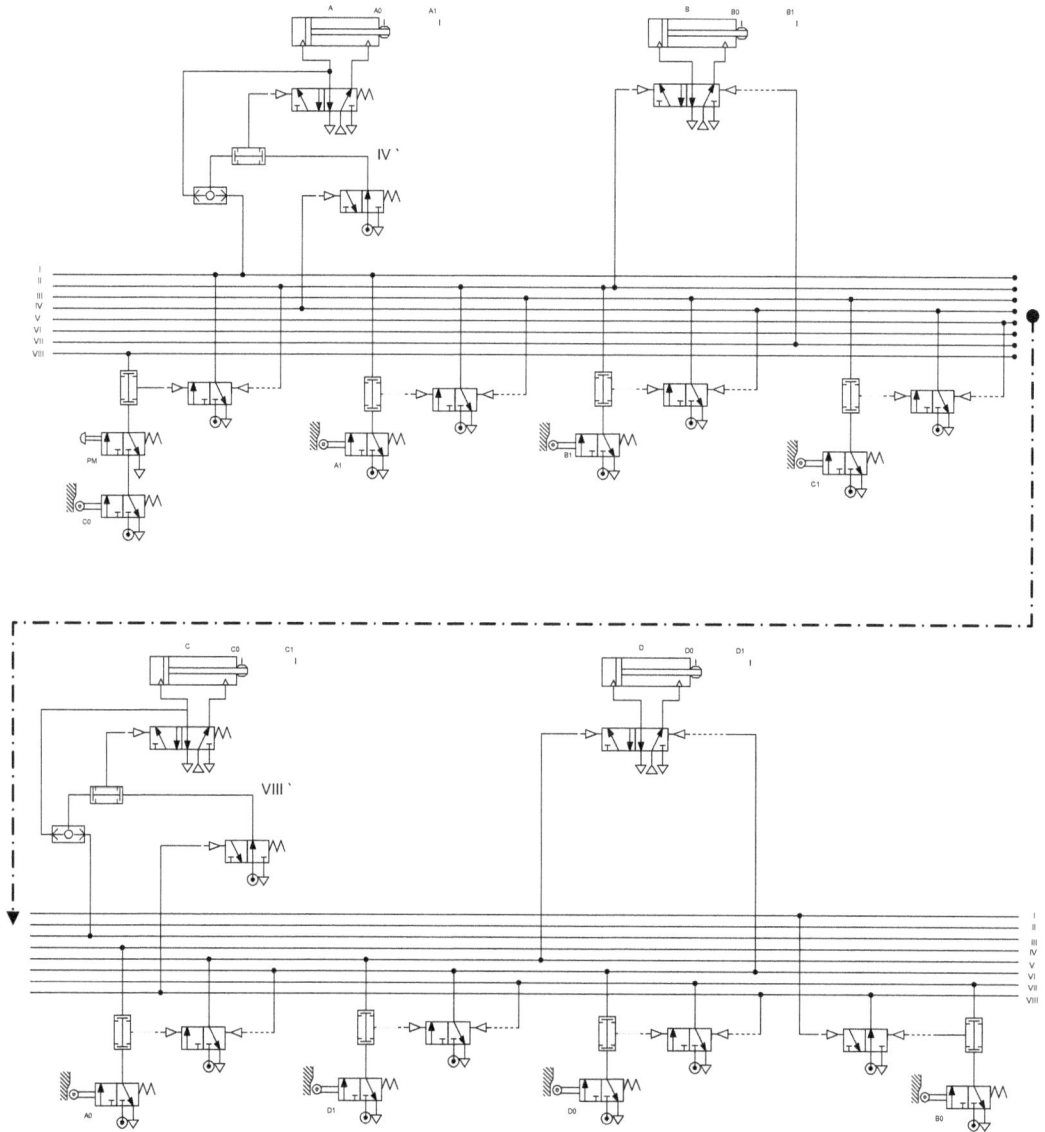

2) *Pulsador de excitación Pex*

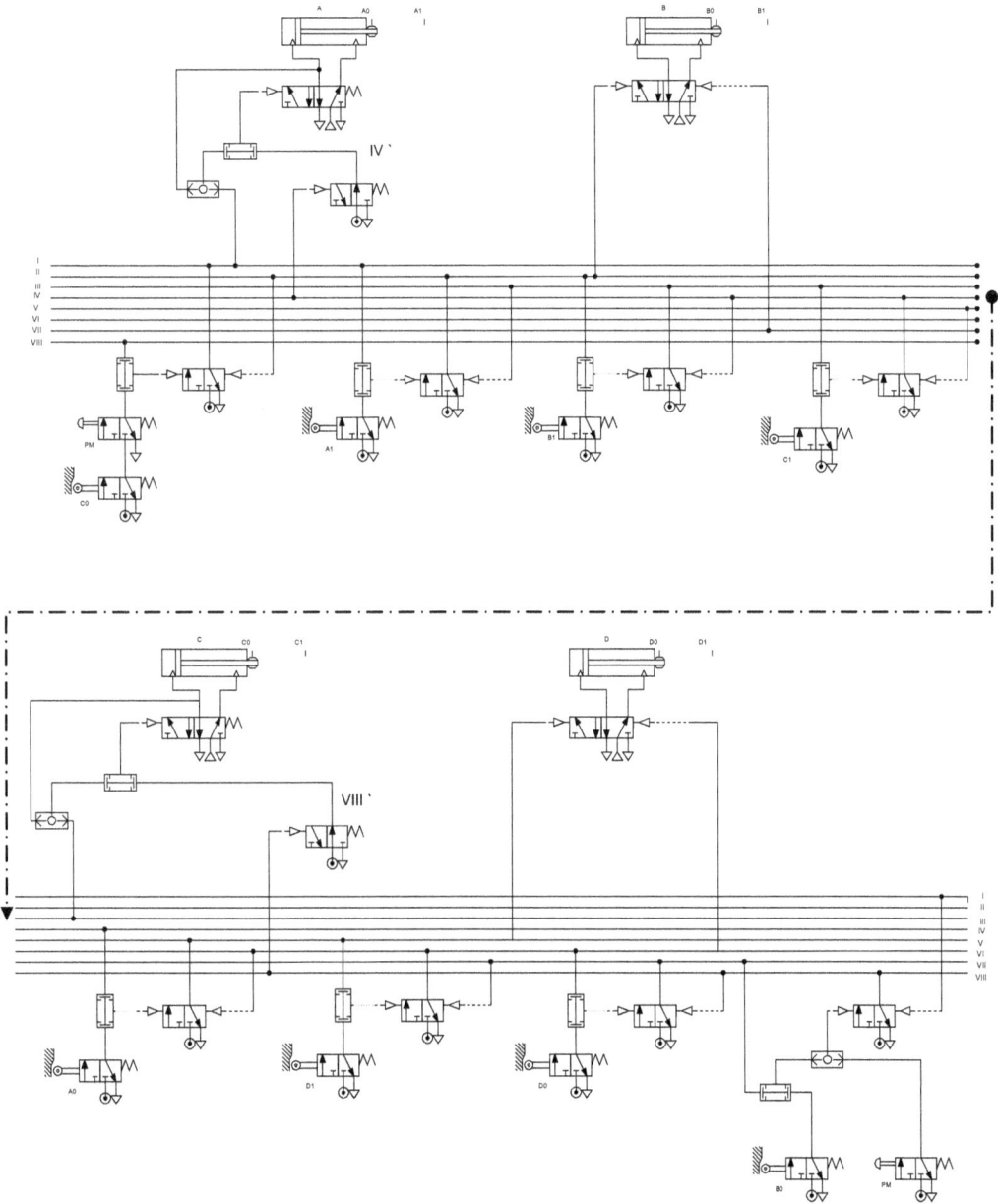

3) *Circuito optimizado paso paso máximo*

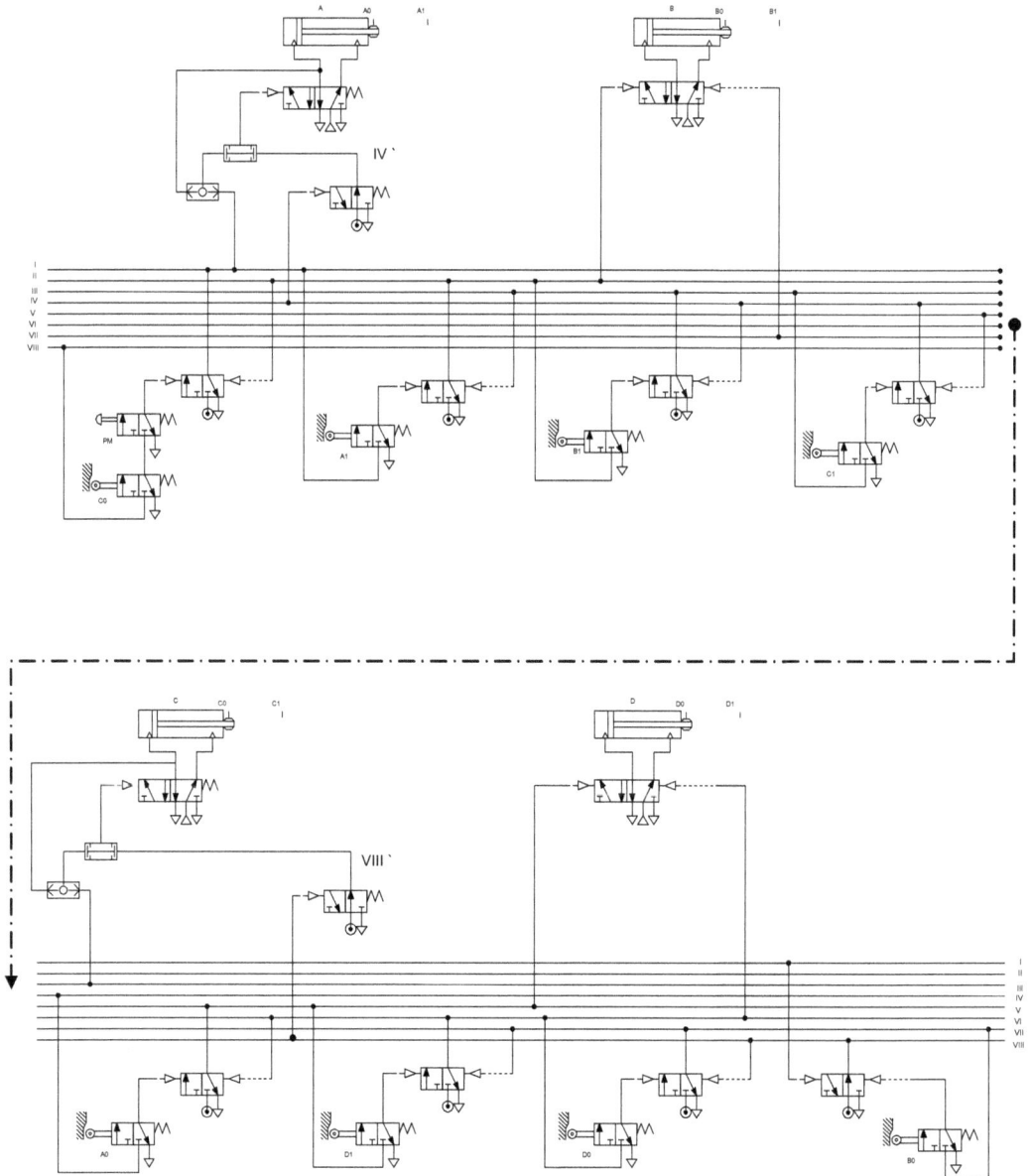

Ejercicio propuesto : Una rectificadora tangencial dispone de un cilindro A de simple efecto, gobernado por una v. distribuidora 3/2 NC monoestable para que en su salida realice la sujeción de la pieza a rectificar (Acabado de una canal en dos pasadas), de modo que desde la posición de partida representada en la figura, la mesa de la misma efectúa un movimiento de avance longitudinal hacia la derecha impulsada por la salida de un cilindro de doble efecto B, que al finalizar su carrera de desplazamiento inmediatamente realiza su retorno ejecutando el movimiento de avance longitudinal hacia la izquierda, concluido el cual, otro cilindro C de doble efecto efectuará su salida proporcionando el movimiento trasversal de la mesa, desplazando la pieza en ese sentido quedando dispuesta para la realización de una segunda pasada mediante el movimiento longitudinal de la mesa por una nueva salida/entrada del cilindro B, a cuya conclusión el cilindro C retorna a su posición de partida y simultáneamente la pieza es liberada como consecuencia de la entrada del cilindro A.

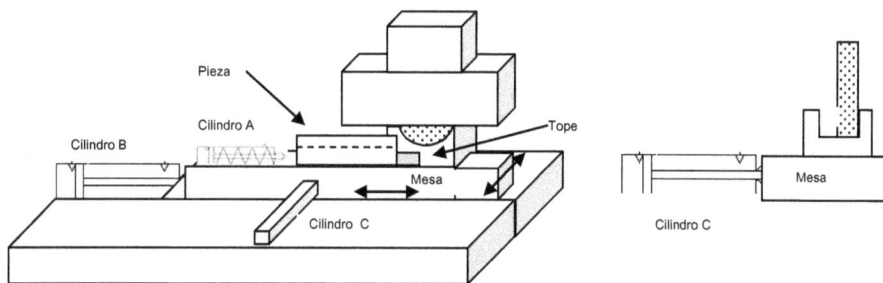

Los cilindros de doble efecto están gobernados por v. distribuidoras biestables 5/2 excepto el cilindro A que lo está por una v. d. 5/2 monoestable y todos disponen de los oportunos finales de carrera que detectan las posiciones extremas de sus respectivos recorridos, configurados mediante v. monoestables 3/2 N

El sistema se pone en funcionamiento al ser activado un pulsador de puesta en marcha PM, implementado mediante v. d. 3/2 NC monoestable.

Diseñar el esquema neumático para el control del sistema (Paso paso máximo) mediante:
   1) Pulsador de excitación Pex
   2) Memoria 3/2 NA
   3) Circuito optimizado respetando el carácter paso paso máximo

II. 3.2.4.9.- Implementación de circuitos paso a paso máximo. Tecnología electroeumática

La fisonomía genera de un esquema de mando paso paso en tecnología electroneumática tiene el aspecto reflejado en la figura de la página siguiente.

Control de grupos

Cada variable "grupo" es controlada por un elemento biestable (RS) o memoria implementada en el caso de tecnología eléctrica mediante un relé con retención(prioridad al paro/anulación (R), este es, a cada grupo se le asigna un relé $G_N = K_N$, cuya activación (S) y anulación (R) son cada una de las señales activadoras/anuladoras de grupo recogidas en las tablas realizadas para el establecimiento de las ecuaciones de mando

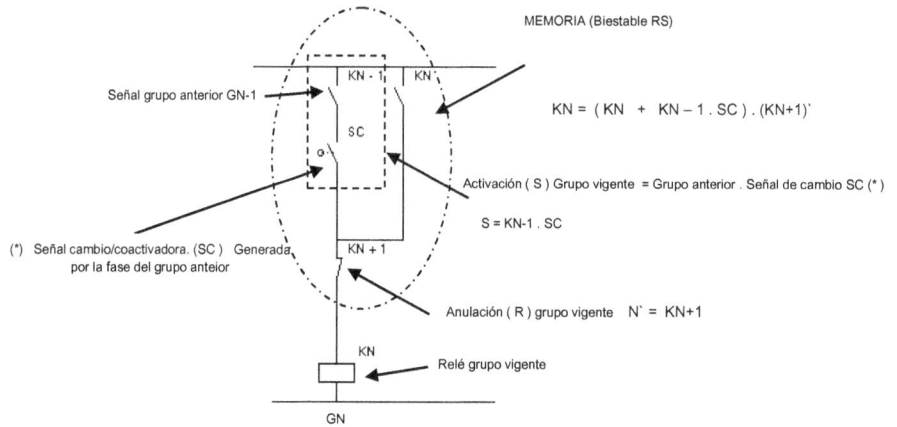

MEMORIA (Biestable RS)

Señal grupo anterior GN-1

$$KN = (KN + KN - 1 . SC) . (KN+1)`$$

Activación (S) Grupo vigente = Grupo anterior . Señal de cambio SC (*)

$$S = KN-1 . SC$$

(*) Señal cambio/coactivadora. (SC) Generada por la fase del grupo anteior

Anulación (R) grupo vigente   N` = KN+1

Relé grupo vigente

Activación (S) : KN = KN-1 . SC   KN-1 = Grupo anterior   SC = Señal de cambio (Originada por la fase

Anulación (R)   KN`= KN+1   KN+1= Grupo siguiente   del grupo anterior)

P. ej.: Activación del grupo II en la siguiente secuencia

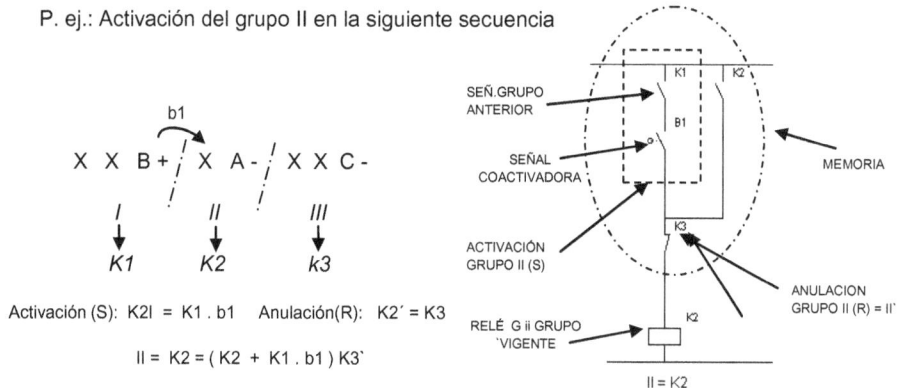

$$X \ X \ B + / X \ A - / X \ X \ C -$$

I → K1   II → K2   III → k3

SEÑ.GRUPO ANTERIOR

SEÑAL COACTIVADORA

ACTIVACIÓN GRUPO II (S)

MEMORIA

ANULACION GRUPO II (R) = II`

RELÉ G ii GRUPO `VIGENTE

Activación (S): K2I = K1 . b1   Anulación(R): K2´ = K3

$$II = K2 = (K2 + K1 . b1) K3`$$

$$II = K2$$

Ver en pag 219 esquema equivalente en Tecnología neumática y en pag. 260 programa equivalente mediante diagrama de contactos para PLC

NOTA:Resolución por :Paso paso mínimo. Iniciación último grupo mediante Pex

CONTROL FASES
En paso paso máximo no habrá ningún captador de señal (f.c.), o contacto de los movimientos de las fases

CONTROL DE GRUPOS
Memorias

*Señales pasadas por relé por ser requeridas cada una de ellas en varias ecuaciones de mando/lugares del esquema

La inicialización del sistema (S_{INI}) para conseguir que el último grupo, $KN_{(ULTIMO)}$ esté activado, esto es, tenga tensión, puede ser resuelta mediante un pulsador de excitación (Pex) normalmente abierto

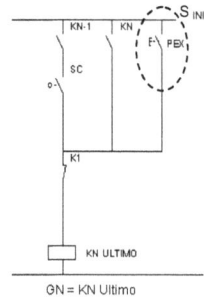

Activación(S) : $GN_{(ULTIMO)} = KN = KN\text{-}1 \,.\, SC + S_{INI}$

Anulación (R) : $(GN_{(ULTIMO)})\grave{} = (KN_{ULTIMO})\grave{} = K1$

$S_{INI} = Pex$

GN = KN Ultimo

Siguiendo con la secuencia del ejemplo anterior sería:

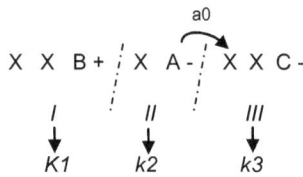

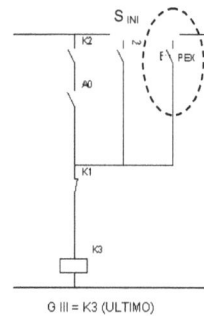

Activación: $K3 = K2 \,.\, a0 + Pex$

Anulación: $K3\grave{} = K1$

$III = K3 = (K3 + K2 \,.\, a0 + Pex)\, K1\grave{}$

G III = K3 (ULTIMO)

Otra estrategia para la inicialización del sistema sería mediante la abstracción de que el último grupo (KN) esté activo cuando no lo estén ninguno de los demás

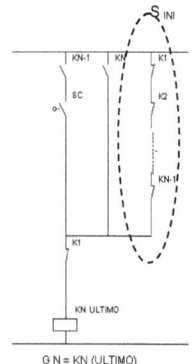

$KN = KN\text{-}1 \,.\, SC + S_{INI}$ $S_{INI} = K1\grave{} \,.\, K2\grave{} \,. \dots\dots KN\text{-}1\grave{}$

procesando algebraicamente tendremos:

$KN = KN\text{-}1 \,.\, SC + (K1\grave{} \,.\, K2\grave{} \,. \dots\dots KN\text{-}1\grave{})$

KN ULTIMO

G N = KN (ULTIMO)

y aplicando un mando biestable RS para la configuración de la memoria:

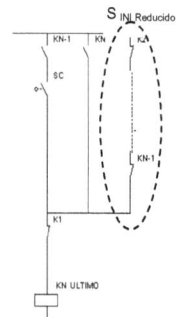

$KN = (KN + KN\text{-}1 \,.\, SC + K1\grave{} \,.\, K2\grave{} \,. \dots\dots KN\text{-}1\grave{})\, K1\grave{}$

$KN = KN \,.\, K1\grave{} + KN\text{-}1 \,.\, SC. \, K1\acute{} + K1\grave{} \,.K1\grave{} \,.\, K2\grave{} \,. \dots\dots KN\text{-}1$

y como. $K1\grave{} \,.\, K1\grave{} = K1\grave{}$

$KN = KN \,.\, K1\grave{} + KN\text{-}1 \,.\, SC\grave{} \,.\, K1\grave{} + K1\grave{} \,.\, K2\grave{} \,. \dots\dots KN\text{-}1\grave{}$

$KN = (KN + KN\text{-}1 \,.\, SC \,.\, + \,.\, K2\grave{} \,. \dots\dots KN\text{-}1\grave{})\, K1\grave{}$

$\underbrace{\qquad\qquad}_{S_{INI}\ reducida}$

Aplicando lo indicado al ejemplo que se venía tratando tendremos

K3 = (K3 + K2 . a0 + K2`) K1`

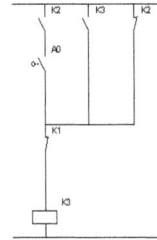

Control de fases

Como ya sabemos, en paso paso máximo cada grupo alimenta únicamente a la fase que le corresponde, por tanto para tecnología electroneumática tendremos que cada movimiento de un cilindro es gobernado por un contacto abierto del relé que gobierna el grupo al que pertenece

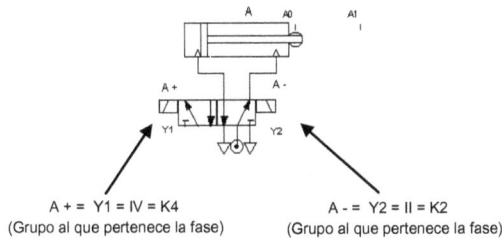

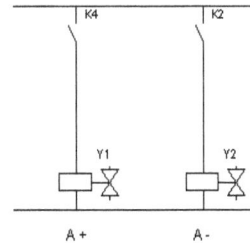

A + = Y1 = IV = K4
(Grupo al que pertenece la fase)

A - = Y2 = II = K2
(Grupo al que pertenece la fase)

Vease en la página siguiente una ilustración con las correspondencias entre un esquema paso a paso neumático y su equivalente electroneumático

Considerando la secuencia tratada al comienzo del apartado II.3.2.4.8 que describe el "Paso-paso máximo. Tecnología neumática" (Pag. 218)

A + , B + , B - , C + , C - , A –

y para la que se establecieron los grupos, grafo de secuencia y ecuaciones siguientes:

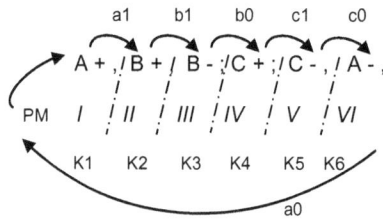

GRUPOS		FASES
Activación (S)	Anulación(R)	
I = VI . PM . a0	I ´= II	A + = Y1 = I
II = I . a1	II `= III	B + = Y3 = II
III = II . b1	III `= IV	B - = Y4 = III
IV = III . b0	IV ´= V	C + = Y5 = IV
V = IV . c1	V `= VI	C - = Y6 = V
VI = V . c0 + S $_{INI}$	VI ´= I	A - = Y2 = VI

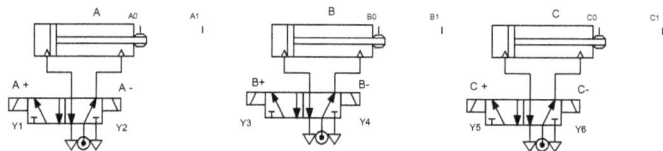

Realizando las oportunas adaptaciones a la terminología eléctrica por la asignación a cada grupo de un relé que lo gobierne, tendremos:

ASIGNACIÓN DE RELES	CONTROL DE GRUPOS		CONTROL DE FASES
	Activación (S)	Anulación (R)	
Grupo I =K1 K1 = (K1 + K6 . PM . a0) .K2`	I = K1 = K6 . PM . a0	I ´= K1`= K2	A + = Y1 = K1
Grupo II = K2 K2 = (K2 + K1. a1) .K3`	II = K2 = K1 . a1	II `= K2`= K3	B + = Y3 = K2
Grupo III = K3 K3 = (K3 + K2. b1) .K4`	III = K3 = K2 . b1	III `= K3`= K4	B - = Y4 = K3
Grupo IV =K4 K4 = (K4 + K3. b0) .K5`	IV = K4 = K3 . b0	IV ´= K4`= K5	C + = Y5 = K4
Grupo V = K5 K5 = (K5 + K4. c1) .K6`	V = K5 = K4 . c1	V `= K5´= K6	C - = Y6 = K5
Grupo IV = K6 K6 = (K6 + K5. C0 + S $_{INI}$) .K1`	VI = K6 = K5 . c0 + S $_{INI}$	VI ´= K6`= K1	A - = Y2 = K6

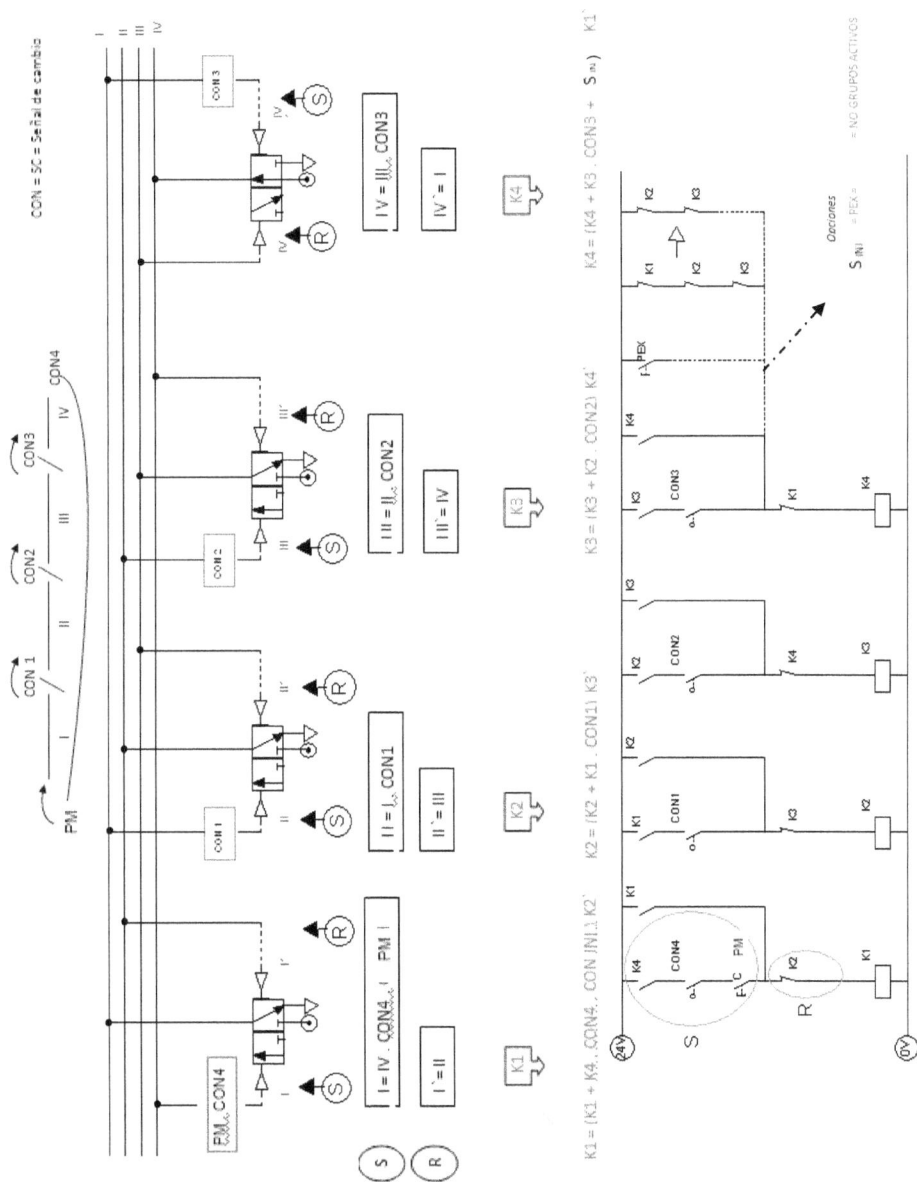

Se elabora el correspondiente esquema, ahora en tecnología electroneumática, contemplando las diferentes alternativas planteadas, esto es:

1) Realizar la inicialización del sistema mediante pulsador de excitación Pex = S_{INI}, de modo que tras su activación, quede activado el último grupo (VI= K6) a la espera del establecimiento de la puesta en marcha PM

2) Basar la inicialización mediante la abstracción de que si no está activado ningún grupo lo esté el último, quedando ya así el sistema con el grupo VI = K6 (último) energetizado y sin mas a la espera de que sea activado el pulsador de puesta en marcha PM

3) Efectuar la inicialización mediante flanco ascendente, al ser activada la puesta en marcha, tanto en su opción de configuración de la misma mediante activación por flanco así como por contacto con flanco

1) Mediante pulsador de excitación Pex = S_{INI}

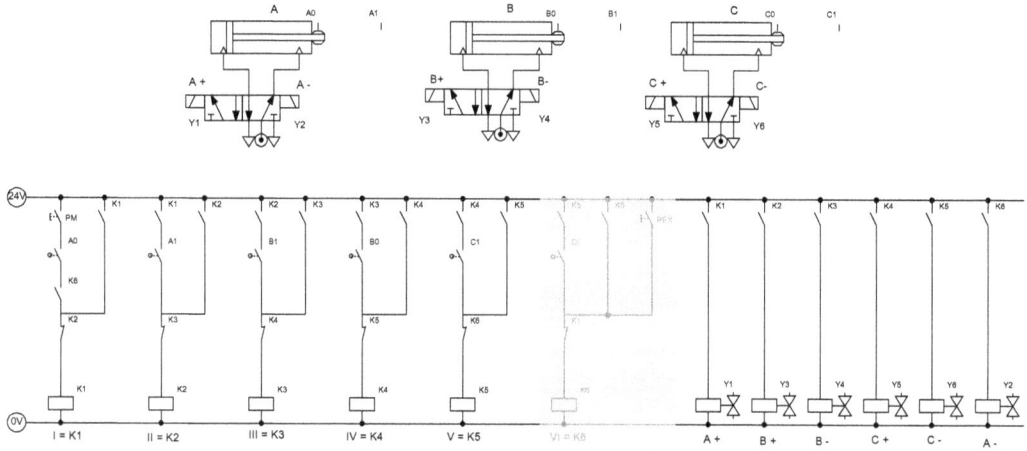

2) Mediante la abstracción de que el último grupo (VI=K6) esté activo cuando no lo estén ninguno de los demás. Sustituimos en el esquema anterior la señal de inicialización Pex por la configuración:

$$(K1`. K2` .K3 . K4`. K5´) = S_{INI}$$

que como se vio anteriormente al integrarla en la ecuación de mando del relé K6, algebraicamente se produce la absorción de K1`, quedando reducida:

$$K6 = (K6 + K5.c0 + K1`.K2`.K3`.K4`.K5`).K1` = K6.K1` + K5.c0.K1` + K1`. K1`.K2`.K3`.K4`.K5`$$
$$K6 = (K6 + K5 . c0 + K2´. K3´. K4`.K5´) K1´ \qquad ( K2` .K3 . K4`. K5´) = S_{INI}$$

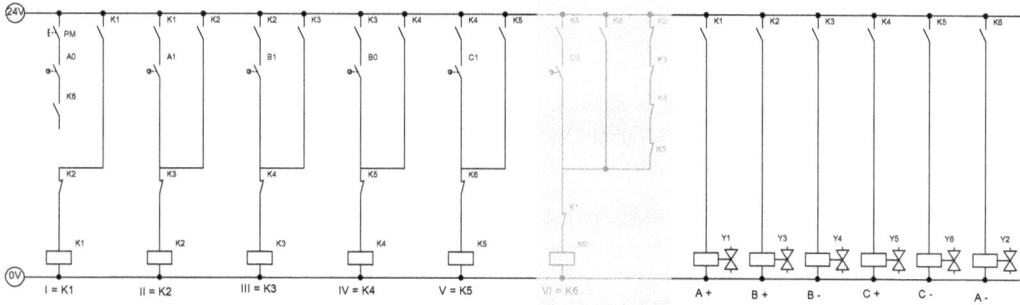

3a) Inicialización utilizando configuración por flanco ascendente en la puesta en marcha

$$PM = KPM \qquad SINI = K6 = K7 . K7` \quad (K7 = KPM)$$

$$K6 = (K6 + K5 . c0 + \underbrace{K7 . K7`}_{S_{INI}})\ K1´$$

245

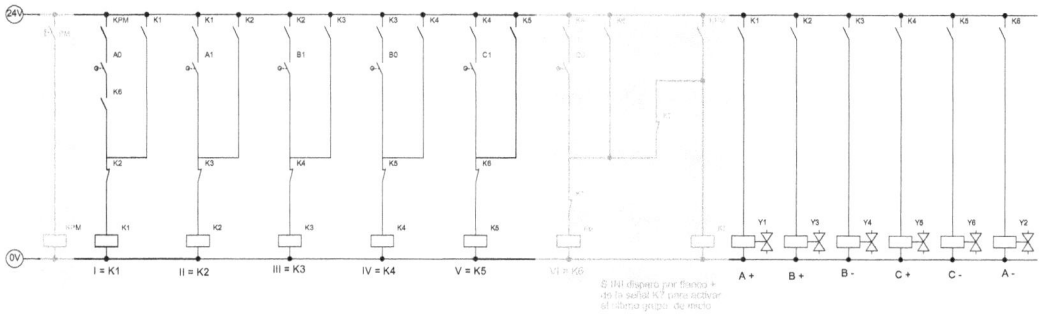

3a) Mediante contacto con flanco ascendente activado por la puesta en marcha

$$PM = KPM \qquad S_{INI} = KPM_{FAS}$$

$$K6 = (K6 + K5 . c0 + KPM_{FAS}) .K1`$$

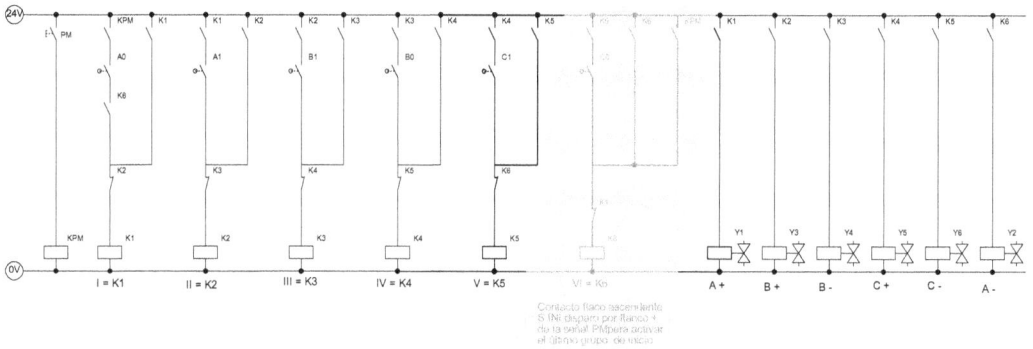

Seguidamente se procede a realizar en tecnología eléctrica los mismos supuestos que se trataron en tecnología neumática para asentar así la implementación de circuitos por el método paso-paso máximo eléctrico

Ejercicio : Se dispone de un sistema de taladrado de piezas, cuyos elementos y funcionalidad son los siguientes:

En primer lugar un cilindro A, saldrá para desplazar una pieza desde un alimentador de gravedad y al alcanzar la posición extrema de su recorrido se retraerá, simultáneamente a este movimiento de entrada del cilindro A, otro cilindro B desplazará la pieza contra un tope de sujeción, de manera que cuando alcance su posición de

extendido otro cilindro C en su salida propulsará el movimiento vertical descendente del útil perforador y al llegar a su posición inferior iniciará su subida por el retraimiento de ese cilindro C. Este movimiento ascendente/descendente se efectuará de nuevo otra vez, a modo de pasada de acabado, de forma tal que simultáneamente al segundo retroceso del cilindro C se efectúa también la entrada del cilindro B que sujetaba la pieza a mecanizar.

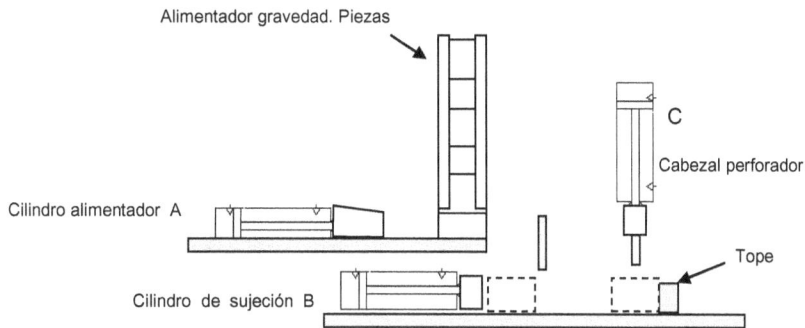

Alimentador gravedad. Piezas

C

Cabezal perforador

Cilindro alimentador A

Tope

Cilindro de sujeción B

Los cilindros están dotados de los oportunos finales de carrera (Electroválvulas 3/2 NC monoestables) que detectan las posiciones extremas de sus respectivos recorridos, siendo todos de doble efecto y gobernados cada uno por su respectiva electroválvula biestable 5/2, excepto el cilindro B que está gobernado por medio de una electroválvula monoestable 5/2.

El sistema se pondrá en funcionamiento al ser activado un pulsador (NA) de puesta en marcha PM .

Diseñar un sistema de mando electroneumático mediante metodología paso paso máximo implementando el circuito correspondiente con inicialización por:

1) Pulsador de excitación Pex
2) Por la inexistencia de grupo alguno activo
3) a) Por configuración de flanco ascendente con la puesta en marcha
    b) Por contacto con flanco ascendente activado por la puesta en marcha

Considerando el establecimiento de grupos y ecuaciones de mando fijadas en su reolución por tecnología neumática, pag. 228, (las mismas para ambas tecnologías) con las oportunas adaptaciones terminológicas a la simbología eléctrica, tendremos

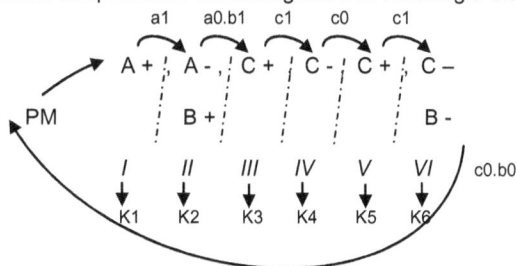

$a1$ $a0.b1$ $c1$ $c0$ $c1$

A + ¦ A - ¦ C + ¦ C - ¦ C + ¦ C –

PM

¦ B + ¦   ¦ B -

I   *II*   *III*   *IV*   *V*   *VI* $c0.b0$

K1   K2   K3   K4   K5   K6

Las señales c0 = Kc0 y c1 = Kc1, se pasan por relé por ser requeridas en varias ecuaciones de mando

ASIGNACIÓN DE RELES	CONTROL DE GRUPOS		CONTROL DE FASES
	Activación(S)	Anulación(R)	
Grupo I =K1 c0 = Kc0 $K1 = (K1 + K6 . PM . Kc0 . b0) .K2\grave{}$	K1 = K6 . PM .Kc0 .b0	K1 ´= K2	A + = Y1 = K1
Grupo II = K2 , K7 = Y3 $K2 = (K2 + K1. a1) .K3\grave{}$	K2 = K1 . a1	K2 ´= K3	A - = Y2 = K2 , (*) B + = Y3 = K7 = (K7 + K2) . K6`
Grupo III = K3 $K3 = (K3 + K2..a0. b1) .K4\grave{}$	K3 = K2 .a0 . b1	K3 `= K4	C + = Y4 = K3
Grupo IV =K4 $K4 = (K4 + K3. Kc1) .K5\grave{}$	K4 = K3 .Kc1	K4 ´= K5	C - = Y5 = K4
Grupo V = K5 $K5 = (K5 + K4. Kc0) .K6\grave{}$	K5 = K4 .Kc0	K5 `= K6	C + = Y4 = K5
Grupo IV = K6 $K6 = (K6 + K5.Kc1 + S_{INI}) .K1\grave{}$	K6 = K5 . Kc1 + S $_{INI}$	K6´= K1	C - = Y5 = K6 ,

C + = Y4 = K3 + K5

C - = Y5 = K4 + K6

B - = Presencia de K6. y muelle v.d

(*) El cilindro B, al estar gobernado por una electroválvula 5/2 monoestable, implica que el gobierno de la señal B+ debe ser retenida hasta que se dé la señal que permite su retorno, esto es la salida del cilindro C = c1= Kc1., o lo que es lo mismo, activación del grupo VI = K6

1) Pulsador de excitación Pex = S_{INI}

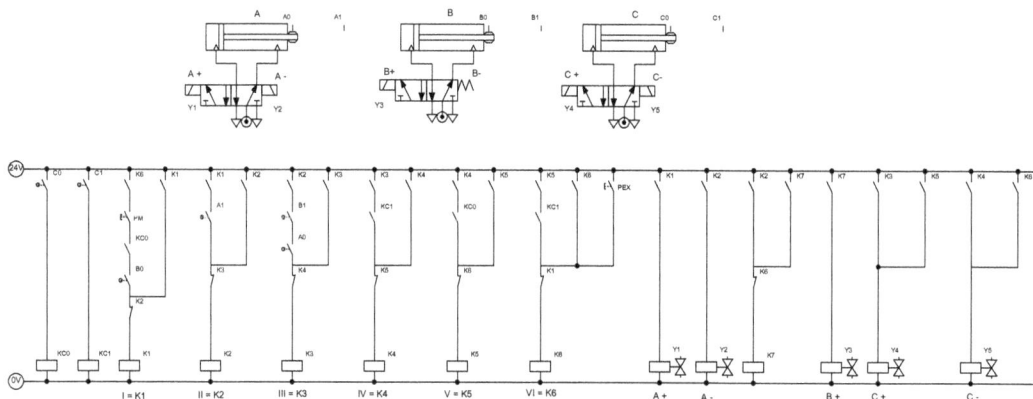

2) Por la inexistencia de grupo alguno activo

$$S_{INI} = K2\grave{}. K3\grave{}. K4´. K5´   (Sini = K1`. K2`. K3`. K4`.K5`)$$
$$K6 = (K6 + K5`.Kc1 + K1`.K2`.K3`. K4`.K5`) . K1` = K6.K1`+ K5`.Kc1.K1` + K1`.K1`.K2`.K3`. K4`.K5`$$
$$K6 = (K6 + K5`.Kc1 + .K2`.K3`. K4`.K5`) . K1´$$

Ver esquema en pag. siguiente (Será igual todo excepto la activación del grupo VI = K6)

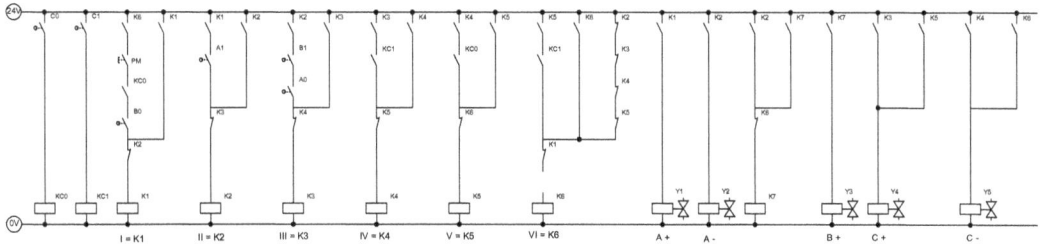

3) a) Por configuración de flanco ascendente con la puesta en marcha

$$P'M = KPM \qquad S_{INI} = K6 = K8 . K8` \ (K8 = KPM)$$

$$K6 = (K6 + K5 . Kc0 + \underbrace{K8 . K8`}_{S_{INI}} ) K1`$$

Ver esquema en pagina siguiente

3) b) Por contacto con flanco ascendente activado por la puesta en marcha

$$P'M = KPM \qquad S_{INI} = KPM_{FAS}$$

$$K6 = (K6 + K5 . Kc0 + KPM_{FAS}) K1`$$

Ver esquema en pagina siguiente

b) Por configuración de flanco ascendente con la puesta en marcha

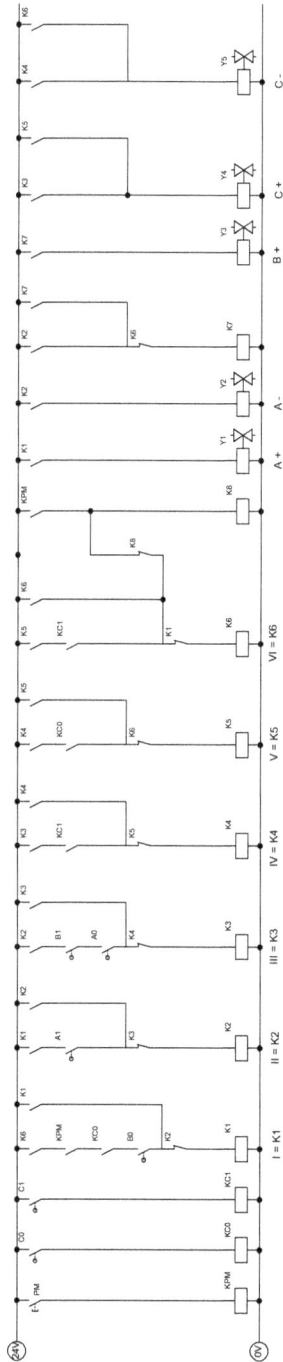

a) Por contacto con flanco ascendente activado por la puesta en marcha

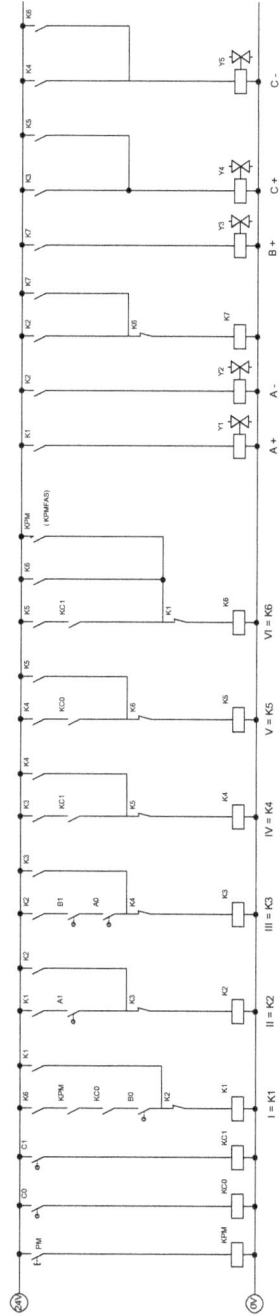

Ejercicio trasversal: Retomamos de nuevo el dispositivo alimentador de chapa (Enunciado pag. 155) para aplicarle la eliminación de s.p. mediante el método de paso a paso máximo ahora con tecnología eléctrica, considerando que todos los cilindros del sistema sean de doble efecto y que están gobernados por electroválvulas. biestables, excepto los cilindros A y C que serán de simple efecto y estarán gobernados por electroválvulas . monoestables 3/2 NC,

Elaboración del esquema electroneumático mediante (Ver páginas siguientes)

1) *Pulsador de excitación Pex*
2) *Por la inexistencia de grupo alguno activo*
3) *a) Por configuración de flanco ascendente con la puesta en marcha*
    b) Por contacto con flanco ascendente activado por la puesta en marcha

Recordemos que la secuencia de funcionamiento de este sistema era:

A+ , B+ , C+ ,   A - ,   D + , D - , B - , C-

La división de grupo-asignación de relés/fases y señales de mando se representa en el grafo de secuencia siguiente::

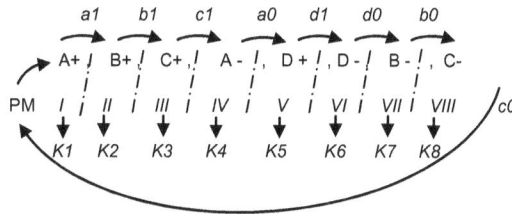

Las ecuaciones de mando para los grupos/fases son:

ASIGNACIÓN DE RELES	CONTROL DE GRUPOS		CONTROL DE FASES
	Activación(S)	Anulación(R)	
Grupo I =K1 K9 = Y1 $K1 = (K1 + K8 . PM . c0 .) .K2`$	K1 = K8 . PM .c0 .	K1 ´= K2	A + = Y1 = K9 = (K9 + K1) K4` (*)
Grupo II = K2 , $K2 = (K2 + K1. a1) .K3`$	K2 = K1 . a1	K2 `= K3	B +- = Y2 = K2 ,
Grupo III = K3 K10 = Y5 $K3 = (K3 + K2.. b1) .K4`$	K3 = K2 . b1	K3 `= K4	C + = Y4 = K10 = (K10 + K3) K8` (**)
Grupo IV =K4 $K4 = (K4 + K3. c1) .K5`$	K4 = K3 .c1	K4 ´= K5	A - = Presencia de K4 y muelle de la electrov.
Grupo V = K5 $K5 = (K5 + K4. a0) .K6`$	K5 = K4 .a0	K5 `= K6	D + = Y5 = K5
Grupo VI = K6 $K6 = (K6 + K5.d1) .K7`$	K6 = K5 .d1	K6´= K7	D - = Y6 = K6
Grupo VII = K7 $K 7= (K7 + K6. d0).K8`$	K7 = K6 . d0	K7 = K8`	B - = Y3 = K7
Grupo VIII = K8 $K 8= (K8 + K7.b0 + S_{INI}) .K1`$	K8 = K7 . b0 + S INI	K8`= K1	C - = Presencia de K8 y muelle de la electrovál.

(*) Al ser el cilindro A de simple efecto y la electroválvula que lo gobierna monoestable la señal que genera su salida (K1) deberá ser retenida hasta que se establezca la señal que permite su retorno (K4)

(**) Idem cilindro C. Retener la señal que genera su salida (K3) hasta que se de la señal que permite su retorno (K8)

1) Pulsador de excitación Pex = S_{INI}

   Ver esquema en página siguiente   AS II sp 55

2) Por la inexistencia de grupo alguno activo

$$S_{INI} = K2`. \ K3`. \ K4`. \ K5`. \ K6´. \ K7`$$

   Ver esquema en página siguiente

3) a) Por configuración de flanco ascendente con la puesta en marcha

$$PM = KPM \qquad S_{INI} = K8 = K11 . K11` \ (K11 = KPM)$$

$$K8 = (K8 \ + K7 . \ b0 \ + K11 . K11`) \ K1`$$

$$\underbrace{\qquad\qquad\qquad}$$

$$S_{INI}$$

   Ver esquema en páginas siguientes

   b) Por contacto con flanco ascendente activado por la puesta en marcha

$$PM = KPM \qquad S_{INI} = KPM_{FAS}$$

$$K8 = (K8 \ + K7 . \ b0 \ + KPM_{FAS}) \ K1`$$

   Ver esquema en páginas siguientes

1)   Pulsador de excitación Pex

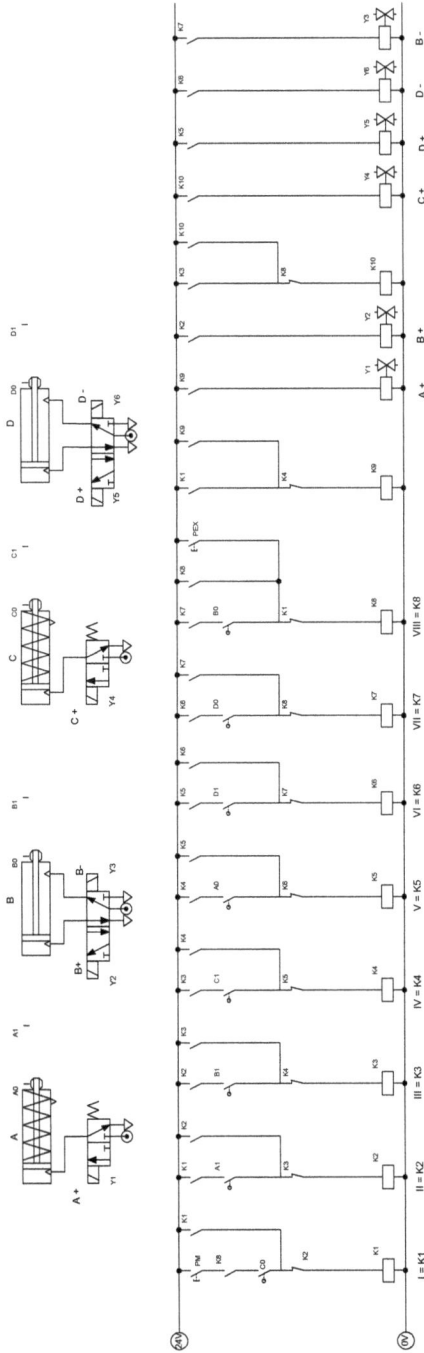

2) Por la inexistencia de grupo alguno activo

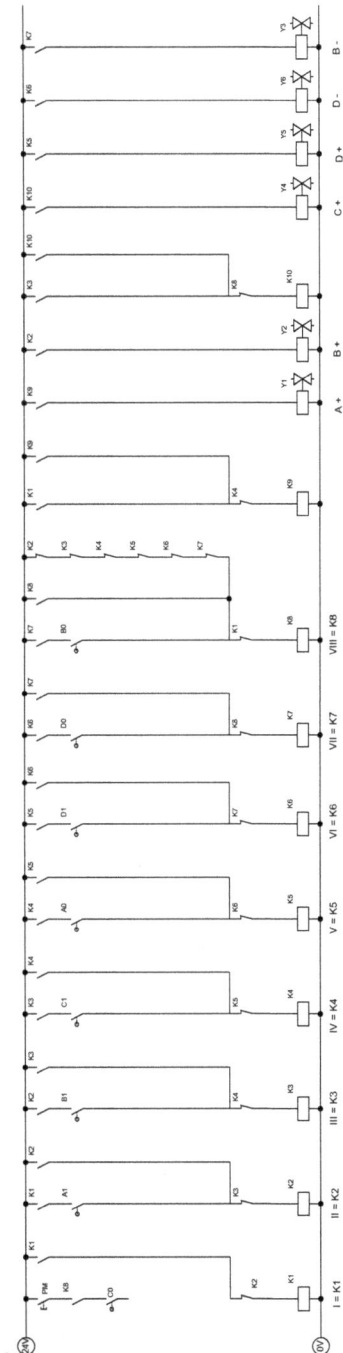

3a) Por configuración flanco ascendente con PM

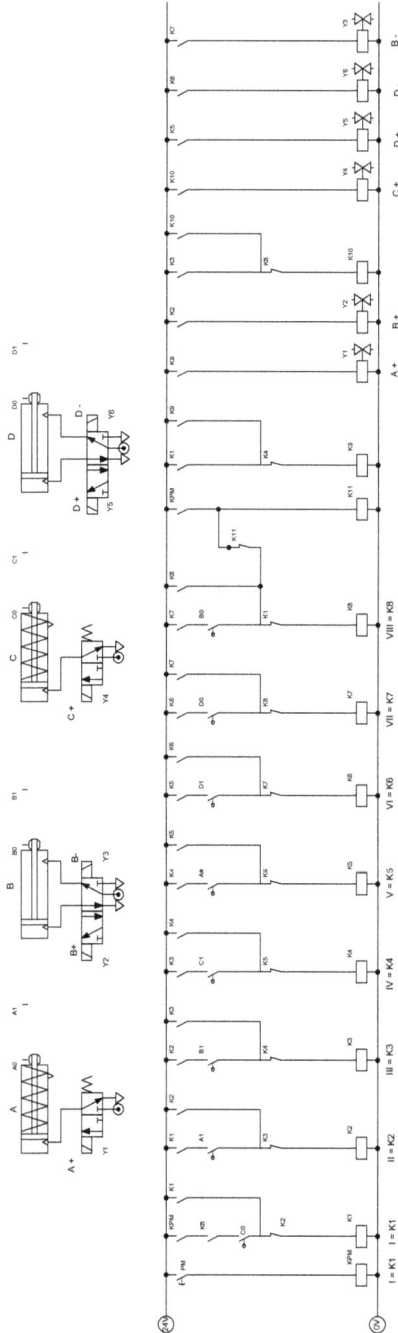

3b) Por contacto flanco ascendente con PM

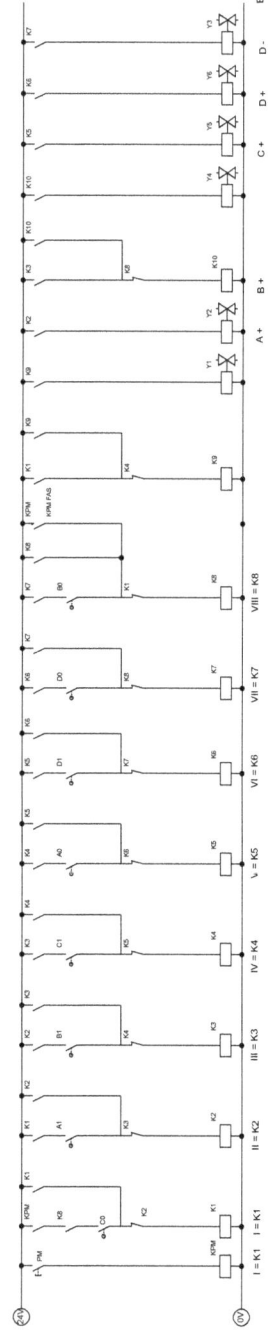

Ejercicio propuesto : Una rectificadora tangencial dispone de un cilindro A de simple efecto, gobernado por una v. distribuidora 3/2 NC monoestable para que en su salida realice la sujeción de la pieza a rectificar (Acabado de una canal), de modo que desde la posición de partida representada en la figura, la mesa de la misma efectúa un movimiento de avance longitudinal hacia la derecha impulsada por la salida de un cilindro de doble efecto B, que al finalizar su carrera de desplazamiento, inmediatamente realiza su retorno ejecutando el movimiento de avance longitudinal hacia la izquierda, concluido el cual, otro cilindro C de doble efecto efectuará su salida proporcionando el movimiento trasversal de la mesa, desplazando la pieza en ese sentido, quedando dispuesta para la realización de una segunda pasada mediante el movimiento longitudinal de la mesa por una nueva salida/entrada del cilindro B, a cuya conclusión el cilindro C retorna a su posición de partida y simultáneamente la pieza es liberada como consecuencia de la entrada del cilindro A.

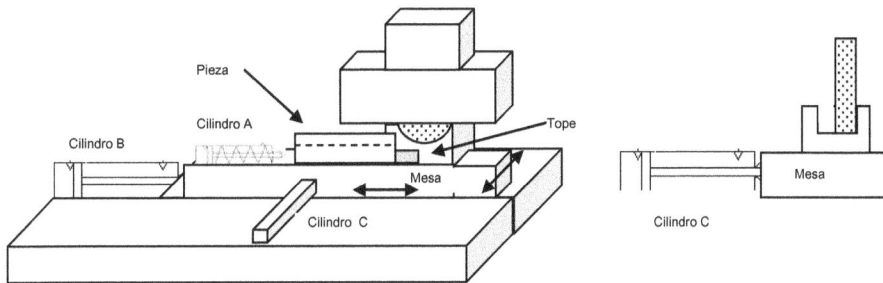

Los cilindros de doble efecto están gobernados por electroválvulas biestables 5/2 excepto el cilindro A que lo está por una electroválvula 5/2 monoestable y todos disponen de los oportunos finales de carrera que detectan las posiciones extremas de sus respectivos recorridos configurados mediante v. monoestables 3/2 NC

El sistema se pone en funcionamiento al ser activado un pulsador de puesta en marcha PM, implementado mediante electroválvula 3/2 NC monoestable.

Diseñar el esquema electroneumático para el control del sistema mediante paso paso máximo :

1) Pulsador de excitación Pex
2) Por la inexistencia de grupo alguno activo
3) a) Por configuración de flanco ascendente con la puesta en marcha
   b) Por contacto con flanco ascendente activado por la puesta en marcha

II. 3.2.4.10.- Implementación de circuitos paso a paso máximo. Control mediante PLC

La estructuración general de un programa de mando paso paso en diagrama de contactos para autómata programable (PLC) tiene el aspecto reflejado en la siguiente figura:

Ver en pag 219 esquema equivalente en tecnología neumática y en pag 239 en tecnología electroneumática

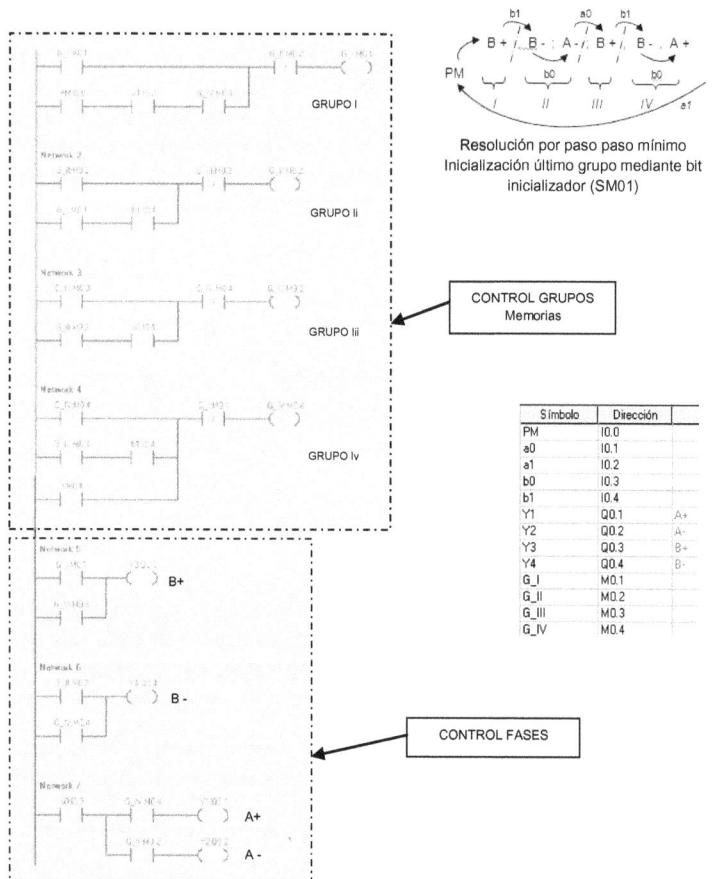

Resolución por paso paso mínimo
Inicialización último grupo mediante bit inicializador (SM01)

CONTROL GRUPOS
Memorias

CONTROL FASES

Símbolo	Dirección	
PM	I0.0	
a0	I0.1	
a1	I0.2	
b0	I0.3	
b1	I0.4	
Y1	Q0.1	A+
Y2	Q0.2	A-
Y3	Q0.3	B+
Y4	Q0.4	B-
G_I	M0.1	
G_II	M0.2	
G_III	M0.3	
G_IV	M0.4	

Al igual que en tecnología eléctrica, cada variable "grupo" puede ser controlada por un elemento biestable (RS) o memoria con prioridad a la anulación (R), asignando a cada grupo una configuración de esas características, $G_N = M_N$, cuya activación (S) / anulación (R) son las señales activadoras/anuladoras de grupo establecidas en las tablas de ecuaciones de mando. También puede utilizarse la función/Bloque preprogramada biestable RS en forma compacta

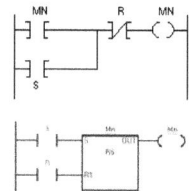

Su adaptación específica a la eliminación de señales permanentes en paso paso es:

$$M_N = (M_N + M_{N-1} . SC) (M_{N+1})`$$

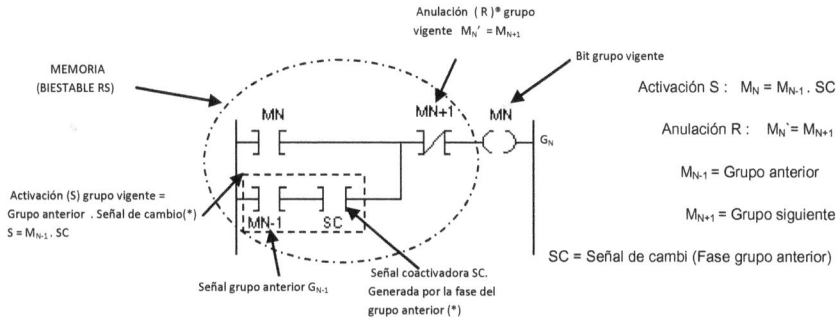

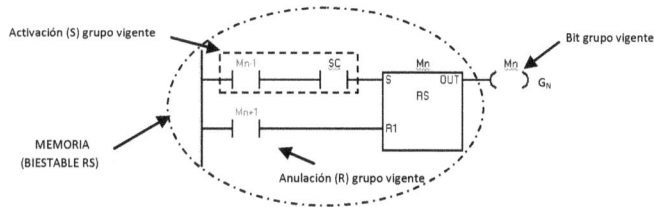

MEMORIA (BIESTABLE RS)

Anulación (R)* grupo vigente $M_N' = M_{N+1}$

Bit grupo vigente

Activación S : $M_N = M_{N-1} . SC$

Anulación R : $M_N` = M_{N+1}$

M_{N-1} = Grupo anterior

M_{N+1} = Grupo siguiente

SC = Señal de cambi (Fase grupo anterior)

Activación (S) grupo vigente = Grupo anterior . Señal de cambio(*) $S = M_{N-1} . SC$

Señal grupo anterior G_{N-1}

Señal coactivadora SC. Generada por la fase del grupo anterior (*)

Activación (S) grupo vigente

Bit grupo vigente

MEMORIA (BIESTABLE RS)

Anulación (R) grupo vigente

P. ej.: Activación del grupo II en la siguiente secuencia

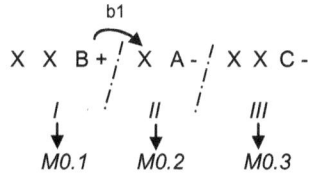

X X B + / X A - / X X C -

I   II   III

M0.1   M0.2   M0.3

BIT GRUPO II `VIGENTE

ANULACION GRUPO II (R) = II`

SEÑ.GRUPO ANTERIOR

ACTIVACIÓN GRUPO II (S)

SEÑAL COACTIVADORA

MEMORIA

Activación (S) :   II = M0.2 = M0.1 . b1

Anulación (R):   II´ = M0.2`= M0.3

II = M0.2 = (M0.2 + M0.1 . b1) M0.3`

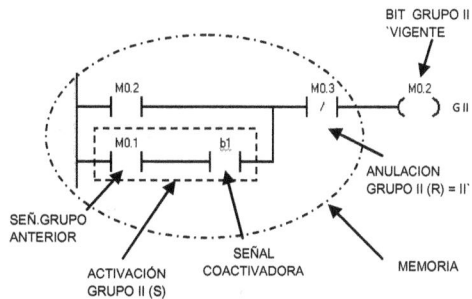

O bien mediante implementación con bloque compacto RS

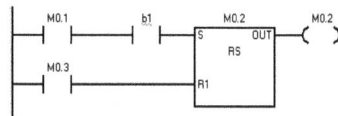

La inicialización del sistema (S_{INI}) necesaria para que el último grupo $M_{N(ULTIMO)}$ esté activado, puede ser resuelta mediante el bit de inicialización que los autómatas suelen integrar que se activa en el primer ciclo de escan y solo durante el mismo, lo cual es suficiente para obtener una señal con el propósito indicado.

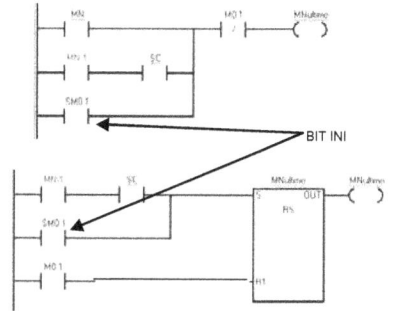

BIT INI

Activación : $G_{N(ULTIMO)} = M_N = M_{N-1} . SC + S_{INI}$

Anulación : $(G_{N(ULTIMO)})` = (M_{N(ULTIMO)})` = M0.1$

$S_{INI} =$ Bit inicialización

($S_{INI} =$SM0.1-Siemenes, 253.15 / P_First _Cycle – Omron …)

Retomando la secuencia ejemplo utilizada

anteriormente:

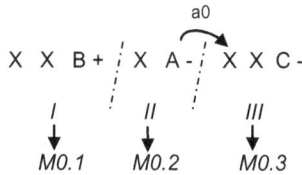

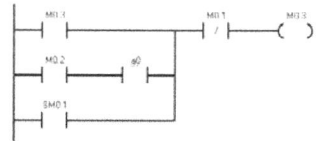

Activación (S): $M0.3 = M0.2 . a0 + \underbrace{BIT\ INI}_{SM0.1}$

Anulación (R): $M0.3` = M0.1$

$III = M0.3 = (M0.3 + M0.2 . a0 + \underbrace{BIT\ INI}_{SM0.1}) M0.1`$

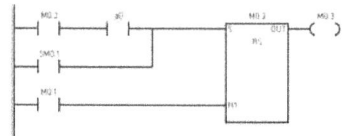

También podemos considerar para la inicialización la abstracción de que el último grupo (MN_{ULTIMO}) esté activo cuando no lo esté ninguno de los demás.

Por paralelismo algebraico con el planteamiento equivalente desarrollado en tecnología eléctrica (Ver pag. 240) podemos decir que:

$$MN_{ULTIMO} = (MN + MN-1 . SC + M0.2`.M0.3`….MN-1`) M0.1`$$

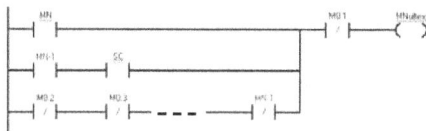

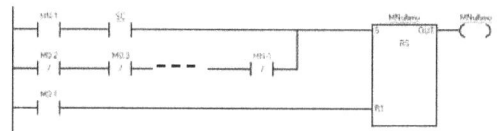

Aplicándolo al ejemplo considerado antes, tendremos:

$$M0.3 = (M0.3 + M0.2 . SC + M0.2`) M0.1`$$

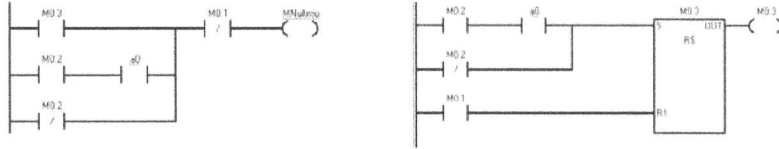

Ver en la pag. siguiente una ilustración con las correspondencias entre un esquema paso a paso electroneumático y su equivalente en diagrama de contactos para PLC.

Control de fases

Como en paso paso máximo cada grupo alimenta a una sola fase, tendremos para control mediante diagrama de contactos para PLC que cada movimiento de un cilindro es gobernado por un bit del bisetable RS (M_N) que gobierna el grupo al que pertenece es controlado por un contacto abierto del relé que gobierna el grupo al que pertenece

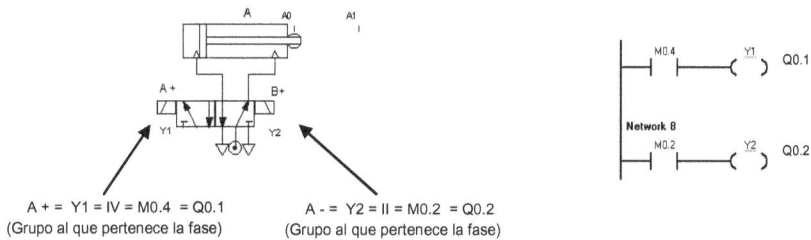

A + = Y1 = IV = M0.4 = Q0.1
(Grupo al que pertenece la fase)

A - = Y2 = II = M0.2 = Q0.2
(Grupo al que pertenece la fase)

Retomando la secuencia   A + , B + , B - , C + , C - , A –   , ya tratada en paso paso máximo para las tecnologías neumática y electroneumática, cuyo grafo de secuencia era:

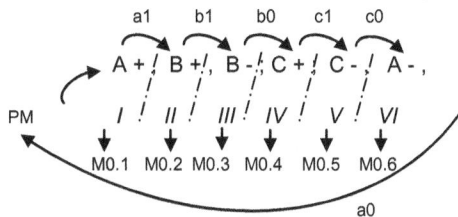

podemos establecer para la misma las siguientes ecuaciones de mando adaptadas a la tecnología PLC, recogidas en la siguiente tabla y mediante la cual elaboramos los programas para el gobierno del sistema mediante PLC, con las opciones de configuración del biestable y usando el bloque compacto RS en los supuestos siguientes:

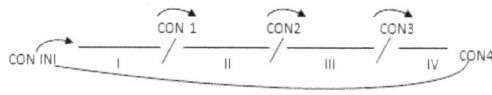

II sp com 1

II sp compa 1 bis

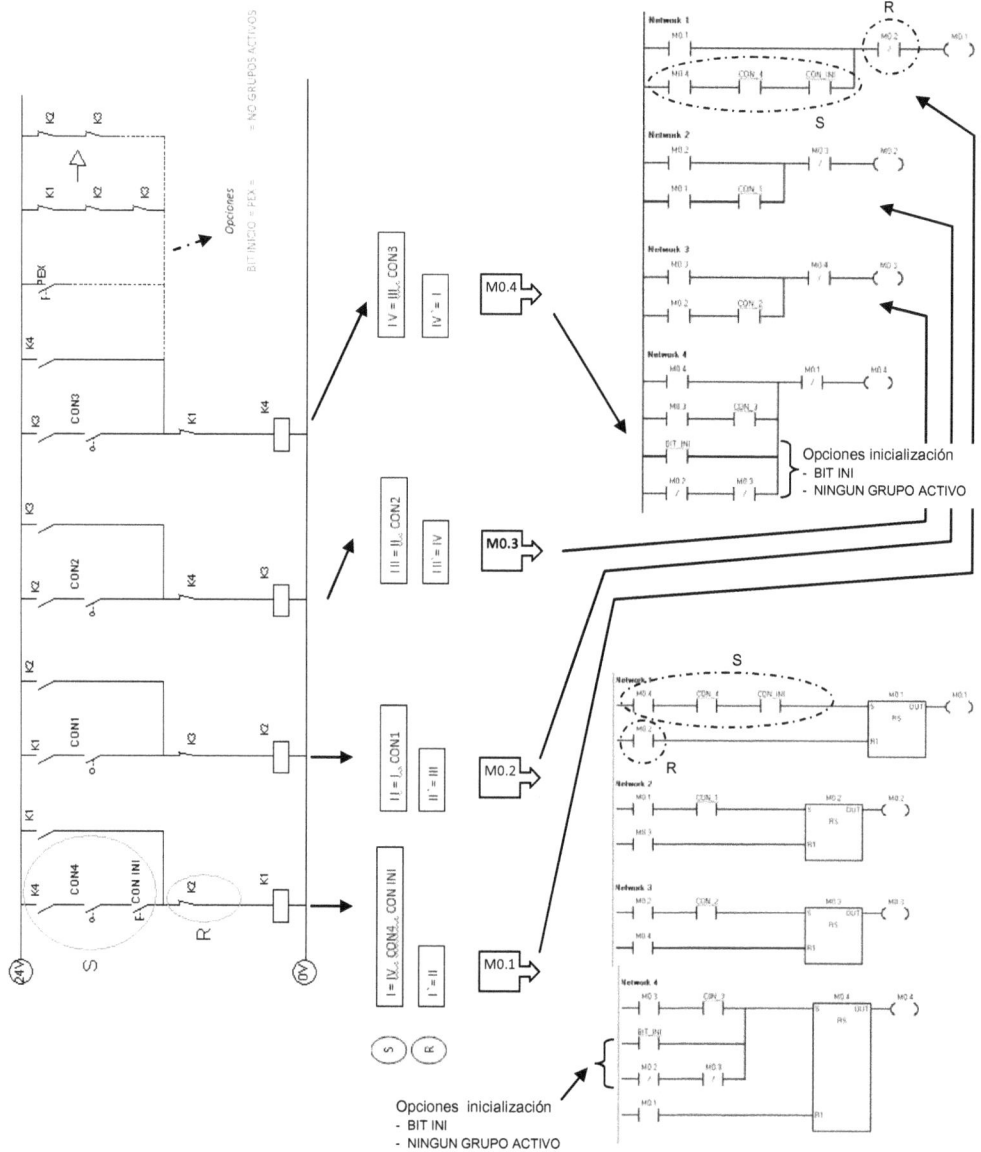

Opciones inicialización
- BIT INI
- NINGUN GRUPO ACTIVO

Opciones inicialización
- BIT INI
- NINGUN GRUPO ACTIVO

1) Inicialización del sistema mediante bit inicializador

2) Inicialización mediante la abstracción de que si no está activado ningún grupo lo esté el último (Ausencia de grupo alguno activo), a la espera de que sea activado el pulsador de puesta en marcha PM

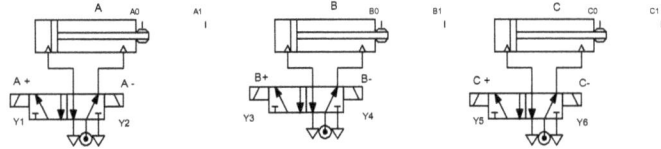

ASIGNACIÓN BIESTABLES	CONTROL DE GRUPOS		CONTROL DE FASES
	Activación(S)	Anulación(R)	
Grupo I =M0.1 $M0.1 = (M0.1 + M0.6 . PM . a0) .M0.2\`$	I = M0.1 = M0.6 . PM . a0	I \`= M0.1\`= M0.2	A + = Y1 = M0.1 = Q0.1
Grupo II = M0.2 $M0.2 = (M0.2 + M0.1. a1) .M0.3\`$	II = M0.2 = M0.1 . a1	II \`= M0.2\`= M0.3	B + = Y3 =M0.2 = Q0.3
Grupo III = M0.3 $M0.3 = (M0.3 + M0.2. b1) .M0.4\`$	III = M0.3 = M0.2 . b1	III \`= M0.3\`= M0.4	B - = Y4 = M0.3 = Q0.4
Grupo IV =M0.4 $M0.4 = (M0.4 + M0.3. b0) .M0.5\`$	IV = M0.4 = M0.3 . b0	IV \`= M0.4\`= M0.5	C + = Y5 = M0.4 = Q0.5
Grupo V = M0.5 $M0.5 = (MO.5 + M0.4. c1) M0.6\`$	V = M0.5 = M0.4 . c1	V \`= M0.5\` = M0.6	C - = Y6 = M0.5 = Q0.6
Grupo IV = M0.6 $M0.6 = (M0.6 + M0.5. c0 + S_{INI}) .M0.1\`$   Opciones inicialización:   $S_{INI} = SM0.1$   $S_{INI} = M0.2\`. M0.3\`. M0.4\`\`. M0.5\`$ (*)	VI = M0.6 = M0.5 . c0 + S INI	VI \`= M0.6\`= M0.1	A - = Y2 = M0.6 = Q0.2

(*) En realidad es: $S_{INI} = M0.1\`.M0.2\`.M0.3\`.M0.4\`$ que al ser incorporado a la ecuación de la memoria M0.6, el término M0.1´queda absorbido como se vió anteriormente

Tabla de correspondencias (Direccionamientos/ Entradas/Salidas PLC)

Símbolo	Dirección	
PM	I0.0	
a0	I0.1	
a1	I0.2	
b0	I0.3	
b1	I0.4	
e0	I0.5	
e1	I0.6	
Y1	Q0.1	A+
Y2	Q0.2	A-
Y3	Q0.3	B+
Y4	Q0.4	B-
Y5	Q0.5	C+
Y6	Q0.6	C-
G_I	M0.1	
G_II	M0.2	
G_III	M0.3	
G_IV	M0.4	
G_V	M0.5	
G_VI	M0.6	

Ver esquemas en pag. siguientes

1)   Inicialización del sistema mediante bit inicializador S_{INI} = SM0.1

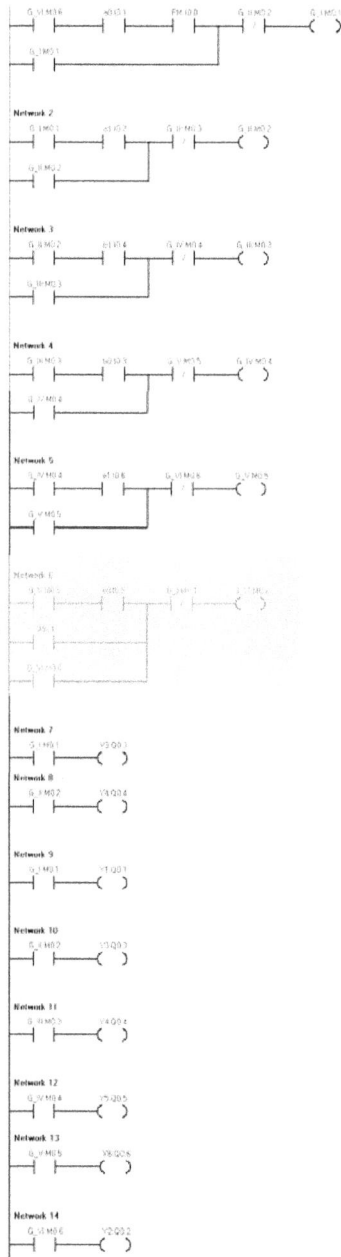

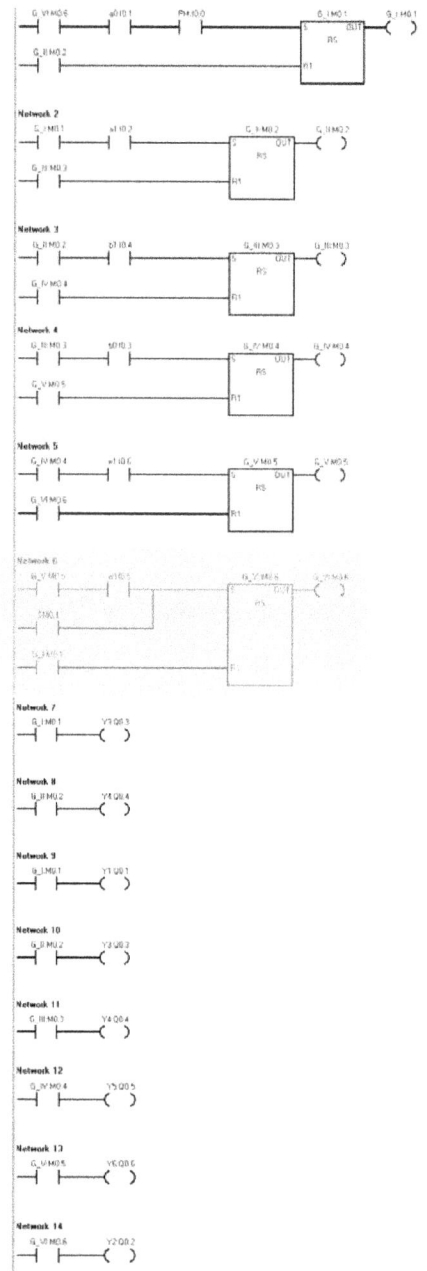

2) Inicialización por ausencia de grupo alguno activo $S_{INI} = M0.2` \cdot M0.3´ \cdot M0.4´ \cdot M0.5´$

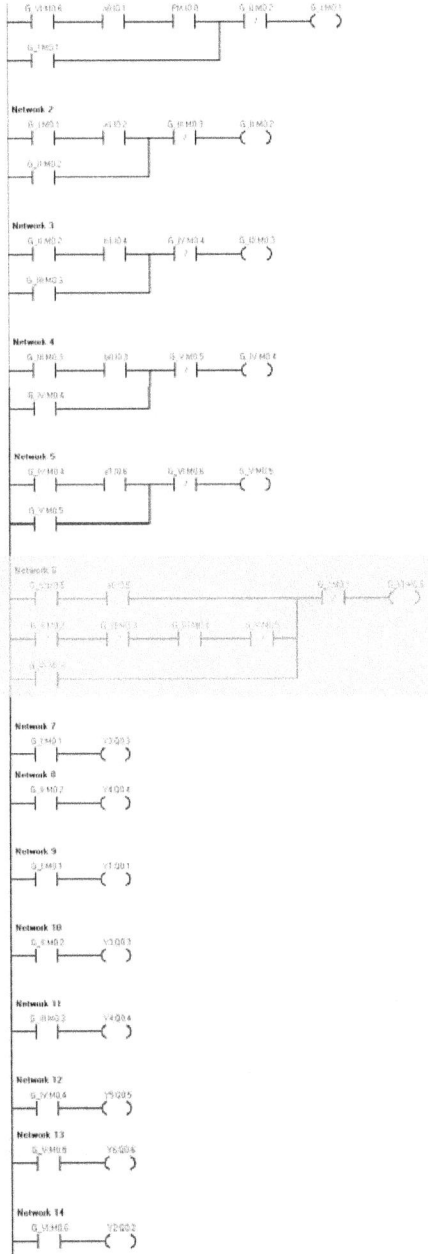

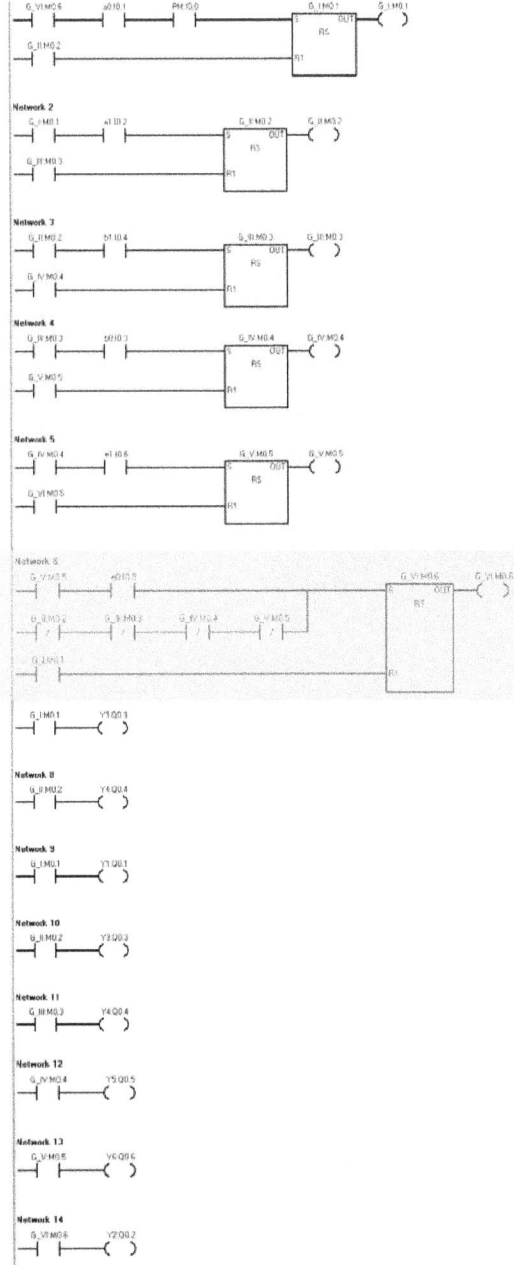

Network 2

Network 3

Network 4

Network 5

Network 6

Network 7

Network 8

Network 9

Network 10

Network 11

Network 12

Network 13

Network 14

Se realizan a continuación en diagrama de contactos para mando por PLC los mismos supuestos que fueron ya ejecutados tanto en tecnología neumática como electroneumática en paso paso máximo

Ejercicio : Se dispone de un sistema de taladrado de piezas cuyos elementos y funcionalidad son los siguientes:

En primer lugar un cilindro A saldrá para desplazar una pieza desde un alimentador de gravedad y al alcanzar la posición extrema de su recorrido se retraerá, simultáneamente a este movimiento, otro cilindro B desplazará la pieza contra un tope de sujeción, de manera que cuando alcance su posición de extendido otro cilindro C en su salida propulsará el movimiento vertical descendente del útil perforador y al llegar a su posición inferior iniciará su subida por el retraimiento de ese cilindro C. Este movimiento ascendente/descendente se efectuará de nuevo otra vez, a modo de pasada de acabado, de forma tal que simultáneamente al segundo retroceso del cilindro C se efectúa también la entrada del cilindro B que sujetaba la pieza a mecanizar.

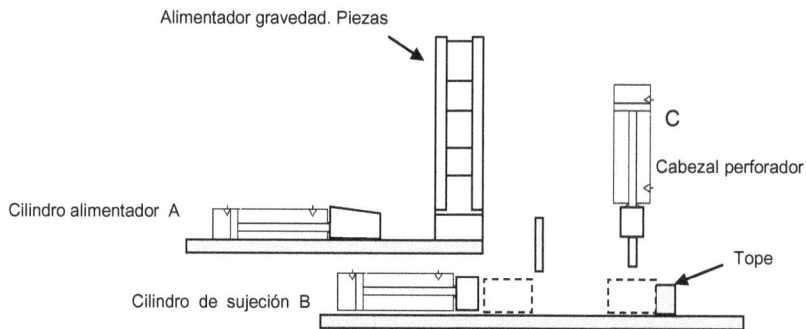

Los cilindros están dotados de los oportunos finales de carrera (Electroválvulas 3/2 NC monoestables) que detectan las posiciones extremas de sus respectivos recorridos, siendo todos de doble efecto y gobernados cada uno por su respectiva electroválvula biestable 5/2, excepto el cilindro B que está gobernado por una electroválvula monoestable 5/2.

El sistema se pondrá en funcionamiento al ser activado un pulsador (NA) de puesta en marcha PM .

Diseñar un sistema de mando por diagrama de contactos para gobierno con PLC mediante metodología paso a paso máximo, implementando el programa correspondiente tanto por configuración de biestables como por bloque compacto RS en los siguientes supuestos:

1) Mediante bit de inicialización
2) Considerando la no presencia de grupo alguno activo

En las tecnologías anteriores (Pag. 228 y 247) ya se establecieron el grafo de secuencia, grupos y ecuaciones de mando, que con las adaptaciones terminológicas oportunas a la tecnología PLC así como la tabla de correspondencias (Direccionamientos/ Entradas / Salidas PLC), se reflejan seguidamente:

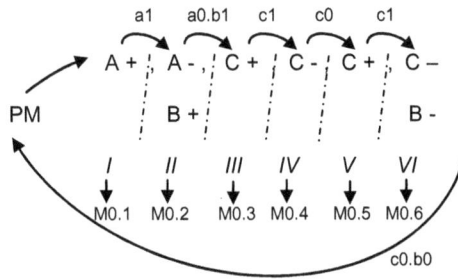

Símbolo	Dirección	
PM	I0.0	
a0	I0.1	
a1	I0.2	
b0	I0.3	
b1	I0.4	
e0	I0.5	
e1	I0.6	
Y1	Q0.1	A+
Y2	Q0.2	A-
Y3	Q0.3	B+
Y4	Q0.4	C+
Y5	Q0.5	C-
G_I	M0.1	
G_II	M0.2	
G_III	M0.3	
G_IV	M0.4	
G_V	M0.5	
G_VI	M0.6	

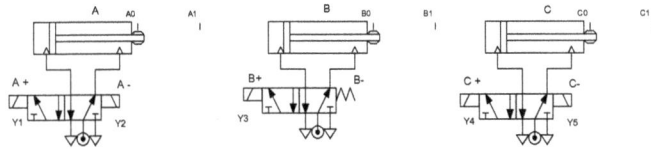

ASIGNACIÓN DE BIESTABLES	CONTROL DE GRUPOS		CONTROL DE FASES
	Activación (R))	Anulación(S)	
Grupo I =M0.1 $M0.1 = (M0.1 + M0.6 . PM . c0 . b0) .M0.2\grave{}$	M0.1 = M0.6 . PM .c0 .b0	M0.1 ´= M0.2	A + = Y1 = M0.1 = Q0.1
Grupo II = M0.2 , $M0.2 = (M0.2 + M0.1. a1) .M0.3\grave{}$	M0.2 = M0.1 . a1	M0.2 `= M0.3	A - = Y2 = M0.2 = Q0.2 B + = Y3 = Q0.3 = (Q0.37 + M0.2).M0.6` (*)
Grupo III = M0.3 $M0.3 = (M0.3 + M0.2.a0. b1) M0.4\grave{}$	M0.3 = M0.2 .a0 . b1	M0.3 `= M0.4	C + = Y4 = M0.3 = Q0.4 ⎫
Grupo IV =M0.4 $M0.4 = (M0.4 + M0.3. c1) .M0.5\grave{}$	M0.4 = M0.3 .c1	M0.4 ´= M0.5	C - = Y5 = M0.4 = Q0.5 C + = Y4 = M0.3 + M0.K5 = Q0.4
Grupo V = M0.5 $M0.5 = (M0.5 + M0.4. c0) M0.6\grave{}$	M0.5 = M0.4 .c0	M0.5 `= M0.6	C + = Y4 = M0.5 = Q0.4 C - = Y5 = M0.4 + M0.6 = Q0.5
Grupo IV = M0.6 $M0.6 = (M0.6 + M0.5.c1 + S_{INI}) .M0.1\grave{}$ Opciones inicialización: $S_{INI} = SM0.1$ $S_{INI} = M0.2\grave{}. M0.3\grave{} . M0.4\grave{} . M0.5\grave{}$ (**)	M0.6 = m0.5 . c1 + S_{INI}	M0.6´= M0.1`	C - = Y5 = M0.6 = Q0.5 , B - = Presencia de M0.6. y muelle v.d

(*) El cilindro B, al estar gobernado por una electroválvula 5/2 monoestable, implica que la señal M0.2 (II) que genera su salida debe ser retenida hasta que se dé la señal que permite su retorno, esto es la salida del cilindro C+, señal c1., o lo que es lo mismo, activación del grupo VI = M0.6

(**) En realidad es S_{INI} = M0.1`.M0.2`.M0.3`.M0.4`.M0.5` que al ser imcorporado a la ecuación de la memoria M0.6, absorbe el término M0.1`

Ver esquemas en páginas siguientes

1) Mediante bit inicializador $\quad$ S$_{INI}$ = SM0.1

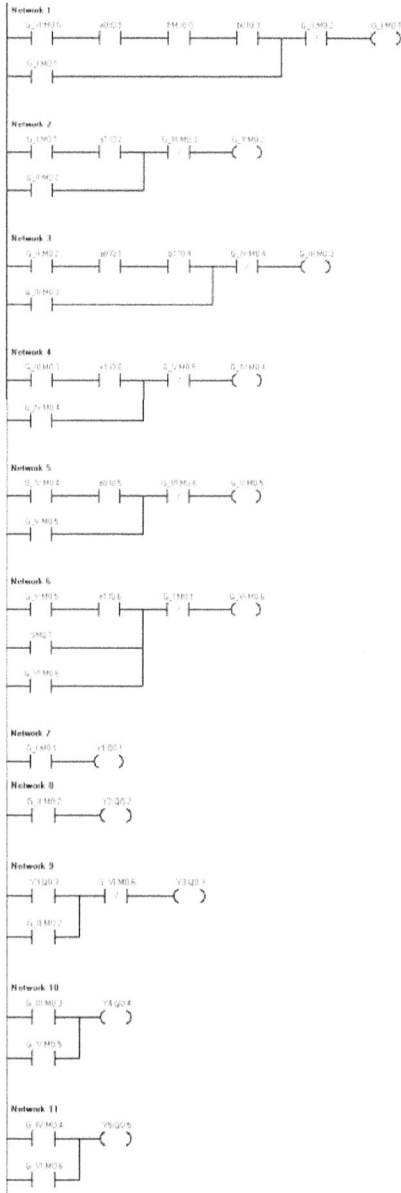

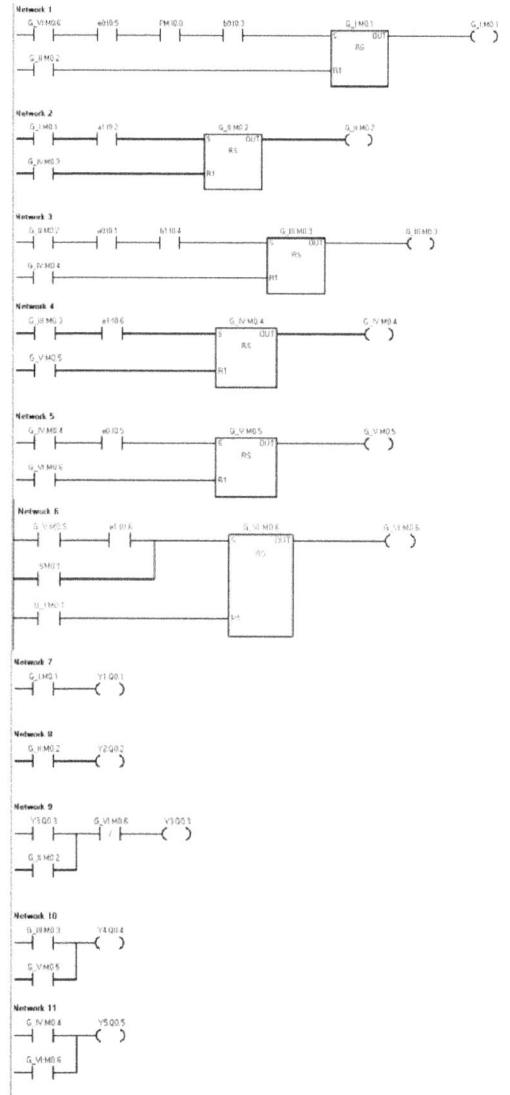

Network 1

Network 2

Network 3

Network 4

Network 5

Network 6

Network 7

Network 8

Network 9

Network 10

Network 11

2)   Considerando la no presencia de grupo alguno activo $S_{INI} = M0.2`. M0.3´. M0.4´. M0.5´$

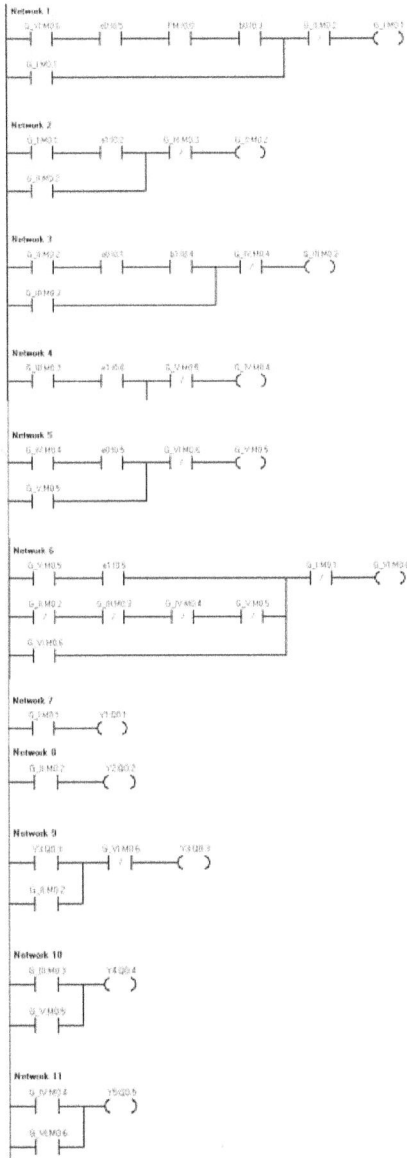

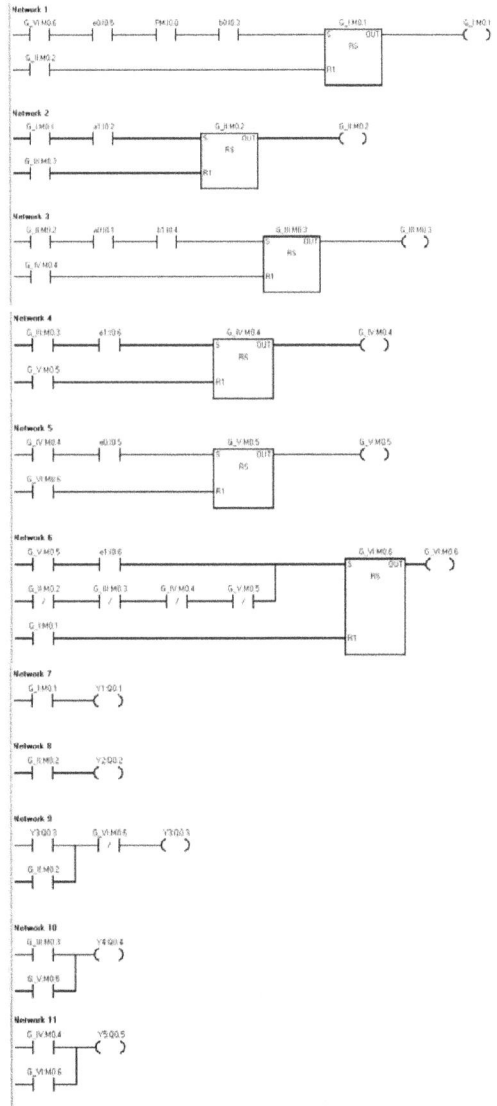

Network 1

Network 2

Network 3

Network 4

Network 5

Network 6

Network 7

Network 8

Network 9

Network 10

Network 11

Ejercicio trasversal: Considerando de nuevo el dispositivo alimentador de chapa (Ver enunciado en pag. 155) , al que aplicaremos ahora la eliminación de s.p. mediante el método paso a paso máximo controlado por PLC, contemplando que todos los cilindros son de doble efecto y están gobernados por electroválvulas biestables, salvo los cilindros A y C que estarán gobernados por electoválvulas monoestables 3/2 NC , elaboraremos:

Diagrama de contactos para control por PLC, efectuándose en ambos casos solo con biestables RS (Bloque comp'acto)

1) Mediante bit de inicialización
2) Considerando la no presencia de grupo alguno activo

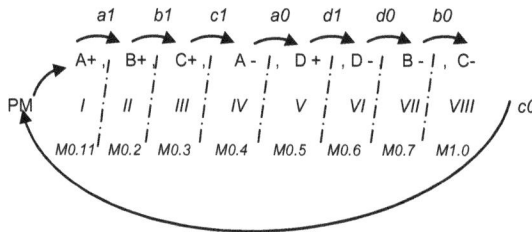

Símbolo	Dirección	
PM	I0.0	
a0	I0.1	
a1	I0.2	
b0	I0.3	
b1	I0.4	
e0	I0.5	
e1	I0.6	
d0	I0.7	
d1	I1.0	
Y1	Q0.1	
Y2	Q0.2	A +
Y3	Q0.3	B +
Y4	Q0.4	B -
Y5	Q0.5	C +
Y6	Q0.6	D +
G_I	M0.1	D -
G_II	M0.2	
G_III	M0.3	
G_IV	M0.4	
G_V	M0.5	
G_VI	M0.6	
G_VII	M0.7	
G_VIII	M1.0	

ASIGNACIÓN DE BIESTABLES	CONTROL DE GRUPOS		CONTROL DE FASES
	Activación (S)	Anulación(R)	
Grupo I =M0.1 M0.1 = (M0.1 + M1.0 . PM . c0 .) .M0.2`	M0.1 = M1.0 . PM .c0 .	M0.1 `= M0.2	A + = Y1 = Q0.1 = (Q0.1 + M0.1) M0.4` (*)
Grupo II = M0.2 , M0.2 = (M0.2 + M0.1. a1) .M0.3`	M0.2 = M0.1 . a1	M0.2 `= M0.3	B +- = Y2 = Q0.2 = M0.2 ,
Grupo III =M0.3 M0.3 = (M0.3 + M0.2.. b1) .M0.4`	M0.3 = M0.2 . b1	M0.3 `= M0.4	C + = Y4 = Q0.4 = (Q0.4 + M0.3) M1.0`
Grupo IV =M0.4 M0.4 = (M0.4 + M0.3. c1) M0.5`	M0.4 = M0.3 .c1	M0.4 `= M0.5	A - = Presencia de M0.4 y muelle de la electrov.
Grupo V = M0.5 M0.5 = (M0.5 + M0.4. a0) .M0.6`	M0.5 = M0.4 .a0	M0.5 `= M0.6	D + = Y5 = Q0.5 = M0.5
Grupo VI = M0.6 M0.6 = (M0.6 + M0.5.d1) .M0.7`	M0.6 = M0.5 .d1	M0.6´= M0.7	D - = Y6 = Q0.6 = M0.6
Grupo VII = M0.7 M0. 7= (M0.7 + M0.6. d0).M1.0`	M0.7 = M0.6 . d0	M0.7` = M1.0	B - = Y3 = Q0.3 = M0.7
Grupo VIII = M1.0 M1.0= (M1.0 + M0.7.b0 + S INI) .M01` Opciones inicialización: S_INI = SM0.1 S_INI = M0.2`. M0.3`.M0.4``.M0.5´.M.06`.M0.7 (***)	M1.0 = M0.7 . b0 + S INI	M1.0` = M0.1	C - = Presencia de M1.0 y muelle electrov (**).

(*) Al ser el cilindro A de simple efecto y la electroválvula que lo gobierna monoestable, la señal que genera su salida (M0.1) deberá ser retenida hasta que se establezca la señal que permite su retorno (M0.4)

(**) Idem cilindro C. Retener la señal que genera su salida (M0.3) hasta que se de la señal que permite su retorno (M1.0) (***) En realidad es S_INI= M0.1`.M0.2`......M0.7` pero al ser incorporada a la ecuación de la memoria M1.0, el término M0.1´ queda absorbido

1) *Mediante bit de inicialización* $S_{INI} = SM0.1$

2)   *Considerando la no presencia de grupo alguno activo* $S_{INI} = M0.2`. M0.3`.M0.4``.M0.5`.M.06`.M0.7$

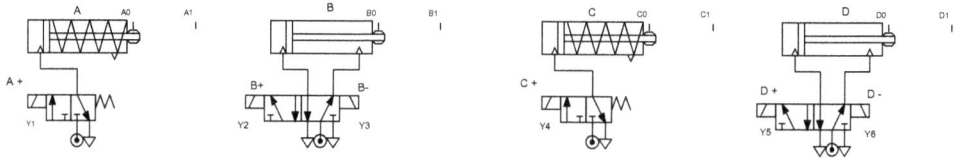

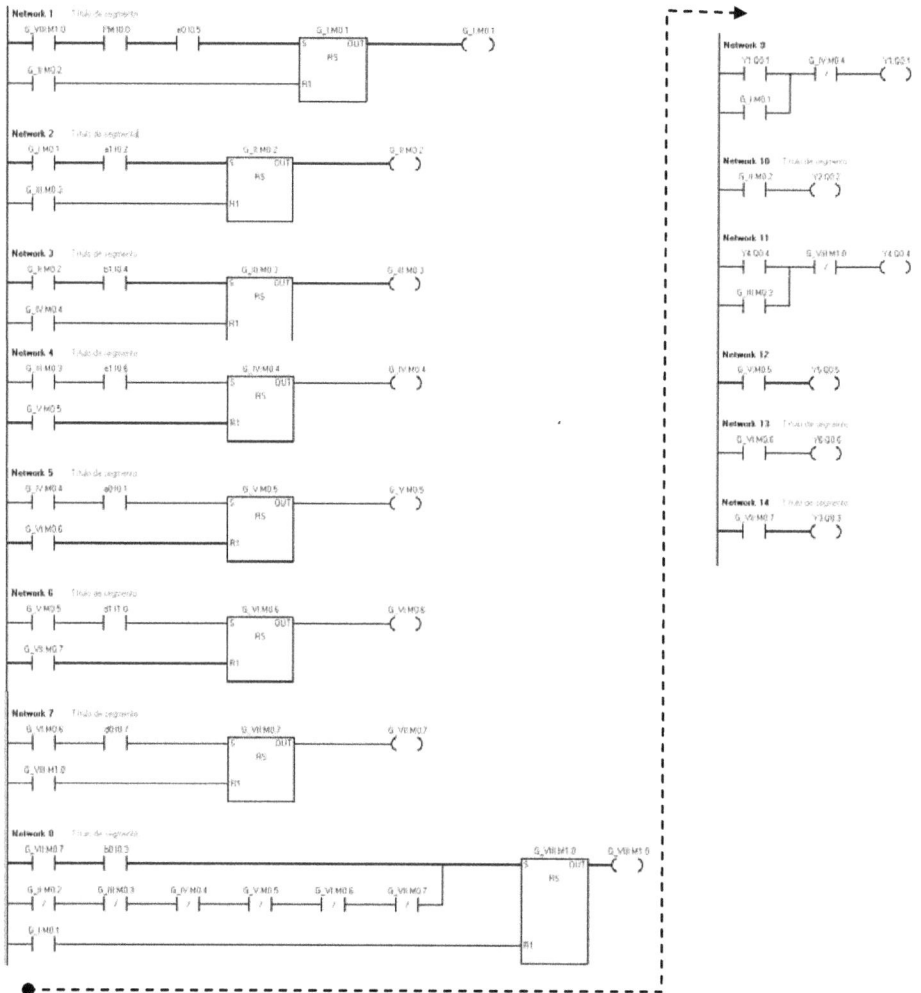

Network 1   Título de segmento

Network 2   Título de segmento

Network 3   Título de segmento

Network 4   Título de segmento

Network 5   Título de segmento

Network 6   Título de segmento

Network 7   Título de segmento

Network 8   Título de segmento

Network 9

Network 10   Título de segmento

Network 11

Network 12

Network 13   Título de segmento

Network 14   Título de segmento

Ejercicio propuesto : Una rectificadora tangencial dispone de un cilindro A de simple efecto, gobernado por una electrov. distribuidora monoestable 3/2 NC para que en su salida realice la sujeción de la pieza a rectificar (Acabado de una canal), de modo que desde la posición de partida representada en la figura, la mesa de la misma efectúa un movimiento de avance longitudinal hacia la derecha impulsada por la salida de un cilindro de doble efecto B, que al finalizar su carrera de desplazamiento, inmediatamente realiza su retorno ejecutando el movimiento de avance longitudinal hacia la izquierda, concluido el cual, otro cilindro C de doble efecto efectuará su salida proporcionando el movimiento trasversal de la mesa, desplazando la pieza en ese sentido, quedando dispuesta para la realización de una segunda pasada mediante el movimiento longitudinal de la mesa por una nueva salida/entrada del cilindro B, a cuya conclusión el cilindro C retorna a su posición de partida y simultáneamente la pieza es liberada como consecuencia de la entrada del cilindro A.

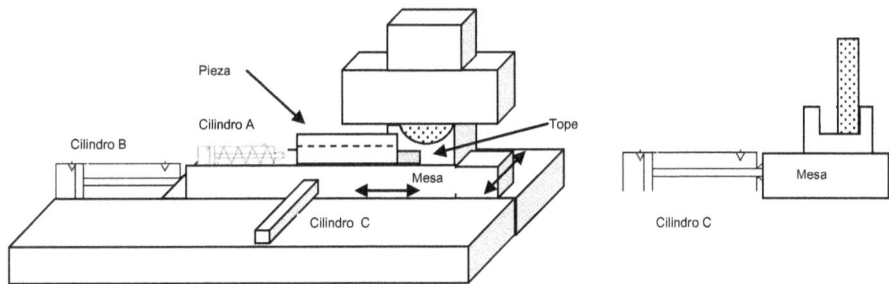

Los cilindros de doble efecto están gobernados por electroválvulas biestables 5/2 excepto el cilindro A que lo está por una electroválvula 5/2 monoestable y todos disponen de los oportunos finales de carrera que detectan las posiciones extremas de sus respectivos recorridos configurados mediante v. monoestables 3/2 NC

El sistema se pone en funcionamiento al ser activado un pulsador de puesta en marcha PM, implementado mediante electroválvula 3/2 NC monoestable.

Elaborar el diagrama de contactos para gobierno del sistema mediante PLC

1) Mediante bit de inicialización
2) Por la inexistencia de grupo alguno activo

II. 3.2.4.11.- Implementación de circuitos paso-paso mínimo. Tecnología. Neumática

Partiendo de los criterios ya fijados en referencia al establecimiento de grupos y sus ecuaciones de mando (Ver apartado II. 3.2.4.1 pag. 201) con la matización indicada en la fase b) del proceso de generación que se indica seguidamente y las directrices establecidas en el apartado II.3.2.4.8 Implementación de circuitos en paso paso máximo.Tecnología Neumática, subpartado e) Diseño del esquema de mando (Pag. 218), se realiza ahora el diseño de circuitos por metodología paso-paso mínimo

a) Constatación de que la secuencia contenga señales permanentes
b) *División de la secuencia en el menor número de grupos posible*, esto es, que cada grupo contenga el mayor número posible de fases (Respetando el criterio de que en un mismo grupo no haya movimientos opuestos)
c) Elaboración del grafo de secuencia con las señales de mando
d) Establecimiento de las ecuaciones de gobierno de los grupos y fases
e) Diseño del esquema de mando a partir de las ecuaciones establecidas
(Ver nota al final del apartado, pag 282)

Para la secuencia A + , B + , B - , C + , C - , A - , tendremos : Existen señales permanentes porque la secuencia tiene movimientos opuestos seguidos de un mismo cilindro (También, porque es una secuencia de inversión inexacta $A, B \neq B , C ..)$

a) División de la secuencia en el menor número de grupos posible

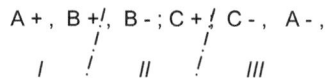

$$A + , \ B +\!/, \ B - ; C +\!/ \ C - , \ A - ,$$

$$I \qquad II \qquad III$$

b) Grafo de secuencia con señales de mando (Ver Control fases en pag. siguiente)

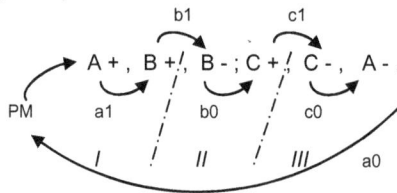

c) Establecimiento de las ecuaciones de mando del sistema

GRUPOS		FASES
Activación	Anulación	
I = III . PM . a0	I `= II	A + = Y1 = I B + = Y3 = I . a1
II = I . b1	II `= III	B - = Y4 = II C + = Y5 = II . b0
III = II . c1 + S_{INI}	III `= I	C - = Y6 = III A - = Y2 = III . c0

Del método paso paso mínimo diremos que es el que tiene el menor número posible de grupos,. Cada uno de ellos contendrá por tanto la mayor cantidad de fases posible (No antagónicas) según se indica seguidamente

Control de grupos

Los criterios para el control de grupos son los mismos que se consideraron en paso paso máximo (Ver pag. 220)

Control de frases

Cada grupo alimenta a las fases que lo componen, con el criterio de que las fases "primeras" de grupo se alimentan directamente del mismo y las "no primeras" a través del grupo y la señal de cambio entre fases correspondiente (*)

(*) Se recuerda lo indicado en la pag. 205 referente al control de fases en el método paso a paso:

a) *Las fases "primeras" de grupo se activaran directamente, esto es, al entrar en funcionamiento el grupo al que pertenecen, entran ellas*

b) *El resto de las fases, esto es, las "no primeras" de grupo, se activaran si estando energetizado (activo) el grupo a que correspondan, se dá la señal de cambio entre fases correspondiente*

$$A - = II . c0$$
Fase "no primera de grupo"

$$B - = II$$
Fase "primera de grupo"

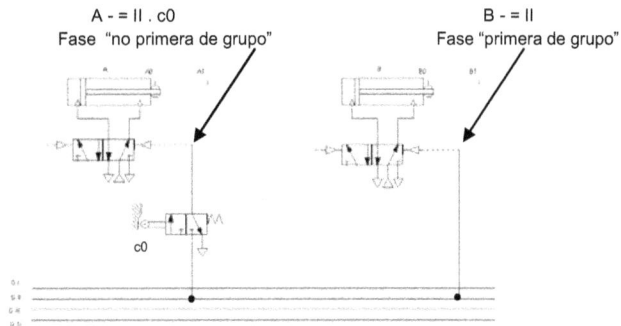

c0

d) Diseño del esquema de mando

Para la secuencia que estábamos tratando en la página anterior (A+,B+,B-,C+,C-,A-) y cuyas ecuaciones de mando quedaron ya establecidas, realizamos los esquemas oportunos planteándose las siguientes alternativas

1ª) Considerar como señal de inicialización la habitual configuración de incorporar una valvula distribuidora biestable, NA en el control del último grupo (III), quedando el sistema dispuesto de forma tal que este grupo de inicio ya tendrá presión y en estado de espera a la activación del pulsador de puesta en marcha (Ver pag. siguiente)

2ª) Contemplar la simplificación del sistema no incorporando la válvula Y en la señal de activación de cada grupo, alimentando directamente con presión del grupo anterior a los finales de carrera que generan la señal coactivadora , esto es , realizar una conexión en serie del producto $G_N = G_{N-1}$. *Señal de cambio* $_{(GN-1/GN)}$. (Ver pag. siguiente)

3ª) Incorporar como opción de inicialización la inclusión de un pulsador de excitación $S_{INI} = P_{EX}$, si la operatoria funcional del sistema lo permite de modo que tras la activación del mismo

quede energetizado (Con presión/tensión) el último grupo (III) y en estado de espera para que se active el pulsador de puesta en marcha PM, (Ver pag. siguiente)

Alternativa 1ª (S_{INI} = V. memoria 3/2 NA)

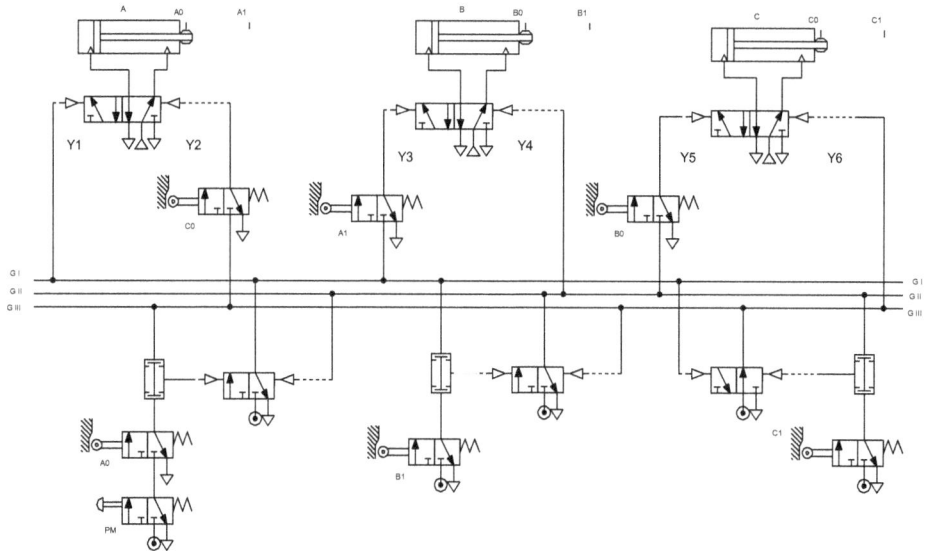

Alternativa 2ª

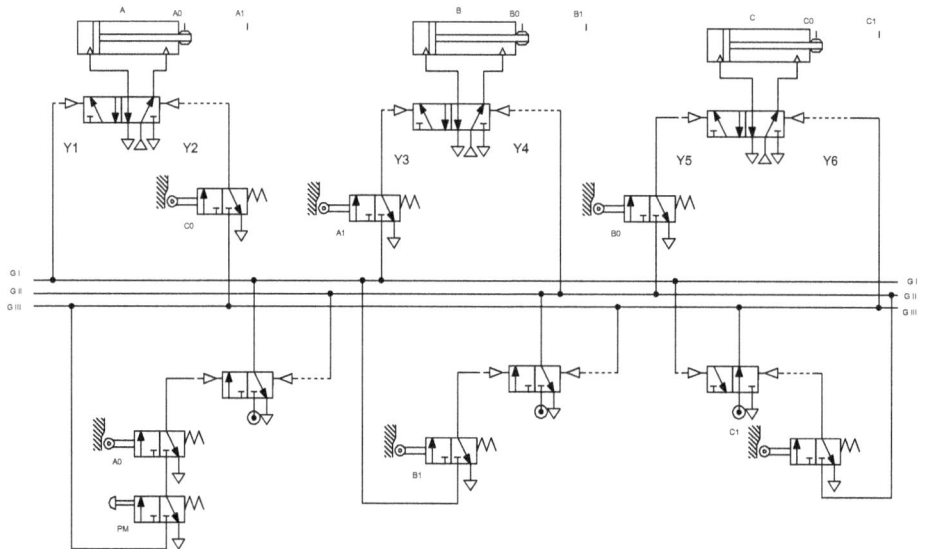

Alternativa 3ª $S_{INI} = Pex$

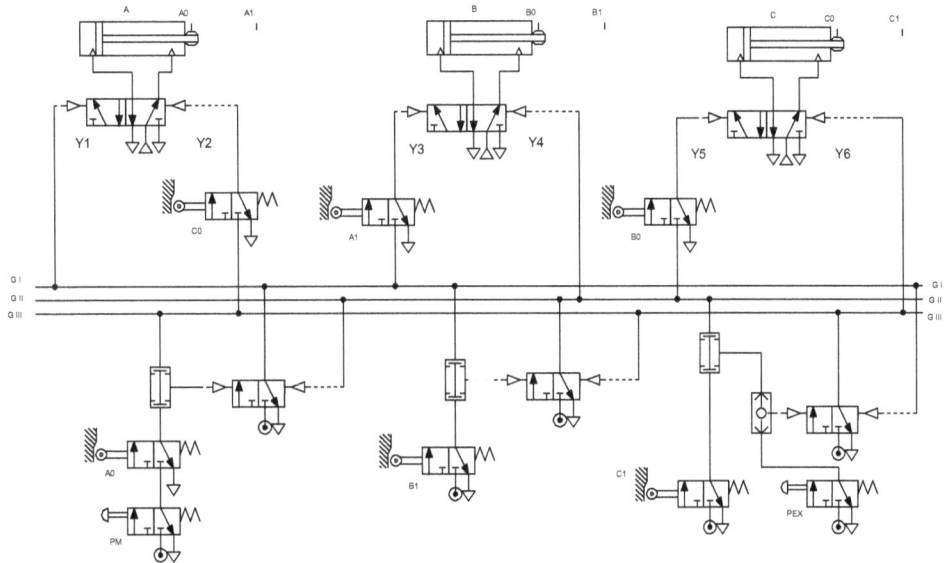

Ejercicio: Una fresadora tiene los movimientos de avance vertical, longitudinal y transversal gobernados por tres cilindros neumáticos A, B y C respectivamente y en la misma se realizará el mecanizado de dos ranuras sobre una pieza.

Desde la posición de inicio (Sobre la vertical del comienzo de la primera ranura) el cilindro A saldrá hasta posicionarse la herramienta (Movimiento vertical descendente) en el inicio del primer ranurado que se efectuará seguidamente por la salida del cilindro B que proporciona el movimiento de avance longitudinal, a cuya conclusión el cilindro A se retraerá subiendo el cabezal fresador. A continuación el cilindro C se meterá (Movimiento de avance transversal) de modo que la herramienta quedará situada sobre la vertical del comienzo de la segunda ranura, concluido ese movimiento, de nuevo el cilindro A saldrá posicionando la fresa en el comienzo de la segunda ranura,. seguidamente el cilindro B se retraerá efectuándose el mecanizado de la ranura segunda , a cuya conclusión el cilindro A se meterá subiendo el cabezal fresador y a continuación el cilindro C efectuará su salida llegando la herramienta a la posición de partida, esto es, sobre la vertical de la primera ranura, a la espera de que sea activado otra vez el pulsador de puesta en marcha PM para efectuar un nuevo ciclo de trabajo

Todos los cilindros son de doble efecto, están gobernados por v. distribuidoras biestables 4/2 y tienen las posiciones extremas de sus recorridos controladas por los oportunos finales de carrera (V. distribuidoras monoestables 3/2 NC).

El pulsador de puesta en marcha del sistema se implementa en una v. neumática distribuidora 3/2 NC monoestable con pulsador

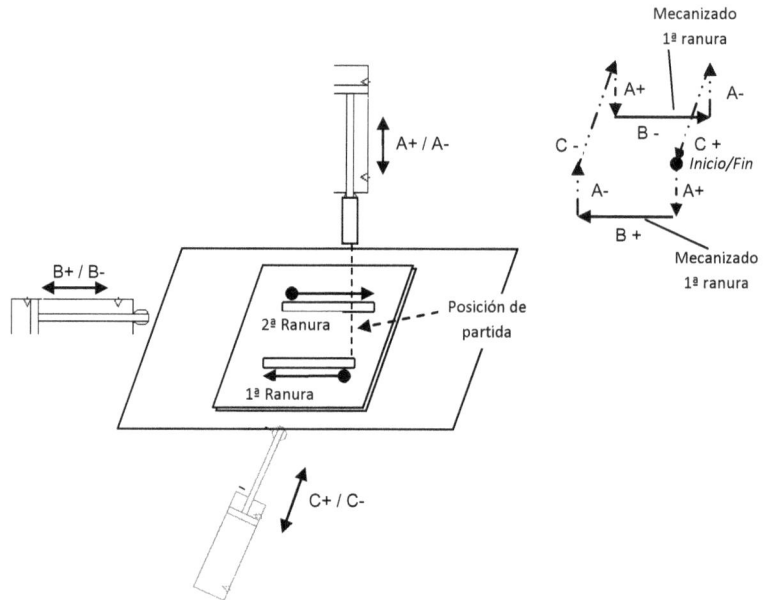

Elaborar el esquema neumático mediante metodología paso paso mínimo implementando el circuito correspondiente por medio de:

1) Pulsador de excitación Pex
2) V. memoria 3/2 NA en el grupo que corresponda
3) Circuito optimizado en cuanto a numero de componentes a utilizar, respetando la metodología de diseño indicada de p.p. mínimo

Tras la lectura del enunciado se concluye que la secuencia de funcionamiento del sistema es:

$$A + , B + , A - , C - , A + , B - , A - , C +$$

a) Existen señales permanentes por ser secuencia de inversión inexacta *(A , B ≠, A , C...*

b y c) Establecimiento de grupos para metodología paso paso mínimo y las oportunas señales de gobierno

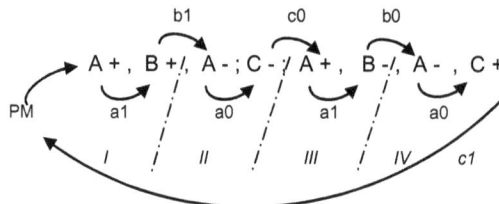

d) Establecimiento de las ecuaciones de mando (Grupos-fases)

GRUPOS		FASES
Activación (S)	Anulación (R))	
I = IV . PM . c1	I ´= II	A + = Y1 = I B + = Y3 = I . a1
II = I . b1	II `= III	A - = Y2 = II C - = Y6 = II . a0 A + = Y1 = I + III
III = II . c0	III `= IV	A + = Y1 = III B - = Y3 = III .a1 A - = Y2 = II + IV
IV = III .b0 + S$_{INI}$	IV ´= I	A - = IV C + = IV . a0

e) Esquemas de mando

1) Pulsador de excitación   S$_{INI}$ = Pex

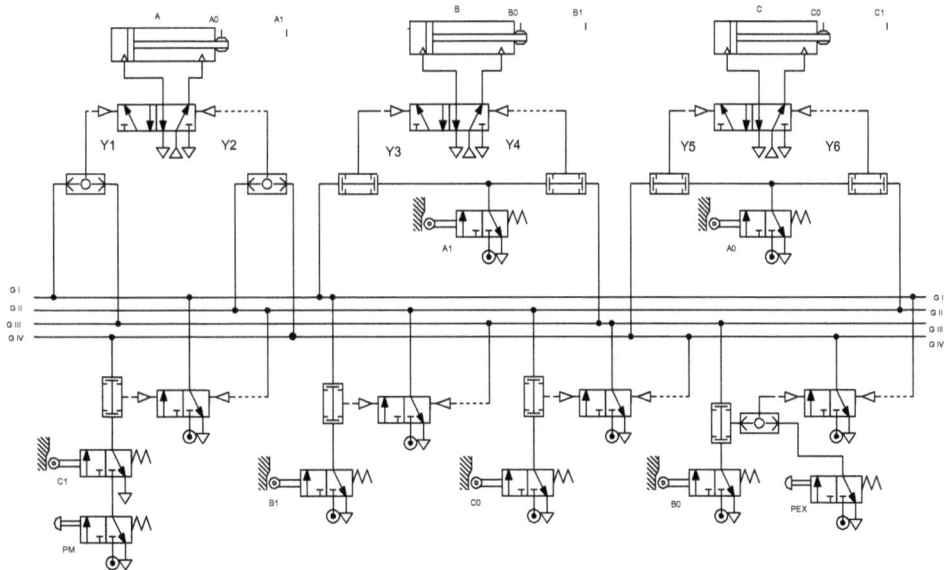

2) V. memoria 3/2 NA (S_{INI})

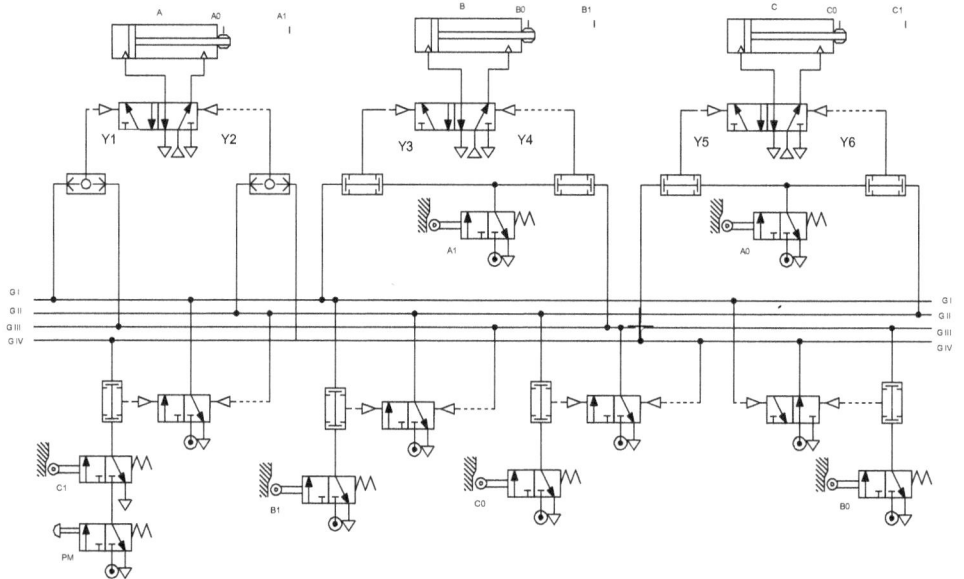

3) Circuito optimizado en cuanto a número de componentes a utilizar

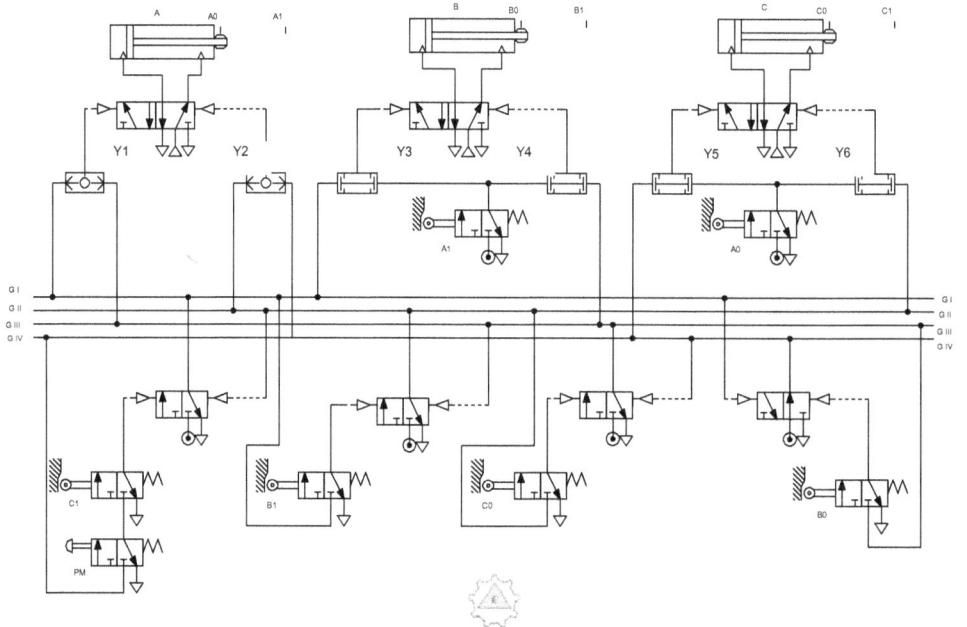

Ejercicio trasversal: Aplicamos ahora la eliminación de s.p. mediante paso a paso mínimo al dispositivo alimentador de chapa (Enunciado pag 155),.contemplando que todos los cilindros son de doble efecto y están gobernados por v. biestables, excepto los cilindros A y C que son de simple efecto y lo están por válvulas monoestables 3/2 NC

Todos los cilindros disponen de los oportunos finales de carrera que detectan las posiciones extremas de sus recorridos, implementados en v. distribuidoras monoestables 3/2 NC

El sistema inicia su funcionamiento al activar un pulsador de puesta en marcha PM configurado en una valvula distribuidora monoestable 3/2 NC

Realizar el esquema neumático mediante
1) *Memoria 3/2 NA*
2) *Pulsador de excitación Pex*
3) *Circuito optimizado respetando el carácter paso paso mínimo*

Ya fue establecido en supuestos anteriores que el sistema tiene señales permanentes y su grafo de secuencia es el siguiente:

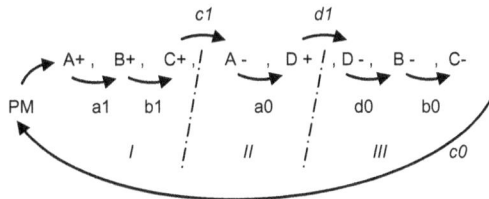

Las ecuaciones de mando para los grupos/fases son:

GRUPOS		FASES
Activación	Anulación	
I = III . PM . c0	I `= II	A + = Y1 = (A+ + I) II` (*) B +- = Y2 = I .a1 C + - = Y4 = (C+ + b1) b0´ (* *)
II = I . c1	II `= III	A - = Presencia de II y muelle de la v.d. D + = Y5 = II . a0
III = II . d1 + S_INI	III `= I	D - = Y6 = III B - = Y3 = III. d0 C - = Presencia de b0 y muelle de la v. d.

(*) Al ser el cilindro A de simple efecto y la válvula que lo gobierna monoestable la señal que genera su salida (I) deberá ser retenida hasta que se establezca la señal que permite su retorno (II)

(**) Idem cilindro C. Retener la señal que genera su salida (I.b1l) hasta que se de la señal que permite su retorno (b0)

e) *Esquemas neumáticos de mando (Ver paginas siguientes)*

1) *Memoria 3/2 NA (S_{INI})*

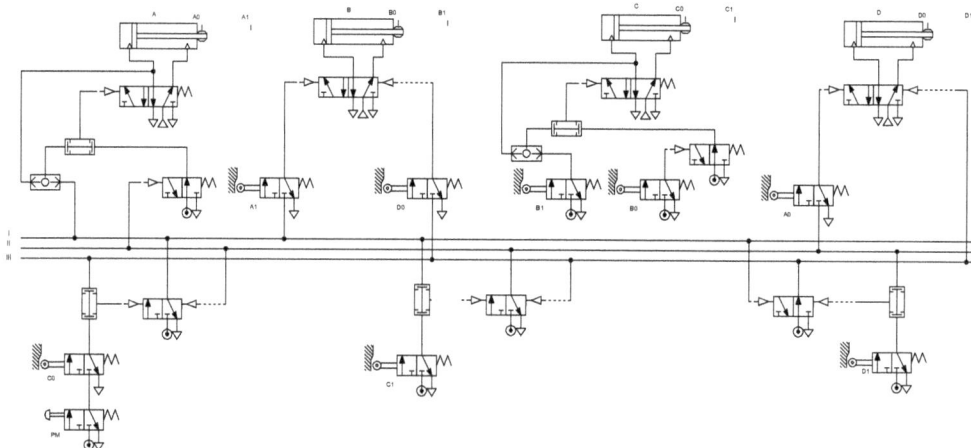

2) *Pulsador de excitación Pex = S_{INI}*

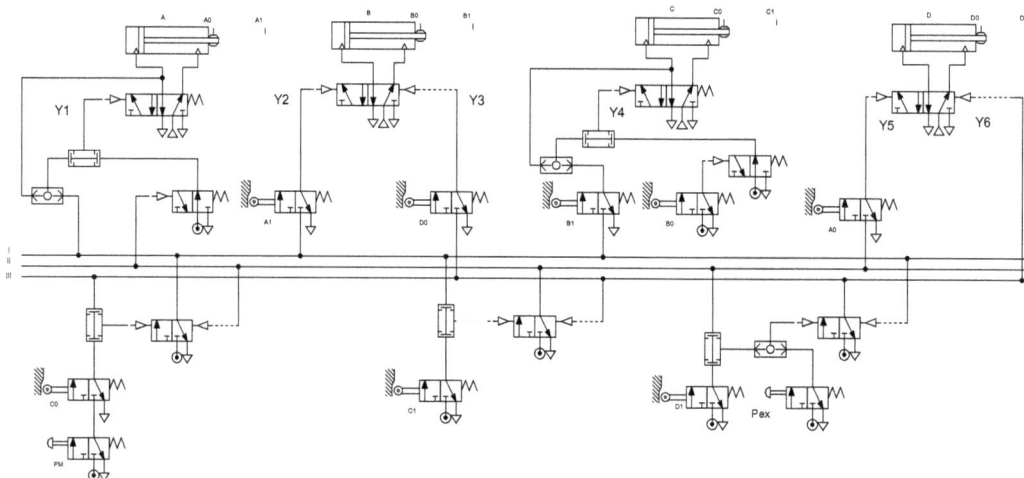

3) Circuito optimizado respetando el carácter paso paso mínimo

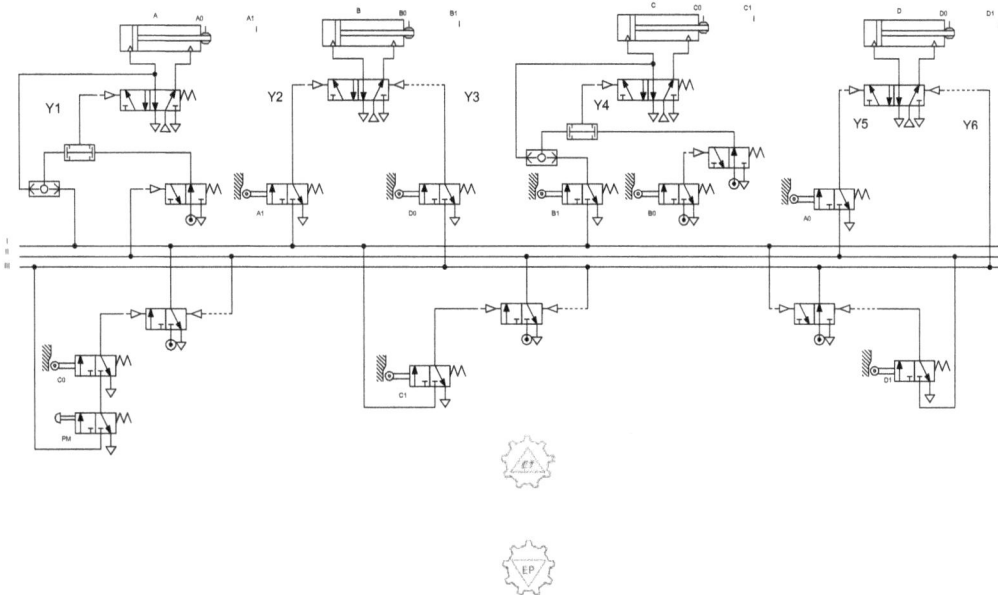

Ejercicio propuesto : Un dispositivo de prensado para conformado de una pieza partiendo de discos metálicos tiene la siguiente funcionalidad y elementos:

Un cilindro A saldrá para trasladar los discos de partida desde un alimentador de gravedad hasta la matriz de prensado, retirándose a continuación. Seguidamente el cabezal prensador descenderá movido por la salida de un cilindro (B) , el cual al final de su recorrido se retraerá subiendo dicho cabezal a su posición de partida. En ese momento un cilindro C saldrá eyectando la pieza de su asiento, posteriormente otro cilindro D saldrá expulsándola de la zona de prensado, momento en el cual estos dos últimos cilindros retornan simultáneamente a sus posiciones retraídas

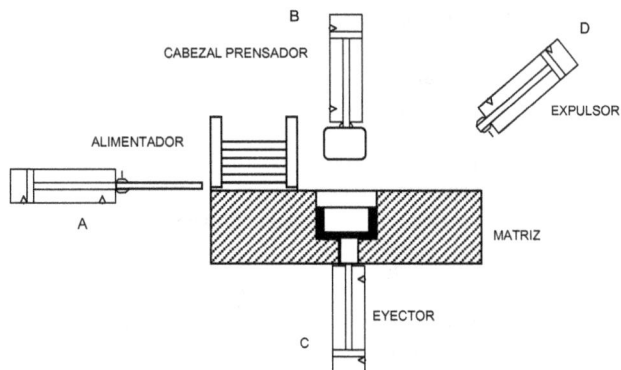

Los cilindros A y B son de doble efecto y están gobernados por v. distribuidoras biestables 5/2 y los cilindros C y D son de simple efecto y lo están por v. d. monoestables 3/2 NC. Todos ellos tiene las posiciones extremas de sus recorridos controladas por finales de carrera implementados en v. d. monoestables 3/2 NC.

El sistema se pondrá en marcha al activar un pulsador PM, configurado mediante v. monoestable 3/2 NC.

Diseñar el esquema neumático para control del sistema mediante el método paso paso mínimo en las siguientes opciones:

1) Pulsador de excitación Pex
2) Memoria 3/2 NA

Circuito optimizado respetando el carácter paso paso mnimo

Se recuerda lo indicado en la pag 220, que por concepción, el método paso a paso requiere la intervención de tres grupos (El vigente N, el anterior N-1 o coactivador y el posterior N+1 o anulador), pues bien, en aquellos sistemas de mando que solo dispongan de dos grupos se puede solventar esta situación o bien subdividiendo alguno de los dos grupos preexistentes o bien añadiendo un grupo ficticio sin actividad, esto es, sin ninguna fase/movimiento y proceder a su resolución de la forma habitual (En el caso de optar por la segunda posibilidad no habrá señal coactivadora para la activación del primer grupo).

II. 3.2.4.12.- Implementación de circuitos paso a paso mínimo. Tec. electroneumática

Para el establecimiento de grupos y sus ecuaciones de mando es válido lo indicado en el apartado II.3.2.4.11 (Pag. 272) Paso paso-minimo. Tecnología neumática.

El diseño de circuitos en tecnología eléctrica tiene también el mismo proceso de ejecución, que recordando es el siguiente

a) Constatación de que la secuencia contenga señales permanentes
b) División de la secuencia en el menor número de grupos posible, esto es, que cada grupo contenga el mayor número posible de fases, respetando el criterio de que en un mismo grupo no haya movimientos opuestos
c) Elaboración del grafo de la secuencia con las señales de mando
d) Establecimiento de las ecuaciones de gobierno de los grupos y fases del sistema
e) Diseño del esquema de mando

Para la implementación de los esquema de mando en esta tecnología son también válidas las consideraciones generales establecidas en el apartado II 3.2.4.9 (Pag. 238) Paso-paso máximo tecnología electroneumática

Control de grupos/fases

Son válidas también las mismas consideraciones que se indicaron para paso-paso mínimo. Tecnología neumática , apartado II.3.2.4.11 pag 273

La aplicación de los anteriores criterios, con la adaptación terminológica a tecnología eléctrica en la secuencia ejemplo A + , B + , B - , C - , A -, sería:

b) División de la secuencia en el menor número de grupos posible:

$$A + , \ B +/, \ B - ; C +/ \ C - , \ A - ,$$

$$I = K1 \ | \ II = K2 \ | \ III = K3$$

c) Grafo de secuencia con señales de mando

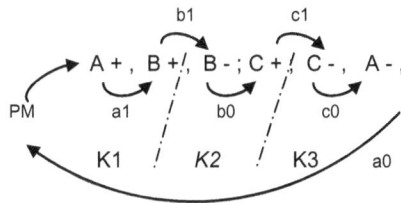

d) Establecimiento de las ecuaciones de mando del sistema

ASIGNACIÓN DE RELES	CONTROL DE GRUPOS		CONTROL DE FASES
	Activación(S)	Anulación(R)	
Grupo I =K1 $K1 = (K1 + K3 . PM . a0) .K2$`	$I = K1 = K3 . PM .a0$	$K1 \ `= K2$	A + = Y1 = K1 B + = Y3 = K1 .a1
Grupo II = K2 $K2 = (K2 + K1. b1) .K3$`	$II = K2 = K1 . b1$	$K2 \ `= K3$	B - = Y4 = K2 C + = Y5 = K2 . b0
Grupo III = K3 $K3 = (K3 + K2.c1 + S_{INI}) .K1$`	$III = K3 = K2 .c1 + S_{INI}$	$K3 \ `= K1$	C - = Y6 = K3 A - = Y2 = K3 . c0

e) Diseño del esquema de mando en tecnología eléctrica con las siguientes alternativas

1) Realizar la inicialización del sistema mediante pulsador de excitación $Pex = S_{INI}$, de modo que tras su activación, quede activado el último grupo (III= K3) a la espera del establecimiento de la puesta en marcha PM

2) Basar la inicialización mediante la abstracción de que si no está activado ningún grupo lo esté el último, quedando así el sistema con el grupo III = K3 (último) energetizado a la espera de que sea activado el pulsador de puesta en marcha PM

Ver esquemas en la página siguiente

1) Mediante pulsador de excitación Pex = S_{INI}

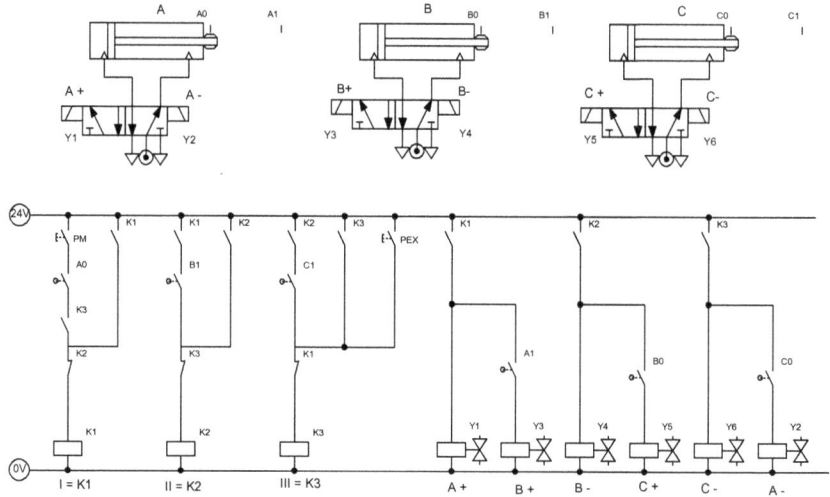

2) Por la ausencia de grupo alguno activo S_{INI} = K2´ (K1´)   K3 = (K3 + K2 . c1 + K2´) K1´

(En realidad S_{INI} = K1`.K2`, que al ser incorporada a la ecuación del relé K3, el término K1`queda absobido
    K3 = (K3 + K2.c1 + K1`.K2`)K1´= K3.K1` + K2.c1.K1` + K1´.K1`.K2` = K3.K1` + K2.c1.K1` + .K1`.K2`
                      K3 = (K3 + K2 . c1 + K2´) K1´

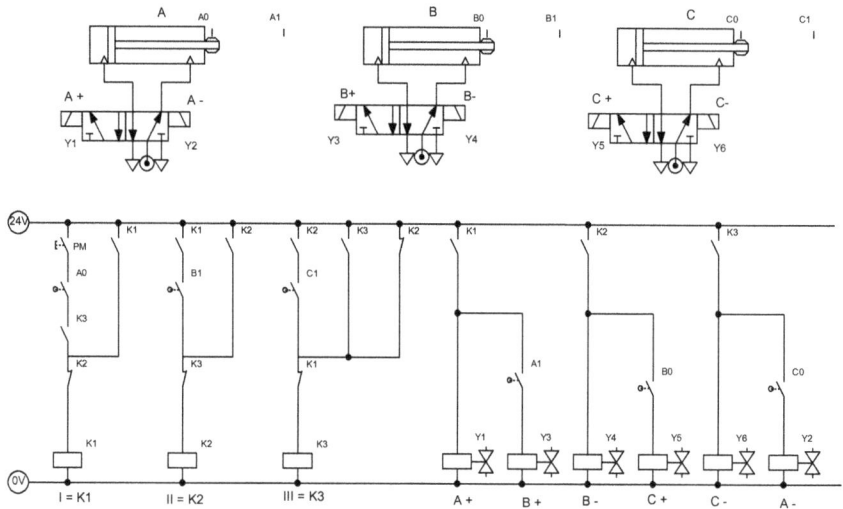

A continuación se realizan en tecnología eléctrica los mismos supuestos que se trataron en Paso-paso mínimo.Tecnología neumática

Ejercicio: Una fresadora tiene los movimientos de avance vertical, longitudinal y transversal gobernados por tres cilindros neumáticos A, B y C respectivamente y en la misma se realizará el mecanizado de dos ranuras sobre una pieza.

Desde la posición de inicio (Sobre la vertical del comienzo de la primera ranura) el cilindro A saldrá hasta posicionarse la herramienta (Movimiento vertical descendente) en el inicio del primer ranurado que se efectuará seguidamente por la salida del cilindro B que proporciona el movimiento de avance longitudinal, a cuya conclusión el cilindro A se retraerá subiendo el cabezal fresador. A continuación el cilindro C se meterá (Movimiento de avance transversal) de modo que la herramienta quedará situada sobre la vertical del comienzo de la segunda ranura, concluido ese movimiento, de nuevo el cilindro A saldrá posicionando la fresa en el comienzo de la segunda ranura, seguidamente el cilindro B se retraerá efectuándose el mecanizado de la ranura segunda , a cuya conclusión el cilindro A se meterá subiendo el cabezal fresador y a continuación el cilindro C efectuará su salida llegando la herramienta a la posición de partida, sobre la vertical de la primera ranura, a la espera de que sea activado de nuevo el pulsador de puesta en marcha PM para efectuar un nuevo ciclo de trabajo

Todos los cilindros son de doble efecto, están gobernados por electroválvulas biestables 4/2 y tienen las posiciones extremas de sus recorridos controladas por los oportunos finales de carrera (Electroválvulas monoestables 3/2 NC).

El pulsador de puesta en marcha del sistema se implementa mediante interruptor NA

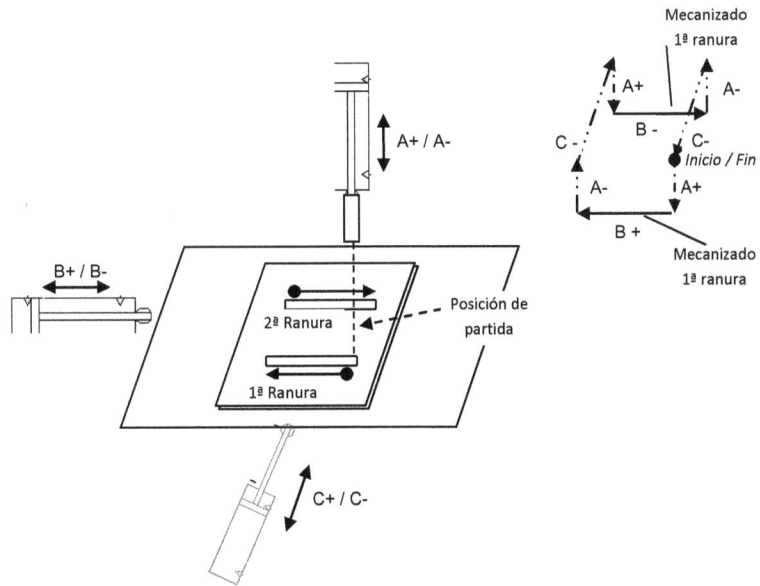

Elaborar el esquema electroneumático mediante metodología paso paso mínimo implementando el circuito correspondiente con inicialización por:

1) Pulsador de excitación Pex
2) Inexistencia de grupo alguno activo

El grafo de secuencia y las ecuaciones de mando con las adaptaciones a la tecnología eléctrica-metodología paso paso mínimo, son:

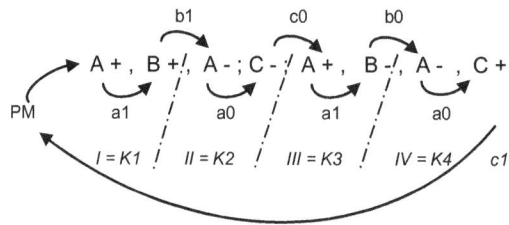

Las señales a0 = Ka0 y a1 = ka1 se pasan por relé por ser requeridas en más de una ecuación de mando

ASIGNACIÓN DE RELES	CONTROL DE GRUPOS		CONTROL DE FASES	
	Activación(S)	Anulación(R)		
Grupo I =K1 a1 = Ka1 $K1 = (K1 + K4 . PM . c1) .K2$`	I = K1 = K4 . PM .c1	K1 ´ = K2	A + = Y1 = K1 B + = Y3 = K1 .Ka1	
Grupo II = K2 a0 = Ka0 $K2 = (K2 + K1. b1) .K3$`	II = K2 = K1 . b1	K2 ` = K3	A - = Y2 = K2 , C - = Y6 = K2 . Ka0	A + = Y1 = K1 + K3 A - = Y2 = K2 + K4
Grupo III = K3 $K3 = (K3 + K2..c0) .K4$`	III = K3 = K2 .c0	K3 ` = K4	A + = Y1 = K3 B - = Y4 = K3 . Ka1	
Grupo IV = K4 $K4 = (K4 + K3..b0 + S_{INI}) .K1$`	IV = K4 = K3 . b0 + S_{INI}	K4´ = K1	A - = Y2 = K4 C+ = Y5 = K4 . Ka0	

Los finales de carrera a0 y a1 se pasan por relé al figurar en varias ecuaciones de mando
(a0 = Ka0 y a1 = Ka1)

Ver esquemas en pag. siguiente:

1) Pulsador de excitación $S_{INI} = Pex$

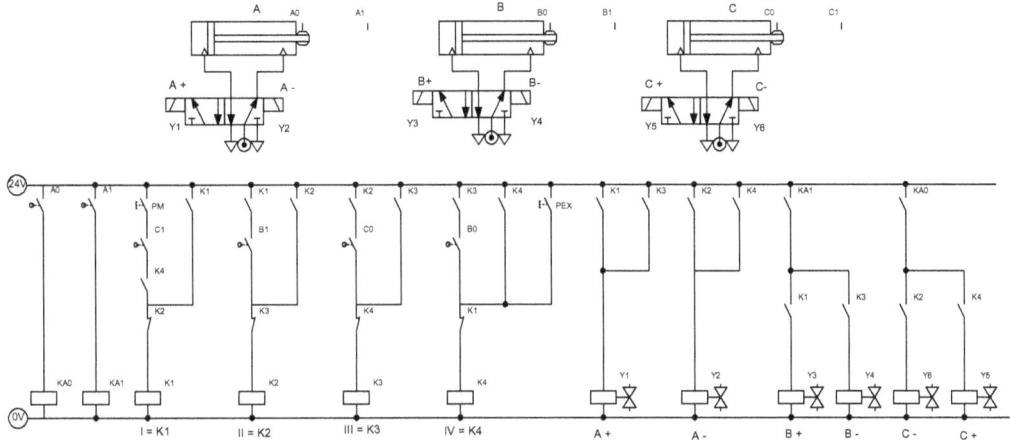

2) Inexistencia de grupo alguno activo $S_{INI} = K2'. K3'$

En realidad $S_{INI} = K1'.K2'.K3'$, que al ser incorporada a la ecuación del relé K4, el término K1', queda absorbido

$$K4 = (K4 + K3.b0 + K1'.K2'.K3').K1' = K4.K1' + K3.b0.K1' + K1'.K1'.K2'.K3' = K4.K1' + K3.b0.K1' + .K1'.K2'.K3'$$

$$K4 = (K4 + K3.b0 + .K2'.K3').K1'$$

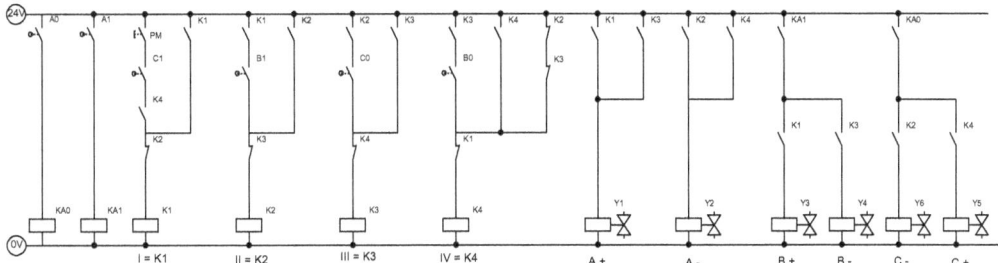

Ejercicio trasversal: Retomamos de nuevo el dispositivo alimentador de chapa (Enunciado pag 155) para aplicarle la eliminación de s.p. mediante el método de paso a paso mínimo ahora con tecnología eléctrica, considerando que todos los cilindros del sistema sean de doble efecto y que están gobernados por electroválvulas. biestables, excepto los cilindros A y C que serán de simple efecto y estarán gobernados por electroválvulas. monoestables 3/2 NC.

Elaboración del esquema electroneumático mediante

1) *Pulsador de excitación Pex*
2) *Por la inexistencia de grupo alguno activo*

El grafo de secuencia y las ecuaciones de mando con las adaptaciones a la tecnología eléctrica y a la metodología paso paso mínimo son:

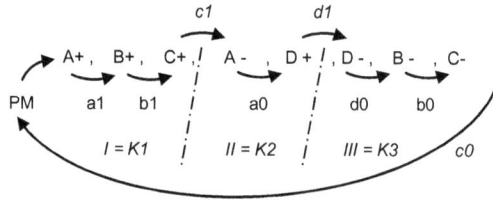

A+ , B+ , C+ , A - , D + , D - , B - , C-

PM   a1   b1   a0   d0   b0

I = K1   II = K2   III = K3

ASIGNACIÓN DE RELES	CONTROL DE GRUPOS		CONTROL DE FASES
	Activación(S)	Anulación(R)	
Grupo I =K1 Y1 = K4 Y4 = K5 $K1 = (K1 + K3 . PM . c0) .K2`$ $b0 = Kb0$ (***)	I = K1 = K3 . PM .c0	K1 ´ = K2	A + = Y1 = K4 = (K4 + K1) .K2` (*)  B + = Y2 = K1 .a1  C + = Y4 = K5 = ( K5 + b1 ) . Kb0` (* *) (***)
Grupo II = K2 $K2 = (K2 + K1. c1) .K3`$	II = K2 = K1 . c1	K2 ` = K3	A - = Presencia de K2 y muelle de la v.d. D + = Y5 = K2 . a0
Grupo III = K3 $K3 = (K3 + K2..d1 + S_{INI i}) .K1`$	III = K3 = K2 .d1 + S_{INI}	K3 ` = K1	D - = Y6 = K3 B - = Y3 = K3 .d0 C - = Presencia de b0 y muelle de la v. d.

(*) Al ser el cilindro A de simple efecto y la válvula que lo gobierna monoestable la señal que genera su salida (K1) deberá ser retenida hasta que se establezca la señal que permite su retorno (K2)

(**) Idem cilindro C. Retener la señal que genera su salida (K1.b1) hasta que se de la señal que permite su retorno b0

(***) La señal b0 = kb0 se pasa por relé porque el mando requiere su inversa (b0´)

Esquemas neumáticos de mando

1)   Pulsador de excitación Pex

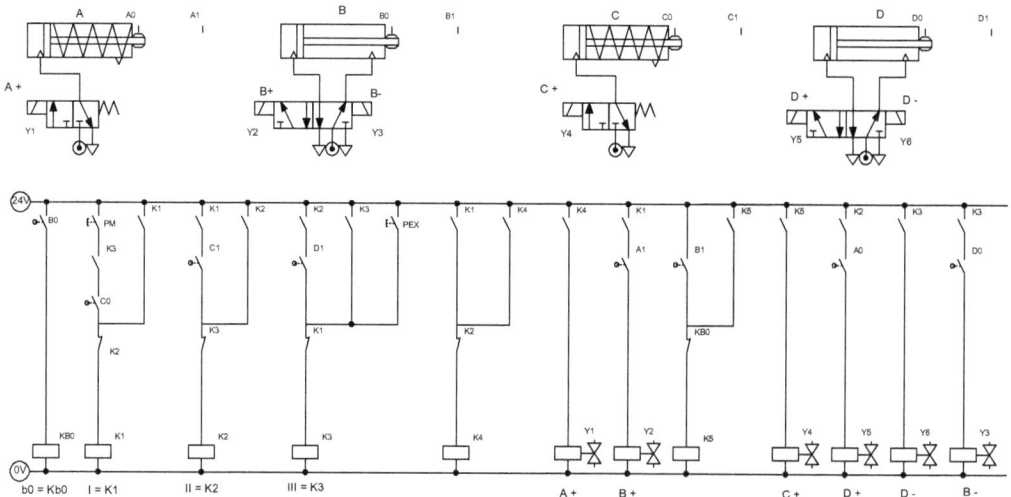

2) *Por la inexistencia de grupo alguno activo* $S_{INI} = K2'$.

(En realidad $S_{INI} = K1'.K2'$ que al ser icorporada en la ecuación del relé K3, el término K1' queda absorbido)

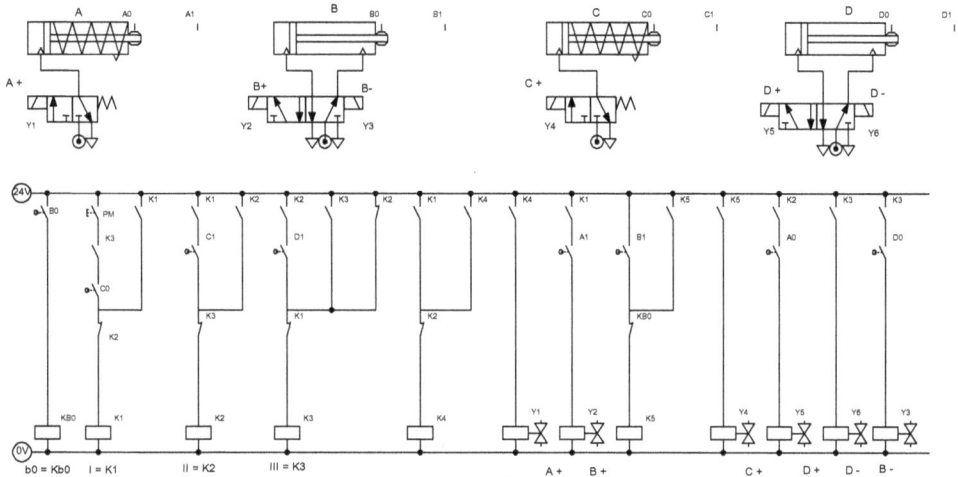

Ejercicio propuesto : Un dispositivo de prensado para conformado de una pieza partiendo de discos metálicos tiene la siguiente funcionalidad y elementos:

Un cilindro A saldrá para trasladar los discos de partida desde un alimentador de gravedad hasta la matriz de prensado, retirándose a continuación. Seguidamente el cabezal prensador descenderá movido por la salida de un cilindro (B), el cual al final de su recorrido se retraerá subiendo dicho cabezal a su posición de partida. En ese momento un cilindro C saldrá eyectando la pieza de su asiento, posteriormente otro cilindro D saldrá expulsándola de la zona de prensado, momento en el cual estos dos últimos cilindros retornan simultáneamente a sus posiciones retraídas

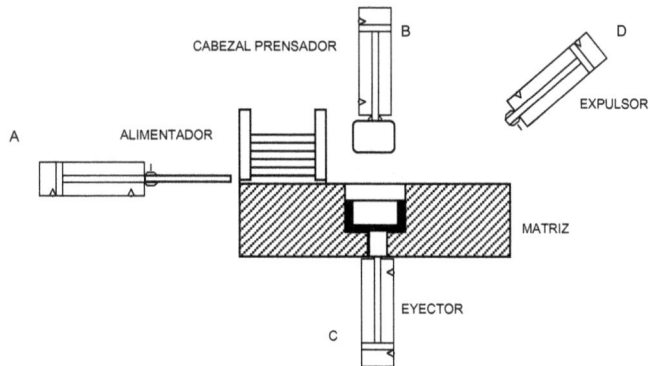

Los cilindros A y B son de doble efecto y están gobernados por electroválvulas biestables 5/2 y los cilindros C y D son de simple efecto y están gobernados por electroválvulas monoestables 3/2 NC. Todos ellos tiene sus posiciones extremas de sus recorridos controladas por finales de carrera implementados en electroválvulas monoestables 3/2 NC.

El sistema se pondrá en marcha al activar un pulsador de PM, configurado mediante interruptor NA

Diseñar el esquema electroneumático para control del sistema mediante el método paso paso mínimo en las siguientes opciones:

1) Pulsador de excitación Pex
2) Por ausencia de grupo alguno activo

II. 3.2.4.13.- Implementación de circuitos paso a paso mínimo. Control mediante PLC

En principio son válidas las consideraciones generales establecidas en el apartado II.3.2.4.12 para paso paso mínimo. Tecnología electroneumática (Pag. 282) con las adaptaciones terminológicas oportunas

Control de fases/grupos

Son válidos los criterios fijados para paso paso máximo. Control mediante PLC (Pag. 256), salvo los referidos al establecimiento de grupos y fases que los componen, que en el caso que nos ocupa de paso a paso mínimo debe ser el menor número de grupos posible conteniendo por tanto cada uno de ellos la mayor cantidad posible de fases no antagónicas

Aplicando lo señalado, con la adaptación terminológica para PLC, a la secuencia ejemplo (A+ , B+, B-, C +, C-, A-) que se viene utilizando tendríamos la tabla de correspondencia, grafo de secuencia y ecuaciones de mando que siguen:

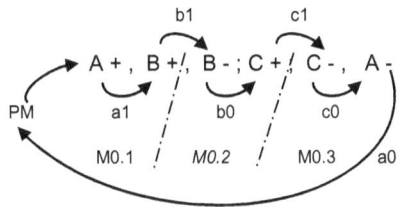

Símbolo	Dirección	
PM	I0.0	
a0	I0.1	
a1	I0.2	
b0	I0.3	
b1	I0.4	
e0	I0.5	
e1	I0.6	
Y1	Q0.1	A+
Y2	Q0.2	A-
Y3	Q0.3	B+
Y4	Q0.4	B·
Y5	Q0.5	C+
Y6	Q0.6	C·
G_I	M0.1	
G_II	M0.2	
G_III	M0.3	

ASIGNACIÓN DE BIESTABLES	CONTROL DE GRUPOS		CONTROL DE FASES
	Activación(S)	Anulación(R)	
Grupo I = M0.1 $M01 = (M0.1 + M0.3 . PM . a0) M0.2$`	$I = M0.1 = M0.3 . PM .a0$	$I' = M0.1' = M0.2$	$A + = Y1 = Q0.1 = M0.1$ $B + = Y3 == Q0.3 = M0.1 .a1$
Grupo II = M0.2 $M0.2 = (M0.2 + M0.1. b1) .M0.3$`	$II = M0.2 = M0.1 . b1$	$II' = M0.2 '= M0.3$	$B -- = Y4 = Q0.4 = M0.2$ $C + = Y5 = Q0.5= M0.2 . b0$
Grupo III = M0.3 $M0.3 = (M0.3 + M0.2.c1 + S_{INI}) .M0.1$`	$III = M0.3 = M0.2 .c1 + S_{INI}$	$III' = M0.3'' = M0.1$	$C - = Y6 = Q0.6 = M03$ $A - = Y2 = Q0.2 = M0.3 . c0$

La elaboración del programa de control con las opciones de configuración del biestable y usando el bloque compacto RS en los siguientes supuestos sería:

1) Inicialización mediante Bit inicializador
2) Inicializacion por ausencia de grupo alguno activo

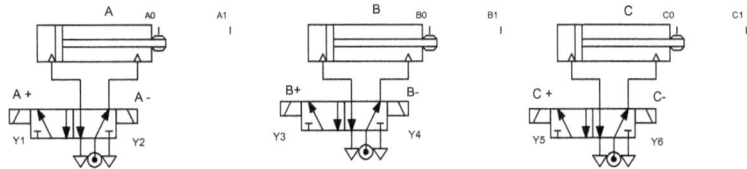

Cuyos diagramas de contacto para las variantes planteadas son:

291

1) Inicialización mediante Bit inicializador S_{INI} = SM0.1

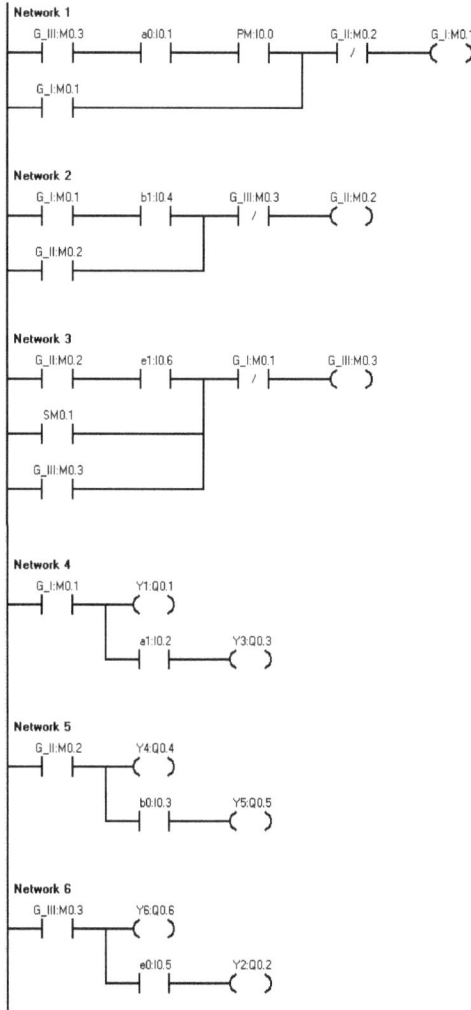

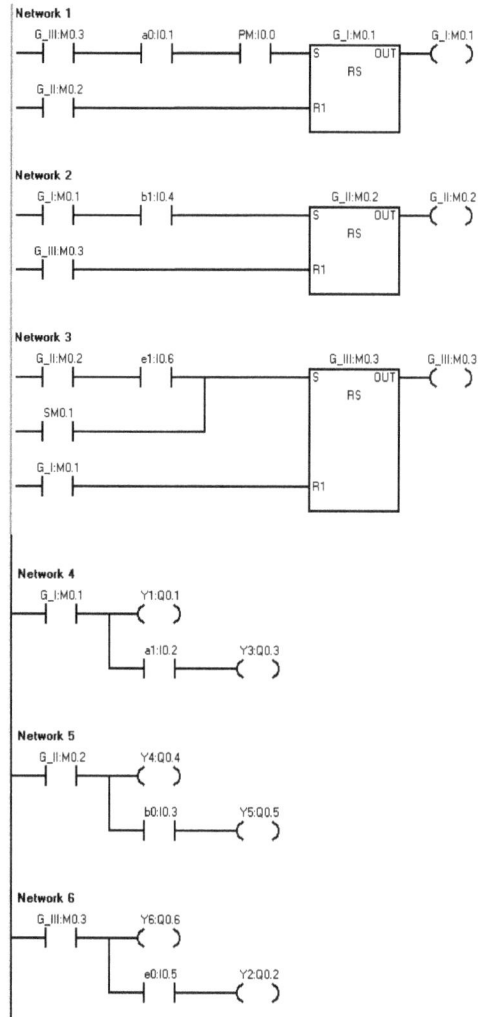

Network 1

G_III:M0.3 ── a0:I0.1 ── PM:I0.0 ── G_II:M0.2/ ── (G_I:M0.1)

G_I:M0.1 ──

Network 2

G_I:M0.1 ── b1:I0.4 ── G_III:M0.3/ ── (G_II:M0.2)

G_II:M0.2 ──

Network 3

G_II:M0.2 ── e1:I0.6 ── G_I:M0.1/ ── (G_III:M0.3)

SM0.1 ──

G_III:M0.3 ──

Network 4

G_I:M0.1 ── (Y1:Q0.1)

a1:I0.2 ── (Y3:Q0.3)

Network 5

G_II:M0.2 ── (Y4:Q0.4)

b0:I0.3 ── (Y5:Q0.5)

Network 6

G_III:M0.3 ── (Y6:Q0.6)

e0:I0.5 ── (Y2:Q0.2)

Network 1

G_III:M0.3 ── a0:I0.1 ── PM:I0.0 ── [S OUT RS / R1] ── (G_I:M0.1)

G_II:M0.2 ── R1

Network 2

G_I:M0.1 ── b1:I0.4 ── [S OUT RS / R1] ── (G_II:M0.2)

G_III:M0.3 ── R1

Network 3

G_II:M0.2 ── e1:I0.6 ── [S OUT RS / R1] ── (G_III:M0.3)

SM0.1 ──

G_I:M0.1 ── R1

Network 4

G_I:M0.1 ── (Y1:Q0.1)

a1:I0.2 ── (Y3:Q0.3)

Network 5

G_II:M0.2 ── (Y4:Q0.4)

b0:I0.3 ── (Y5:Q0.5)

Network 6

G_III:M0.3 ── (Y6:Q0.6)

e0:I0.5 ── (Y2:Q0.2)

2) Inicializacion por ausencia de grupo alguno activo $S_{INI} = M0.2`$

En realidad $S_{INI} = M0.1`.M0.2`$, que al incorporarse a la ecuación de M0.3, el término M0.1` queda absorbido

$M0.3 = (M0.3 + M0.2.c1 + M0.1`.M0.2`).M0.1` = M0.3.M0.1 + M0.2.c1`.M0.1` + M0.1`. M0.1`.M0.2` =$
$= M0.3.M0.1 + M0.2.c1`.M0.1` + M0.1`.M0.2` = (M0.3 + M0.2.c1 + M0.2`).M0.1$

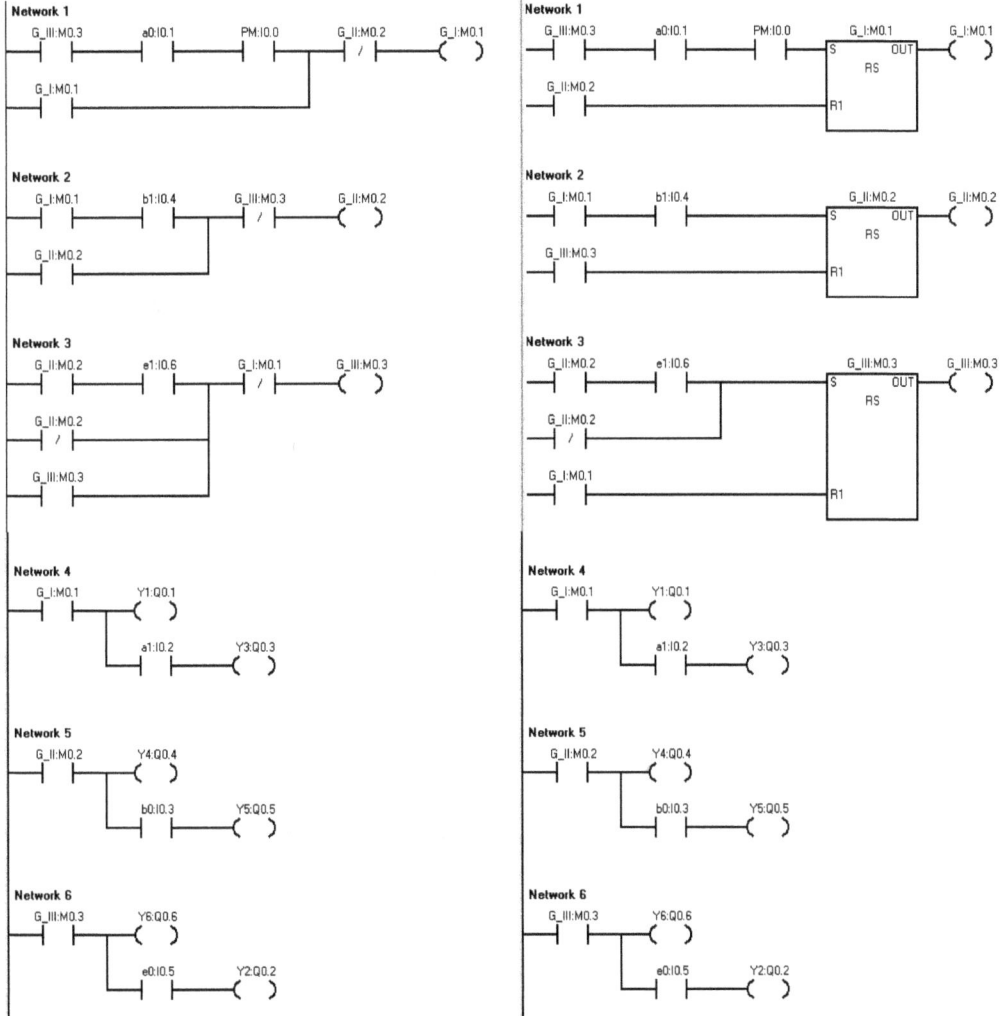

Se realizan seguidamente en diagrama de contactos para mando por PLC los mismos supuestos que fueron desarrollados tanto en tecnología neumática como electroneumática en metodología paso paso mínimo

Ejercicio: Una fresadora tiene los movimientos de avance vertical, longitudinal y transversal gobernados por tres cilindros neumáticos A, B y C respectivamente y en la misma se realizará el mecanizado de dos ranuras sobre una pieza.

Desde la posición de inicio (Sobre la vertical del comienzo de la primera ranura) el cilindro A saldrá hasta posicionar la herramienta (Movimiento vertical descendente) en el inicio del primer ranurado que se efectuará seguidamente por la salida del cilindro B proporcionando el movimiento de avance longitudinal, a cuya conclusión el cilindro A se retraerá subiendo el cabezal fresador. A continuación el cilindro C se meterá (Movimiento de avance transversal) de modo que la herramienta quedará situada sobre la vertical del comienzo de la segunda ranura, concluido ese movimiento, de nuevo el cilindro A saldrá posicionando la fresa en el comienzo de la segunda ranura, seguidamente el cilindro B se retraerá efectuándose el mecanizado de la ranura segunda , a cuya conclusión el cilindro A se meterá subiendo el cabezal fresador y a continuación el cilindro C efectuará su salida llegando la herramienta a la posición de partida, sobre la vertical de la primera ranura, a la espera de que sea activado de nuevo el pulsador de puesta en marcha PM para efectuar un nuevo ciclo de trabajo

Todos los cilindros son de doble efecto, están gobernados por electroválvulas biestables 4/2 y tienen las posiciones extremas de sus recorridos controladas por los oportunos finales de carrera (Electroválvulas monoestables 3/2 NC).

El pulsador de puesta en marcha del sistema se implementa mediante interruptor NA

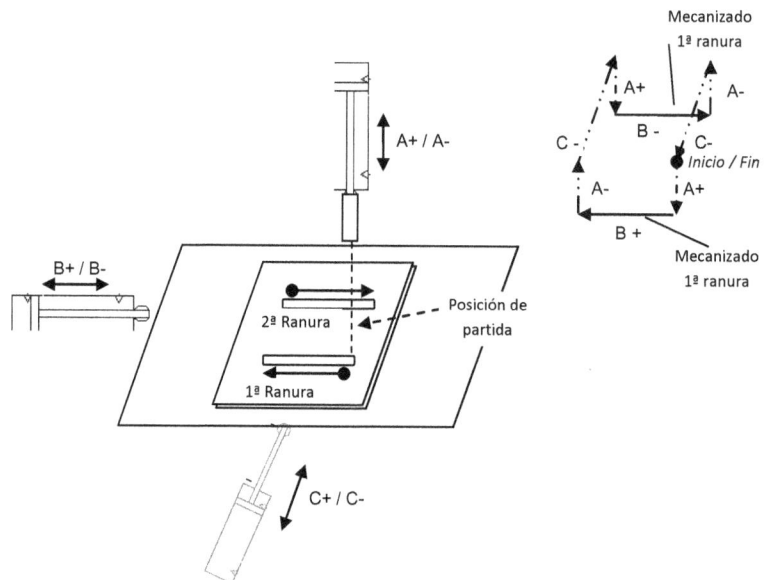

Diseñar un sistema de mando por diagrama de contactos para control con PLC mediante metodología paso a paso mínimo, implementando el programa correspondiente tanto por configuración de biestables como por bloque compacto RS en los siguientes supuestos:

1) Mediante bit de inicialización
2) Considerando la no presencia de grupo alguno activo

En las tecnologías anteriores ya se establecieron el grafo de secuencia, grupos y ecuaciones de mando, que con las adaptaciones terminológicas oportunas a la tecnología PLC así como la tabla de correspondencias (Direccionamientos/ Entradas / Salidas PLC), se reflejan seguidamente:

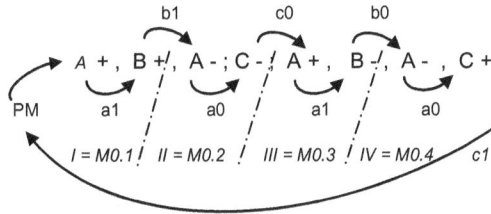

Símbolo	Dirección	
PM	I0.0	
a0	I0.1	
a1	I0.2	
b0	I0.3	
b1	I0.4	
e0	I0.5	
e1	I0.6	
Y1	Q0.1	A+
Y2	Q0.2	A-
Y3	Q0.3	B+
Y4	Q0.4	B-
Y5	Q0.5	C+
Y6	Q0.6	C-
G_I	M0.1	
G_II	M0.2	
G_III	M0.3	
G_IV	M0.4	

ASIGNACIÓN DE RELES	CONTROL DE GRUPOS		CONTROL DE FASES
	Activación(S)	Anulación(R)	
Grupo I =M0.1 $M0.1 = (M0.1 + M0.4 . PM . c1) .M0.2\`$	I = M0.1 = M0.4 . PM .c1	M0.1 ´ = M0.2	A + = Y1 = Q0.1 = M0.1 $\quad$ B + = Y3 = Q0.3 = M0.1 .a1
Grupo II = M0.2 $M0.2 = (M0.2 + M0.1. b1) .M0.3\`$	II = M0.2 = M0.1 . b1	M0.2 \` = M0.3	A - = Y2 = Q0.2 = M0.2 $\quad$ C - = Y6 = Q0.6 = M0.2 . a0 $\qquad$ A + = Q0.1 = M0.1 + M0.3
Grupo III = M0.3 $M0.3 = (M0.3 + M0.2.c0) .M0.4\`$	III = M0.3 = M0.2 .c0	M0.3 \` = M0.4	A + = Y1 = Q0.1 = M0.3 $\quad$ B - = Y4 = Q0.4 = M0.3 . a1 $\qquad$ A - = Q0.2 = M0.2 + M0.4
Grupo IV = M0.4 $M0.4 = (M0.4 + M0.3..b0 + S_{INI}) .M0.1\`$	IV = M0.4 = M0.3 . b0 + S_{INI}	M0.4´ = M0.1	A - = Y2 = Q0.2 = M0.4 $\quad$ C+ = Y5 = Q0.5 = M0.4 . a0

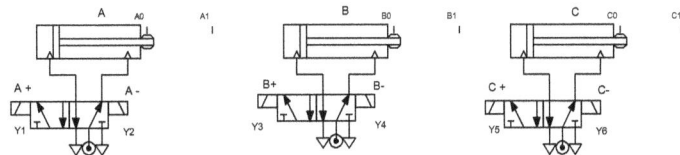

Ver esquemas en pag. siguiente:

1) Mediante bit de inicialización $S_{INI} = SM0.1$

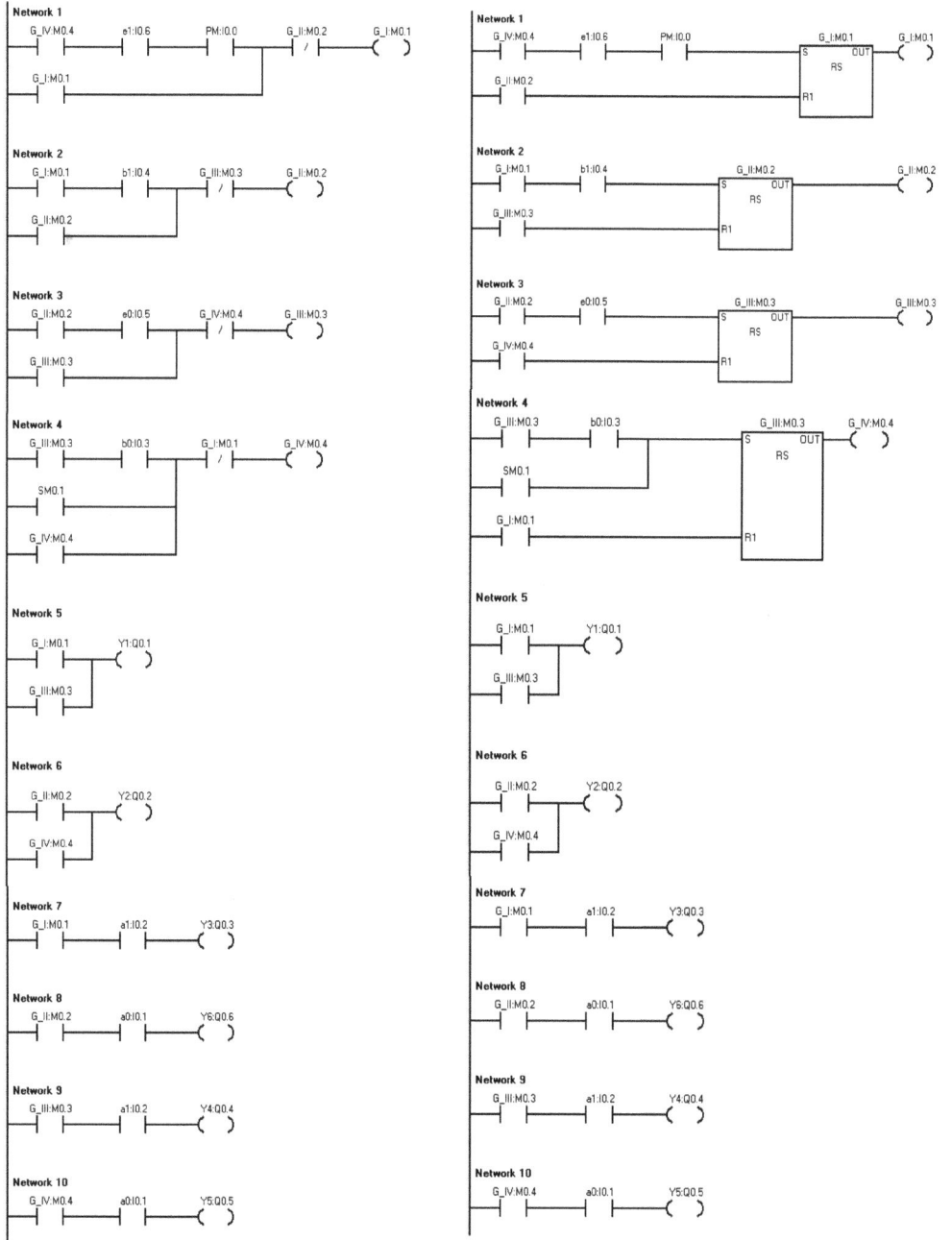

Network 1

G_IV:M0.4 — e1:I0.6 — PM:I0.0 — G_II:M0.2 / — (G_I:M0.1)

G_I:M0.1

Network 2

G_I:M0.1 — b1:I0.4 — G_III:M0.3 / — (G_II:M0.2)

G_II:M0.2

Network 3

G_II:M0.2 — e0:I0.5 — G_IV:M0.4 / — (G_III:M0.3)

G_III:M0.3

Network 4

G_III:M0.3 — b0:I0.3 — G_I:M0.1 / — (G_IV:M0.4)

SM0.1

G_IV:M0.4

Network 5

G_I:M0.1 — (Y1:Q0.1)

G_III:M0.3

Network 6

G_II:M0.2 — (Y2:Q0.2)

G_IV:M0.4

Network 7

G_I:M0.1 — a1:I0.2 — (Y3:Q0.3)

Network 8

G_II:M0.2 — a0:I0.1 — (Y6:Q0.6)

Network 9

G_III:M0.3 — a1:I0.2 — (Y4:Q0.4)

Network 10

G_IV:M0.4 — a0:I0.1 — (Y5:Q0.5)

Network 1

G_IV:M0.4 — e1:I0.6 — PM:I0.0 — [S RS OUT] G_I:M0.1 — (G_I:M0.1)

G_II:M0.2 — R1

Network 2

G_I:M0.1 — b1:I0.4 — [S RS OUT] G_II:M0.2 — (G_II:M0.2)

G_III:M0.3 — R1

Network 3

G_II:M0.2 — e0:I0.5 — [S RS OUT] G_III:M0.3 — (G_III:M0.3)

G_IV:M0.4 — R1

Network 4

G_III:M0.3 — b0:I0.3 — [S RS OUT] G_III:M0.3 — (G_IV:M0.4)

SM0.1

G_I:M0.1 — R1

Network 5

G_I:M0.1 — (Y1:Q0.1)

G_III:M0.3

Network 6

G_II:M0.2 — (Y2:Q0.2)

G_IV:M0.4

Network 7

G_I:M0.1 — a1:I0.2 — (Y3:Q0.3)

Network 8

G_II:M0.2 — a0:I0.1 — (Y6:Q0.6)

Network 9

G_III:M0.3 — a1:I0.2 — (Y4:Q0.4)

Network 10

G_IV:M0.4 — a0:I0.1 — (Y5:Q0.5)

2) Considerando la no presencia de grupo alguno activo S_{INI} = M0.2`. M0.3´

(En realidad S_{INI} = M0.1`.M0.2´.M0.3`, que al ser incorporada a la ecuación de la memoria M0.4, el término M0.1´que absorbido)

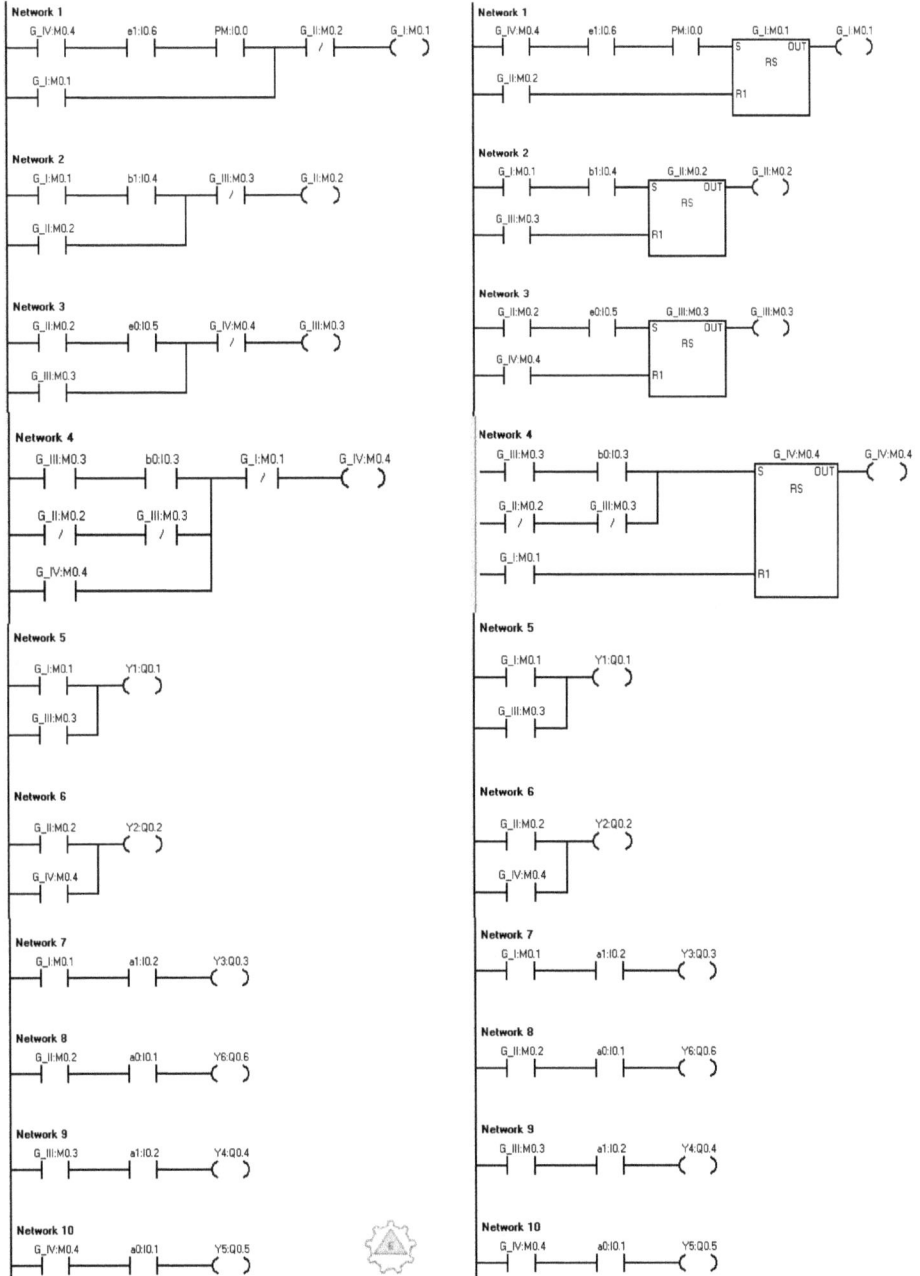

Ejercicio trasversal: Considerando de nuevo el dispositivo alimentador de chapa (Ver enunciado en pag. 155) ,
al que aplicaremos ahora la eliminación de s.p. mediante el método paso a paso mínimo controlado por PLC,
contemplando que todos los cilindros son de doble efecto y están gobernados por electroválvulas biestables,
salvo los cilindros A y C que estarán gobernados por electoválvulas monoestables 3/2 NC , elaboraremos:

Diagrama de contactos   para control por PLC, efectuándose en ambos casos solo con biestables RS

1) *Mediante bit de inicialización*
2) *Considerando la no presencia de grupo alguno activo*

Símbolo	Dirección	
PM	I0.0	
a0	I0.1	
a1	I0.2	
b0	I0.3	
b1	I0.4	
e0	I0.5	A +
e1	I0.6	B +
d0	I0.7	B -
d1	I1.0	C +
Y1	Q0.1	D +
Y2	Q0.2	D -
Y3	Q0.3	
Y4	Q0.4	
Y5	Q0.5	
Y6	Q0.6	
G_I	M0.1	
G_II	M0.2	
G_III	M0.3	

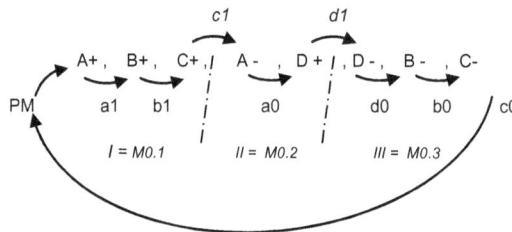

ASIGNACIÓN DE BIESTABLES	CONTROL DE GRUPOS		CONTROL DE FASES
	Activación (S)	Anulación(R)	
Grupo I =M0.1 M0.1 = (M0.1 + M0.3 . PM . c0.) .M0.2`	M0.1 = M0.3 . PM .c0 .	M0.1´= M0.2	A + = Y1 = Q0.1 = (Q0.1 + M0.1) M0.2` (*) B + = Y2 = Q0.2 = M0.1  a1 C + = Y4 = Q0.4  = ( Q0.4 +  b1 ) b0` (**)
Grupo II = M0.2 , M0.2 = (M0.2 + M0.1. c1) .M0.3`	M0.2 = M0.1 . c1	M0.2 `= M0.3	A - = Presencia de M0.2 y muelle de la electrov. D + = Y5 = Q0.5 = M0.2.a0
Grupo III =M0.3 M0.3 = (M0.3 + M0.2.. d1 + S_{INI}) .M0.1`	M0.3 = M0.2 . d1 + S_{INI}	M0.3 `= M0.1	D - = Y6 = Q0.6 = M0.3 B - = Y3 = Q0.3 = M0.3.d0 C - = Presencia de b0 y muelle electrov

(*) Al ser el cilindro A de simple efecto y la electroválvula que lo gobierna monoestable, la señal que genera su salida
(M0.1) deberá ser retenida hasta que se establezca la señal que permite su retorno (M0.2)
(**) Idem cilind C. Retener la señal que genera su salida (M0.1.b1) hasta la presencia señal que permite su retorno (b0)

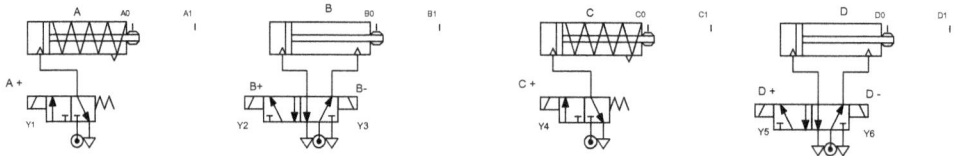

Ver diagramas de contactos en páginas siguientes

1)   *Mediante bit de inicialización* $S_{INI} = SM0.1$

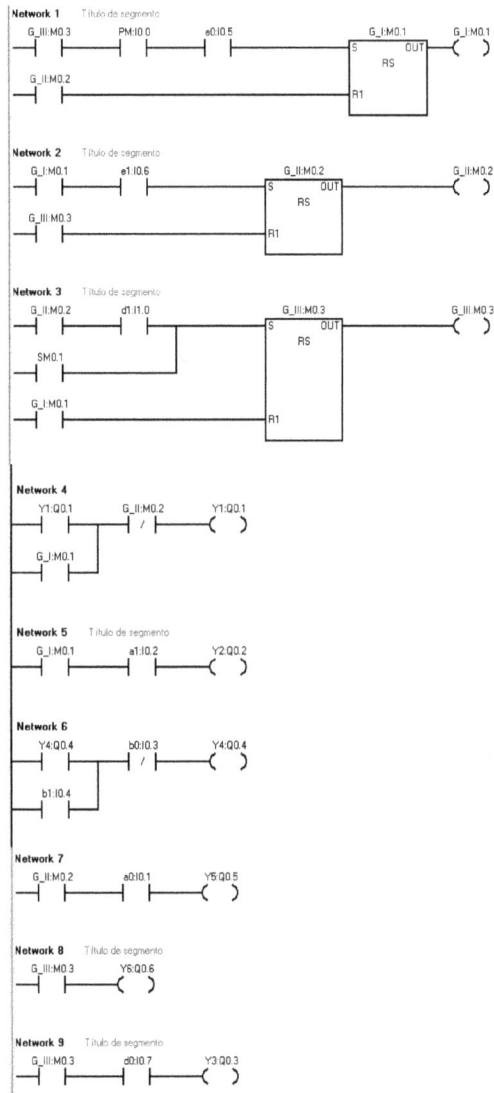

Network 1   Título de segmento

```
G_III:M0.3   PM:I0.0   e0:I0.5                    G_I:M0.1      G_I:M0.1
 ┤ ├─────────┤ ├───────┤ ├──────────────────┤S      OUT├──( )
                                                │   RS    │
 G_II:M0.2                                      │         │
 ┤ ├─────────────────────────────────────┤R1        │
```

Network 2   Título de segmento

```
G_I:M0.1     e1:I0.6                  G_II:M0.2      G_II:M0.2
 ┤ ├─────────┤ ├──────────────┤S      OUT├──( )
                               │   RS    │
 G_III:M0.3                    │         │
 ┤ ├──────────────────────┤R1        │
```

Network 3   Título de segmento

```
G_II:M0.2    d1:I1.0                  G_III:M0.3     G_III:M0.3
 ┤ ├─────────┤ ├──────┬───────┤S      OUT├──( )
                      │        │   RS    │
 SM0.1                │        │         │
 ┤ ├──────────┘        │         │
                               │         │
 G_I:M0.1                      │         │
 ┤ ├──────────────────┤R1        │
```

Network 4

```
Y1:Q0.1      G_II:M0.2   Y1:Q0.1
 ┤ ├─────────┤/├──────( )
 G_I:M0.1
 ┤ ├
```

Network 5   Título de segmento

```
G_I:M0.1     a1:I0.2     Y2:Q0.2
 ┤ ├─────────┤ ├──────( )
```

Network 6

```
Y4:Q0.4      b0:I0.3     Y4:Q0.4
 ┤ ├──────┬──┤/├──────( )
 b1:I0.4  │
 ┤ ├──────┘
```

Network 7

```
G_II:M0.2    a0:I0.1     Y5:Q0.5
 ┤ ├─────────┤ ├──────( )
```

Network 8   Título de segmento

```
G_III:M0.3   Y6:Q0.6
 ┤ ├──────( )
```

Network 9   Título de segmento

```
G_III:M0.3   d0:I0.7     Y3:Q0.3
 ┤ ├─────────┤ ├──────( )
```

2) *Considerando la no presencia de grupo alguno activo $S_{INI} = . M0.2`$*

(En realidad $S_{INI} = M0.1`.M0.2´$, que al ser incorporada a la ecuación de la memoria M0.3, el término M0.1´que absorbido)

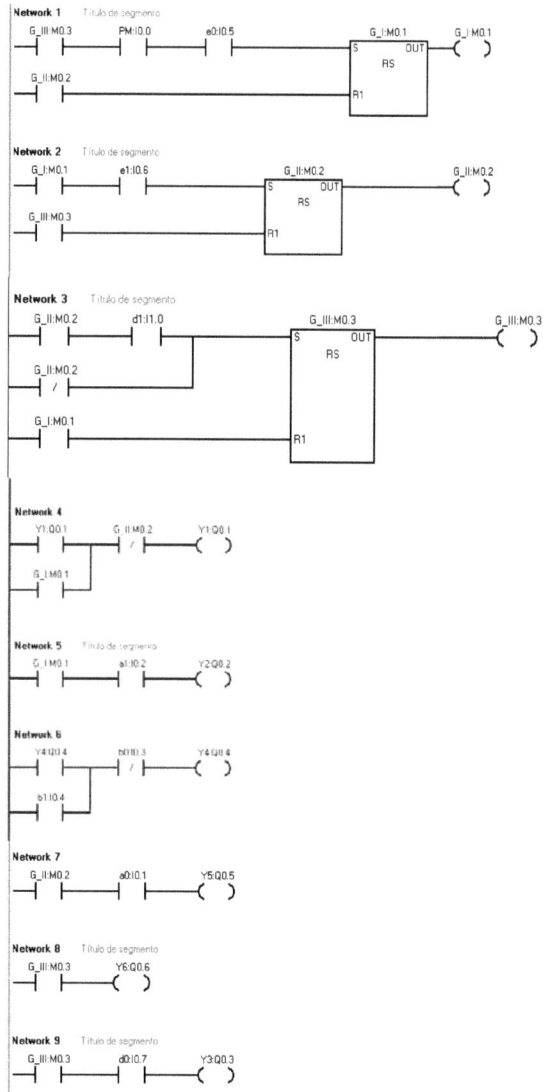

Network 1   Título de segmento
```
 G_III:M0.3      PM:I0.0       e0:I0.5                      G_I:M0.1         G_I:M0.1
 ──┤ ├──────────┤ ├──────────┤ ├─────────────────────┤S      OUT├──( )
                                                          │   RS    │
 G_II:M0.2                                                │         │
 ──┤ ├───────────────────────────────────────────────────┤R1       │
```

Network 2   Título de segmento
```
 G_I:M0.1        e1:I0.6                        G_II:M0.2         G_II:M0.2
 ──┤ ├──────────┤ ├────────────────────────┤S      OUT├──( )
                                             │   RS    │
 G_III:M0.3                                  │         │
 ──┤ ├───────────────────────────────────────┤R1       │
```

Network 3   Título de segmento
```
 G_II:M0.2       d1:I1.0                      G_III:M0.3          G_III:M0.3
 ──┤ ├──────────┤ ├────────────────────────┤S      OUT├────────( )
                                             │   RS    │
 G_II:M0.2                                   │         │
 ──┤/├─────────                              │         │
                                             │         │
 G_I:M0.1                                    │         │
 ──┤ ├───────────────────────────────────────┤R1       │
```

Network 4
```
 Y1:Q0.1      G_II:M0.2     Y1:Q0.1
 ──┤ ├────────┤/├──────────( )
 G_I:M0.1
 ──┤ ├───
```

Network 5   Título de segmento
```
 G_I:M0.1     e1:I0.2       Y2:Q0.2
 ──┤ ├────────┤ ├──────────( )
```

Network 6
```
 Y4:Q0.4      b0:I0.3       Y4:Q0.4
 ──┤ ├────────┤/├──────────( )
 b1:I0.4
 ──┤ ├───
```

Network 7
```
 G_II:M0.2    a0:I0.1       Y5:Q0.5
 ──┤ ├────────┤ ├──────────( )
```

Network 8   Título de segmento
```
 G_III:M0.3   Y6:Q0.6
 ──┤ ├────────( )
```

Network 9   Título de segmento
```
 G_III:M0.3   d0:I0.7       Y3:Q0.3
 ──┤ ├────────┤ ├──────────( )
```

300

Ejercicio propuesto : Un dispositivo de prensado para conformado de una pieza partiendo de discos metálicos tiene la siguiente funcionalidad y elementos:

Un cilindro A saldrá para trasladar los discos de partida desde un alimentador de gravedad hasta la matriz de prensado, retirándose a continuación. Seguidamente el cabezal prensador descenderá movido por la salida de un cilindro (B), el cual al final de su recorrido se retraerá subiendo dicho cabezal a su posición de partida. En ese momento un cilindro C saldrá eyectando la pieza de su asiento, posteriormente otro cilindro D saldrá expulsándola de la zona de prensado, momento en el cual estos dos últimos cilindros retornan simultáneamente a sus posiciones retraídas

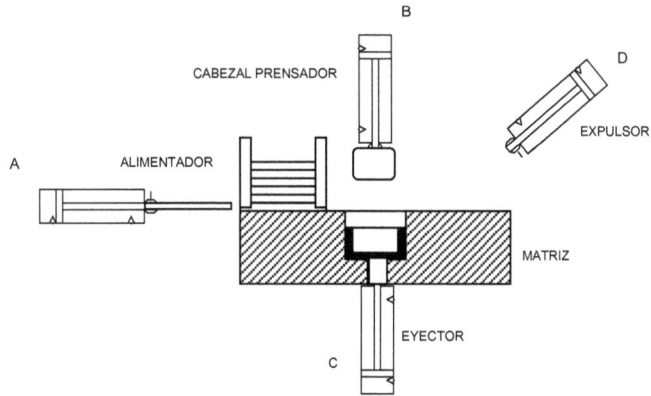

Los cilindros A y B son de doble efecto y están gobernados por electroválvulas biestables 5/2 y los cilindros C y D son de simple efecto y están gobernados por electroválvulas monoestables 3/2 NC. Todos ellos tiene sus posiciones extremas de sus recorridos controladas por finales de carrera implementados en electroválvulas monoestables 3/2 NC.

El sistema se pondrá en marcha al activar un pulsador de PM, configurado mediante interruptor NA

Elaborar el diagrama de contactos para control por PLC para las opciones que se indican seguidamente efectuándose solo con biestables RS:

1) Inicialización mediante Bit inicializador
2) Inicializacion por ausencia de grupo alguno activo

II.3.2.5.- Cascada

En todas las secuencias utilizadas en las explicaciones, salvo indicación expresa en contra, elo control de los elementos que gobiernan los movimientos de los cilindros se efectúa con distribuidores biestables

II. 3.2.5.1.- Introducción al método cascada

Método basado en la alimentación controlada de las válvulas distribuidoras que gobiernan el movimiento de los cilindros a través del establecimiento de grupos (Variables auxiliares) configurandose como líneas energetizadoras que controlan el momento de intervención de cada una de esas v. distribuidoras (Fases)

Este método, es una operatoria aplicada tradicionalmente en tecnología neumática y es una derivación metodológica de resolución proveniente de un sistema de relés empleado antiguamente en telecomunicación y que deliberadamente se ha querido tratar después del método paso a paso porque como se irá constatando seguidamente cuya génesis de fundamento lógico la encontramos concretamente en la ya tratada metodología paso a paso mínimo

Le son aplicables las leyes de los sistemas funcionales (Ver. Apartado 3.2.4.1. Introducción al método paso a paso, pag. 201)

a) Un grupo (estado) es alimentado / activado   por el grupo (estado) anterior y la señal de cambio entre ambos

$$GRUPO_N \ = \ GRUPO_{N-1} \ x \ SEÑAL\ DE\ CAMBIO_{N-1/N}$$

b) A un grupo (estado) le anula el siguiente

$$(GRUPO_N)^{\cdot} = GRUPO_{N+1}$$

Esto asegura que en cada momento haya solo un grupo activo

II. 3.2.5.2.- Conformación de grupos

Al respecto son aplicables los criterios establecidos para el método paso a paso mínimo (Ver Apartado II.3.2.4.5. Variantes en la conformación de grupos, pag 208.),esto es, la división de la secuencia se hace con el menor número de grupos posible, respetando el criterio de que en un mismo grupo no haya movimientos antagónicos

En principio la problemática de inicialización del sistema también existe en este método por tanto son genéricamente válidas las reflexiones contenidas en el apartado II.3.2.4.3 (Pag 204) que trata este punto, pero que particularmente queda resuelto en el método cascada por la alimentación directa del último grupo desde una de las v. distribuidora que controlan los grupos o bien en tecnología eléctrica porque el último grupo esté activo (tenga tensión) cuando no esté activo ninguno de los restantes grupos y que se analizará con detalle mas adelante

II. 3.2.5.3.- Control de fases

Son válidos los criterios generales establecidos en el apartado II.3.2.4.4, (Pag. 205) que recordando sintéticamente son:

a) *Las fases primeras de grupo se activaran directamente, esto es, al entrar en funcionamiento el grupo al que pertenecen, entra ellas*

b) *El resto de las fases, esto es, las no primeras de grupo, se activaran si estando activo el grupo a que correspondan, se dá la la señal de cambio entre fases correspondiente*

II. 3.2.5.4.- Implementación de circuitos en cascada. Tecnología neumática

Consideradas las bases de la lógica de mando para el establecimiento de grupos/fases y sus ecuaciones, se indica seguidamente el proceso de realización de esquemas para esta metodología, que sería el siguiente:

a) Constatación de que la secuencia contenga señales permanentes
b) *División de la secuencia en el menor número de grupos posible*, esto es, que cada grupo contenga el mayor número posible de fases
c) Elaboración del grafo de secuencia con las señales de mando
d) Establecimiento de las ecuaciones de gobierno de los grupos y fases del sistema
e) Diseño del esquema de mando a partir de las ecuaciones establecidas

Por ser exactamente iguales las explicaciones establecidas para Paso a paso mínimo. Tecnología neumática (Apartado II 3.2.4.11 pag. 272) en referencia a los apartados a, b y c del proceso mas arriba indicado, pasamos a clarificar directa y específicamente para el método cascada el control de grupos/fases y el diseño del esquema de mando

Resumiendo, del método cascada diremos que tiene una configuración de grupos/fases como el paso a paso mínimo, esto es, con el menor número posible de grupos conteniendo por tanto cada uno de ellos el mayor número posible de fases no antagónicas

Diseño del esquema de mando

Un esquema de mando por el método cascada presenta la siguiente fisonomía general (Ver página siguiente)

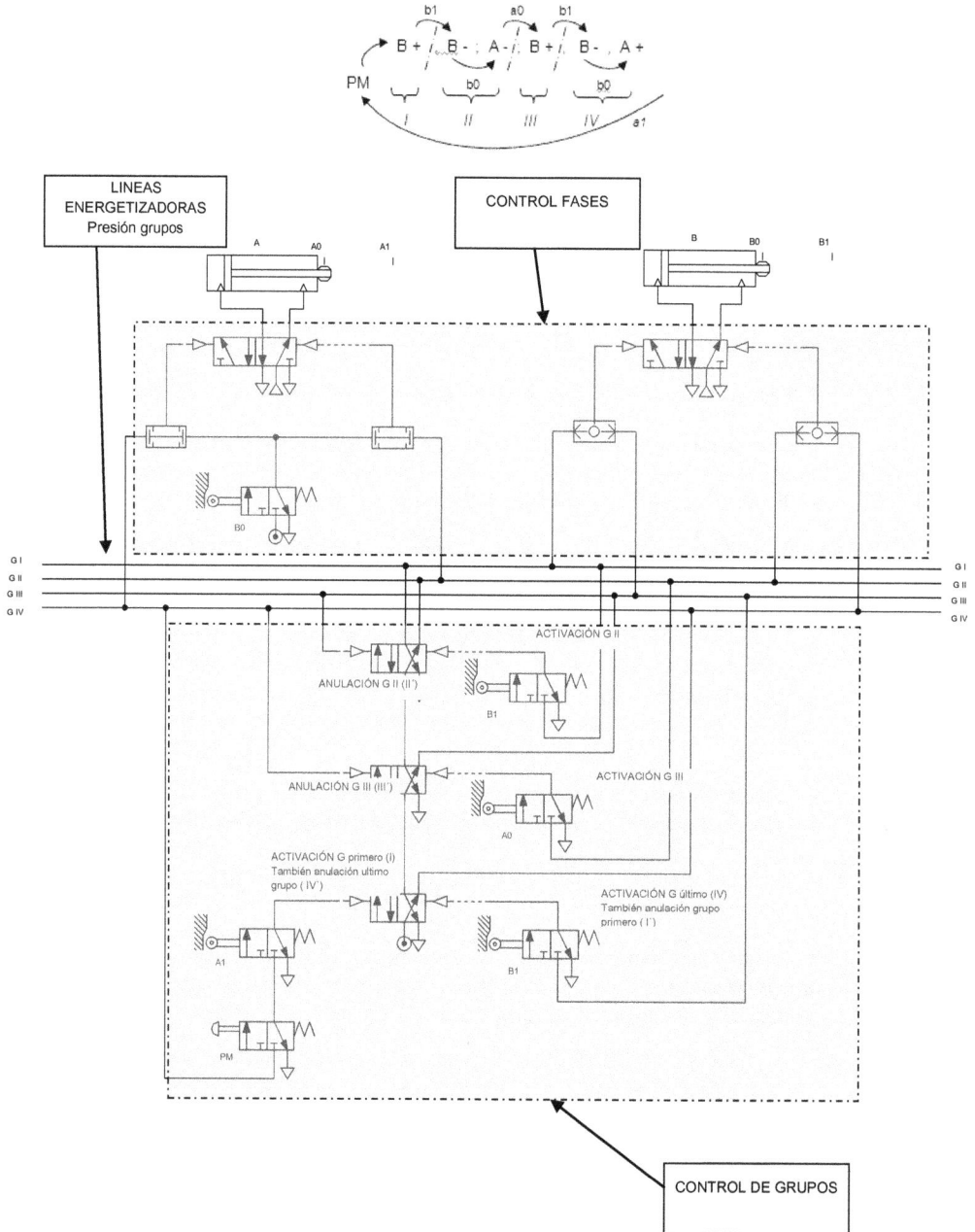

Ver en página 238 y pag 256 esquemas equivalentes en tecnología electroneumática y mediante control por PLC

GÉNESIS JUSTIFICATIVA PARA LA TRANSFORMACIÓN DE UN PASO A PASO MÍNIMO A CASCADA

A la vista del siguiente esquema de un circuito paso a paso mínimo, realicemos sobre el mismo las trasformaciones que se indican   *(Para cada una de las propuestas de modificación ver también su reflejo en el esquema de la página siguiente)*

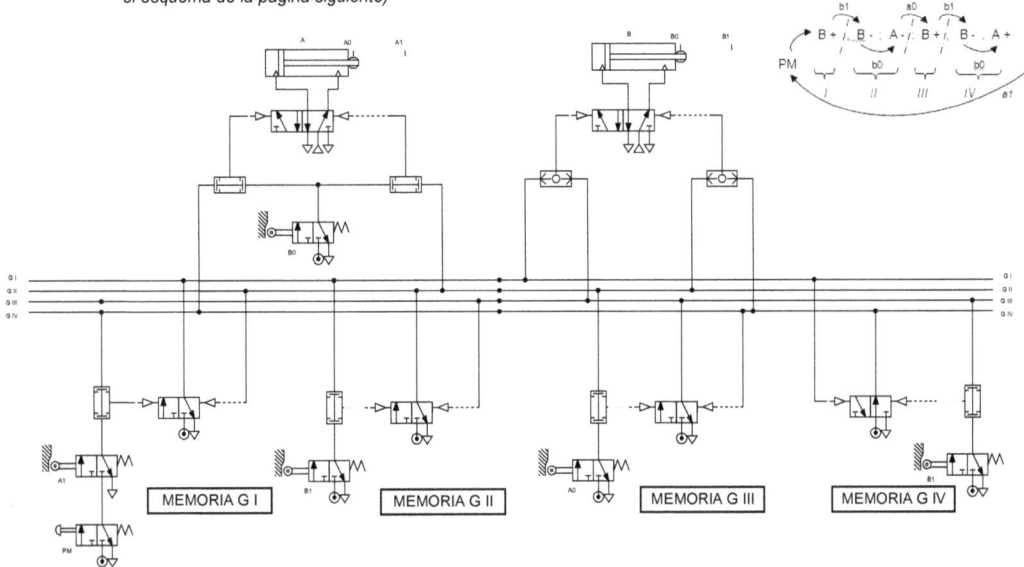

- Sustituyamos los biestables (3/2 NC) de las memorias que controlan los grupos I y II por un único biestable (4/2 ó 5/2) cuya salida directa conecte (Alimente) al grupo II y la salida inversa al grupo I

   Su pilotaje izquierdo conéctese al grupo III de modo que anule la alimentación directa al grupo II (Un grupo es anulado por el siguiente)

   Su pilotaje derecho, que es la activación del grupo II conéctese al grupo al grupo I a través de la señal de cambio G_{I-II}, *I . b1* (A un grupo lo activa el anterior por la señal de cambio)

- Sustituyamos el biestable (3/2 NC) de la memoria que controla el grupo III por un biestable (4/2 o 5/2) cuya salida directa conecte (Alimente) al grupo III

- Conéctese la salida inversa del biestable del grupo III a la presión del biestable de los grupos I-II

   Su pilotaje izquierdo conéctese al grupo IV de modo que anule la alimentación directa al grupo III

   Su pilotaje derecho, que es la activación del grupo III conéctese al grupo al grupo II a través de la señal de cambio G_{II-III}, *II . a0*

- Sustituyamos el biestable (3/2 NC) de la memoria que controla el grupo IV por un biestable (4/2 o 5/2) cuya salida directa conecte (Alimente) al grupo IV

- Conéctese la salida inversa del biestable del grupo IV a la presión del biestable del grupo III

   Su pilotaje izquierdo, anulación del grupo IV, constituye   por tanto a la activación del grupo I, conéctese por tanto al grupo IV por la señal de cambio G_{IV-I} y el pulsador de puesta en marcha ,   *IV.PM.a1*

   Su pilotaje derecho que es la activación del grupo IV conéctese al grupo III a través de la señal de cambio G_{III-IV} *III. b1*

Tras la realización de las microtrasformaciones indicadas, el esquema neumático tendría el siguiente aspecto

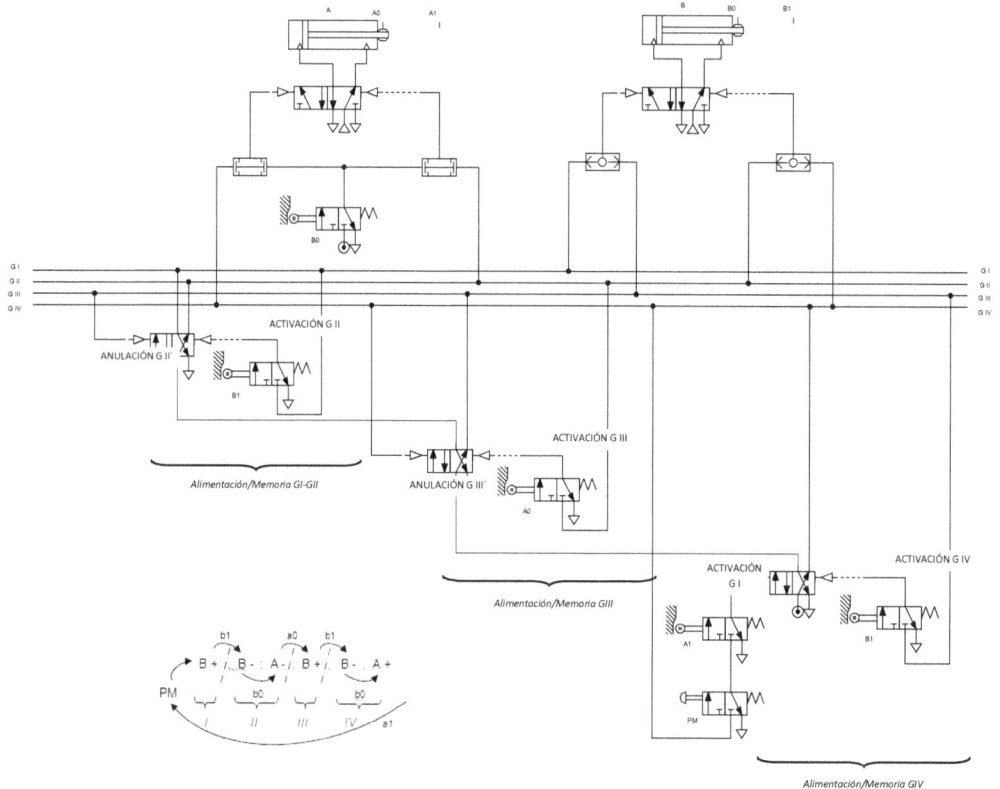

Alimentación/Memoria GI-GII

Alimentación/Memoria GIII

Alimentación/Memoria GIV

Que tras una alineación gráfica vertical (En serie) de los biestables que controlan los grupos,   es igual al reflejado en la pag 304 salvo el diferente trazado de algunas líneas

Esta disposición en serie de los biestables genera un efecto cascada de activación de los grupos, comenzando por el grupo I en la parte baja izquierda del esquema , siguiendo con el grupo II en la parte alta derecha de los biestables y continuando en sucesivos escalones inferiores la activación de los grupos III y IV, asemejando una caída en cascada

Si consideramos una secuencia de dos grupos como la que se indica seguidamente

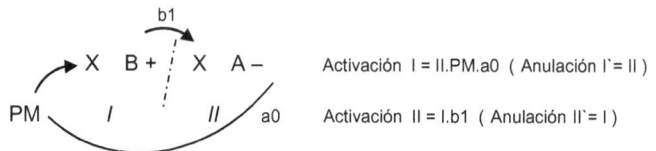

Activación I = II.PM.a0 (Anulación I`= II)

Activación II = I.b1 (Anulación II`= I)

a la vista del esquema en cascada que lo representa reflejado en la página siguiente, observamos que   las dos primeras variables "Grupo", líneas energetizadoras correspondientes a los grupos I y II, se controlan mediante un primer elemento biestable

o "memoria" implementado en el caso de tecnología neumática por una v. distribuidora 4/2 o 5/2, cuyo pilotaje izquierdo corresponde a la activación del grupo I (Primero) y su pilotaje derecho es la activación del grupo II (Último) que recíprocamente también son las señales anuladoras respectivas, esto es, la activación del grupo I (Primero) es la anulación del grupo II (Último) y viceversa, siendo cada una de estas señales activadoras/anuladoras las establecidas en la tabla de ecuaciones de mando.

En la siguiente figura queda reflejado lo dicho anteriormente

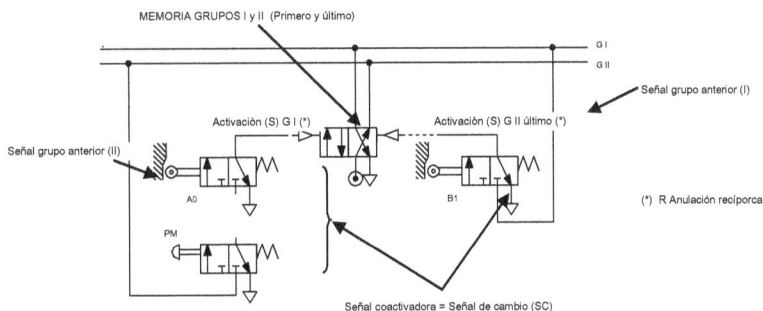

MEMORIA GRUPOS I y II (Primero y último)

Señal grupo anterior (I)

Activación (S) G I (*)   Activación (S) G II último (*)

Señal grupo anterior (II)

A0

B1

(*) R Anulación recíporca

PM

Señal coactivadora = Señal de cambio (SC)

Se recuerda que la activación de un grupo es $G_N = G_{N-1} . SC$ y su anulación $(G_N)` = G_{N+1}$

Grupo anterior   Señal cambio/coactivadora   Grupo siguiente

Si el número de grupos es mayor de dos, a la memoria establecida para el control de los grupos I (Primero) y II se irán conectando en serie (Cascada)válvulas distsribuidoras 4/2 (5/2) que proporcionaran cada una de ellas una salida para el control de un grupo adicional.

Cascada tres grupos

Veamos en la siguiente figura lo inidicado para una secuencia de tres grupos

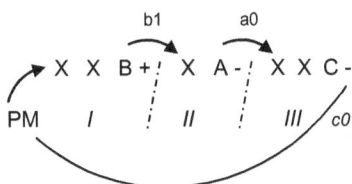

b1   a0

X X B + ¦ X A - ¦ X X C -

PM   I   ¦   II   ¦   III ⁄ c0

Activación I = III. PM . c0 (Anulación I`= II)

Activación II = I . b1 (Anulación II`= III)

Activación III = II.a0 (Anulación III`= I)

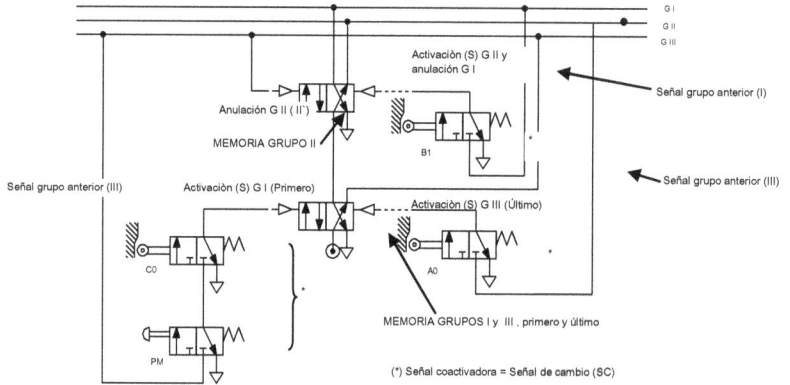

En el biestable/memoria inferior se controlan los grupos primero (Obviamente siempre el I) y último, es este caso el III

Si el número de grupos establecidos fueran cuatro, añadiremos a la anterior configuración un biestable mas para controlarlos

Generalizando podemos decir que el número de biestables (Memorias) a implementar es igual al número de grupos menos uno, dado que el primero de ellos controla dos grupos

$$N° \text{ memorias (Biestables)} = N° \text{ de grupos - 1}$$

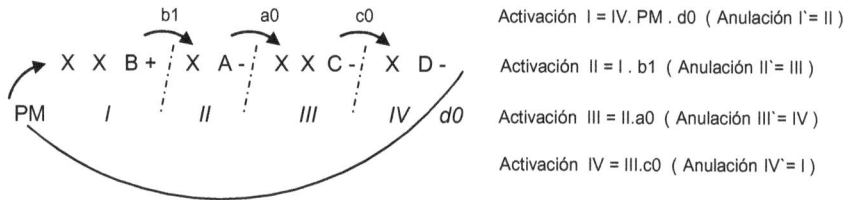

Activación I = IV. PM . d0 (Anulación I'= II)

Activación II = I . b1 (Anulación II'= III)

Activación III = II.a0 (Anulación III'= IV)

Activación IV = III.c0 (Anulación IV'= I)

G I
G II
G III
G IV

Activación (S) G II y
anulación G I

Señal grupo anterior (I)

Anulación G II (II')

MEMORIA GRUPO II

B1

Señal grupo anterior (II)

Anulación G III (III')

Activación (S) G III

MEMORIA GRUPO III

A0

Señal grupo anterior (IV)

Señal grupo anterior (III)

Activación (S) G I (Primero)

Activación (S) G IV (Último)

D0

C0

PM

MEMORIA GRUPO I y IV , primero y último

(*) Señal coactivadora = Señal de cambio (SC)

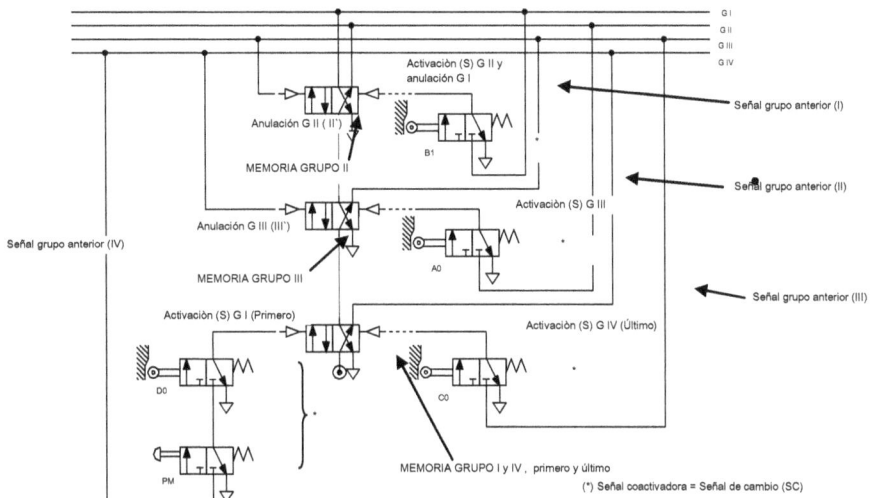

También como se puede apreciar mediante esta descripción, en el control de grupos por el método cascada se asegura que en todo momento solo hay un grupo discriminador activo (línea energetizadora o de presión) dado que siempre a un grupo lo anula el siguiente

Inicialización de un sistema cascada

En referencia a la inicialización del sistema, queda resuelta en este método porque el último grupo está conectado directamente a presión en estado de reposo como puede apreciarse en cualquiera de las figuras anteriores, por tanto a la espera de que sea activada la señal de puesta en marcha, lo cual hace innecesaria cualquier otra actuación al respecto (Pex,…)

Como se indica en el apartado "Consideraciones/Limitaciones de los diferentes sistemas de eliminación de señales permanentes" , pag 351   , el inconveniente de este sistema es la posible acumulación de retardos en la trasmisión de señales dada la conexión en serie de las memorias controladoras de grupo, lo cual hace aconsejable que no sea empleado para secuencias de mas de 4 grupos (3 memorias)

Cascada dos, tres y cuatro grupo

Apliquemos lo dicho hasta ahora para secuencias de 2,3 y 4 grupos haciendo el diseño completo del esquema neumático correspondiente

1. Sea la secuencia A- , B + , B - , A +   en la cual se constata que existen señales permanentes (Acciones antagónicas seguidas o/y por ser secuencia de inversión inexacta A , B ≠ B , A) la organización optimizada de grupos es la siguiente:

$$A - \quad B + \quad \vdots \quad B - \quad A +$$

$$I \qquad \vdots \qquad II$$

Cuyo grafo de secuencia con señales de mando es:

Siendo sus ecuaciones de mando las siguientes:

GRUPOS		FASES
Activación (S)	Anulación (R)	
I = II . PM . a1	I ´= II	A - = Y2 = I B + = Y3 = I .a0
II = I .b1	II `= I	B - = Y4 = II A + = Y1 = II .b0

Su esquema neumático queda reflejado a continuación:

310

2- Sea la secuencia   A + , B + , B - , C + , C - , A - ya tratada en las explicaciones iniciales del método paso paso mínimo, en la que igualmente se constató la existencia de señales permanentes y cuyo grafo de secuencia y ecuaciones de mando resultaron ser:

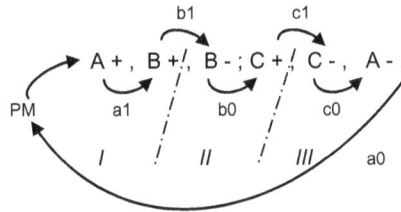

GRUPOS		FASES
Activación	Anulación	
I = III . PM . a0	I '= II	A + = Y1 = I B + = Y3 = I . a1
II = I . b1	II `= III	B - = Y4 = II C + = Y5 = II . b0
III = II . c1	III `= I	C - = Y6 = III A - = Y2 = III . c0

y cuyo esquema neumático de mando sería

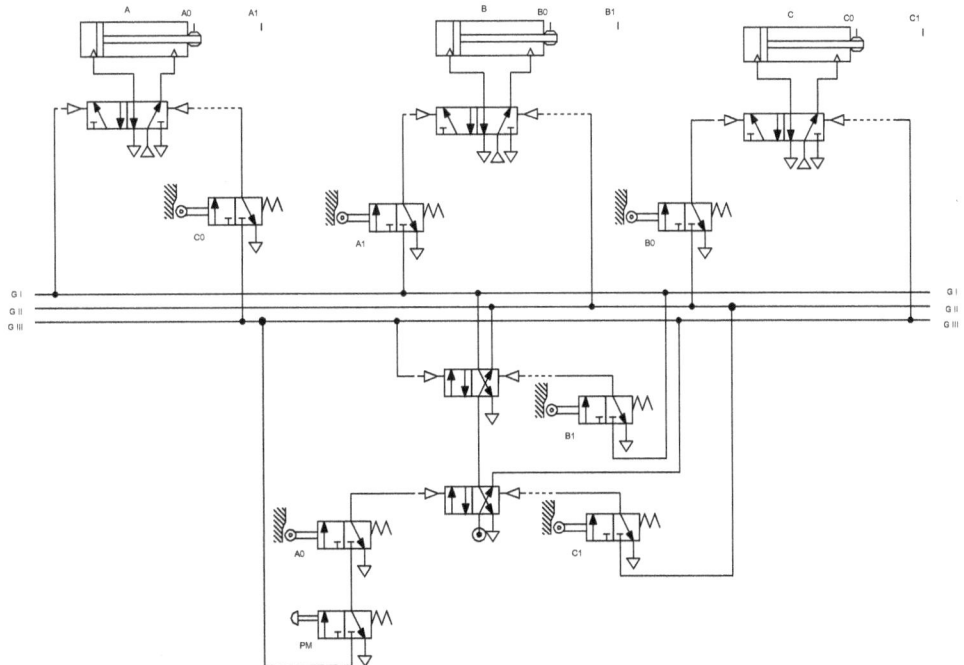

3- Para la secuencia   A + , B + , A - , C - , A + , B - , A - , C+ en la que existen señales permanentes, por ser una secuencia de inversión inexacta (A , B ≠ A , C ...) cuya configuración optimizada de grupos es :

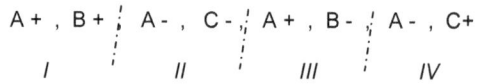

$$A + , \; B + ; \; A - , \; C - ; \; A + , \; B - ; \; A - , \; C+$$

$$I \qquad\qquad II \qquad\qquad III \qquad\qquad IV$$

siendo su grafo de secuencia con señales y ecuaciones de mando las siguientes:

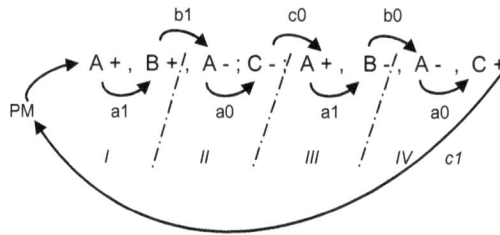

GRUPOS		FASES
Activación (S)	Anulación (R))	
I = IV . PM . c1	I ´= II	A + = Y1 = I B + = Y3 = I . a1
II = I . b1	II `= III	A - = Y2 = II C - = Y6 = II . a0
III = II . c0	III `= IV	A + = Y1 = III B - = Y3 = III .a1
IV = III .b0	IV ´= I	A - = IV C + = Y6 = IV . a0

A + = I + III
A - = II + IV

tendría el esquema neumático que sigue:

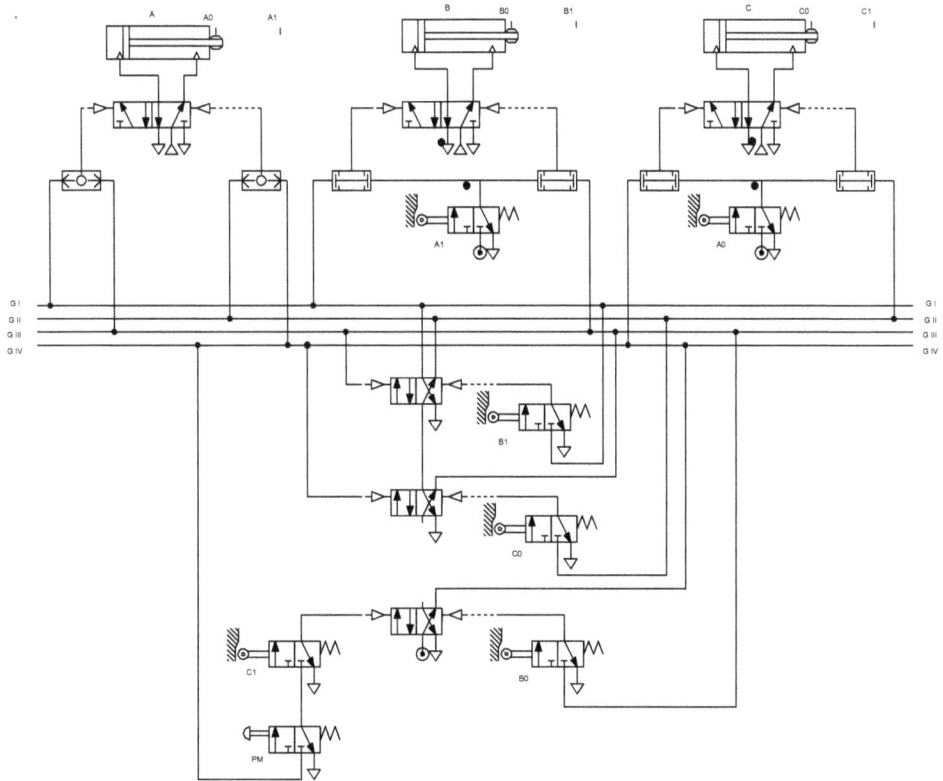

Ejercicio: Un sistema de taladrado de piezas tiene la siguiente funcionalidad :

Tras la activación de un pulsador de puesta en marcha PM (Válvula distribuidora 3/2 NC con pulsador), un cilindro de simple efecto A ejecuta su salida realizando la sujeción de una pieza precolocada manualmente, sobre la que se mecanizarán dos taladros mediante la salida/retroceso del cabezal taladrador impulsado por un cilindro B de doble efecto de modo que una vez realizado el primer taladro un tercer cilindro C también de doble efecto saldrá para posicionar la pieza al objeto de que se realice el segundo taladro, tras lo cual el cilindro C al meterse posiciona la mesa en su situación de partida para seguidamente quedar liberada la pieza al introducirse el cilindro A.

Todos los cilindros tienen controladas las posiciones extremas de sus recorridos por finales de carrera (V. distribuidoras monoestables 3/2 NC), estando los de doble efecto gobernados por v. d. biestables 5/2 y el de simple efecto por v. d. monoestable 3/2 NC.

Diseñar el circuito de mando neumático por el método cascada (Optimizado)

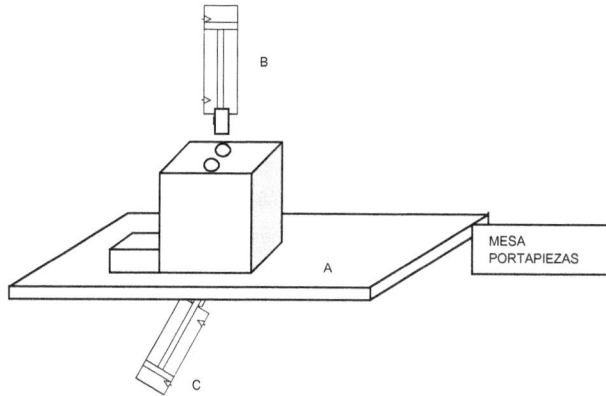

Tras la lectura de la funcionalidad del sistema podemos decir que la secuencia de funcionamiento es:

$$A + , B + , B - , C + , B + , B - , C - , A -$$

a) Se constata que en el sistema existen señales permanentes (Acciones antagónicas seguidas o/y secuencia de inversión inexacta A , B $\neq$ B - ..)

b) y c) La división optimizada de la secuencia en grupos y sus señales de mando es:

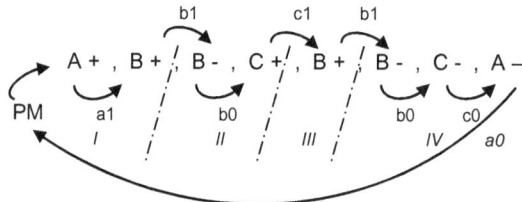

d) Las ecuaciones de mando son :

GRUPOS		FASES	
Activación (S)	Anulación (R))		
I = IV . PM . a0	I ´= II	A + = Y1 = (A + + I) (.co . IV)` (*) B + = Y2 = I . a1	
II = I . b1	II `= III	B - = Y3 = II C+ = Y4 = II . b0	B + = I . a1 + III
III = II . c1	III `= IV	B + = Y2 = III	B - = II + IV
IV = III .b1	IV ´= I	B - = Y3 = IV C - = Y5 = IV . b0 A - = Ausencia señal A+ y muelle v.d.	

(*) Al ser monoestable la válvula que controla el cilindro A, la señal que gobierna su salida (I) debe ser retenida hasta que se produzca la señal que certifica su entrada (c0 . IV). Es preciso añadir la variable grupo IV, para discernirle esa misma señal (c0) que se da en la situación de partida por estar también el cilindro C dentro . Esta señal (c0.IV) debe ser pasada por un inversor (Señal negada)

e) El diseño del esquema de mando es por tanto:

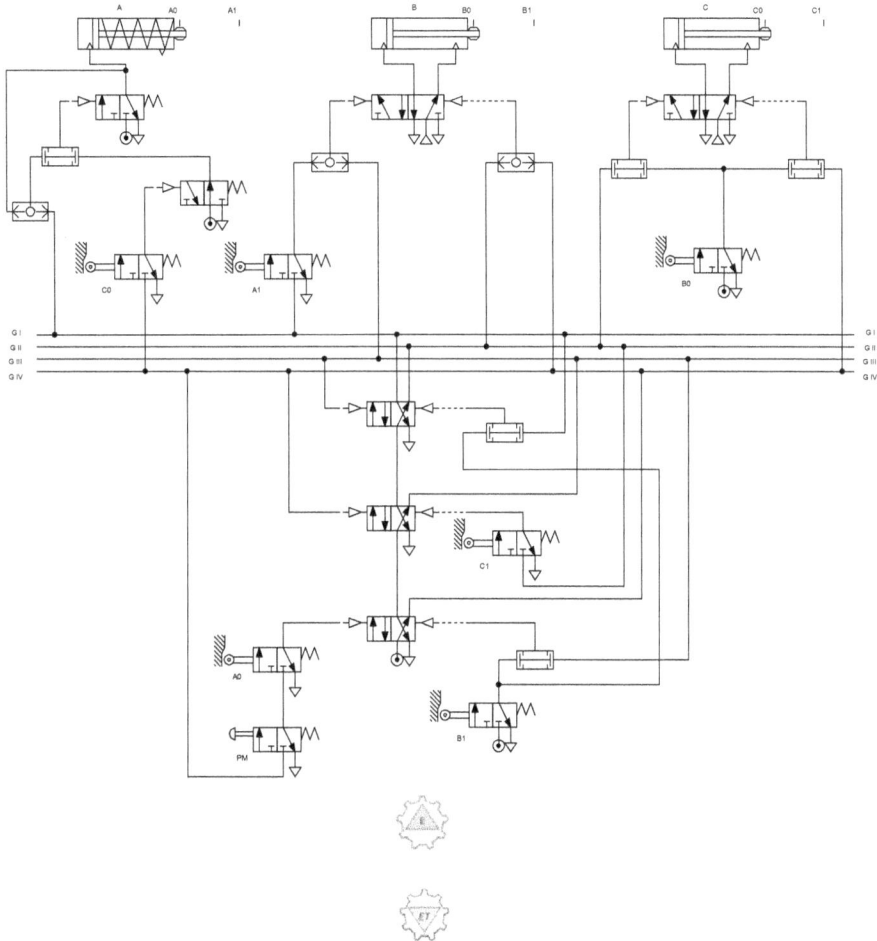

Ejercicio trasversal: Se eliminan ahora las s.p. mediante el método cascada en el dispositivo alimentador de chapa (Enunciado pag. (155),.contemplando que todos los cilindros son de doble efecto y están gobernados por v. biestables, excepto los cilindros A y C que son de simple efecto y lo están por v. monoestables 3/2 NC
Todos los cilindros disponen de los oportunos finales de carrera que detectan las posiciones extremas de sus recorridos, implementados en v. distribuidoras monoestables 3/2 NC
El sistema inicia su funcionamiento al activar un pulsador de puesta en marcha PM configurado en una valvula distribuidora monoestable 3/2 NC

Realizar el esquema neumático mediante el método cascada con un establecimiento de grupos optimizado

Como ya quedó reflejado en su resolución por paso paso mínimo, el establecimiento de grupos, grafo de secuencia y ecuaciones de mando serían:

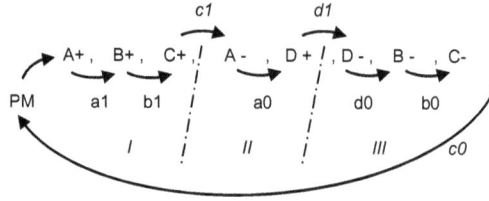

A+ , B+ , C+ , I A - , D + , I, D- , B - , C-

PM   a1   b1   I   a0   I   d0   b0

I   II   III   c0

GRUPOS		FASES
Activación	Anulación	
I = III . PM . c0	I `= II	A + = Y1 = (A+ + I) II` (*) B + = Y2 = I .a1 C + = Y4 = (C+ + b1) b0´ (* *)
II = I . c1	II `= III	A - = Presencia de II y muelle de la v.d. D + = Y5 = II . a0
III = II . d1	III `= I	D - = Y6 = III B - = Y3 = III. d0 C - = Presencia de b0 y muelle de la v. d.

(*) Al ser el cilindro A de simple efecto y la válvula que lo gobierna monoestable la señal que genera su salida (I) deberá ser retenida hasta que se establezca la señal que permite su retorno (II), que debe ser pasada por un inversor (Señal negada)

(**) Idem cilindro C. Retener la señal que genera su salida (I.b1I) hasta que se de la señal que permite su retorno (b0), que debe ser pasada por un inversor (Señal negada)

Correspondiéndole el siguiente circuito neumático de mando:

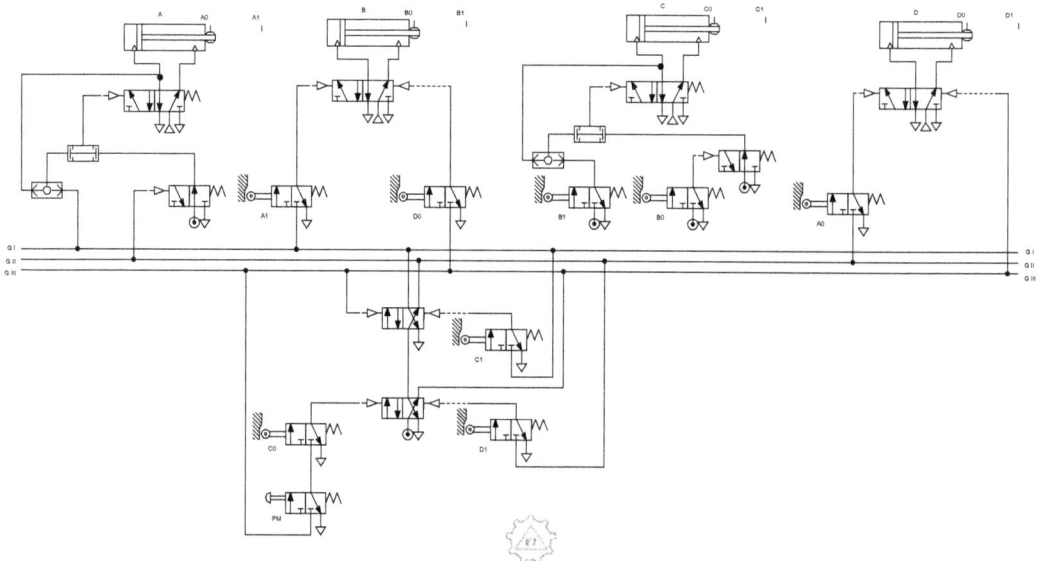

Ejercicio propuesto: Un pequeño torno tiene sus movimientos longitudinal, transversal y de cierre de la pinza para sujeción de la barra a mecanizar impulsados neumáticamente de modo que tras la activación de un pulsador de puesta en marcha PM (V.d.istribuidora monoestable 3/2 NC, con pulsador) un cilindro A de simple efecto gobernado por una v. d. monoestable 3/2 NC saldrá para efectuar el cierre de la pinza de sujeción de la barra donde se mecanizará una pieza.

Seguidamente otro cilindro B de doble efecto, gobernado por una v. d. biestable 5/2, saldrá proporcionando el movimiento longitudinal realizando el cilindrado del extremo de la barra, a continuación y simultáneamente al retroceso del cilindro B un tercer cilindro C, también de doble efecto e igualmente gobernado que el B, saldrá proporcionando el movimiento trasversal a una torreta independiente que ejecutará el tronzado de la pieza, retornando a su posición de partida, tras lo cual la pinza efectuará su apertura al volver el cilindro A a su posición retraída

Todos los cilindros tiene las posiciones extremas de sus recorridos controladas por finales de carrea (V.d. monoestable 3/2 NC)

Diseñar el circuito de mando neumático para el control del sistema, mediante el método cascada optimizado

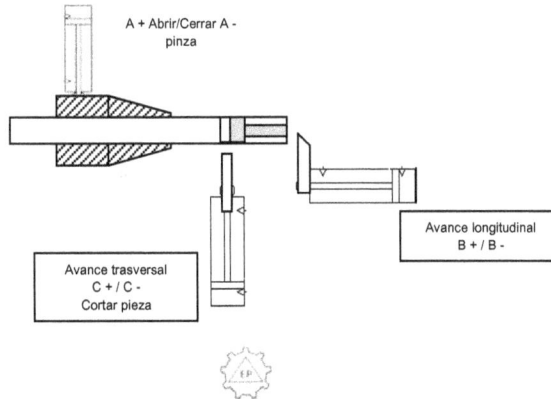

A + Abrir/Cerrar A - pinza

Avance longitudinal
B + / B -

Avance trasversal
C + / C -
Cortar pieza

II. 3.2.5.5.- Implementación de circuitos en cascada. Tecnología electroneumática

El establecimiento de grupos/fases y sus ecuaciones de mando, con las adaptaciones terminológicas a esta tecnología, sigue los mismos criterios que fueron indicados para el método cascada en tecnología neumática (Ver apartado II.3.2.5 Cascada, pag. 302/303).

En cuanto a la implementación del esquema de mando para la tecnología "cascada eléctrico" que nos ocupa también son válidas las consideraciones establecidas para el método paso-paso mínimo en tecnología electroneumática, así como los criterios establecidos para el control de grupos fases (Pag. 282) .

La estructura y fisonomía general de un esquema resuelto por metodología "cascada eléctrico" es similar al de un circuito resuelto por el método paso paso (mínimo) eléctrico (Ver pag. 338)

Vease también en la pag 349 las similitudes entre un circuito neumático en cascada con su implementación en un esquema por "cascada eléctrico"

Pues bien, con lo hasta aquí indicado tenemos en síntesis un control por el método paso-paso mínimo y lo que le diferencia respecto al método "cascada eléctrico" que estamos analizando ahora, es que en este, a semejanza con tecnología neumática dos de los grupos son controlados por un mismo relé (En el caso que nos ocupa , los dos últimos) utilizando un contacto abierto del mismo para el control del grupo penúltimo y un contacto cerrado para el control del último grupo (*), por lo que podemos decir que el último grupo se establece por la ausencia de activación de los demás grupos, o lo que es lo mismo

(*) En rigor son los contactos negados, en serie, de los grupos restantes

$$ G_{N \, (ultimo)} = K1`. \, K2` \, ... \, (.K_{N-1 \, (\, penúltimo)})` $$

Siguiendo por tanto con el paralelismo con tecnología neumática, el número de biestables (relés) es igual al número de grupos menos uno

$$ N° \, relés = N° \, grupos - 1 $$

Cascada tres grupos

Consideremos la secuencia   A + , B + , B - , C + , C - , A - utilizada en explicaciones anteriores, cuya división de grupos y asignación de relés era la siguiente

$$ A + , \ B + / \ B - ; \ C + ; / \ C - , \ A - , $$
$$ I = K1 \ / \ II = K2 \ / \ III -- K2` \ (\text{En rigor } III = K1´.K2´) $$

quedando así su grafo de secuencia con señales de mando

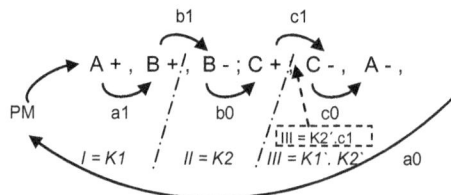

cuyas ecuaciones de mando, aplicando los principios genéricos de que a un grupo le activa el anterior por la señal de cambio y le anula el siguiente, serían en principio las siguientes

ASIGNACIÓN DE RELES	CONTROL DE GRUPOS		CONTROL DE FASES
	Activación(S)	Anulación(R)	
Grupo I = K1 $K1 = (K1 + K1`. K2` . PM . a0) .K2`$ (A)  Grupo  II = K2 $K2 = (K2 + K1. b1 ) .(K2` . c1)$` (B)  Grupo  III = K1`. K2`	K2`. a0 . PM K1 . b1	K1`= K2  III `= K2`. c1	

Pero desarrollemos algebráicamente las ecuaciones A y B:

(A).- Operando el paréntesis tendremos:

$$K1 = (K1 + K1`. K2` . PM . a0) .K2`$$

$$K1 = K1 . K2` + K1`. \underbrace{K2` . K2`}_{K2`} . PM . a0 = K1 . K2` + K1`. K2` \, PM . a0 = (K1 + K1`.. PM . a0 ) .K2`$$

y por la ley de absorción del complementario (A + A′. B)= A + B, (Ver "Automatización

Fundamentada I" , pag 96) , $K1 + K1`.a0. PM = K1 + a0 . PM$

$$K1 = (K1 + PM . a0) K2′$$

Por tanto, la señal de activación del relé K1 será únicamente la señal coactivadora (Señal última fase x Puesta en Marcha), y generalizando:

En una secuencia de tres grupos, la activación del grupo I se realiza solamente con la señal coactivadora (Señal última fase grupo III y Puesta en Marcha sin la variable (grupo III)`

(B) Operando la negación del segundo paréntesis (Ley de Morgan)

$$K2 = (K2 + K1. b1) .(K2` . c1)` = (K2 + K1. b1) .(\underbrace{K2`` + c1′}_{K2}) = (K2 + K1. b1) .(K2 + c1′)$$

multiplicando ahora el primer paréntesis por cada uno de los términos del segundo:

$$K2 = (K2 + K1. b1) .K2 + (K2 + K1. b1) .c1′ = \underbrace{K2 . K2}_{K2} + K2 . K1. b1 + (K2 + K1. b1) .c1′$$

$$K2 = K2 + K2 . K1. b1 + (K2 + K1. b1) .c1′ = \underbrace{(\underbrace{1 + K1. b1}_{1}) K2}_{K2} + (K2 + K1. b1) .c1`$$

$$K2 = K2 + (K2 + K1. b1) .c1´$$

cuyo significado en algebra de Boole es que:

$$K2 = K2 , \text{lo cual es una obviedad} \quad o \quad K2 = (K2 + K1. b1) .c1´$$

Por tanto, la señal de anulación del relé K2 será únicamente la señal coactivadora, lo que generalizando supone que:

En una secuencia de tres grupos, la anulación del grupo II se realiza únicamente con la señal coactivadora del último grupo (Señal última fase grupo II)

Incorporando las conclusiones/ecuaciones finales obtenidas a la tabla de ecuaciones de mando, tendríamos:

ASIGNACIÓN DE RELES	CONTROL DE GRUPOS		CONTROL DE FASES
	Activación(S)	Anulación(R)	
Grupo I =K1 $K1 = (K1 + PM . a0) .K2´$	PM .a0	K1`= K2`	A + = Y1 = K1 B + = Y3 = K1 . a1
Grupo II = K2 Kc1 = c1 (*) $K2 = (K2 + K1. b1) . Kc1´$	K1 . b1	K2 `= c1`	B - = Y4 = K2 C + = Y5 = K2 . b0
Grupo III = K1´. K2`			C - = Y6 = K1`. K2´ A - = Y2 = K1´. K2´ . c0

(*) La señal c1 se pasa por relé para poder incorporarla como negada en la ecuación

El diseño del esquema de mando en tecnología eléctrica para la secuencia tratada por el método "cascada eléctrico" sería (Ver pag. siguiente, superior):

Si aplicamos lo desarrollado a una **secuencia genérica de tres grupos**, endríamos:

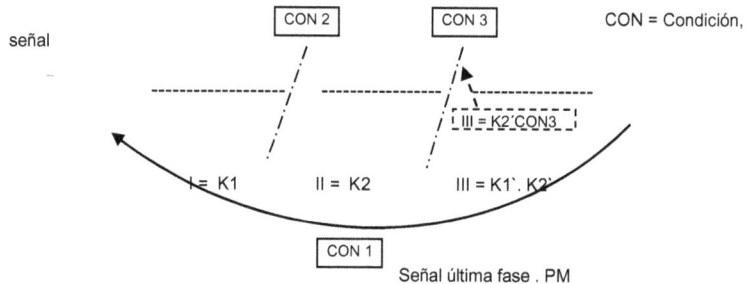

Grupo I , K1 = (K1 + CON 1) K2´ (*) / Grupo II , K2 = (K2 + K1 . CON 2) . CON 3` (**) / Grupo III = K1´. K2´

que trasladado a un esquema electroneumático genérico, sería (Ver demostración y esquema en pag siguiente, inferior)

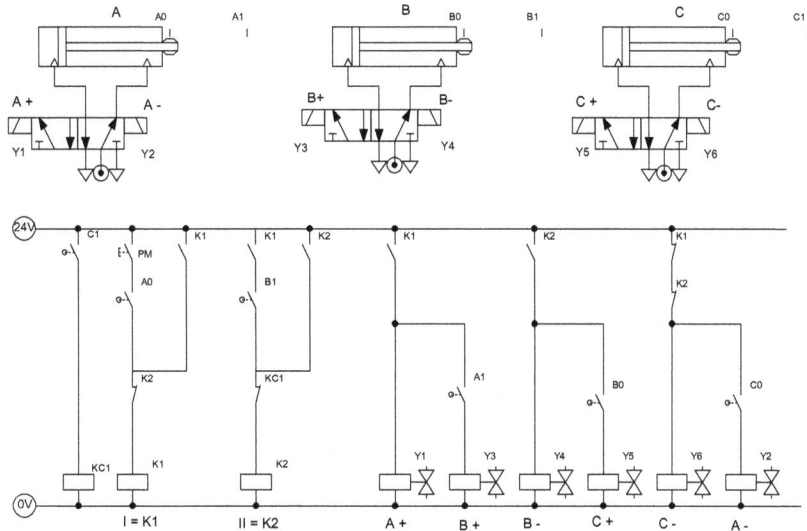

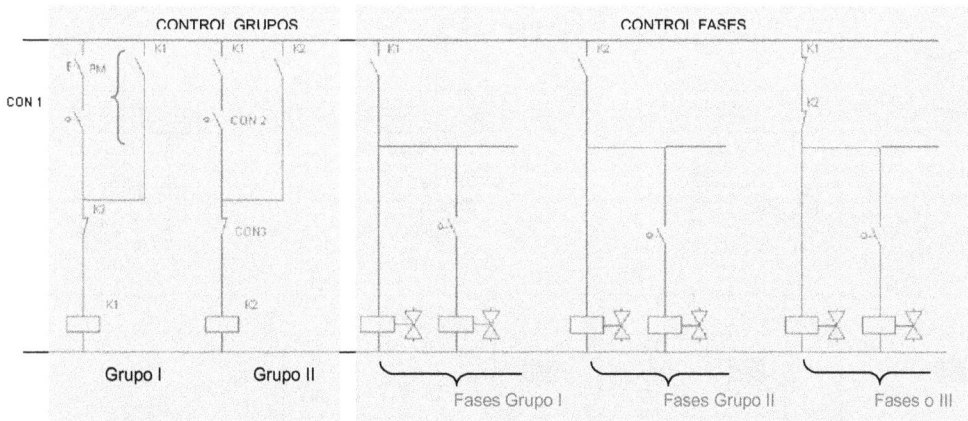

(*) Grupo I ,   K1 = (K1 + K1´. K2`. CON1) K2´ = K1 . K2`+ K1 `K2`.K2`. CON1 = K1 . K2`+ K1`. K2`. CON1 = (K1 + K1`.CON1 ) K2`   y por la ley de absorción del complementario K1 + K1`. CON 1 = K1 + CON 1, por tanto
K1 = (K1 + CON1) K2`

(**) Grupo II,   K2 = (K2 + K1 . CON2) . (K2´.CON3)`= (K2 + K1.CON2) . (K2`` + CON3`) =
= (K2 + K1 . CON2) (K2 + CON 3`)  = ( K2 + K1 . CON2) K2 + ( K2 + K1 .CON2 ). CON3` =
= K2 . K2 + K1 . K2 . CON2 + (K2 + K1 . CON2) . CON3`= K2 + K1 . K2 . CON2 + (K2 + K1 . CON2) CON3`=
= (1 + K1 . CON2) K2 + (K2 + K1.CON2). CON3` = K2 + (K2 + K1.CON2).CON3´,
por tanto   K2 = K2 , Obviedad   o bien   K2 = (K2 + K1 . CON2) CON3`

Grupo III = K1´. K2´

321

Tradicionalmente en el ámbito de trabajo de la neumática la representación esquemática del método cascada suele hacerse así:

El esquema tradicional para la secuencia tratada anteriormente en la pag. 318 (A+, B+, B - , C+ , C - , A -) sería:

Cascada dos grupos

Realicemos ahora las mismas reflexiones para el supuesto de una secuencia de dos grupos (Después también haremos lo propio con una secuencia de cuatro grupos)

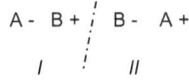

$$A - \quad B + \quad \Big| \quad B - \quad A +$$

$$I \qquad \Big| \qquad II$$

Cuyo grafo de secuencia con señales de mando es:

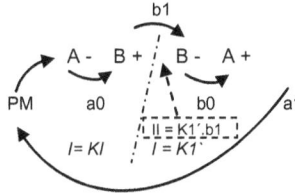

Las ecuaciones de mando aplicando los criterios genéricos serían en principio:

ASIGNACIÓN DE RELES	CONTROL DE GRUPOS		CONTROL DE FASES
	Activación(S)	Anulación(R)	
Grupo I =K1 $K1 = (K1 + PM . a1) . (K1`.b1)`$ (A) Grupo II = K1´	K1´. a1 . PM	K1`.b1	

Desarrollemos algebraicamente la ecuación (A)

$K1 = (K1 + K1`.PM.a1 ).(K1`.b1)`= (K1 + K1`.PM.a1).(K1``+ b1`) = (K1 + K1`.PM.a1).(K1 + b1`) =$
$= (K1 + K1`.PM.a1).K1 + (K1 + K1´.PM.a1).b1 `$

desarrollando el paréntesis del primer sumando y aplicando la ley de absorción del complementario $(A + A`. B = A + B)$ al segundo

$K1 = K1.K1 + K1´.K1.PM.a1 + (K1 + PM. a1) . b1` = K1 + K1´.K1.PM.a1 + (K1 +PM. a1) . b1` =$
$= (1 + K1´. PM.a1).K1 + (K1 + PM . a1).b1` =  K1 + (K1 + PM.a1).b1`$

$\underbrace{\qquad\qquad\qquad}_{1}$

Por tanto,   K1 = K1 que es una obviedad o bien $K1 = (K1 + PM.a1).b1`$

En consecuencia, al igual que en tecnología neumática, la señal de activación del relé K1 será únicamente la señal coactivadora (Señal última fase x Puesta en Marcha) y generalizando supone que:

En una secuencia de dos grupos, la activación del grupo I se hace solamente con la señal coactivadora (Señal última fase Grupo II y Puesta Marcha) sin la variable (grupo II)`

También observamos que la señal de anulación del relé K1 es únicamente la señal coativadora, lo que generalizando supone que:

En una secuencia de dos grupos, la anulación del grupo I se realiza únicamente con la señal coactivadora del último grupo (Señal última fase del Grupo I)

Incorporando las conclusiones finales obtenidas a la tabla de ecuaciones de mando estas serían:

ASIGNACIÓN DE RELES	CONTROL DE GRUPOS		CONTROL DE FASES
	Activación(S)	Anulación(R)	
Grupo I = K1 Kb1 = b1(*) $K1 = (K1 + PM . a1) Kb1^{\cdot}$ Grupo II = K1´	a1 . PM	K1´= b1	A - = Y2 = K1 B+ = Y3 = K1.a0 B - = Y4 = K1` A+ = Y1 = K1´.b0

(*) La señal b1 se pasa por relé para incorporarla como negada en la ecuación

El esquema de mando por "cascada eléctrico" para la secuencia considerada es:

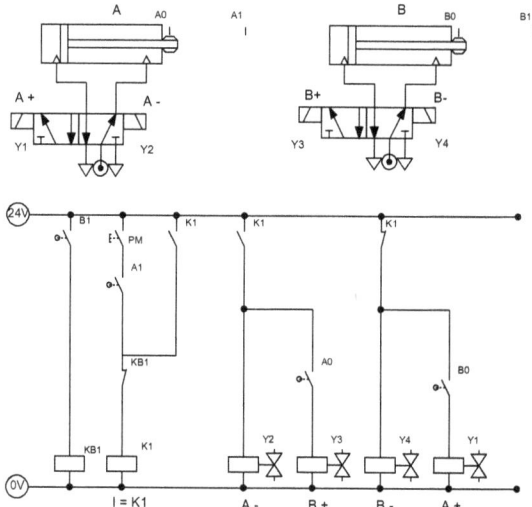

Aplicando lo desarrollado a una **secuencia genérica de dos grupos**, tendríamos

Incorporando lo desarrollado a una secuencia genérica de tres grupos, tendríamos:

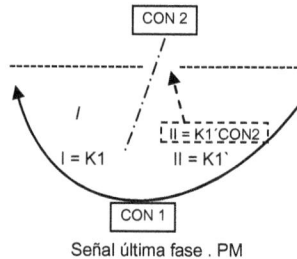

Señal última fase . PM

Grupo I , K1 = (K1 + CON 1).CON2´   **Grupo II = K1´**

Grupo I ,   K1 = (K1 + K1´. CON1) .(K1´.CON2)` = (K1 + K1´. CON1) .(K1``+ CON2`) =
= (K1 + K1´. CON1) .(K1+ CON2`) = (K1 + K1´. CON1) .K1 + (K1 + K1´. CON1) . CON2`=
= K1.K1 + K1. K1´. CON1 + (K1 + K1´. CON1) . CON2`= K1 + (K1 + CON1) . CON2`

K1   0   K1 + CON1 (Absorción del complementario)

Por tanto K1 = K1 (Obviedad) o bien   *K1 = (K1 + CON1) . CON2*`

Grupo II = K1´

y trasladándolo a un esquema electroneumático, sería:

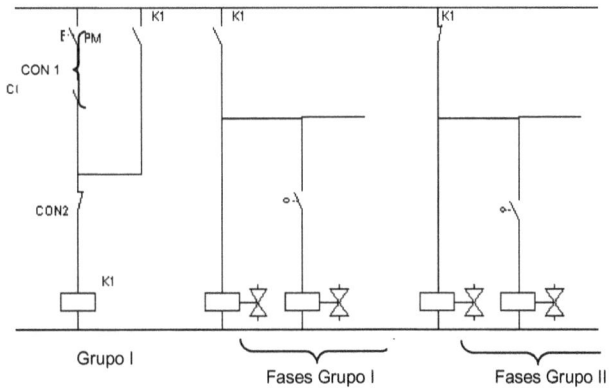

Grupo I   Fases Grupo I   Fases Grupo II

La forma de representación tradicional en el ámbito de trabajo de la neumática suele hacerse así::

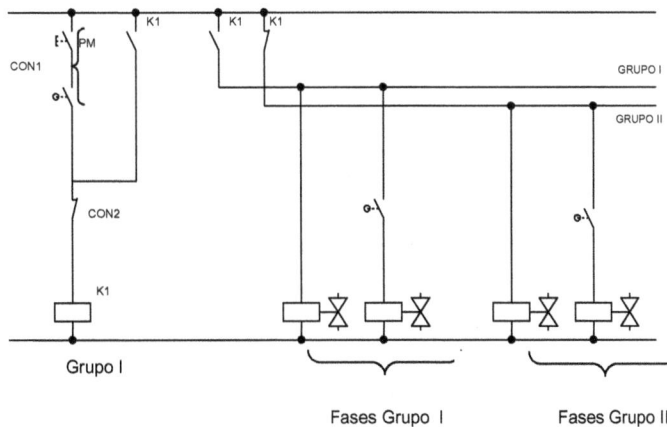

Grupo I   Fases Grupo I   Fases Grupo II

El esquema tradicional para la secuencia tratada en la pag 323 , (A- , B+, B -, A+) es:

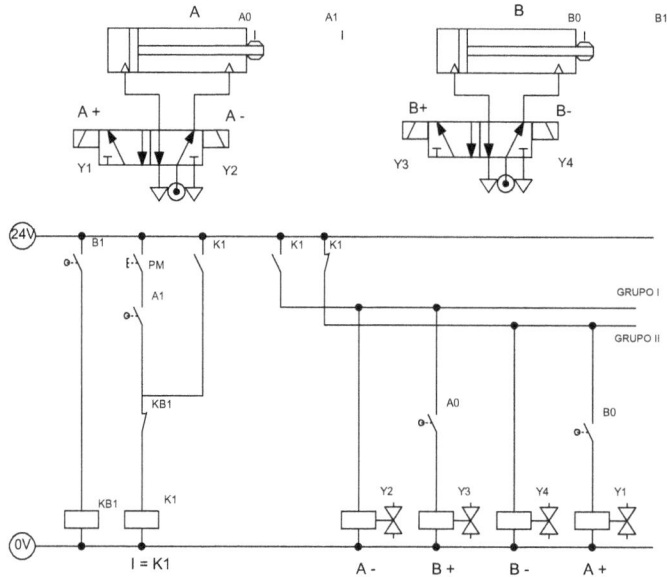

Cascada cuatro grupos

Apliquemos ahora lo tratado a una secuencia de cuatro grupos, también usada en explicaciones anteriores:

$$A + , B + \ \vdots \ A - , \ C - \ \vdots \ A + , \ B - \ \vdots \ A - , \ C+$$

$$I=K1 \ \vdots \quad II = K2 \ \vdots \ III = K3 \ \vdots \ IV - K3`$$

quedando así su grafo de señales:

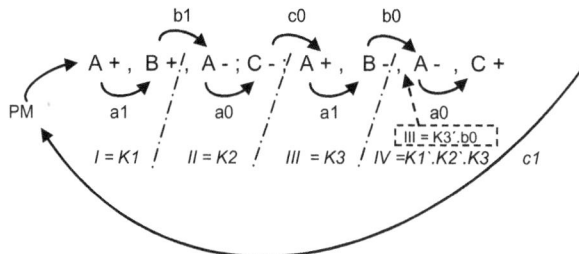

Procediendo como en las secuencias de·3 y 2 grupos, las ecuaciones de mando, en principio, son las siguientes:

ASIGNACIÓN DE RELES	CONTROL DE GRUPOS		CONTROL DE FASES
	Activación(S)	Anulación(R)	
Grupo I =K1 $K1 = (K1 + K1`. K2`.K3`. PM . c1 ) .K2`$ (A)	K1`. K2`.K3`. PM . c1	K1`= K2	
Grupo II = K2 $K2 = (K2 + K1. b1) .K3`$.	K1 . b1	K2 `= K3	
Grupo III = K3 $K3 = (K3 + K2. c0) .(K3` .b0)`$ (B)	K2 . c0	IV= K3`. b0	
Grupo IV = K1`. K2`. K3`			

Desarrollando algebráicamente las ecuaciones A y B tendríamos:

(A) K1 = (K1 + K1`. K2`.K3`. PM . c1 ) .K2` = K1. K2` + K1`. K2`.K2`.K3`.PM . c1=

= K1. K2` + K1`. K2`..K3`. PM . c1 .= (K1. + K1`..K3`. PM . c1) K2`

Aplicando el teorema de la absorción del complementario (A+A`.B = A + B), quedaría

K1 = (K1 + K3`. PM . c1 ). K2`

En una secuencia de cuatro grupos: la señal de activación del relé K1 depende únicamente de la señal coactivadora (Señal última fase x PM) sin la variable (IV)`

(B) K3 = (K3 + K2. c0) .(K3` .b0)` = (K3 + K2. c0) .(K3``+ b0)` =(K3 + K2. c0 ) .( K3 + b0`) =

= (K3 + K2. c0) . K3 + (K3 + K2. c0) .b0` = K3.K3 + K2. c0. K3 + (K3 + K2. c0 ) .b0` =

= K3. + K2. c0. K3 + (K3 + K2. c0) .b0` = ( 1 + K2. c0). K3 + (K3 + K2. c0 ) .b0` =

= 1 . K3 + (K3 + K2. c0) .b0` = K3 + (K3 + K2. c0) .b0´

K3 = K3 + (K3 + K2. c0) .b0´

Por tanto: K3 = K3 (Obviedad) o bien *K3 = (K3 + K2. c0) .b0´*

En una secuencia de cuatro grupos, la anulación del grupo III se realiza únicamente con la señal coactivadora del ultimo grupo (Señal última fase Grupo III)

Incorporando estas consideraciones a la tabla de las ecuaciones de mando tendremos

ASIGNACIÓN DE RELES	CONTROL DE GRUPOS		CONTROL DE FASES
	Activación(S)	Anulación(R)	
Grupo I =K1 Ka1 = a1(*) $K1 = (K1 +.K3`. PM . c1 ) .K2`$	K3`. PM . c1	K1`= K2	A + = Y1 = K1 B+ = Y3 = K1.Ka1
Grupo II = K2 Ka0 = a0 $K2 = (K2 + K1. b1) .K3`$.	K1 . b1	K2 `= K3	A - = Y2 = K2 C - = Y6 = K2 . Ka0
Grupo III = K3 Kbo = bo (**) $K3 = (K3 + K2. c0) .Kb0`$	K2 . c0	K3`= b0	A+ = Y1 = K3 B - = Y4 = K3 . Ka1
Grupo IV = K1`. K2`. K3`			A - = Y2 = K1`.K2`.K3` C+ = Y5 = K1`.K2`.K3`.Ka0
			A+ = Y1 = K1 + K3 A - = Y2 = K2 + K1`.K2`.K3`

(*) Las señales a0/a1 se pasan por relé (Ka0/Ka1) por aparecer en mas de una ecuación (Repetición mov. A+)

(**) La señal b0= Kb0 se pasa por relé para incorporarla como negada a la ecuación

El esquema electroneumático para la secuencia considerada en la pag. 326 tratada por el método "cascada eléctrico" sería:

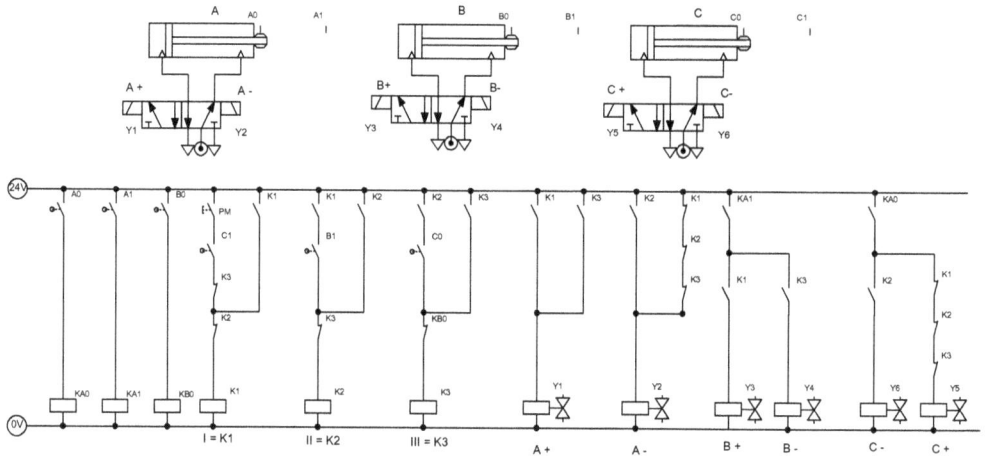

Aplicando lo visto a una **secuencia genérica de cuatro grupos** tendríamos:

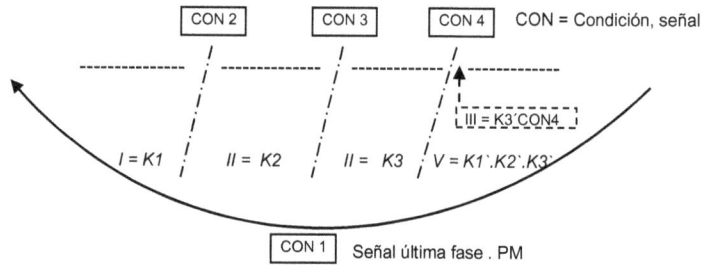

Grupo I , K1 = (K1 + K3`.CON 1) K2´
Grupo III, K3 = (K3 + K2.CON3).CON4`

Grupo II , K2 = (K2 + K1 . CON 2) .K3`
Grupo IV = K1`.K2`.K3`

Grupo I , K1 = (K1 + K1´. K2`.K3`. CON1) K2´ = K1 . K2`+K1 `K2`.K2`.K3´. CON1 = K1 . K2`+K1`. K2`.K3`. CON1 = (K1 + K1`.K3´.CON1 ) K2`   y por la ley de absorción del complementario K1 + K1`.K3`. CON 1 = K1 + K3´. CON 1, por tanto   *K1 = (K1 + K3`. CON1 ) K2`*

Grupo II ,   *K2 = (K2 + K1 . CON2) K3`*

Grupo II,   K3 = (K3 + K2 . CON3) . (K3`.CON4)`= (K3 + K2 . CON3) . (K3``+.CON4`)=
= (K3 + K2 . CON3) (K3+.CON4`)= K3.K3 + K3. K2 . CON3 + ( K3 + K2 . CON3) .CON4`=
= K3 + K3. K2 . CON3 + (K3 + K2 . CON3) .CON4`= (1 + K2 . CON3).K3 + ( K3 + K2 . CON3) .CON4`,
K3 = K3 + (K3 + K2 . CON3) .CON4`   1

por tanto   K3 = K3 (Obviedad)   o bien   *K3 = (K3 + K2 . CON3) CON4`*

Grupo III = K1´. K2´. K3`

Cuya representación en esquema electroneumático sería:

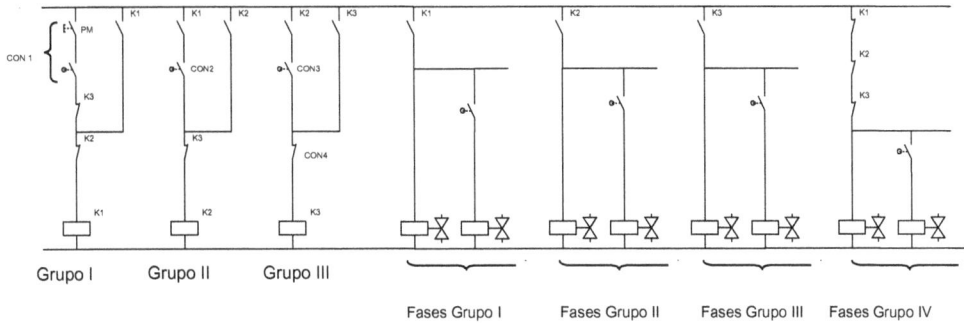

La representación tradicional del esquema en el ámbito de trabajo de neumática sería:

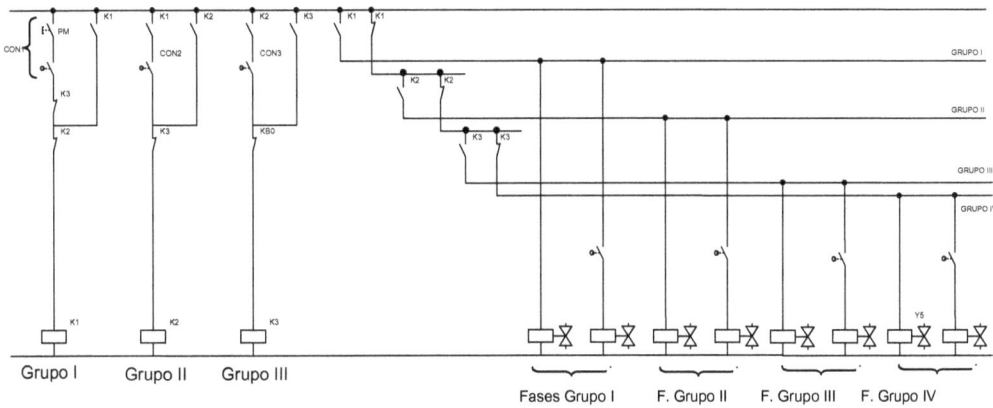

El esquema tradicional para la secuencia tratada en la pag 326 (A+,B+,A-,C-,A+,B-,A-,C+) sería (*):

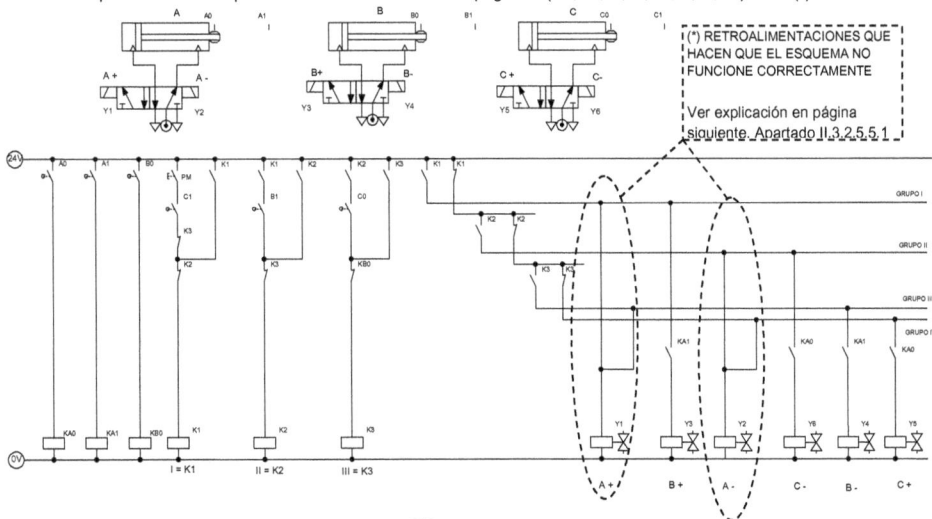

(*) RETROALIMENTACIONES QUE HACEN QUE EL ESQUEMA NO FUNCIONE CORRECTAMENTE

Ver explicación en página siguiente. Apartado II.3.2.5.5.1

II. 3.2.5.5.1.- Otras consideraciones sobre cascada eléctrico

Consideración primera:

(*) La disposición "tradicional" en el esquema eléctrico , cuando hay movimientos repetidos puede generar retroalimentaciones de grupos que hacen ingobernable la secuencia, como el caso que nos ocupa, por lo que caben dos opciones al respecto:

a)   Sacar fuera de esa disposición "tradicional" el gobierno de los movimientos (fases) que se repiten, en nuestro caso A+/A- , quedando el esquema de la siguiente forma:

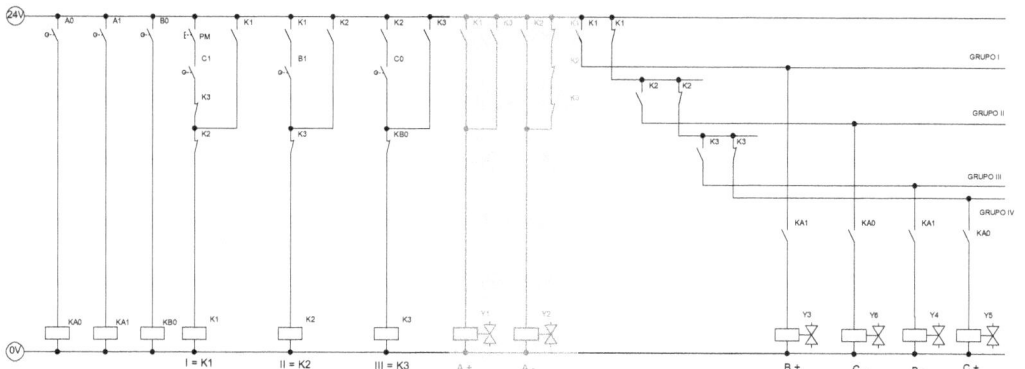

b)   O bien, como ya se ha visto anteriormente, optar por una disposición esquemática electrica estandar (Ver pag 328)

Consideración segunda:

   Es frecuente en el método cascada eléctrico utilizar como señales de cambio, para el control de grupos y fases, únicamente las señales que generan estas sin tener en consideración el grupo anterior/siguiente (Estado) y si bien es correcto cuando en la secuencia no existen movimientos repetidos, pudiendo ser una consideración simplificadora en el diseño del esquema, es también cierto que esta estrategia no es aconsejable cuando existan señales repetidas consecuencia de la existencia de movimientos repetidos que pueden originar saltos en el control de la secuencia y por tanto un funcionamiento incorrecto del sistema.

   Consideremos al efecto la secuencia de tres grupos A+, B+, B-; C+, C-, A- tratada anteriormente (pag 318/319) y confirmemos lo dicho aplicando el criterio simplificador de usar únicamente las señales de cambio de fase sin incorporar el grupo (estado)

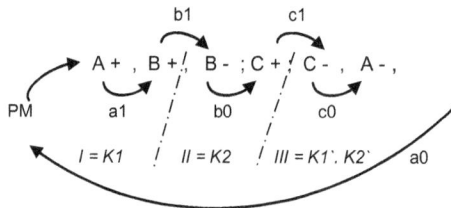

ASIGNACIÓN DE RELES	CONTROL DE GRUPOS		CONTROL DE FASES
	Activación(S)	Anulación(R)	
Grupo I =K1 Kb1=b1(*) $K1 = (K1 + PM . a0) .Kb1\grave{}$	a0 . PM	$K1\grave{} = b1\grave{}$	$A + = Y1 = K1$ $B+ = Y3 = K1 . a1$
Grupo II = K2 Kc1 = c1 (**) $K2 = (K2 + K b1) . Kc1\grave{}$	K1 . b1	$K2\grave{} = c1\grave{}$	$B - = Y4 = K2$, $C + = Y5 = K2 . b0$
Grupo III = K1´. K2`			$C - = Y6 = K1\grave{}. K2\grave{}$ $A - = Y2 = K1\grave{}. K2\grave{} . c0$

(*) La señal b1 se pasa por relé (Kb1) porque aparece en mas de una ecuación
(**) La señal c1 se pasa por relé (Kc1) para incorporarla como negada en la ecuación

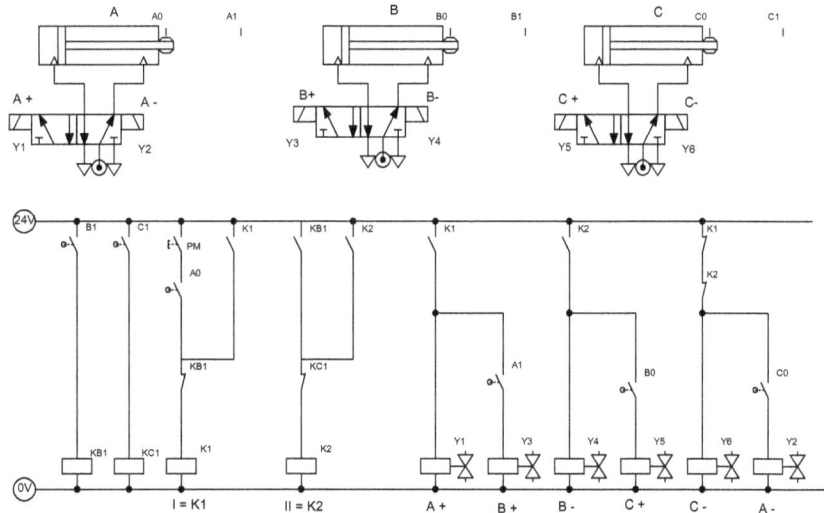

Y comprobamos el correcto funcionamiento de la disposición esquemática aplicada

Pero si aplicamos ahora ese mismo criterio simplificador de no incorporar la variable grupo en una secuencia con movimientos repetidos, constataremos la existencia de deficiencias en el funcionamiento del sistema (Todos los movimientos están gobernados por v.d. biestables)

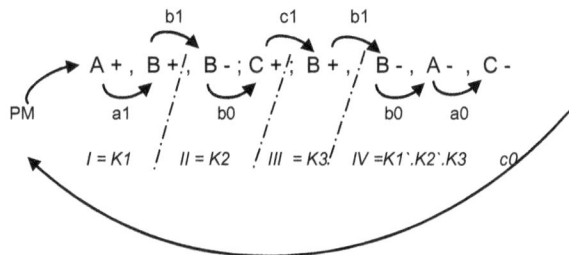

Pero antes apliquemos lo indicado para una secuencia genérica de cuatro grupos (Ver pag 328), incorporando la variable grupo :

Grupo I, $K1 = (K1 + K3`.PM.c0).K2`$
Grupo II, $K2 = (K2 + K1.Kb1).K3`$
Grupo III, $K3 = (K3 + K2 . c1).Kb1`$
Grupo IV $= K1`.K2`.K3`$

ASIGNACIÓN DE RELES	CONTROL DE GRUPOS		CONTROL DE FASES
	Activación(S)	Anulación(R)	
Grupo I =K1 $K1 = (K1 + .K3` . PM . co ) .K2`$	$K3` . PM . c0$	$K1`= K2$	$A + = Y1 = K1$ $B+ = Y3 = K1.a1$
Grupo II = K2 Kb0 = b0 $K2 = (K2 + K1. Kb1) .K3`$. Kb1 = b1	$K1 .K b1$	$K2 `= K3$	$B - = Y1 = K2$ $C+ = Y5 = K2 . Kb0$
Grupo III = K3 $K3 = (K3 + K2. c1) .Kb1`$	$K2 . c1$	$B1$	$B+ = Y3 = K3$
Grupo IV = $K1`. K2`. K3`$			$B - = Y4 = K1`.K2`.K3`$ $A - = Y2 = K1`.K2`.K3`.Kb0$ $C - = Y6 = K1`.K2`.K3`.a0$  $B+ = Y3 = K1.a1 + K3$ $B - = Y4 = K2 + K1`.K2`.K3`$

Cuyo esquema de correcto funcionamiento es:

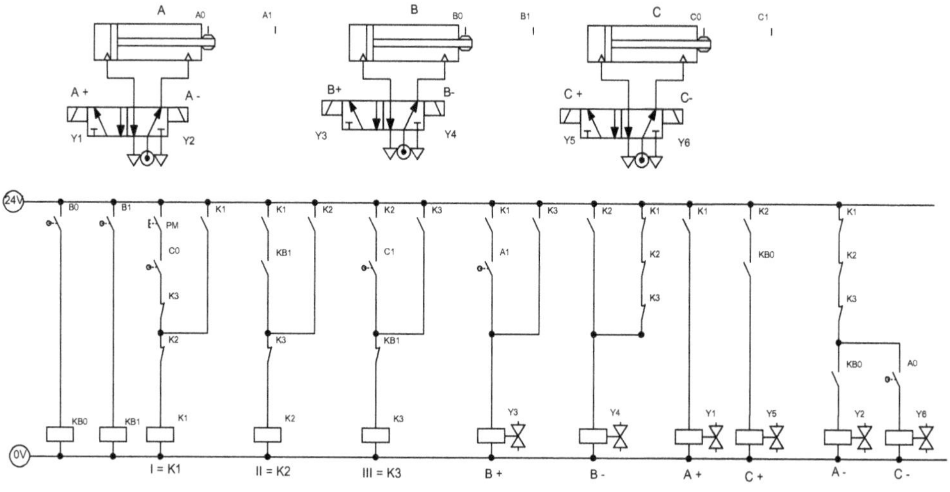

Y si ahora en las ecuaciones de mando no incorporamos la variable grupo tendríamos entonces

Grupo I,   K1 = (K1 + ~~K3`~~.PM.c0)`.K2`
Grupo II,   K2 = (K1 + ~~K1~~.Kb1).K3`
Grupo III, K3 = (K3 + ~~K2~~. c1).Kb1`
Grupo IV = K1`.K2`.K3`

permaneciendo igual el resto de ecuaciones

ASIGNACIÓN DE RELES		CONTROL DE GRUPOS		CONTROL DE FASES
		Activación(S)	Anulación(R)	
Grupo I =K1 *K1 = (K1 + . PM . co) .K2`*		PM . c0	K1`= K2	A + = Y1 = K1 B+ = Y3 = K1.a1
Grupo II = K2 *K2 = (K2 + Kb1) .K3` .*	Kb0 = b0 *Kb1 = b1*	K b1	K2 `= K3	B - = Y4 = K2 C+- = Y5 = K2 . Kb0
Grupo III = K3 *K3 = (K3 + c1) .Kb1`*	Kbo = bo	c0	K3`= Kb1	B+ = Y3 = K3
Grupo IV = K1`. K2`. K3`				B - = Y4 = K1`.K2`.K3` A - = Y2 = K1`.K2`.K3`.Kb0 C - = Y6 = K1`.K2`.K3`.a0
FUNCIONAMIENTO INCORRECTO A PARTIR DE LA SEGUNDA SALIDA DEL CILINDRO B				B+ = Y3 = K1.a1 + K3` B - = Y4 = K2 + K1`.K2`.K3`

cuyo esquema sería el siguiente y que se puede constatar no funciona correctamente, fallando a partir de la segunda salida del cilindro B

FUNCIONAMIENTO INCORRECTO A PARTIR DE LA SEGUNDA SALIDA DEL CILINDRO B

Consideración tercera:

También cabe hacer aquí alguna consideración en referencia a que la limitación de 4 grupos (max) aconsejable en la metodología cascada cuando se implementa en tecnología neumática (Problemas en el retraso de señales), en el caso de tecnología eléctrica no existe tal circunstancia, por lo que el número de grupos podría ser mayor de cuatro, pero habitualmente se implementarán por metodología paso a paso mínimo por mayor sencillez analítica y gráfica

Se desarrollan a continuación los supuestos planteados en el método cascada tecnología neumática para proseguir con el paralelismo de explicación mantenido en puntos anteriores.

Ejercicio: Un sistema de taladrado de piezas tiene la siguiente funcionalidad:

Tras la activación de un pulsador de puesta en marcha PM (Electroválvula 3/2 NC con pulsador), un cilindro de simple efecto A ejecuta su salida realizando la sujeción de una pieza precolocada manualmente, sobre la que se mecanizarán dos taladros mediante la salida/retroceso del cabezal taladrador impulsado por un cilindro B de doble efecto de modo que una vez realizado el primer taladro un tercer cilindro C también de doble efecto saldrá para posicionar la pieza al objeto de que se realice el segundo taladro, tras lo cual el cilindro C al meterse posiciona la mesa en su situación de partida para seguidamente quedar liberada la pieza al introducirse el cilindro A.

Todos los cilindros tienen controladas las posiciones extremas de sus recorridos por finales de carrera implementados en electroválvulas monoestables 3/2 NC, estando los de doble efecto gobernados por electroválvulas biestables 5/2 y el de simple efecto por electroválvula. monoestable 3/2 NC.

Elaborar el esquema electroneumático de mando por el método "cascada eléctrico"

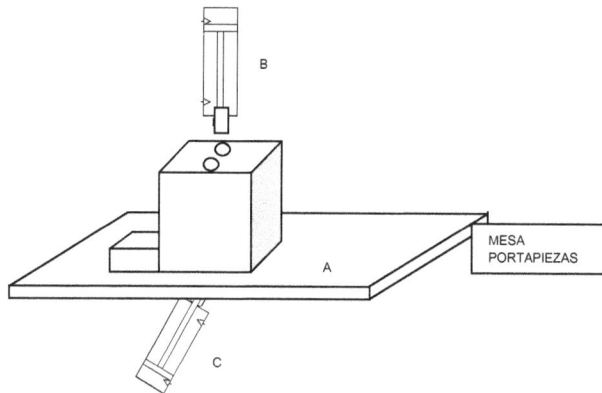

El grafo de secuencia con señales de cambio y ecuaciones de mando con las oportunas adaptaciones terminológicas como ya se vio en la resolución de este mismo supuesto por "cascada neumático" (Pag. 313) son:

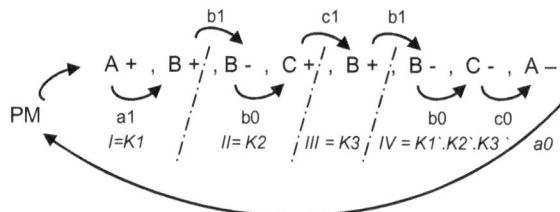

ASIGNACIÓN DE RELES		CONTROL DE GRUPOS		CONTROL DE FASES
		Activación(S)	Anulación(R)	
Grupo I =K1 $K1= (K1 + .K3`. PM . ao ) .K2`$	KA+ = A+ Kc0 = c0 (***)	K3` . PM .a0	K1`= K2	KA + = Y1 = (KA+ + K1).(co`+ K1+K2+K3) (*) B+ = Y2 = K1.a1
Grupo II = K2 $K2 = (K2 + K1. Kb1) .K3`.$	Kb0 = b0 Kb1 = b1	K1 . Kb1	K2 `= K3	B - = Y3 = K2 C+ = Y4 = K2 . Kb0
Grupo III = K3 $K3 = (K3 + K2. c1) .Kb1`$	Kbo = bo	K2 . c1	K3`= b1	B+ = Y2 = K3
Grupo IV = K1`. K2`. K3`				B - = Y3 = K1`.K2`.K3` C - = Y5 = K1`.K2`.K3`.Kb0 A - = Ausencia señal A+ y muelle electroválvula. B+ = Y2 = K1..a1 + K3 B - = Y3 = K2 + K1`.K2`.K3`

(*) Al ser monoestable la válvula que controla el cilindro A, la señal que gobierna su salida (K1) debe ser retenida hasta que se produzca la señal que certifica su entrada (c0 . IV)`

Es preciso añadir la variable grupo (IV= K1`.K2`K3´), para discernir de esa misma señal (c0) que se da en la situación de partida por estar el cilindro C dentro

$$KA+ = Y1 = (KA+ K1) (c0.IV)´ = (KA+ + K1) (co.K1`.K2`.K3`)` = (KA+ + K1) (co´+ K1 + K2 + K3)$$

(**) Las señales b1(Kb1) y b0(Kb0) se pasan por relé por repetirse en mas de una ecuación

(***) La señal c0 se pasa por relé para implantarla en su condición negada

Cuyo esquema de mando electroneumático sería:

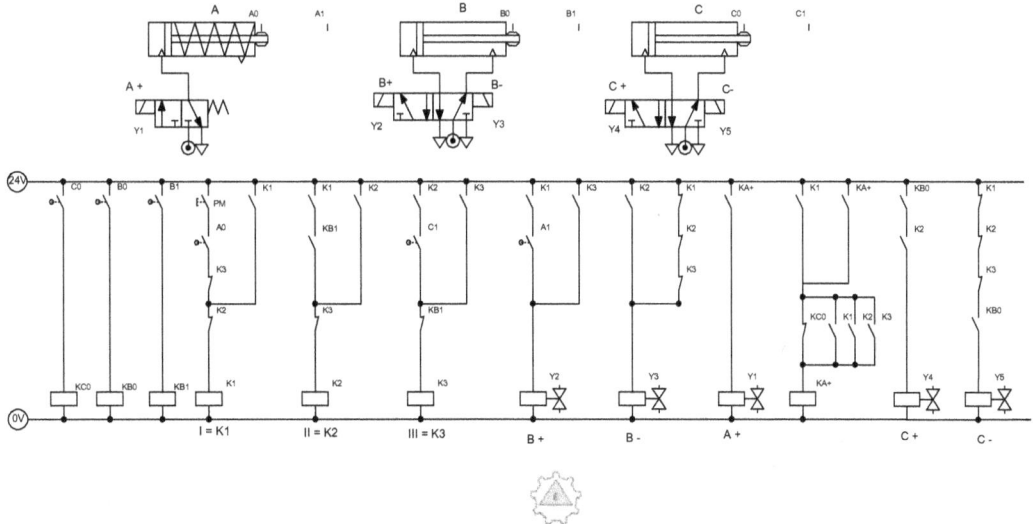

Ejercicio trasversal: Se eliminan ahora las s.p. mediante el método "cascada eléctrico" en el dispositivo alimentador de chapa (Enunciado pag 155),.contemplando que todos los cilindros son de doble efecto y están gobernados por electroválvulas biestables, excepto los cilindros A y C que son de simple efecto y lo están por electroválvulas. monoestables 3/2 NC

Todos los cilindros disponen de los oportunos finales de carrera que detectan las posiciones extremas de sus recorridos implementados en electroválvulas monoestables 3/2 NC

El sistema inicia su funcionamiento al activar un pulsador de puesta en marcha PM configurado en una electroválvula monoestable 3/2 NC

Realizar el esquema electroneumático de mando mediante el método "cascada eléctrico"

El grafo de secuencia con señales y ecuaciones de mando , con la oportuna adaptación terminológica como ya se vio en la resolución por cascada neumático (Pag 316). son:

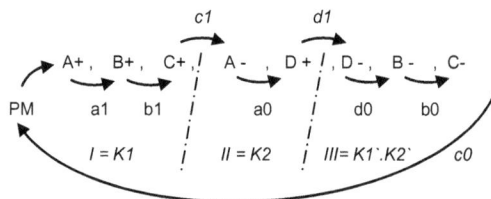

ASIGNACIÓN DE RELES		CONTROL DE GRUPOS		CONTROL DE FASES
		Activación(S)	Anulación(R)	
Grupo I =K1	KA+ = A+	PM .c0	K1`= K2	A + = Y1 = KA+ = (KA+ + K1) K2`(*)
K1 = (K1 + . PM . c0) .K2`	KC+ =C+			B+ = Y2 = K1 . a1
	Kb0 = b0			C+ = Y4 =KC+= (KC+ + K1.b1).b0`(**)
	(***)			
Grupo II = K2	Kd1 = d1	K1 . c1	K2 `= Kd1	A - = Ausencia señal A+ y muelle elecv.
K2 = (K2 + K1 c1) . Kd1`				D + = Y5 = K2 .a0
Grupo III = K1´. K2`				D - = Y6 = K1`. K2´
				B - = Y3 = K1´. K2´ . d0
				C - = Ausencia de C+ y muelle electrov

(*) Al ser el cilindro A de simple efecto y la válvula que lo gobierna monoestable la señal que genera su salida (I =K1) deberá ser retenida hasta que se establezca la señal que permite su retorno (II=K2)

(**) Idem cilindro C. Retener la señal que genera su salida (KI.Kb1) hasta que se de la señal que permite su retorno (b0)

(***) La señal b0 (Kb0) y d1(Kd1) deben pasarse por relé para incorporarlas a la lógica de mando como negadas

Cuyo circuito electroneumático es:

Ver pag. siguiente

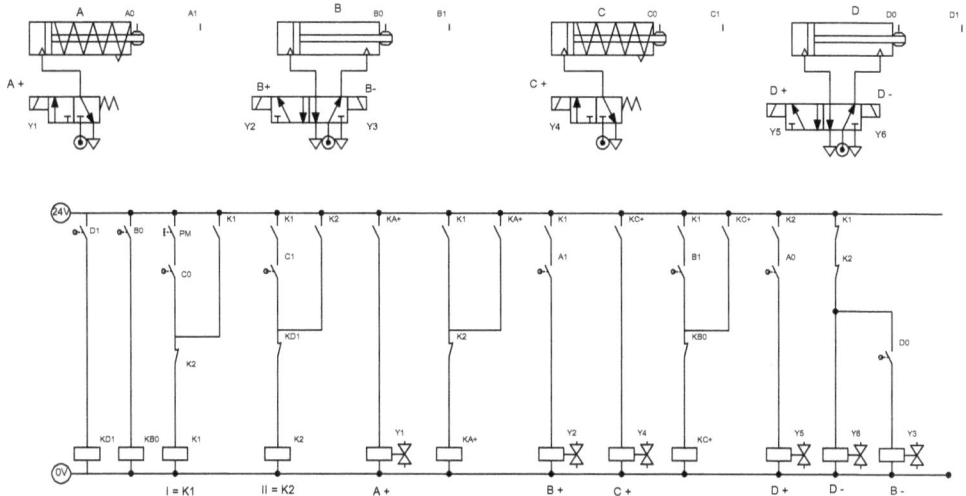

Ejercicio propuesto: Un pequeño torno tiene sus movimientos longitudinal, transversal y de cierre de la pinza para sujeción de la barra a mecanizar impulsados neumáticamente de modo que tras la activación de un pulsador de puesta en marcha PM (Electrov. monoestable 3/2 NC, con pulsador) un cilindro A de simple efecto gobernado por una electrov. monoestable 3/2 NC saldrá para efectuar el cierre de la pinza de sujeción de la barra donde se mecanizará una pieza. Seguidamente otro cilindro B de doble efecto, gobernado por una electrov. biestable 5/2, saldrá proporcionando el movimiento longitudinal realizando el cilindrado del extremo de la barra, a continuación y simultáneamente al retroceso del cilindro B un tercer cilindro C, también de doble efecto e igualmente gobernado que el B, saldrá proporcionando el movimiento trasversal a una torreta independiente que ejecutará el tronzado de la pieza, retornando a su posición de partida, tras lo cual la pinza efectuará su apertura al volver el cilindro A a su posición retraída

Todos los cilindros tiene las posiciones extremas de sus recorridos controladas por finales de carrea (Electrov. monoestable 3/2 NC)

Diseñar el esquema de mando electroneumático para el control del sistema, mediante el método " cascada eléctrico"

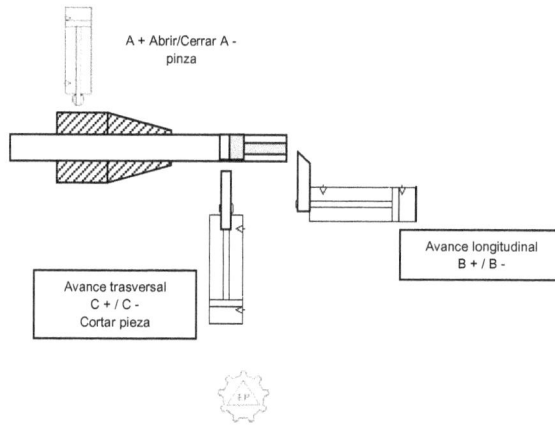

II. 3.2.5.6.- Implementación de circuitos en cascada. Control mediante PLC

En principio son válidas las consideraciones establecidas para la metodología "Cascada. Tecnología eléctrica" (Apartado II.3.2.5.5, pag 3171) con las adaptaciones terminológicas al lenguaje de contactos y las correspondencias oportunas.

La estructura general de un diagrama de contactos para PLC por metodología cascada es similar al diagrama de contactos por paso-paso máximo (Ver pag. 256)

Vease en la pag.350 las similitudes entre un esquema electroneumático y un diagrama de contactos para el control de una misma secuencia por metodología cascada

Cascada tres grupos

Si consideramos la secuencia ejemplo ya utilizada en el apartado mas arriba indicado (A+, B+, B-, C+, C-, A-), tendríamos:

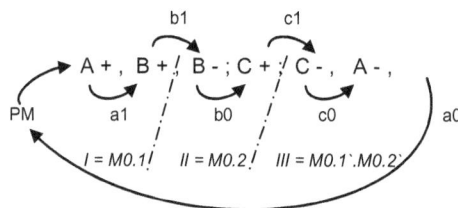

Símbolo	Dirección	
PM	I0.0	
a0	I0.1	
a1	I0.2	
b0	I0.3	
b1	I0.4	
e0	I0.5	
e1	I0.6	
Y1	Q0.1	A+
Y2	Q0.2	A-
Y3	Q0.3	B+
Y4	Q0.4	B-
Y5	Q0.5	C+
Y6	Q0.6	C-
G_I	M0.1	
G_II	M0.2	

y siguiendo lo indicado para el control de una secuencia genérica de tres grupos por metodología "cascada eléctrico" (Ver pag. 320), tendríamos:

Grupo I ;   M0.1 = (M0.1 + PM.a0).M0.2`
Grupo II , M0.2 = (M0.2 + M0.1.b1).c1`
Grupo III = M0.1`.M0.2´

ASIGNACIÓN DE BIESTABLES	CONTROL DE GRUPOS		CONTROL DE FASES
	Activación(S)	Anulación(R)	
Grupo I = M0.1 $M01 = (M0.1 + PM . a0) M0.2$`	PM .a0	M0.1´= M0.2	A + = Y1= Q0.1 = M0.1 B + = Y3 = Q0.3 = M0.1 .a1
Grupo II = M0.2 $M0.2 = (M0.2 + M0.1. b1) .c1$`	M0.1 . b1	M0.2 `= c1	B - = Y4 = Q0.4 = M0.2 C + = Y5 = Q0.5= M0.2 . b0
Grupo III = $M0.1$`.$M0.2$`			C - = Y6 = Q0.6 = M0.1`.M0.2´ A - = Y2 = Q0.2 = M0.1`.M0.2`. c0

La elaboración de los programas de control (Diagramas de contactos) por PLC con las opciones de configuración del biestable y usando el bloque compacto RS, para la secuencia analizada serían:

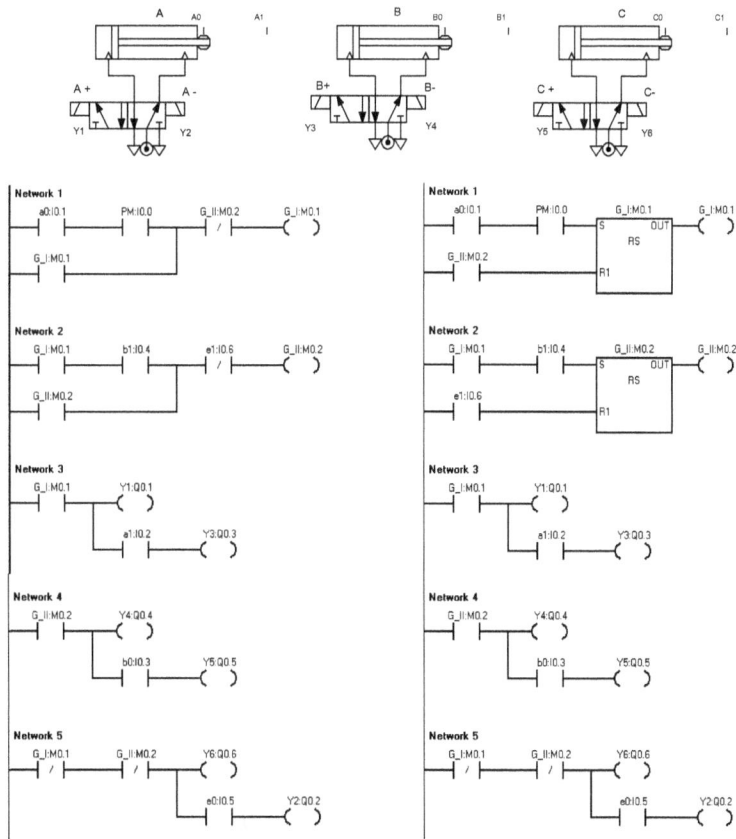

Cascada dos grupos

Al igual que se hizo para la metodología "cascada eléctrico" (Pag. 323/324) analicemos ahora una secuencia de dos grupos (A-, B+, B-, A+) para su control por PLC en cascada

El grafo de secuencia con señales de mando es:

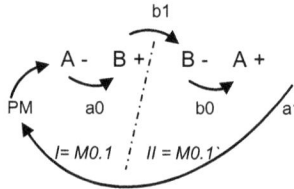

Símbolo	Dirección	
PM	I0.0	
a0	I0.1	
a1	I0.2	
b0	I0.3	
b1	I0.4	
Y1	Q0.1	A+
Y2	Q0.2	A-
Y3	Q0.3	B+
Y4	Q0.4	B-
G_I	M0.1	

y contemplando lo dicho para el control de una secuencia genérica de dos grupos por metodología "cascada eléctrico", tendremos:

Grupo I , M0.1 = (M0.1 + PM.a1).b1`
Grupo II = M0.1`

ASIGNACIÓN DE RELES	CONTROL DE GRUPOS		CONTROL DE FASES
	Activación(S)	Anulación(R)	
Grupo I =M0.1 M0.1 = (M0.1 + PM . a1) ..b1` Grupo II = M0.1´	PM . a1	.b1	A - = Y2 = Q0.2 = M0.1 B+ = Y3 = Q0.3 = M0.1 . a0 B - = Y4 = Q0.4 = M0.1` A+ = Y1 = Q0.1 = M0.1`. b0

cuyos programas de control (Diagramas de contactos) por PLC con las opciones de configuración del biestable y mediante bloque compacto RS son:

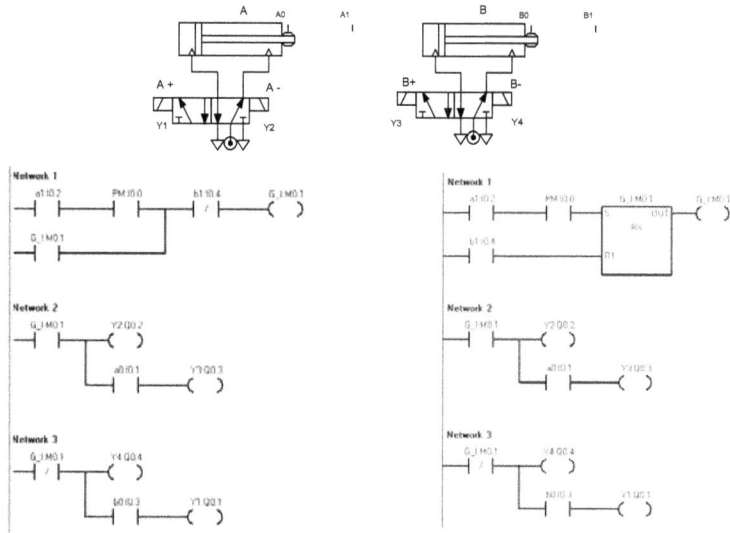

340

Cascada cuatro grupos

Como también se hiciera por metodología "cascada eléctrico" (Pag. 326/327) estudiamos ahora una secuencia de cuatro grupos (A+, B+, A-, C-, A+, B-, A-, C+) para su control por PLC en metodología cascada

PM	I0.0	
a0	I0.1	
a1	I0.2	
b0	I0.3	
b1	I0.4	
e0	I0.5	
e1	I0.6	
Y1	Q0.1	A+
Y2	Q0.2	A-
Y3	Q0.3	B+
Y4	Q0.4	B-
Y5	Q0.5	C+
Y6	Q0.6	C-
G_I	M0.1	
G_II	M0.2	
G_III	M0.3	

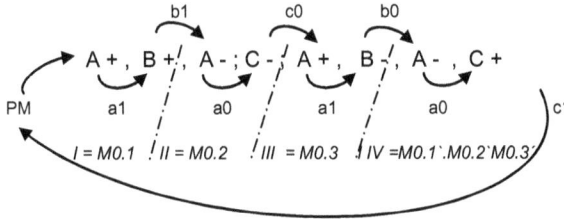

$$A+, B+, A-, C-, A+, B-, A-, C+$$

PM   a1   ao   a1   ao   c1

I = M0.1   II = M0.2   III = M0.3   IV =M0.1`.M0.2`.M0.3`

y teniendo en consideración lo indicado para el control de una secuencia genérica de cuatro grupos, estableceremos que:

Grupo I ,   M0.1 = (M0.1 + M0.3´.PM.c1).M0.2`
Grupo II , M0.2 = (M0.2 + M0.1.b1).M0.3`
Grupo III , M0.3 = (M0.3 + M0.2.c0).b0`
Grupo IV = M0.1`.M0.2´ M0.3`

ASIGNACIÓN DE RELES	CONTROL DE GRUPOS		CONTROL DE FASES
	Activación(S)	Anulación(R)	
Grupo I = M0.1 M01 = (M0.1 + M0.3´.PM . c1) M0.2`	M0.3`.PM .c1	M0.1´= M0.2	A + = Y1= Q0.1 = M0.1 B + = Y3 = Q0.3 = M0.1 .a1
Grupo II = M0.2 M0.2 = (M0.2 + M0.1. b1) .M0.3`	M0.1 . b1	M0.2 `= M0.3	A - = Y2 = Q0.2 = M0.2 C - = Y6 = Q0.6= M0.2 . a0
Grupo III = M0.3 M0.3 = (M0.3 + M0.2. c0) b0`	M0.2.c0	M0.3`= b0	A+ = Y1 = Q0.1 = M0.3 B - = Y4 = Q0.4 = M0.3.a1
Grupo IV = M0.1`.M0.2`.M0.3`			A- = Y2 = M0.1`.M0.2`.M0.3` C+ = Y5 = M0.1`.M0.2`.M0.3` a0
			A+ = Y1 = Q0.1= M0.1 + M0.3 A- = Y2 = Q0.2 = M0.2 + M0.1`.M0.2`.M0.3´

Los diagramas de contactos para control de la secuencia mediante PLC serán:

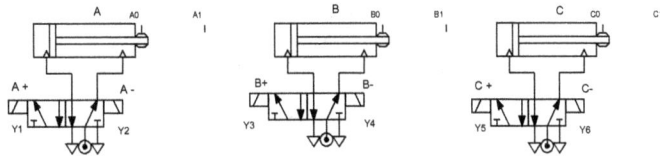

Network 1 (left)

G_II:M0.3 — PM:I0.0 — e1:Q.5 — G_II:M0.2 — G_I:M0.1
G_I:M0.1

Network 2

G_I:M0.1 — b1:I0.4 — G_III:M0.3 — G_II:M0.2
G_II:M0.2

Network 3

G_II:M0.2 — a0:I0.5 — b0:I0.3 — G_III:M0.3
G_III:M0.3

Network 4

G_I:M0.1 — Y1:Q0.1
G_III:M0.3

Network 5

G_II:M0.2 — Y2:Q0.2
G_I:M0.1 — G_II:M0.2 — G_III:M0.3

Network 6

G_I:M0.1 — a1:I0.2 — Y3:Q0.3

Network 7

G_II:M0.2 — a0:I0.1 — Y6:Q0.6

Network 8

G_III:M0.3 — a1:I0.2 — Y4:Q0.4

Network 9

G_I:M0.1 — G_II:M0.2 — G_III:M0.3 — a0:I0.1 — Y5:Q0.5

(Right column: equivalent networks using SR/RS function blocks)

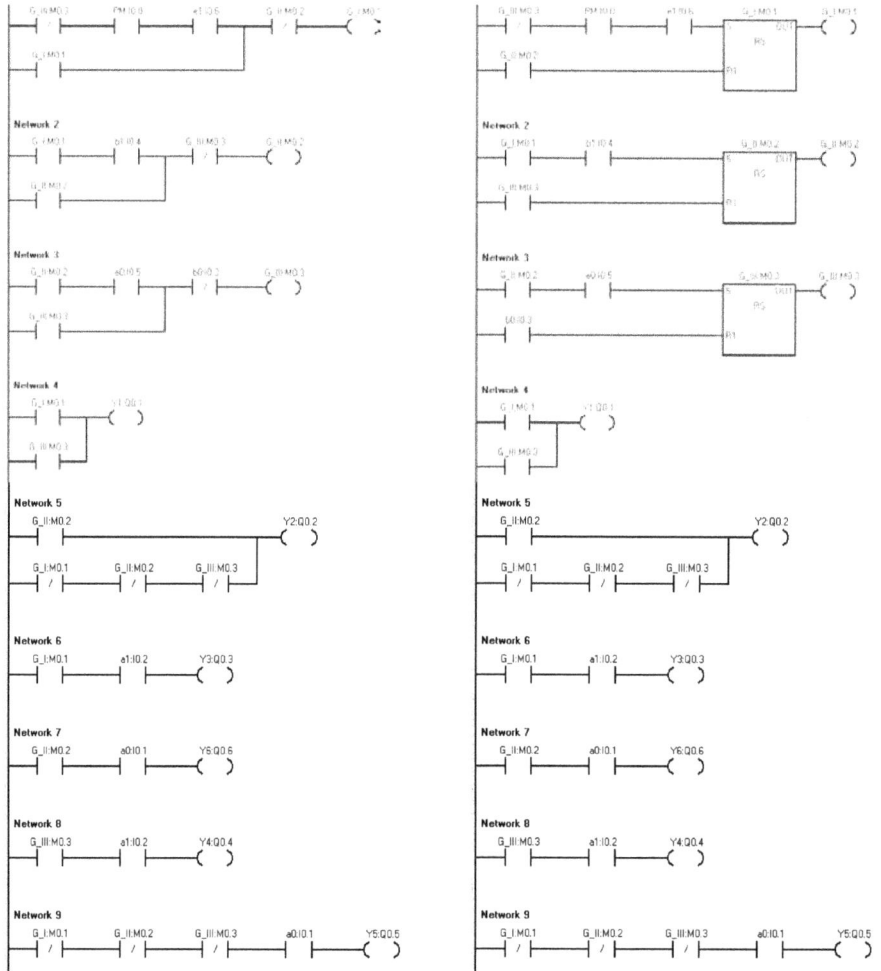

Seguidamente se desarrollan los mismos supuestos ya planteados en la metodología cascada por tecnologías neumática y electroneumática

Ejercicio: Un sistema de taladrado de piezas tiene la siguiente funcionalidad y componentes: Tras la activación de un pulsador de puesta en marcha PM (Electroválvula 3/2 NC con pulsador), un cilindro de simple efecto A ejecuta su salida realizando la sujeción de una pieza precolocada manualmente sobre la que se mecanizarán dos taladros mediante la salida/retroceso del cabezal taladrador impulsado por un cilindro B de doble efecto, de modo que una vez realizado el primer taladro un tercer cilindro C también de doble efecto saldrá para posicionar la pieza al objeto de que se realice el segundo taladro, tras lo cual, el cilindro C al meterse posiciona la mesa en su situación de partida para seguidamente quedar liberada la pieza al introducirse el cilindro A.

Todos los cilindros tienen controladas las posiciones extremas de sus recorridos por finales de carrera implementados en electroválvulas monoestables 3/2 NC, estando los de doble efecto gobernados por electroválvulas biestables 5/2 y el de simple efecto por electroválvula. monoestable 3/2 NC.

Obtener el programa de control (Diagrama de contactos) para control del sistema por PLC, con las opciones de configuración del biestable y mediante bloque compacto RS

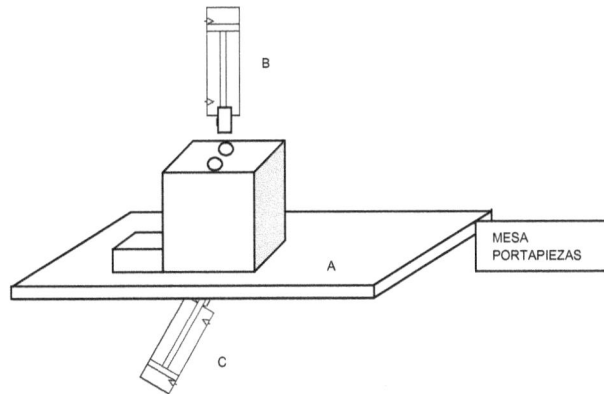

El grafo de señales de cambio y las ecuaciones de mando con la oportuna adaptaciòn terminológica, como ya se vio en la pag. 334/335, son:

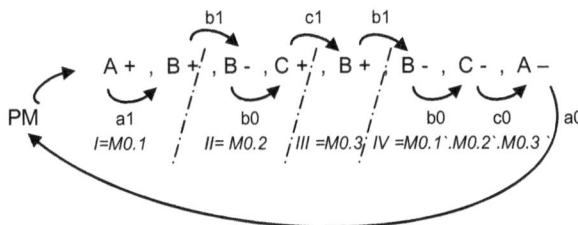

Símbolo	Dirección	
PM	I0.0	
a0	I0.1	
a1	I0.2	
b0	I0.3	
b1	I0.4	
e0	I0.5	
e1	I0.6	
Y1	Q0.1	A+
Y2	Q0.2	B+
Y3	Q0.3	B-
Y4	Q0.4	C+
Y5	Q0.5	C-
G_I	M0.1	
G_II	M0.2	
G_III	M0.3	

ASIGNACIÓN DE BIESTABLES	CONTROL DE GRUPOS		CONTROL DE FASES
	Activación(S)	Anulación(R)	
Grupo I = M0.1 $M01 = (M0.1 + M0.3`.PM . a0 ) M0.2`$	M0.3`.PM .a0	M0.1´= M0.2	A + = Y1 = Q0.1 = (Q0.1 +M0.1)(c0`+ M0.1+M0.2+M0.3 (*) B + = Y2 = Q0.2 = M0.1 .a1
Grupo II = M0.2 $M0.2 = (M0.2 + M0.1. b1) .M0.3`$	M0.1 . b1	M0.2 `= M0.3	B - = Y3 = Q0.3 = M0.2 C + = Y4 = Q0.4= M0.2 . b0
Grupo III = M0.3 $M0.3 = (M0.3 + M0.2. c1) b1`$	M0.2.c1	M0.3`= b1	B+- = Y2 = Q0.2 = M0.3
Grupo IV = $M0.1`.M0.2`.M0.3`$			B- = Y3 = Q0.3 = M0.1`.M0.2`.M0.3` C- = Y5 = Q0.5 = M0.1`.M0.2`.M0.3`.b0 A- = Ausencia señal A+ y muelle electroválvula
			B+ = Y2 = Q0.2 = M0.1.a 1+ M0.3 B - = Y3 = M0.2 + M0.1`.M0.2`.M0.3`

(*) Al ser monoestable la válvula que controla el cilindro A, la señal que gobierna su salida (M0.1) debe ser retenida hasta que se produzca la señal que certifica su entrada (c0 . IV)`

Es preciso añadir la variable grupo (IV= M0.1`.M0.2`.M0.3´), para discernir de esa misma señal (c0) que se da en la situación de partida por estar el cilindro C dentro

$$A+ = Y1 = Q0.1 = (Q0.1+M0.1) (c0.IV)´ = (Q0.1 + M0.1) (co.M0.1`.M0.2`.M0.3`)`) =$$
$$= (Q0.1 + M0.1) (co´+ M0.1``+ M0.2``+M0.3``) = (Q0.1 + M0.1) (co´+ M0.1+ M0.2+M0.3)$$

Los diagramas de contacto serían:

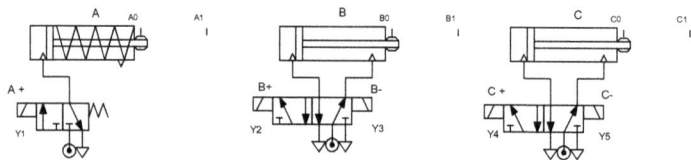

Ver diagramas en pag. siguiente

344

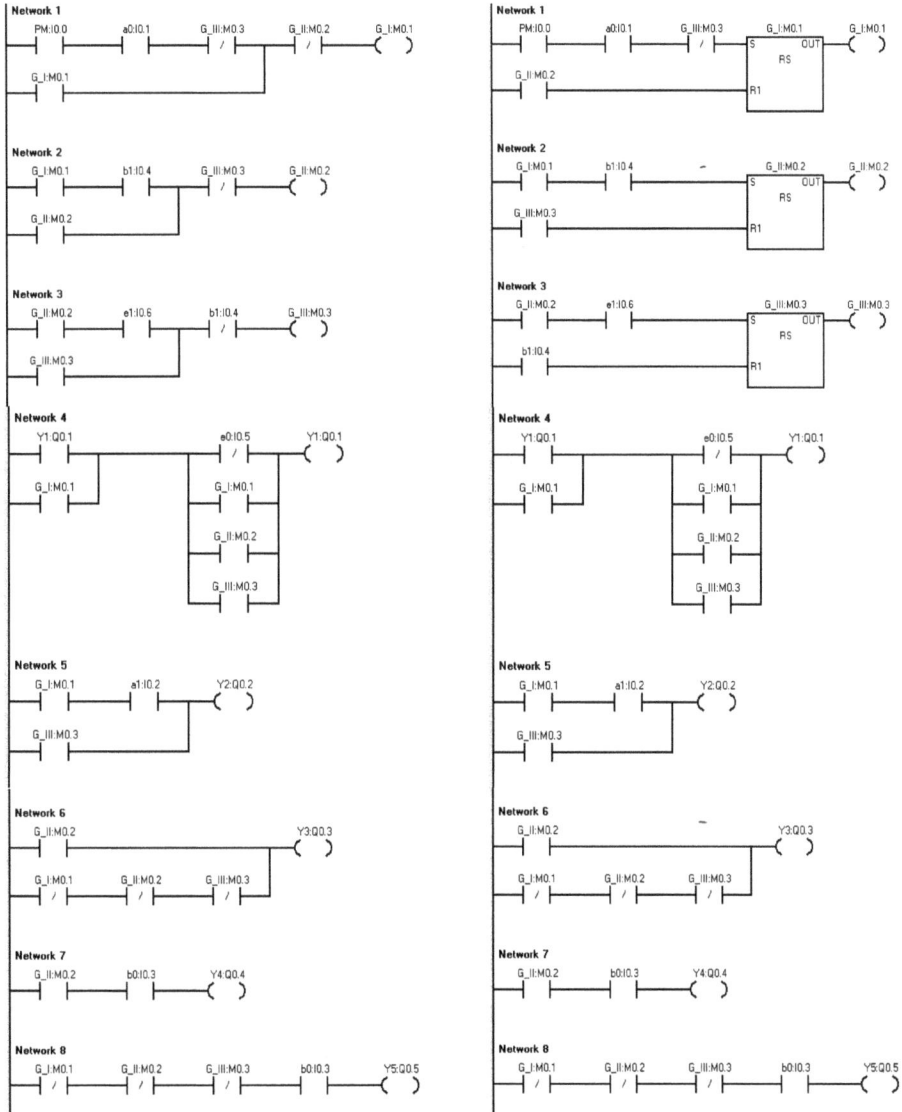

Ejercicio trasversal: Se eliminan ahora las s.p. mediante el método cascada control por PLC en el dispositivo alimentador de chapa (Enunciado pag 155),.contemplando que todos los cilindros son de doble efecto y están gobernados por electroválvulas biestables, excepto los cilindros A y C que son de simple efecto y lo están por electroválvulas. monoestables 3/2 NC

Todos los cilindros disponen de los oportunos finales de carrera que detectan las posiciones extremas de sus recorridos implementados en electroválvulas monoestables 3/2 NC

El sistema inicia su funcionamiento al activar un pulsador de puesta en marcha PM configurado en una electroválvula monoestable 3/2 NC

Obtener el programa de control (Diagrama de contactos) para control del sistema por PLC, con las opciones de configuración del biestable y mediante bloque compacto RS

El grafo de secuencia con señales y ecuaciones de mando , con la oportuna adaptación terminológica como ya se vio en la resolución por cascada electroneumático (Pag 336) son:

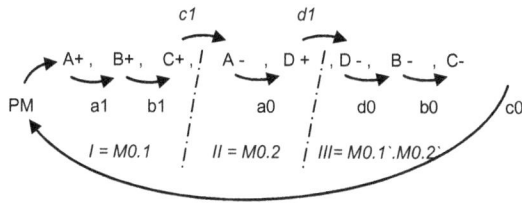

Símbolo	Dirección
PM	I0.0
a0	I0.1
a1	I0.2
b0	I0.3
b1	I0.4
e0	I0.5
e1	I0.6
d0	I0.7
d1	I1.0
Y1	Q0.1
Y2	Q0.2
Y3	Q0.3
Y4	Q0.4
Y5	Q0.5
Y6	Q0.6
G_I	M0.1
G_II	M0.2

ASIGNACIÓN DE biestables	CONTROL DE GRUPOS		CONTROL DE FASES
	Activación(S)	Anulación(R)	
Grupo I =M0.1 M0.1 = (M0.1 + PM . c0) .M0.2`	PM .c0	M0.1`= M0.2	A + = Y1 = Q0.1 = (Q0.1 + M0.1) M0.2`  (*) B+ = Y2 = Q0.2 = M0.1. a1 C+ = Y4 = Q0.4= (Q0.4 + M0.1.b1).b0` (**)
Grupo II = M0.2 M0.2 = (M0.2 + M0.1 c1) . d1`  Grupo  III = M0.1`. M0.2`	M0.1 . c1	M0.2 `= d1	A - = Ausencia señal A+ y muelle electroválv.. D + = Y5 = Q0.5 = M0.2 .a0 D- = Y6 = Q0.6 = M0.1`.M0.2´ B - = Y3 = Q0.3 = M0.1´. M0.2´ . d0 C - = Ausencia de C+ y muelle electrov

(*) Al ser el cilindro A de simple efecto y la válvula que lo gobierna monoestable la señal que genera su salida (I =M0.1) deberá ser retenida hasta que se establezca la señal que permite su retorno (II=M0.2)

(**) Idem cilindro C. Retener la señal que genera su salida (M0.I.b1) hasta que se de la señal que permite su retorno (b0)

Los diagramas de contactos serían (Ver pag. siguiente) :

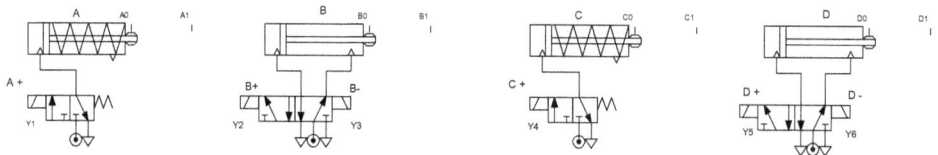

Network 1

PM:I0.0 ── e0:I0.5 ── G_II:M0.2 ──/── G_I:M0.1 ──( )

G_I:M0.1

Network 2

G_I:M0.1 ── e1:I0.6 ── d1:I1.0 ──/── G_II:M0.2 ──( )

G_II:M0.2

Network 3

Y1:Q0.1 ── G_II:M0.2 ──/── Y1:Q0.1 ──( )

G_I:M0.1

Network 4

G_I:M0.1 ── a1:I0.2 ── Y2:Q0.2 ──( )

Network 5

Y4:Q0.4 ── b0:I0.3 ──/── Y4:Q0.4 ──( )

G_I:M0.1 ── b1:I0.4

Network 6

G_II:M0.2 ── a0:I0.1 ── Y5:Q0.5 ──( )

Network 7

G_I:M0.1 ──/── G_II:M0.2 ──/── Y6:Q0.6 ──( )

d0:I0.7 ── Y3:Q0.3 ──( )

Network 1

PM:I0.0 ── e0:I0.5 ── G_I:M0.1 [S OUT / RS] ── G_I:M0.1 ──( )

G_II:M0.2 ── R1

Network 2

G_I:M0.1 ── e1:I0.6 ── G_II:M0.2 [S OUT / RS] ── G_II:M0.2 ──( )

d1:I1.0 ── R1

Network 3

Y1:Q0.1 ── G_II:M0.2 ──/── Y1:Q0.1 ──( )

G_I:M0.1

Network 4

G_I:M0.1 ── a1:I0.2 ── Y2:Q0.2 ──( )

Network 5

Y4:Q0.4 ── b0:I0.3 ──/── Y4:Q0.4 ──( )

G_I:M0.1 ── b1:I0.4

Network 6

G_II:M0.2 ── a0:I0.1 ── Y5:Q0.5 ──( )

Network 7

G_I:M0.1 ──/── G_II:M0.2 ──/── Y6:Q0.6 ──( )

d0:I0.7 ── Y3:Q0.3 ──( )

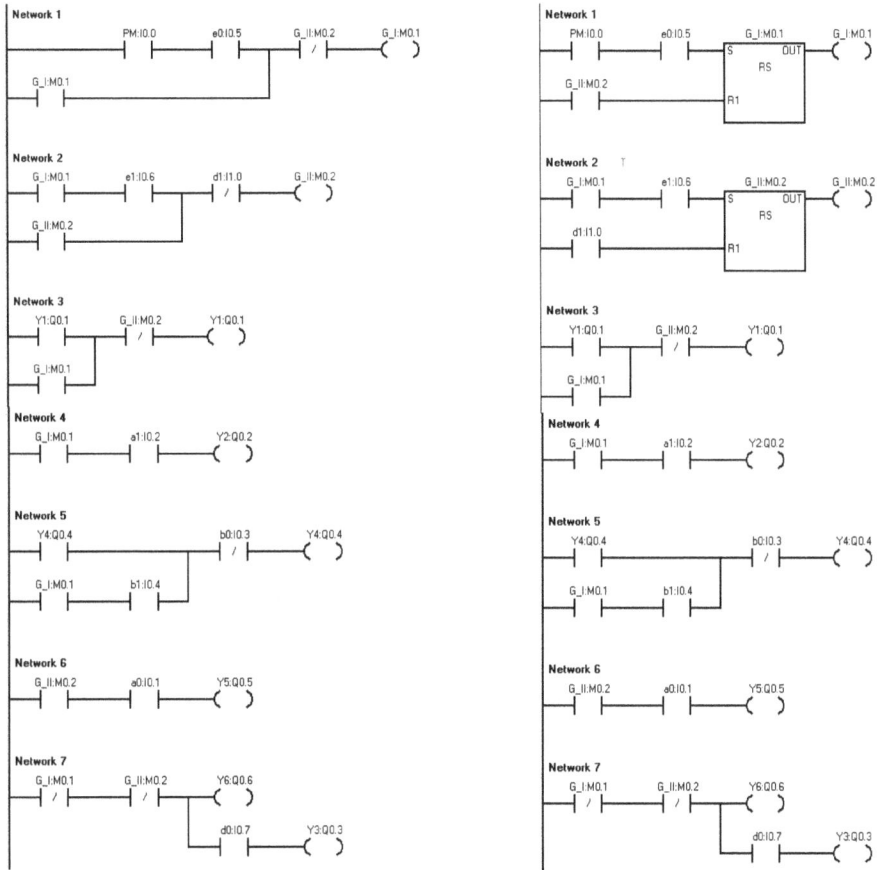

Ejercicio propuesto: Un pequeño torno tiene sus movimientos longitudinal, transversal y de cierre de la pinza para sujeción de la barra a mecanizar, impulsados neumáticamente de modo que tras la activación de un pulsador de puesta en marcha PM (Electroválvula monoestable 3/2 NC, con pulsador) un cilindro A de simple efecto gobernado por una electroválvula monoestable 3/2 NC saldrá para efectuar el cierre de la pinza de sujeción de la barra donde se mecanizará una pieza. Seguidamente otro cilindro B de doble efecto, gobernado por una electrov. biestable 5/2, saldrá proporcionando el movimiento longitudinal realizando el cilindrado del extremo de la barra, a continuación y simultáneamente al retroceso del cilindro B un tercer cilindro C, también de doble efecto e igualmente gobernado que el B, saldrá proporcionando el movimiento trasversal a una

347

torreta independiente que ejecutará el tronzado de la pieza, retornando a su posición de partida, tras lo cual la pinza efectuará su apertura al volver el cilindro A a su posición retraída

Todos los cilindros tiene las posiciones extremas de sus recorridos controladas por finales de carrea (Electrov. monoestable 3/2 NC)

Obtener el programa de control (Diagrama de contactos) para control del sistema por PLC, con las opciones de configuración del biestable y mediante bloque compacto RS

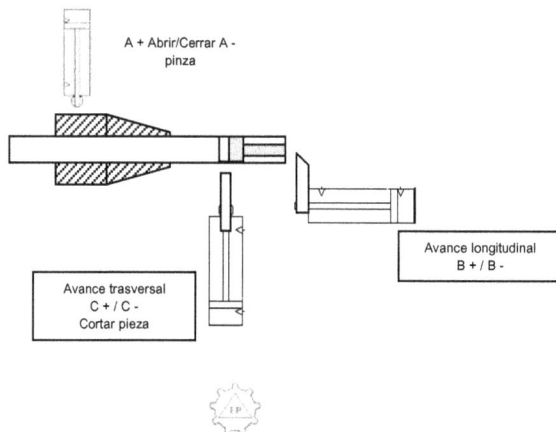

CORRESPONDENCIAS ESQUEMAS CASCADA NEUMÁTIC – ELECTRICO Y ELÉCTRICO TRADICIONAL

A+,B+,B-,C+,C-,A-

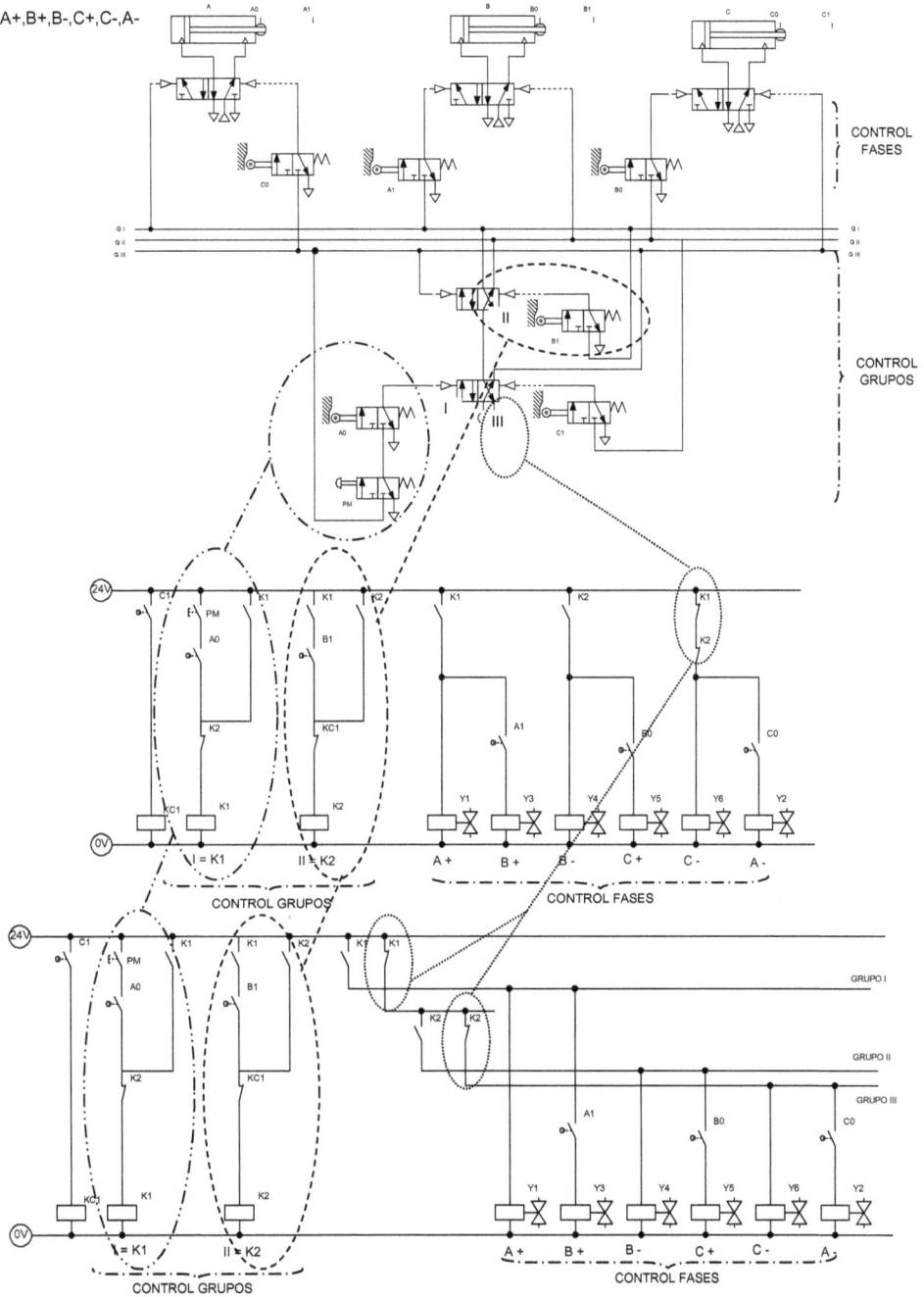

CORRESPONDENCIAS ESQUEMAS CASCADA ELECTRICO Y CONTROL POR PLC.   A+,B+,B-,C+,C-,A-

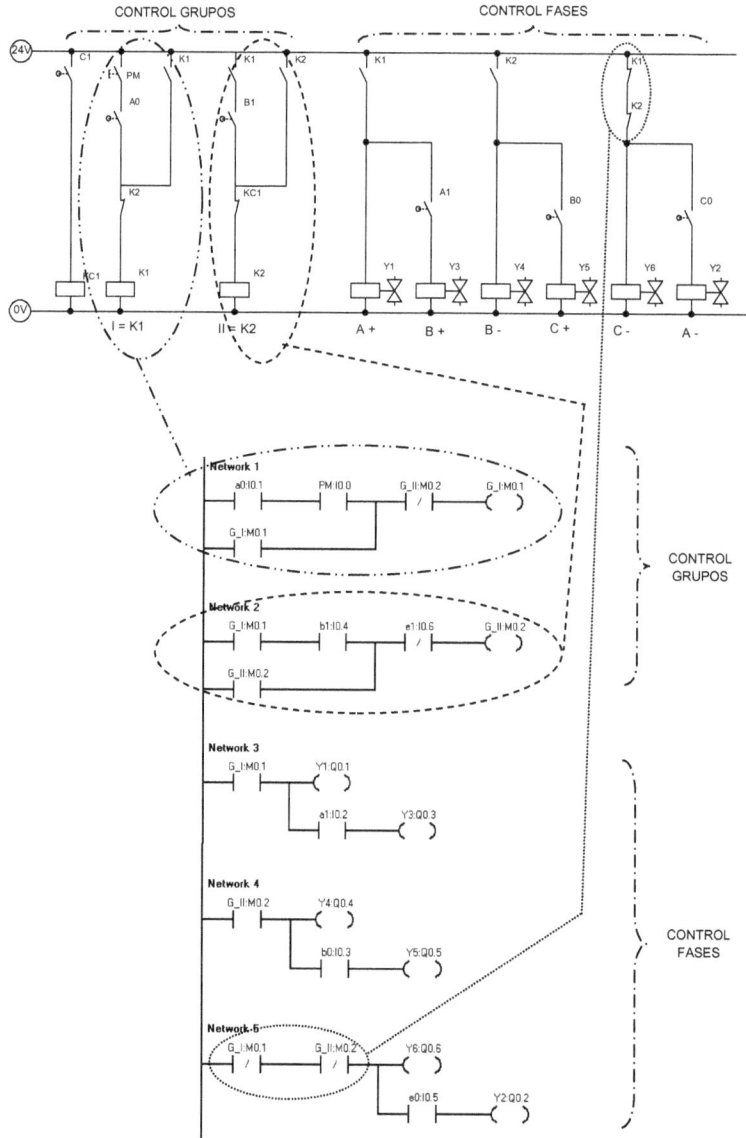

II.3.2.6.- Considiraciones/limitaciones de los métodos de eliminación de s.permanent.

Rodillos escamoteables

Si bien podemos decir que es una solución económica, su precisión mecánica y fiabilidad están algo limitadas, además, dado que estas válvulas quedan sin accionar tras la llegada al final del recorridos del vástago con su correspondiente leva que las conmuta, por esa situación estas señales no pueden reutilizarse para otras operaciones de control que requiriera el sistema.

Este tipo de elementos por su configuración ficico-mecánica necesitan un exceñente montaje y ajuste de los mismos, así como de un buen mantenimiento ordinario, puesto que un pequeño desajuste posicional podría interferir anulando el control sobre las señales permanentes que se pretendan gobernar, especialmente, una alta frecuencia del movimiento de los cilindros puede propiciar esos desajustes.

Reiterando que este método de eliminación de s.p. es sencillo y económico, en el sentido de la dinámica de movimientos puede surgir el incoveniente que alguna de las fases comience sin habaer concluido la anterior, dada la necesidad de "adelantar" unos milímetros el posicionado de los f.c. con rodillo escamoteable para su operatividad, pudiendo incluso ocurrir que si la leva del vástago del cilindro es corta (Poco recorrido de accionamiento) o/y tiene una alta velocidad de desplazamiento, la orden queda eliminada antes de hacerse efectiva.

Memoria (NA)

Es un método de buena fiabilidad dado que su dinámica de funcionamiento (Activación/Anulación) está basada en señales que se producen inequívocamente antes/después de su actuación, aunque económicamte hablando puede ser una solución mas cara que la utilización de rodillos escamoteables.

Comparando este método con otros, evita la regulación y ajustes que son requeridos en la eliminación de s. permanentes mediante rodillos escamoteables y temporización, siendo por tanto su fiabilidad mayor

Temporización

Este método es fiable en cuanto a la realización de la secuencia a controlar, no obstante requiere un buen ajuste y consiguiente mantenimiento del tiempo a regular, que para que sea efectivo el control de la s.p. deberá ser inferior al tiempo que tarde en comenzar a ejecutarse la siguiente fase.

También requiere aire suficientemente limpio para evitar el deterioro prematuro de los tempeorizadores en el caso de ser neumáticos, además la regularidad del parámetro temporización está condicionada por la la estabilidad y nivel de la presión de red.

Si el control del sistema se efectúa mediante lógica cableada (Electroneumática) o mediante lógica programada (PLC), los inconvenietes antes citados no se producirán, pero eso si, siempre estableciendo retardos de temporización inferiores al tiempo de cambio entre las fases que se controlan

Paso a paso

Este método proporciona tiempos de respuesta menores que el método cascada dado que los movimientos de los cilindros están gobernados por válvulas de memoria 3/2 alimentadas con presión directa, constante e individualizada de la red; no obstante , por lo general tiene el inconveniente de necesitar mas componentes que otros métodos y por tanto aumentar su coste

Es mas utilizado que el método cascada al no tener pérdida de presión por el efecto de caída en ella que origina el encadenamiento en serie de varios elementos (Biestables) como ocurre en aquel, además, no tiene limitación en cuanto al número de grupos a controlar, pudiendosse encontrar aplicaciones con mas de 30 grupos controlados por este método.

En cuanto a la comparativa entre paso-paso máximo y mínimo, el primero de ellos es el que mas componentes utiliza, pero es el que mas rapidez de la propagación de señales puede conseguir.

Concluyendo, podemos decir que es el mas útil de los métodos de eliminación de s.p. por la rapidez de propagación de señales y fiabilidad de funcionamiento

Cascada

En el mundo de automatización neumática es muy popular, no obstante no es el mejor de los métodos para el control de señales .permanenrtes, debido . a la limitación tecnológica derivada del hecho que las memorias (Biestables) de control de los diferentes grupos tengan una alimentación común, surgiendo retardos en la propagación de señales/lentitud, sobre todo en el cambio del último al primer grupo cuando la secuencia este en ciclo contínuo de funcionamiento, razón por la cual se aconseja en su empleo la utilización de valvulería de pequeño calibre (Valvulas miniaturizadas) que por otro lado tienen menos estabilidad funcional al recibir presiones instantáneas que pueden originar falsas señales. En definitiva, cuanto mayor es el número de grupos, mayor es la posibilidad de fallos, por lo que se aconseja no superar su empleo en el control de secuencias de mas de 4/5 grupos

Al igual que se indico para el método temporización, estas consideraciones de retaraso de señal no se producen si el control de la metodología cascada se efectua por lógica cableada (Electroneumática) o programada (PLC)

4.- CONTAJE

En muchos procesos industriales es necesario controlar el número de piezas, operaciones ciclos de realización de una determinada operación, p.e.: cadenas de montaje/cintas de trasporte donde se ejecutan diferentes acciones, por lo que será necesario incorporar a sus esquemas de control componentes que realicen esa función bien sean de tecnología neumática, eléctrica o programada (PLC)

II.4.1.- Contaje neumático

Los contadores neumáticos son elementos que realizan el contaje del número de veces que un determinado evento se ha producido o tiene que producirse en un proceso dando lugar a otra fase del mismo, p. e: procesado de un número concreto de piezas, ejecución de un número de ciclos de una secuencia de funcionamiento de un sistema, control de la repetición de una determinada parte de una secuencia ….

El dispositivo neumático que puede realizar esa función es el contador neumático, que en síntesis funcional podríamos decir es una válvula 2/2, abierta que al recibir un número determinado de señales seleccionado previamente, conmuta , generando una señal de confirmación del cumplimiento de dicho número de eventos.

Seguidamente analizamos únicamente el contador decremental (Cuenta por sustracción) que efectúa una cuenta atrás hasta llegar a cero, y cuya simbología es la reflejada en la siguiente figura:

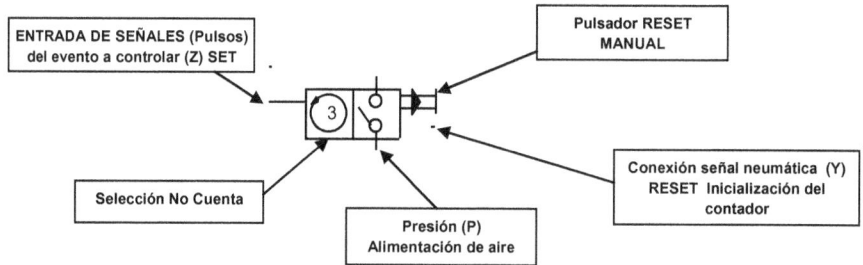

La implementación de un contador precisa el establecimiento de:

(I) Subproceso a contar (cuenta), punto en el que es preciso contar

(II) Número de veces a repetirse

(III) Elemento/proceso que se debe controlar (Salida)

(IV) Puesta a cero (Reset) del contador

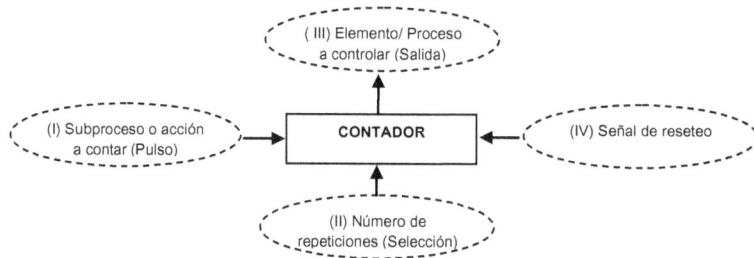

Así en el esquema que sigue, el cilindro A, saldrá al cumplirse el número de cuenta preseleccionado, en este caso, cuando se haya activado tres veces el pulsador P1 y se meterá cuando se active el pulsador de reset P2 , puesta a cero del contador

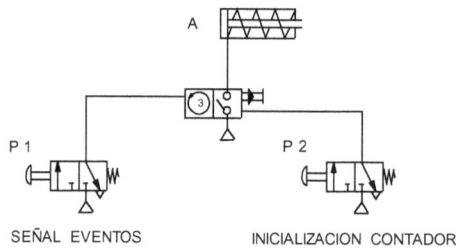

Consideremos la aplicación de un contador a la secuencia A+, B+, A-, B- , que debe repetirse 3 veces tras la activación de un pulsador (PM)

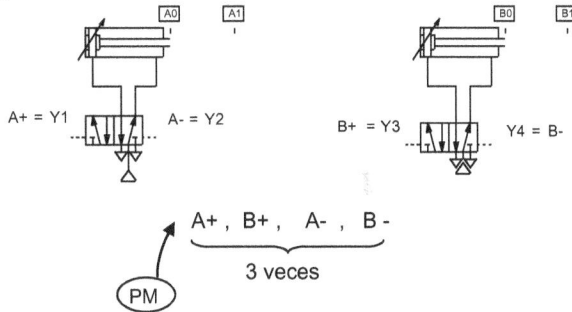

. Eventos a contar = 3 Repeticiones de la secuencia, tomando como señal que refleja tal circunstancia la salida del cilindro B, esto es activación de b1

. Proceso a controlar: Arranque de la secuencia considerando para ello la salida del cilindro A, este es activación del solenoide Y1 = A+

. Reseteo del contador: Establecemos como tal la activación del pulsador PM, asegurando así, que el sistema tiene el contador reseteado al inicio del funcionamiento del sistema

Estas consideraciones nos posibilitan elaborar el siguiente grafo de secuencia, las correspondientes ecuaciones de mando y el consiguiente esquema neumático

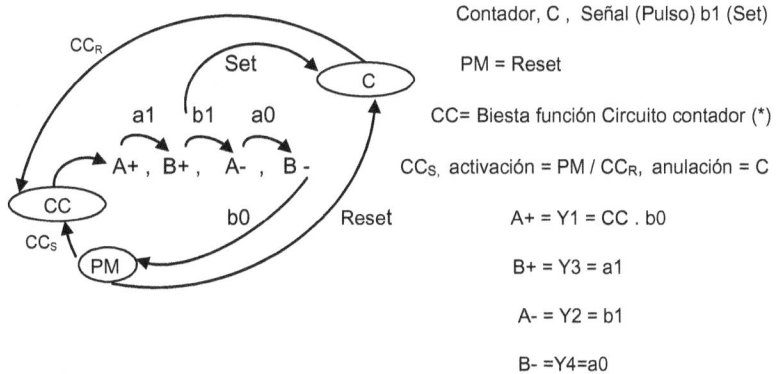

Contador, C , Señal (Pulso) b1 (Set)

PM = Reset

CC= Biesta función Circuito contador (*)

CC_S, activación = PM / CC_R, anulación = C

A+ = Y1 = CC . b0

B+ = Y3 = a1

A- = Y2 = b1

B- =Y4=a0

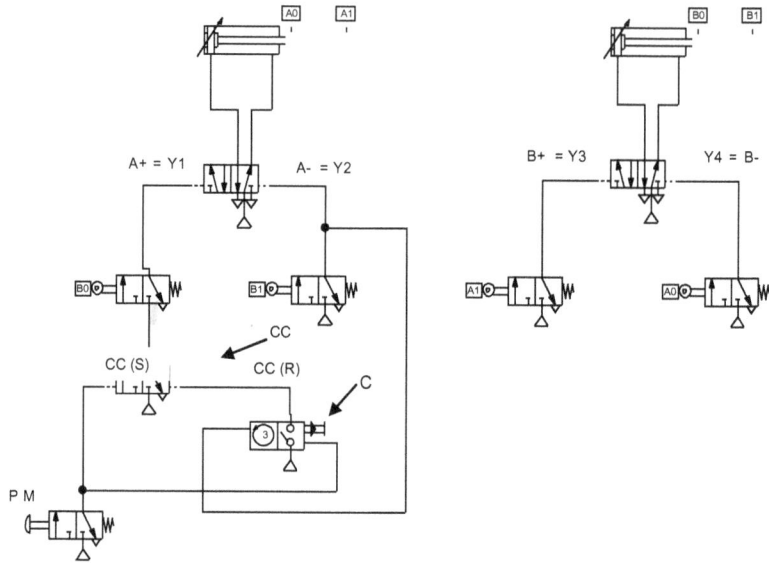

Supongamos el sistema neumático de la figura que sigue cuya secuencia de funcionamiento debe repetirse automáticamente 3 veces tras la activación de un pulsador de puesta en marcha (PM)

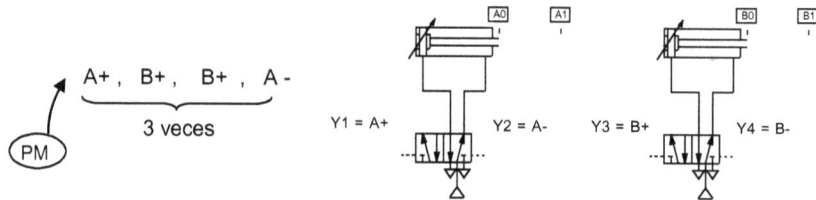

A la vista de la secuencia, observamos que en la misma existen señales permanentes (Ver concepto de inversión exacta /inexacta, apartado II.3.1.4 /II.3.1.5,pag 119/131) en consecuencia, a efectos del diseño del correspondiente esquema neumático consideraremos en primer lugar la secuencia como si solo se hiciera una sola vez que resolveremos por el método cascada. El grafo de secuencia, ecuaciones de mando y esquema neumático serían los siguientes:

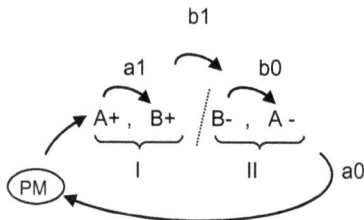

GRUPOS		FASES
Activación	Anulación	
I = II . PM . a0	I ' = II	A+ = Y1 = I
		B+ = Y3 = I . a1
II = I . b1	II ' = I	B- = Y4 = II
		A- = Y2 = II . b0

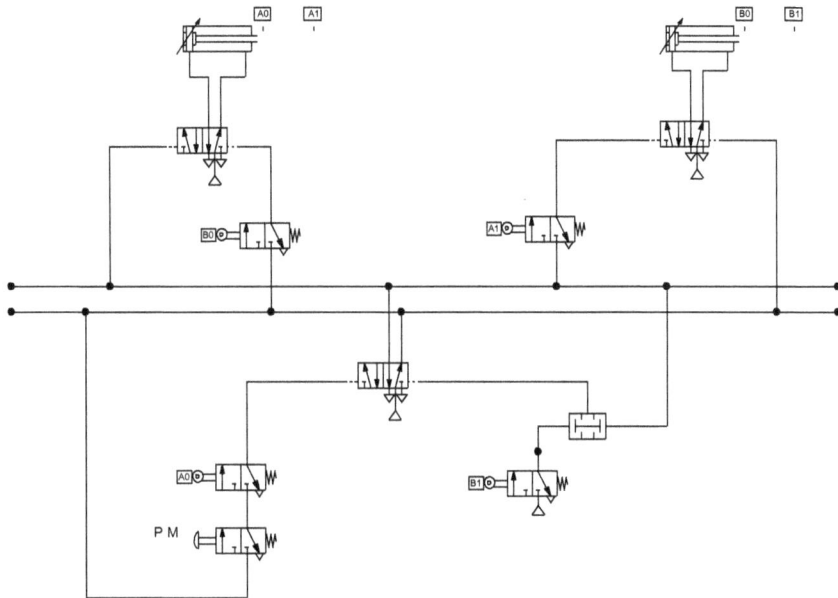

Para que la secuencia se repita el número de veces indicado, debemos incorporar al esquema un contador neumático, por lo cual previamente deben considerarse los siguientes aspectos:

Eventos a contar = 3 repeticiones de la secuencia
Para ello fijamos como señal determinante la salida del cilindro B (3 veces), por tanto, b1 será la señal de entrada (pulso) al contador, asegurándonos así que a la tercera activación del grupo II , el mismo se active y en consecuencia cese el funcionamiento del sistema al efectuar la última fase de este grupo

Proceso a controlar = Arranque de la secuencia, en este caso activación del grupo I

Reseteo del contador. Establecemos para ello la señal de puesta en marcha del sistema (PM), asegurándonos así que el contador estará en el valor preseleccionado (3) al comenzar su funcionamiento

Incorporando estas consideraciones al grafo de secuencia anterior tendremos:

Biestable función circuito contador (CC) , $CC_S = PM$ $CC_R = C$

Señal (Pulso) = b1 (Set)
CONT
Puesta a cero del valor preseleccionado = PM (Reset)

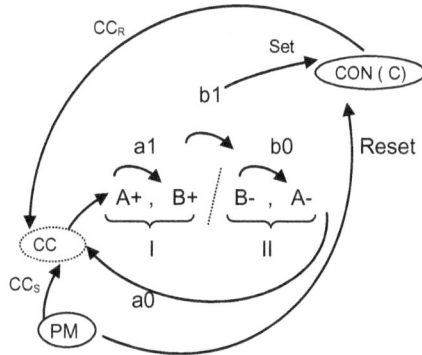

GRUPOS		FASES
Activación	Anulación	
I = CC$_S$. a0	I ' = II	A+ = Y1 = I
		B+ = Y3 = I . a1
II = I . b1	II ' = I	B- = Y4 = II
		A- = Y2 = II . b0

Como puede observarse, la ecuación de mando del grupo I, es la única que cambia (CC$_S$=PM), quedando el esquema neumático de la siguiente forma

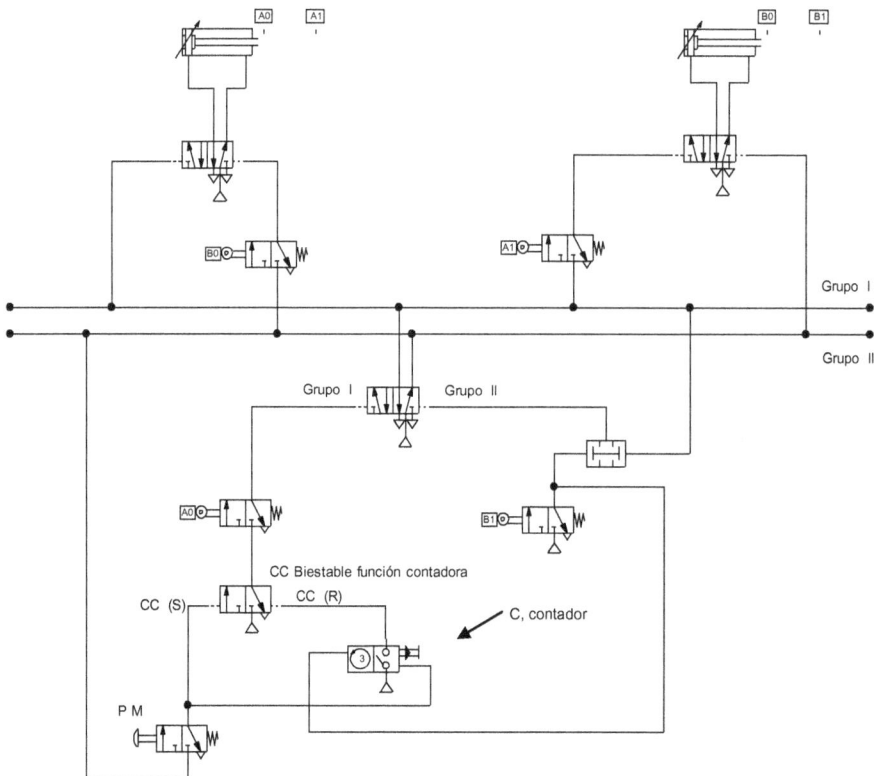

Si nos planteamos ahora que se requiere configurar el esquema neumático de la misma secuencia anterior, eliminando las señales permanentes por el método paso-paso (Máximo), estableceremos entonces la siguiente configuración de grupos:

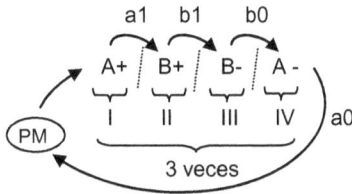

GRUPOS		FASES
Activación	Anulación	
I = IV . PM . a0	I ' = II	A+ = Y1 = I
II = I . a1	II ' = III	B+ = Y3 = II
III = II . b1	III ´ = IV	B - = Y4 = III
IV = III . b0	IV `= I	A - = Y2 = IV

y procediendo de forma similar hemos abordado el establecimiento de las ecuaciones de mando sin tener en consideración el número de veces que se desea repetir la secuencia, estableciendo con las mismas el siguiente esquema provisional

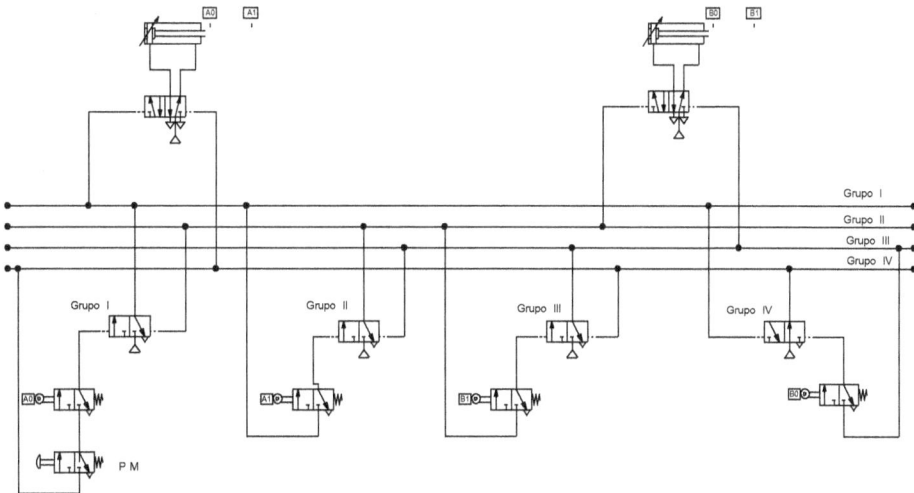

Para la configuración del contador que debe controlar la repetición (3 veces) de la secuencia, son válidas las consideraciones indicadas en la resolución por el método cascada visto antes, con la matizacion de que b1, señal de entrada (pulso) al contador, nos asegura que el contador previamente a la activación del grupo IV por tercera vez se habrá disparado y por tanto cesará el funcionamiento del sistema a la finalización del último grupo(fase).

Biestable función circuito contador (CC) $CC_S = PM$ $CC`_R = C$

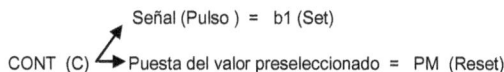

Señal (Pulso) = b1 (Set)

CONT (C) → Puesta del valor preseleccionado = PM (Reset)

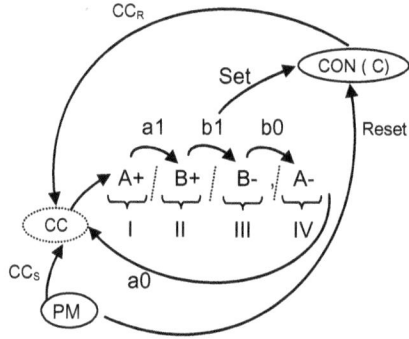

GRUPOS		FASES
Activación	Anulación	
I = IV . CC_S . a0	I ' = II	A+ = Y1 = I
II = I . a1	II ' = III	B+ = Y3 = II
III = II . b1	III '= IV	B - = Y4 = III
IV = III . b0	IV '= I	A - = Y2 = IV

Siendo también válidas las mismas señales de control del contador (Set = b1 / Reset = PM), cuya incorporación al grafo de secuencia fija la misma ecuación para el grupo I que en el caso anterior, quedando el esquema neumático definitivo de la siguiente forma

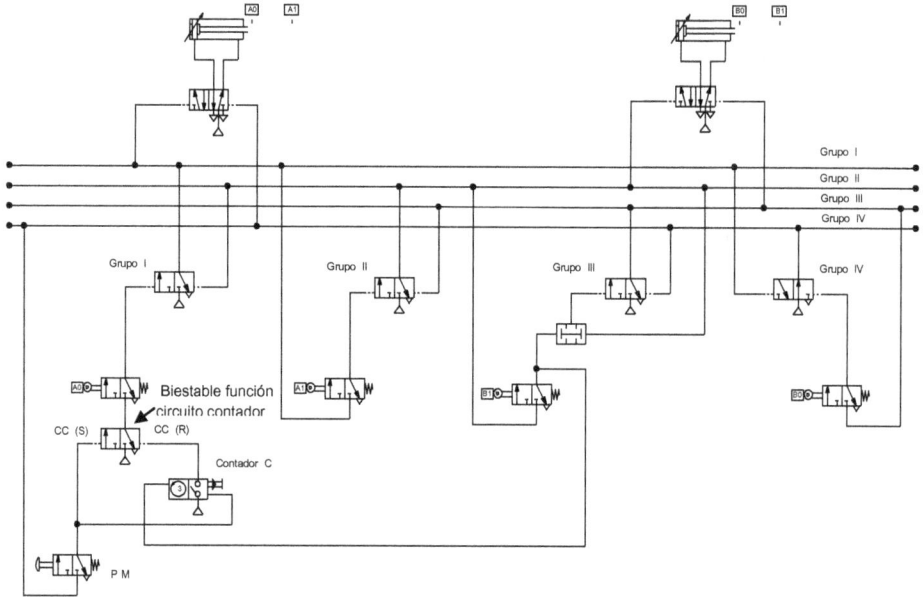

Supongamos la secuencia anterior en la que ahora, solo las fases B+, B- sean las únicas que tienen que repetirse 3 veces tras la activación del pulsador de puesta en marcha PM

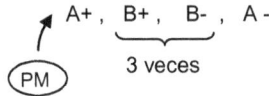

$$A+ , \quad \underbrace{B+ , \quad B- }_{\text{3 veces}} , \quad A-$$

PM

cuya resolución por el método cascada seguida antes, en el diseño preliminar del sistema sin considerar la repetición B+, B- , presupone el mismo grafo de secuencia, ecuaciones y esquema preliminares

Para conseguir que el sistema repita el movimiento B+ B- tres veces, incorporamos al esquema un contador neumático, estableciendo que:

a) Número de de eventos a contar = 3. Repetición B+ , B- . Fijando como señal determinante la salida del cilindro B (3 veces), siendo por tanto b1 la señal de entrada (pulso) al contador

$$CON\ (\ C\ ) \longrightarrow \begin{array}{l} \text{Señal (Pulso)} = b1\ (\text{Set}) \\ \text{Reset} = PM \end{array}$$

b) Proceso a controlar : Lanzamiento del grupo I, en dos posibles situaciones:

b1) Que se produzca el arranque de la secuencia y en consecuencia arranque del grupo I, desde la primera fase, estando el sistema en espera, tras la activación de PM, lo que supone que:

$$I = II . CC . a0$$

Biestable función circuito contador (CC) ,   CC(S) = PM   CC`(R) = C

b2) Que tras la entrada del cilindro B el contador no haya alcanzado el número de eventos establecido (3), lo que supone que:

$$I = II . b0 . CC$$

en consecuencia, la ecuación de mando del grupo I, queda establecida de la siguiente forma:

$$I = II . CC . a0 + II . b0 . CC = II . CC (a0 + b0) \text{ y como CC (S) = PM quedaría}$$
$$I = II .PM (a0 + b0)$$

el resto de ecuaciones son iguales a la fijadas anteriormente

Incorporando estas consideraciones al grafo de secuencia previo, tendremos:

$$CC_R = C$$

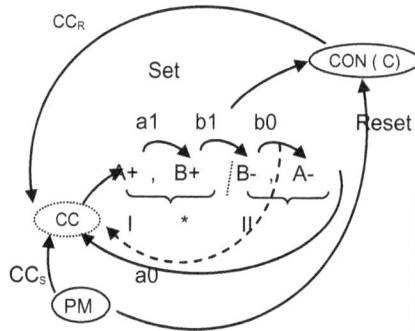

GRUPOS			FASES
Activación		Anulación	
I = II . CC (ao+b0) = II . PM (ao+b0)		I ' = II	A+ = Y1 = I
			B+ = Y3 = I.a1
II = I . b1		II´ = I	B - = Y4 = II
			A - = Y2 = II.b0

(*) B+ , B- , 3 veces

y el esquema neumático definitivo sería:

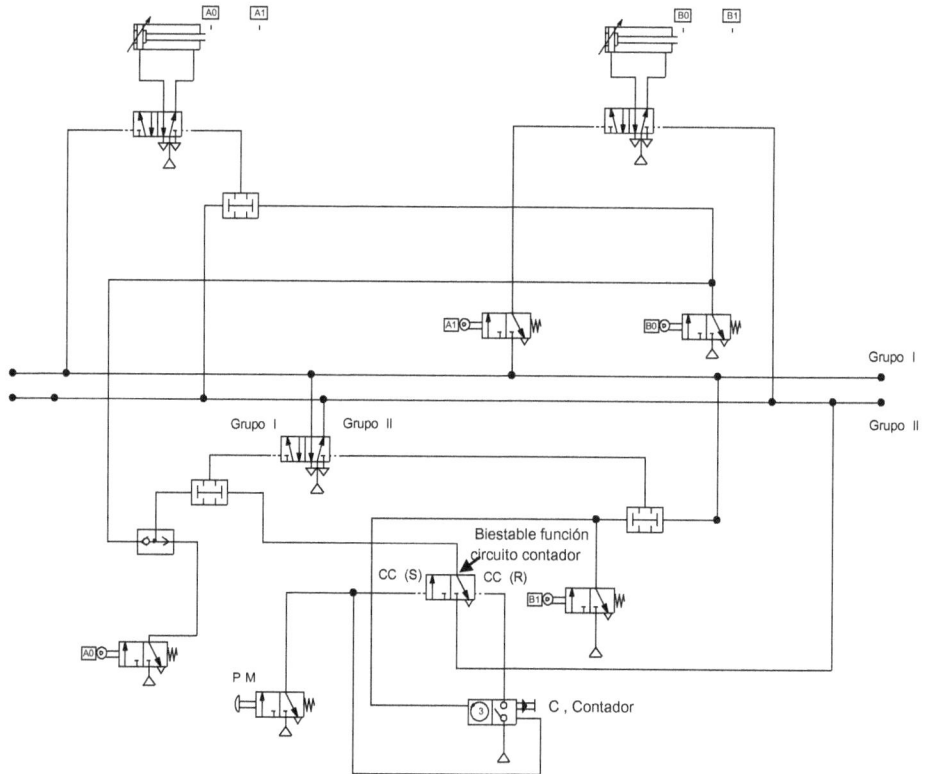

Ejercicio: Se dispone de un sistema de desplazamiento de piezas en el que un tramo móvil del mismo, se desplaza por la salida/entrada de un cilindro A.

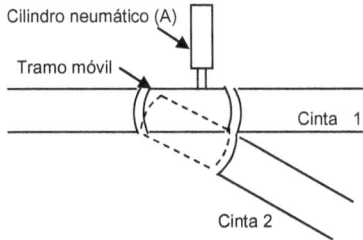

Cilindro neumático (A)

Tramo móvil

Cinta   1

Cinta 2

Debe conseguirse que el 60 % de las mismas se conduzcan a la cinta 1 y el resto a la cinta 2 .

Las piezas son detectadas por un final de carrera (Válvula neumática 3/2 NC rodillo muelle), que a efectos de

diseño/simulación se concebirá como una válvula de pulsador (Captador presencia pieza, PP)

El cilindro A de doble efecto es comandado por una v. 5/2 biestáble y tiene controladas sus posiciones extremas de recorrido por finales de carrera (a0/a1) implementados en v. monoestables 3/2 rodillo-muelle.

El sistema dispone de un pulsador de puesta en marcha (PM) configurado en una válvula 3/2 con enclavamiento al objeto de establecer un funcionamiento continuo del mismo.

Diseñar el esquema neumático oportuno, contemplando además el bloqueo del paso de pieza (Pulsador=Captador PP) durante el movimiento del tramo móvil de la cinta

En primer lugar consideraremos la necesidad de controlar el número de piezas a trasladar por las cintas 1 y 2, siendo del 60 y 40 % respectivamente, lo que supone que:

60 / 40 = 6 / 4 = 3 / 2, por tanto 3 piezas por cinta la 1 y 2 piezas por la cinta 2

Debemos incorporar al esquema de mando dos contadores que controlen el paso de 3 piezas por la cinta 1, mediante un contador C1 y el paso de 2 piezas por la cinta 2 mediante otro contador C2.

Establecemos inicialmente el grafo y ecuaciones de movimiento del cilindro A siguientes :

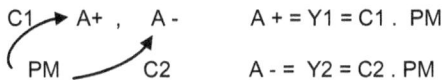

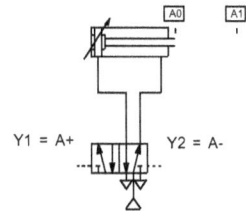

$$C1 \rightarrow A+ \quad , \quad A -$$
$$PM \qquad C2$$

$$A + = Y1 = C1 . PM$$
$$A - = Y2 = C2 . PM$$

A0   A1

$$Y1 = A+ \qquad Y2 = A-$$

Los eventos a contar son: Para la cinta 1 el paso de 3 piezas controladas por el detector PP, estando el cilindro retraído, esto es, pisado el final de carrera a0, siendo PP . a0 la señal de entrada (pulso) para el contador C1, de modo que al alcanzar el valor preseleccionado (3) determina la salida del cilindro (A+). Para la cinta 2, los eventos a contar lo constituyen el paso de 2 piezas, detectadas por el captador PP, estando el cilindro extendido, esto es, pisado el f.c. a1, siendo PP . a1 la señal de entrada (pulso) para el contador C2, de modo que al alcanzar el valor preseleccionado (2) determina la entrada del cilindro (A-)

El proceso a controlar es en este caso doble, por un lado la salida del cilindro A+(Y1) propiciada por el contador C1 y por otro la entrada del mismo A- (Y2) establecida por el contador 2.

Lógicamente, el reseteo de cada uno de los contadores, está constituido por la puesta en marcha del otro.

Resumiendo y representando estas consideraciones en un grafo de secuencia, tendríamos:

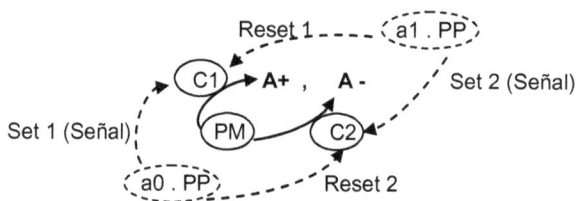

contador CON 1 (C1)   Señal 1 (Pulso) = PP. a0 (Set)
                           Reset 1= PP. a1
contador CON 2 (C2)   Señal 2 (Pulso) = PP. A1 (Set)
                           Reset 2= PP. A0

Para impedir el paso de pieza a controlar cuando se está desplazando el tramo móvil de la cinta, esto es, el cilindro A está en movimiento por tanto no estan pisado ni a0 ni a1, o lo que es lo mismo, para que sea efectiva la señal PP debe estar activado a0 ó a1 establecemos la siguiente ecuación de mando:

Activación/Bloqueo PP = PP (a0 + a1)

con lo que el esquema neumático para el control del sistema sería:

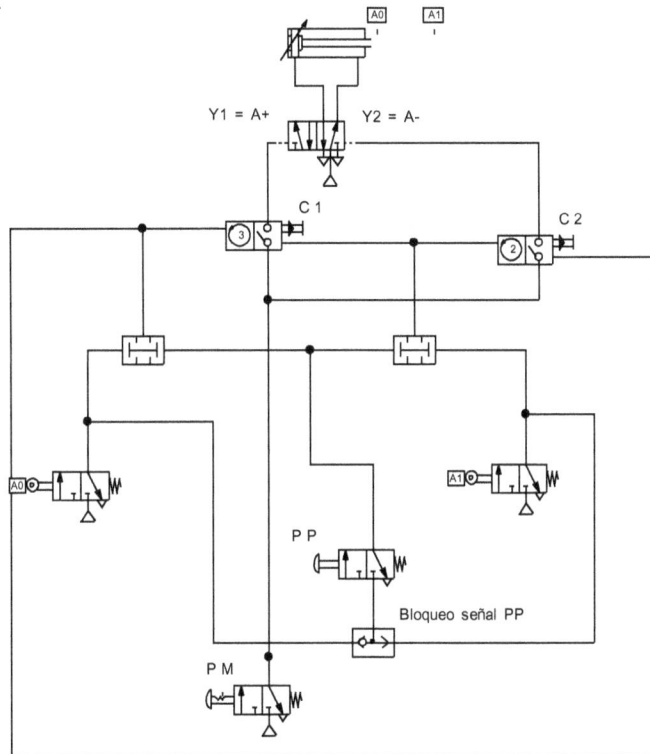

Ejercicio propuesto: Consideremos un sistema de envasado de pelotas de tenis
(3 unidades por envase) que son trasladadas una a una por la salida de un cilindro B ,
desde un alimentador de gravedad hasta su envase, siendo estos situados en el punto
de carga por la salida de otro cilindro A.

Ambos cilindros que son de doble efecto tienen gobernados sus movimientos por su
respectiva válvula biestable 4/2 y controladas las posiciones extremas de sus recorridos
por los correspondientes finales de carrera (V. monoestable 3/2 NC).

El sistema se pondrá en marcha tras las activación de un pulsador PM (Valvula
monoestable 3/2 NC), de modo que en su salida el cilindro A sitúa un envase en el punto
de carga retornando a su posición de reposo, tras lo cual el cilindro B saldrá y entrará
desplazando una a una las pelotas, concluyendo el proceso al finalizar el retroceso del
cilindro B tras la carga de 3ª

Diseñar el esquema neumático de control del sistema

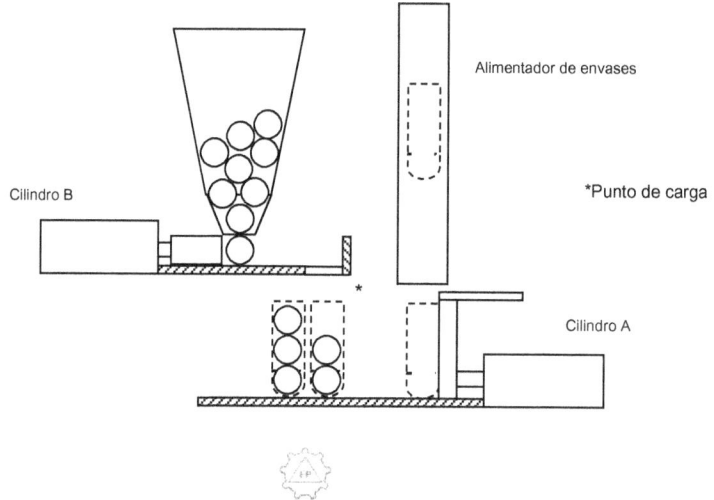

Alimentador de envases

*Punto de carga

Cilindro B

Cilindro A

II.4.1.- Contaje electroneumático

Los contadores empleados en tecnología electroneumática también realizan la función de contaje del número de veces que cierto evento se ha producido, p.e.: El paso de un determinado número de piezas por una cinta trasportadora de una línea de envasado. Este dispositivo eléctrico es en realidad un relé que al recibir un número de señales (Flanco ascendente) previamente preseleccionado, conmutará un contacto asociado, bien sea NA o NC, generando así una señal de confirmación de haberse alcanzado dicho número de señales.

Como hicimos en tecnología neumática, analizaremos únicamente el contador decremental eléctrico (Cuenta por sustracción / Cuenta atrás hasta llegar a cero), cuya simbología es la que se indica en la siguiente figura.

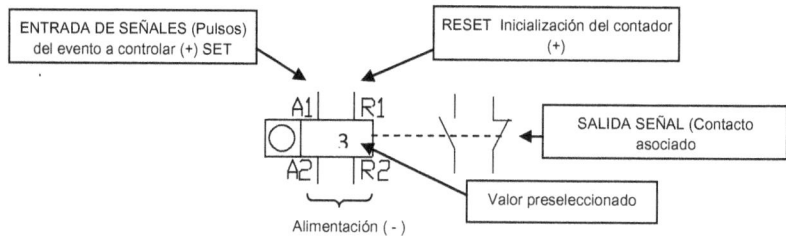

ENTRADA DE SEÑALES (Pulsos) del evento a controlar (+) SET

RESET Inicialización del contador (+)

SALIDA SEÑAL (Contacto asociado

Valor preseleccionado

Alimentación (-)

También aquí se requiere el establecimiento de:

(I) Subproceso a contar o dicho de otra forma en que parte es preciso contar

(II) Número de veces a repetirse

(III) Elemento/proceso a controlar (Salida)

(IV) Puesta a cero (Reset) del contador

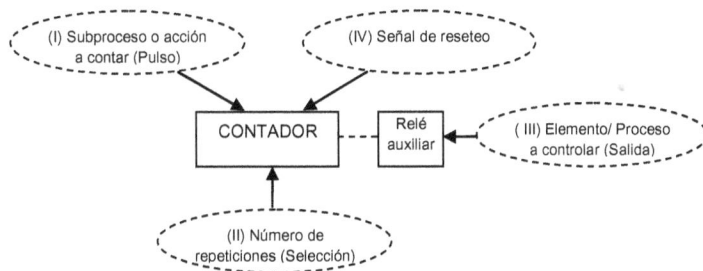

Así en el esquema que sigue, el receptor R, se activará al cumplirse el número de eventos preseleccionado, en este caso cuando se haya activado tres veces el pulsador P1 y cesará su funcionamiento cuando se active el pulsador P2 de reset (Puesta a cero del contador)

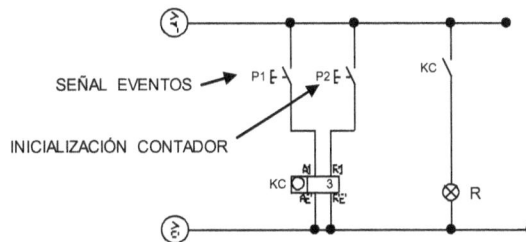

Al objeto de constatar el paralelismo funcional del contador de tecnología neumática y el eléctrico se realizarán los mismos supuestos ya tratados cuando se desarrollo aquel.

Si consideramos en primer lugar la secuencia, A+, B+, A-, B- , que debe repetirse 3 veces tras la activación de un pulsador PM

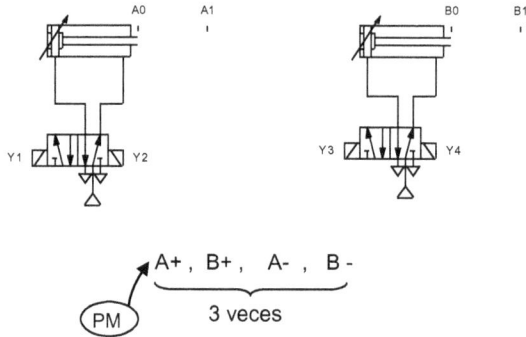

Supone idénticas consideraciones que en este mismo caso visto en tecnología neumática (Pag. 355), esto es:

. Eventos a contar = 3, lo asociamos a la salida del cilindro B, activación de b1

. Proceso a controlar: Arranque de la secuencia, activación solenoide Y1 = A+

. Reseteo del contador: Activación de PM, puesta a cero del contador al inicio de funcionamiento del sistema

El grafo de secuencia y las ecuaciones de mando son sustancialmente las mismas con alguna adaptación a la tecnología eléctrica

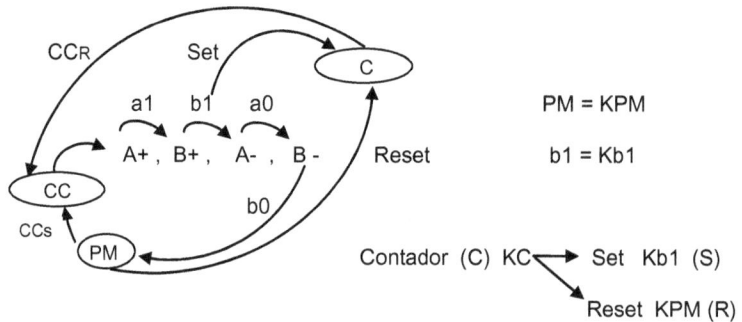

$$PM = KPM$$

$$b1 = Kb1$$

Contador (C) KC → Set Kb1 (S)

Reset KPM (R)

Biestable función circuito contador (CC) = KCC = (KCC + KPM) KC` (*)

CC (S) = Activación = KPM   CC (R) = Anulación = C

(*) La v. biestable contadora CC, se trasforma tecnológicamente en el relé biestáble RS, KCC

$$A+ = Y1 = KCC \cdot b0$$

$$B+ = Y3 = a1$$

$$A + = Y2 = Kb1$$

$$B - = Y4 = a0$$

mediante los cuales elaboramos el siguiente esquema electroneumático

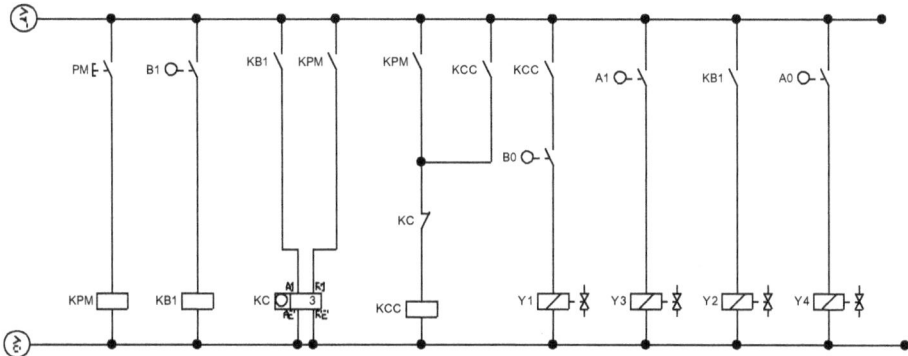

Siguiendo con el desarrollo de este contenido en paralelo a como se hizo en tecnología neumática, consideraremos ahora la implementación en tecnología electroneumática de la secuencia que se indica seguidamente, que debe repetirse automáticamente 3 veces tras la activación del pulsador de puesta en marcha (PM)

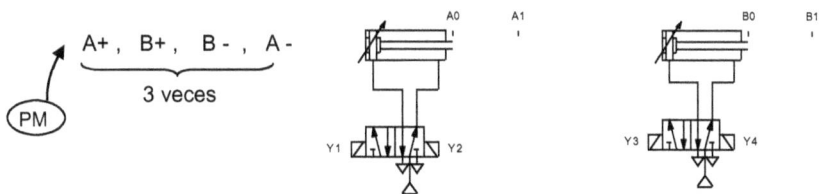

Es válido el mismo análisis preliminar y ecuaciones para su resolución que por el método cascada neumático (Pag. 356), con la asignación del contacto auxiliar abierto de un rele KI al grupo I y de un contacto cerrado del mismo al grupo II. Las ecuaciones de mando quedarían establecidas de la siguiente forma (Ver grafo de secuencia con señales en la pag. siguiente)

$$\text{Grupo I} = KI \quad \text{y Grupo II} = KI`$$

$$KI = (KI + PM . a0) . b1` \; (*)$$

(*) La anterior v. biestable de control de grupos, se trasforma tecnológicamente en el biestable R/S, KI

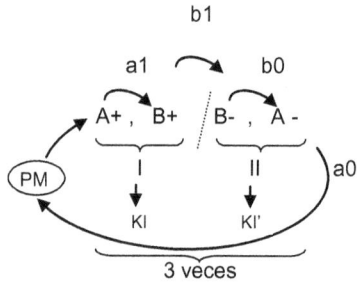

GRUPOS		FASES
Activación	Anulación	
KI= I = PM . a0 $*$	I ' = b1	A+ = Y1 = I = KI
		B+ = Y3 =I.a1=KI . a1
I = KI (KI + PM.a0) . b1`		
II = KI´	II ' = KI	B- = Y4 = II = KI´
		A- = Y2 = II.b0= KI´. b0

(*) Ver apartado II.3.2.5.5. Implementación de circuitos en cascada. Tecnología Eléctroneumática, Cascada dos grupos (Pag. 323/324)

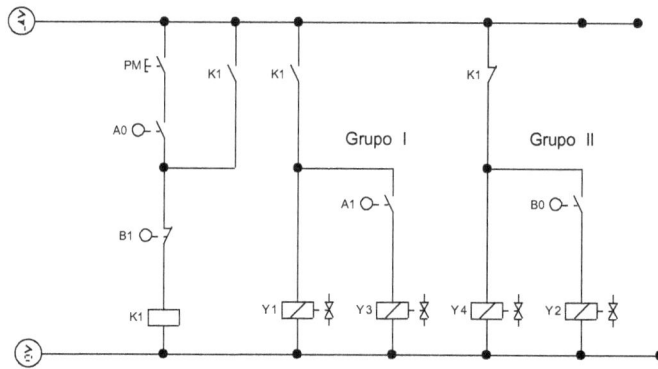

Otra forma de representación tradicional frecuente en el ámbito de trabajo de neumática

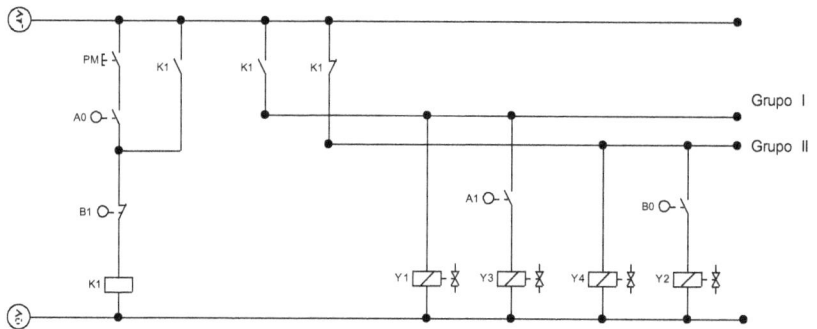

370

Para que la secuencia se repita el número de veces indicado, debemos incorporar al esquema de mando un contador eléctrico, siendo las características que lo determinan y por las mismas razones, las ya establecidas para el supuesto realizado en tecnología neumática (Pag. 357), afectadas de las oportunas adaptaciones a la tecnología eléctrica, esto es:

a) Eventos a contar : 3, . Señal , salida cilindro B, activación b1
b) Proceso a controlar : Arranque de la secuencia (Activación grupo I)
c) Reseteo del contador: Pulsador puesta en marcha del sistema (PM)

e incorporándolas al grafo de secuencia tendremos:

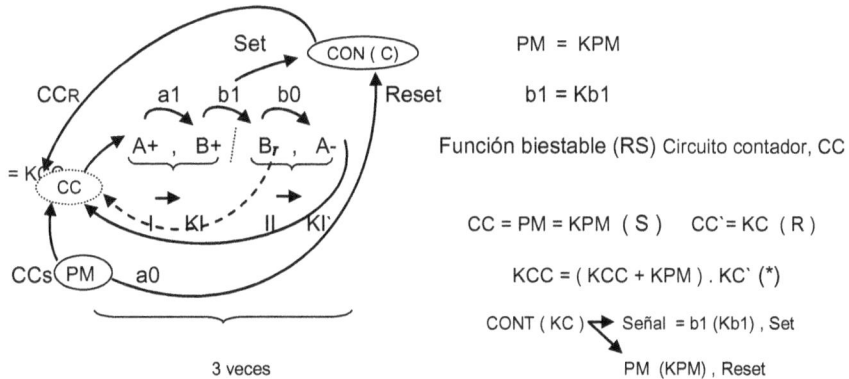

$PM = KPM$

$b1 = Kb1$

Función biestable (RS) Circuito contador, CC

$CC = PM = KPM$ (S) $CC\grave{} = KC$ (R)

$KCC = (KCC + KPM) . KC\grave{}$ (*)

CONT (KC) Señal = b1 (Kb1) , Set

PM (KPM) , Reset

3 veces

(*) La válvula biestáble contadora CC, se trasforma tecnológicamente en un relé biestáble RS, KCC

Adaptando el relé controlador de grupos con la incorporación del circuito contador CC (KCC) = PM, tendremos la siguiente ecuación de control del grupo I:

$$I = KI = (KI + KCC . a0) Kb1\grave{}$$

GRUPOS		FASES
Activación	Anulación	
$I = KI = KCC . a0$	$I\grave{} = Kb1$	$A+ = Y1 = I = KI$
$I = KI = (KI + KCC.a0) . Kb1\grave{}$		$B+ = Y3 = I.a1 = KI . a1$
$II = KI\grave{}$	$II\grave{} = KI$	$B - = Y4 = II = KI\grave{}$
		$A - = Y2 = II.b0 = KI\grave{} . b0$

Quedando finalmente establecido el esquema neumático de la siguiente forma:

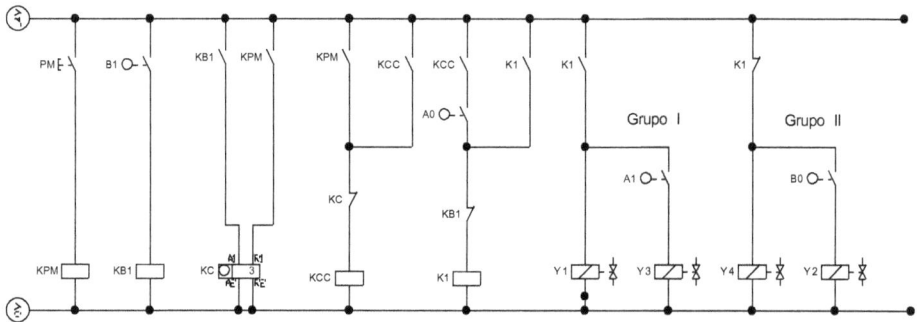

Siguiendo con el paralelismo del desarrollo de contenidos, configuraremos ahora el esquema electroneumático de la secuencia mediante eliminación de las señales permanentes por el método paso-paso (Máximo), siendo válida la configuración de grupos que se estableció para su resolución por tecnología neumática (Pag. 359), asignando a cada uno de ellos su correspondiente relé para su control

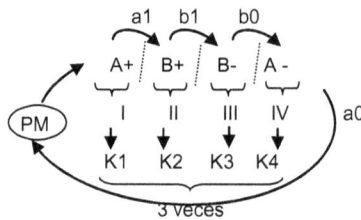

continuando de forma similar, con las adaptaciones a la terminología eléctrica establecemos las ecuaciones de mando, sin considerar el número de repeticiones

Nº	GRUPOS		FASES
	Activación (R)	Anulación (R)	
I = K1	K4 . a0 . PM	I ' = K1`= II = K2	A+ = Y1 = I = K1
	$I = K1 = (K1 + K4. a0 . PM) . K2$`		
II = K2	K1 . a1	II ' = K2`= III = K3	B+ = Y3 = II = K2
	$K2 = (K2 + K1 . a1) . K3´$		
III = K3	K2 . b1	III ´= K3`= IV = K4	B - = Y4 = III = K3
	$K3 = (K3 + K2 . b1) . K4´$		
IV = K4	K3 . b0	IV `= K4`= I = K1	A - = Y2 = IV = K4
	$K4 = (K4 + K3 . b0) . K1´$		
	$K4 = (K4 + K3 . b0 + K2´ . K3` * ) . K1$`		

(*) Para que de partida el grupo IV esté activado, debemos inicializar el sistema introduciendo una excitación del mismo, esto es, "Si no hay ningún grupo activo, que se active el grupo IV (IV = K1`.K2′.K3′) , cuya incorporación a la ecuación anterior nos proporciona el resultado siguiente:

$$K4 = (K4 + K3. b0 + K1`.K2`.K3`) . K1′ = K4 . K1` + K3. b0 . K1` + \underline{K1′.K2`.K3`.K1′} =$$

$$K4 . K1` + K3. b0 . K1` + K1`.K2`.K3` = (K4 + K3. b0 + K2`.K3`) . K1′$$

Obteniendo mediante las mismas el siguiente esquema provisional:

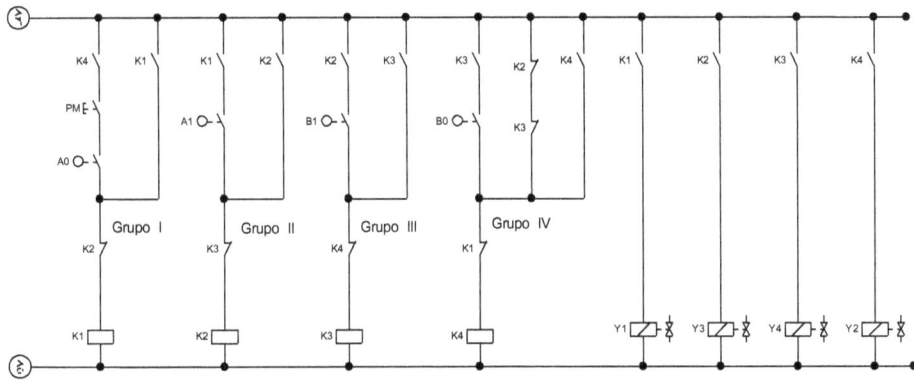

Para la incorporación del contador que controlará la repetición (3 veces) de la secuencia, en principio, son también válidas las consideraciones indicadas en la resolución por el método cascada (eléctrico, pag 369) vistas anteriormente, que recordando serían las siguientes:

Eventos a contar: 3, asociados a la salida del cilindro B, esto es, activación de b1

Proceso a controlar: Arranque de la secuencia, activación solenoide Y1 = A+

Reseteo contador: Activación PM, puesta a cero del contador al inicio del funcionamiento del sistema

El grafo y ecuaciones de mando son sustancialmente las mismas que en la resolución por cascada eléctrico, con las cuales elaboraremos el correspondiente esquema electroneumático

$$PM = KPM \qquad b1 = Kb1$$

Función biestable (RS) Circuito contador CC , $\quad$ CC (S) = PM = KPM $\qquad$ CC′ (R) = KC

$$KCC = (KCC + KPM) . KC`$$

Con (KC) $\searrow$ Señal (Pulso) = bo (Kb1) Set

$\qquad$ PM =(KPM) Reset

CON (KC)   , Señal = b1 = Kb1, Set   PM = KPM Reset

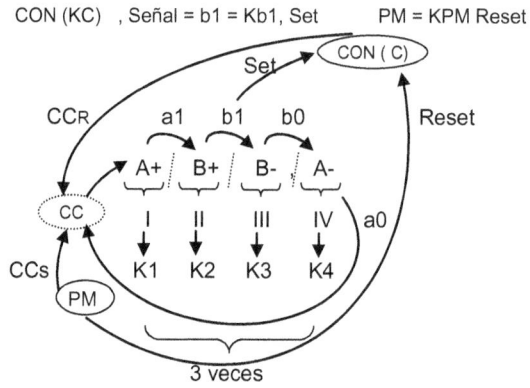

	GRUPOS		FASES
Nº	Activación (R)	Anulación (R)	
I = K1	K4 . a0 . KCC	I ' = K1`= II = K2	A+ = Y1 = I = K1
	$I = K1 = (K1 + K4. a0 . KCC) . K2$`		
II = K2	K1 . a1	II ' = K2`= III = K3	B+ = Y3 = II = K2
	$K2 = (K2 + K1 . a1) . K3´$		
III = K3	K2 . b1	III ´= K3`= IV = K4	B - = Y4 = III = K3
	$K3 = (K3 + K2 . b1) . K4´$		
IV = K4	K3 . b0	IV `= K4`= I = K1	A - = Y2 = IV = K4
	$K4 = (K4 + K3 . b0) . K1´$		
	$K4 = (K4 + K3 . b0 + K2´. K3` * ) . K1$`		

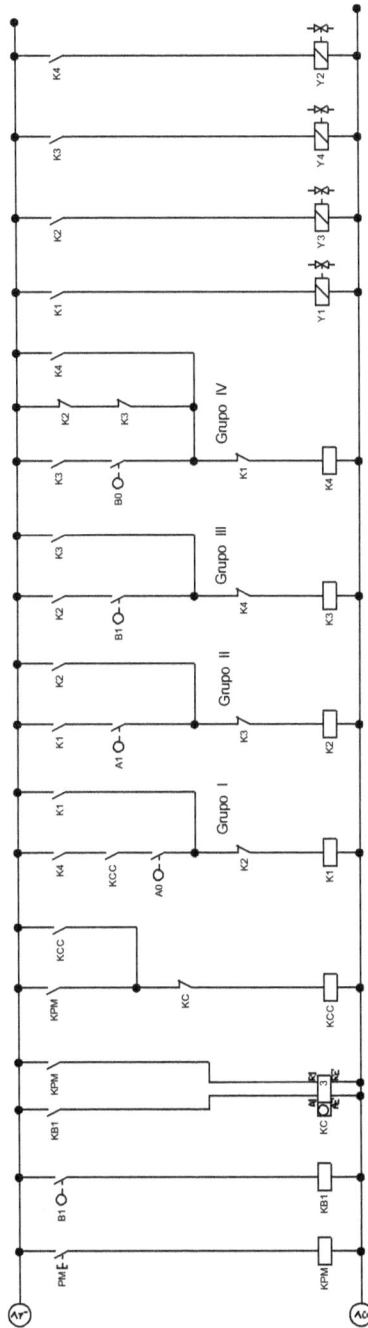

Ejercicio: Se dispone de un sistema de desplazamiento de piezas en el que un tramo móvil del mismo, se desplaza por la salida/entrada de un cilindro A.

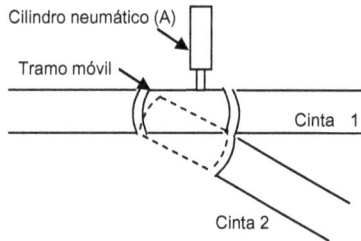

Debe conseguirse que el 60 % de las mismas se conduzcan a la cinta 1 y el resto a la cinta 2 .

Las piezas son detectadas por un captador de presencia de pieza PP (Electroválvula 3/2 NC rodillo- muelle),

que a efectos de diseño/simulación se concebirá como una válvula con pulsador

El cilindro A de doble efecto es comandado por una electroválvula 5/2 biestáble y tiene controladas sus posiciones extremas de recorrido por finales de carrera (a0/a1) implementados en electroválvulas monoestables 3/2 rodillo-muelle.

El sistema dispone de un pulsador de puesta en marcha (PM) con enclavamiento, al objeto de establecer un funcionamiento continuo del mismo.

Diseñar el esquema electroneumático de mando correspondiente, contemplando además el bloqueo del paso de pieza (Anulación señal pulsador = captador PP) durante el movimiento del tramo móvil de la cinta

La resolución del sistsema es prácticamente la misma que la llevada a cabo en el desarrollo con tecnología neumática, pag. 476 (Con las oportunas adaptaciones de terminología) de modo que el número de piezas a trasladar por las cintas 1 y 2, al ser del 60 y 40 % respectivamente, es:

60 / 40 = 6 / 4 = 3 / 2, por tanto 3 piezas por cinta la 1 y 2 piezas por la cinta 2

Incorporamos al esquema de mando dos contadores que controlen el paso de 3 piezas por la cinta 1 , contador C1 y el paso de 2 piezas por la cinta 2, contador C2.

Inicialmente el grafo de secuencia y ecuaciones de movimiento del cilindro A son :

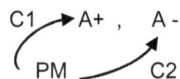

$a0 = Ka0 \qquad a1 = Ka1$

$A + = Y1 = C1 . PM = KC1 . PM$

$A - = Y2 = C2 . PM = KC2 . PM$

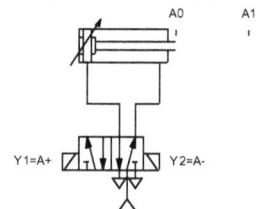

Eventos a contar : Cinta 1, paso de 3 piezas controladas por el detector PP, estando el cilindro retraído, (F. c. a0, pisado) siendo por tanto PP . a0 la señal de entrada para el contador C1 cuando alcance el valor preseleccionado (3) establecerá la salida del cilindro A+. Para la cinta 2, los eventos a contar son el paso de 2 piezas, detectadas por el captador PP, estando el cilindro extendido (F..c. a1 pisado) , siendo PP . a1, la señal de entrada (Pulso) para el contador C2, de modo que al alcanzar el valor preseleccionado (2) determina la entrada del cilindro A-

Lógicamente, el reseteo de cada uno de los contadores, está constituido por la puesta en marcha del otro.

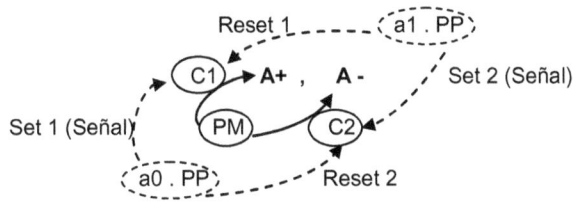

KC1 Set = Ka0 . KPP   KC1 Reset = Ka1 . KPP

KC2 Set = Ka1 . KPP   KC2 Reset = Ka0 . KPP

Para impedir el paso de pieza a controlar cuando el cilindro A está en movimiento, por tanto cuando no están pisados ni a0 ni a1 (Dicho de otro modo, solo será efectiva si está pisado a0 ò a1) establecemos la siguiente ecuación de mando:

Bloqueo activación PP,   KPP = PP(a0 + a1) = PP (Ka0 + Ka1)

con lo que el esquema electroneumático para el control del sistema sería:

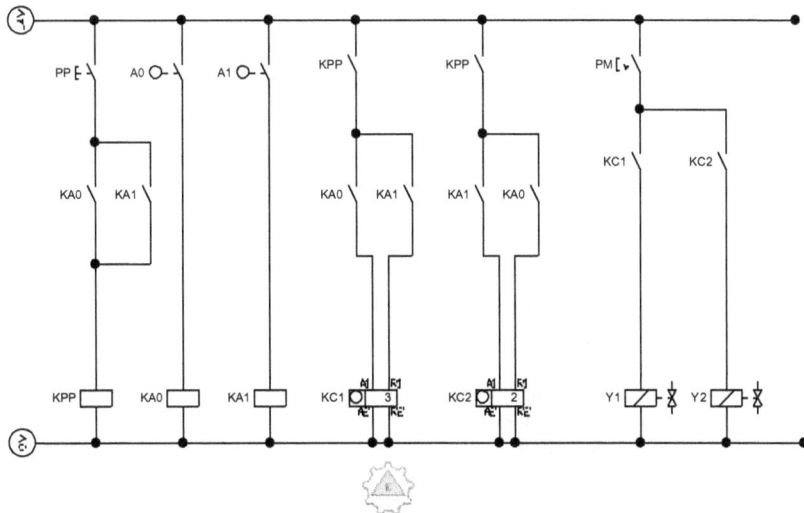

Ejercicio propuesto: Consideremos de nuevo el sistema de envasado de pelotas de tenis (3 unidades por envase) que son trasladadas una a una, mediante la salida de un cilindro B , desde un alimentador de gravedad hasta su envase, siendo estos situados en el punto de carga por la salida de otro cilindro A.

Ambos cilindros, de doble efecto, tienen gobernados sus movimientos por su respectiva electroválvula biestable 4/2 y controladas las posiciones extremas de sus recorridos por los oportunos finales de carrera (Electroválvula monoestable 3/2 NC).

El sistema se pondrá en marcha tras las activación de un pulsador PM (Electroválvula. monoestable 3/2 NC), de modo que en su salida el cilindro A sitúa un envase en el punto de carga retornando a su posición de reposo, tras lo cual el cilindro B saldrá y entrará desplazando una a una las pelotas, concluyendo el proceso al finalizar el retroceso del cilindro B

Diseñar el esquema electroneumático de control del sistema

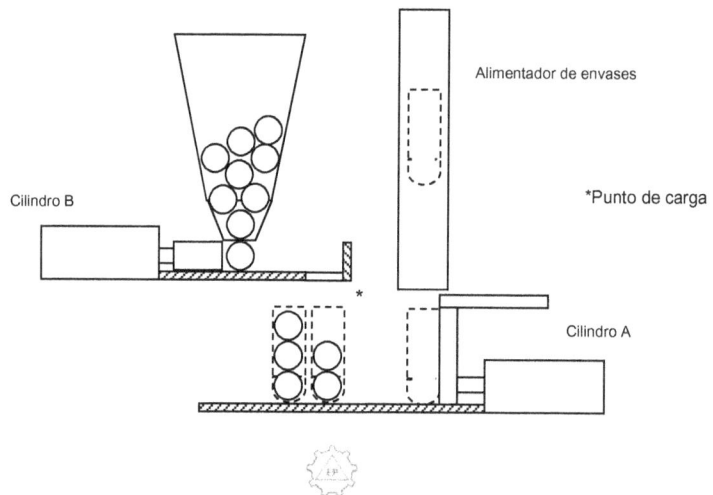

II.4.1.- Contaje mediante PLC

Con la sola intención de mostrar el paralelismo en la implementación de sistemas de contaje por diferentes tecnologías, se desarrollan seguidamente mediante control por PLC las mismas explicaciones/ejercicios realizados en contaje neumático/electroneumático, sin pretender sustituir un desarrollo integral y específico de control de sistemas mediante autómatas programables:

Analizaremos únicamente el contador decremental que efectúa una cuenta atras hasta llegar a cero y cuya simbología (función) se refleja en la siguiente figura:

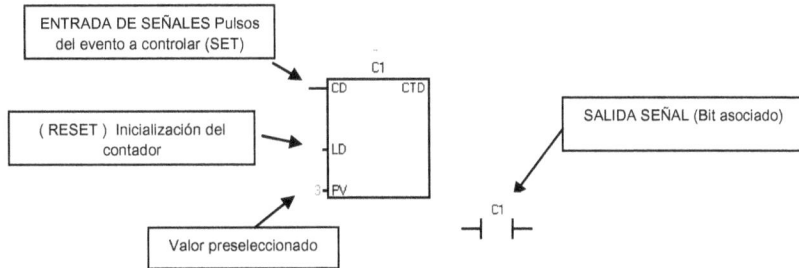

También aquí se requiere el establecimiento de:

(I) Subproceso a contar o dicho de otra forma en que parte es preciso contar

(II) Número de veces a repetirse

(III) Elemento/proceso a controlar (Salida)

(IV) Puesta a cero (Reset) del contador

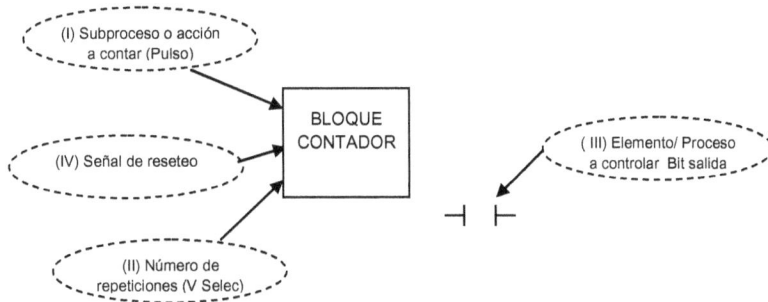

Asi en el diagrama de contactos de la pag. siguiente, el receptor R = Q0.1 se activará al cumplirse el número de eventos preseleccionado, en este caso cuando el pulsador P1 = I0.1 se haya activado tres veces, cesando su funcionamiento cuando se active el pulsador de reset   P2 = I0.2 (Puesta a cero del contador)

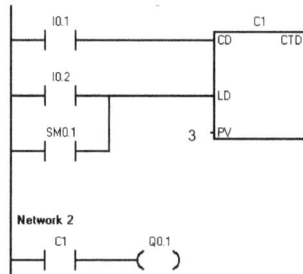

P1 = I0.1 (SET) / CD

P2 = I0.2 (RESET) / LD

C1 = Q0.1 = R

Se incorpora SM0.1 (Bit Inicializador) que estará activo solo en el primer ciclo de escan para resetear /inicializar el contador en el comienzo de funcionamiento del sistema

Contemplemos la secuencia A+, B+, A-, B- que debe repetirse 3 veces tras la activación de un pulsador PM

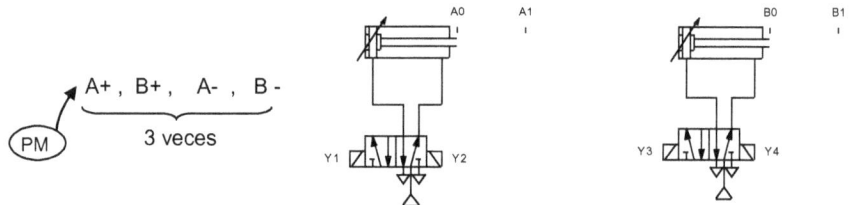

Se establecen las mismas consideraciones que en el caso de tecnología electroneumática (Pag. 368):

. Eventos a contar = 3, asociado a la salida del cilindro B, activación de b1 = I0.4

. Proceso a controlar: Arranque de la secuencia, activación solenoide Y1 = A+ = Q0.1

. Reseteo del contador: Activación de PM = I0.0 , puesta a cero del contador al activar dicho pulsador

El grafo de secuencia y las ecuaciones de mando son sustancialmente las mismas, con adaptaciones a la terminología para PLC

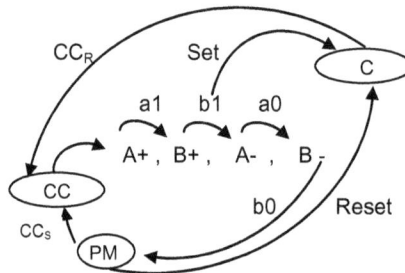

Contador (C) KC → Set b1 (S)

Reset PM (R)

Biestable (RS) f circuito contador (CC)

CC(s) = PM   CC(R) = C1

CC = (CC + PM) C`   CC = Q0.5   C = C1

Q0.5 = (Q0.5 + I0.0) . C1`

A+ = Y1 = Q0.1 = CC . b0 = Q0.5 . I0.3   B+ = Y3 = Q0.3 = a1 = I0.2
A - = Y2 = Q0.2 = b1 = I0.4   B - = Y4 = Q0.4 = a0 = I0.1

Con los cuales elaboramos el siguiente esquema de contactos

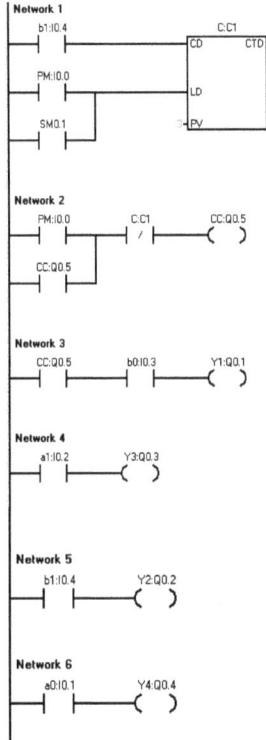

Símbolo	Dirección	
PM	I0.0	
a0	I0.1	
a1	I0.2	
b0	I0.3	
b1	I0.4	
Y1	Q0.1	A+
Y2	Q0.2	A-
Y3	Q0.3	B+
Y4	Q0.4	B-
CC	Q0.5	Biestable función circcuito contador
C	C1	Contador

Para la secuencia A+, B+, B-, A-, que debe repetirse automáticamente 3 veces tras la activación del pulsador de puesta en marcha PM, tendremos

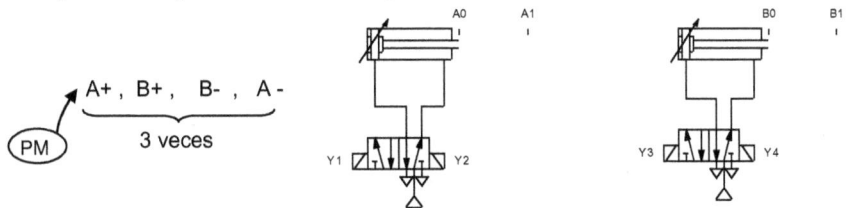

El análisis preliminar (sin considerar repeticiones) y ecuaciones de mando para su resolución son los mismos que en tecnología electroneumática (pag. 369), con la asignación de la memoria M0.1 al grupo I

$$\text{Grupo I} = M0.1 \qquad \text{Grupo II} = I` = M0.1` \qquad M0.1 = (M0.1 + PM.a0).b1` \; (*)$$

(*)Ver apartado II.3.2.6.6 Implementación de circuitos en cascada. Control mediante PLC. Cascada dos grupos (Pag. 340)

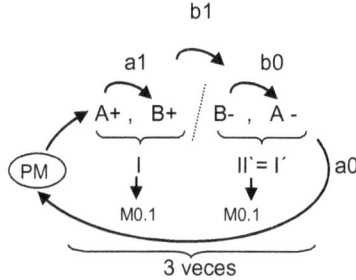

GRUPOS		FASES
Activación	Anulación	
M0.1= I = PM . a0	I ' = b1	A+ = Y1 = Q0.1 = I = M0.1
		B+ = Y3 = Q0.3 = I.a1=M0 . a1
I = M0.1 = (M0.1 + PM.a0) . b1`		
II = M0.1´	II ' = M0.1	B- = Y4 = Q0.4= II = M0.1´
		A- =Y2= Q0.2= II.b0=M0.1´. b0

Para que la secuencia se repita el número de veces indicado se debe incorporar al esquema de mando un bloque contador de las mismas características/razones establecidas en el supuesto realizado en tecnología electroneumática (Pag. 371), con la correspondiente adaptación terminológica

a)   Eventos a contar : 3 . Señal , salida cilindro B, activación b1
b)   Proceso a controlar : Arranque de la secuencia (Activación grupo I)
c)   Reseteo del contador: Pulsador puesta en marcha de la secuencia PM

el grafo de secuencia es:

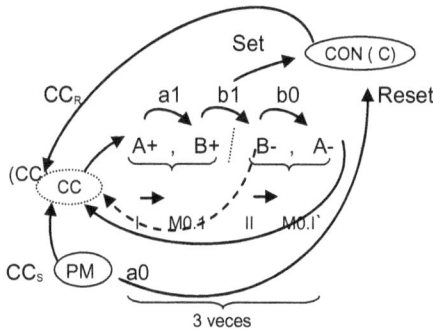

CONT (C) → Señal = b1 (S), Set

PM (R) , Reset

Biestable (RS) función Circuito Contador

$$CC_S = PM \qquad CC`_R = C$$

$$CC = (CC + PM) . C` \qquad CC = Q0.5$$

Adaptando la ecuación de la memoria controladora de grupos con la incorporación del circuito contador CC = PM , tendremos la siguiente ecuación de control del grupo I:

$$\text{Grupo I} = M0.I = (M0.I + CC . a0) \, b1`$$

GRUPOS		FASES
Activación	Anulación	
I = M0.1 = CC . a0 = Q0.5. I0.1	I' = b1 = I0.4	A+ = Y1 = Q0.1= I = M0.1
I = M0.I = (M0.1 + CC.a0).b1`= = (M0.1 + Q0.5 . I0.1) . I0.4`		B+ = Y3 = Q0.3 = I .a1 = M0.1 . I0.2
II = I`= M0.1`	II`= M0.1	B - = Y4 = Q0.4 = I` = M0.1` A - = Y2 = Q0.2 = I'.b0 = M0.1`. I0.3

Siendo el diagrama de contactos el siguiente:

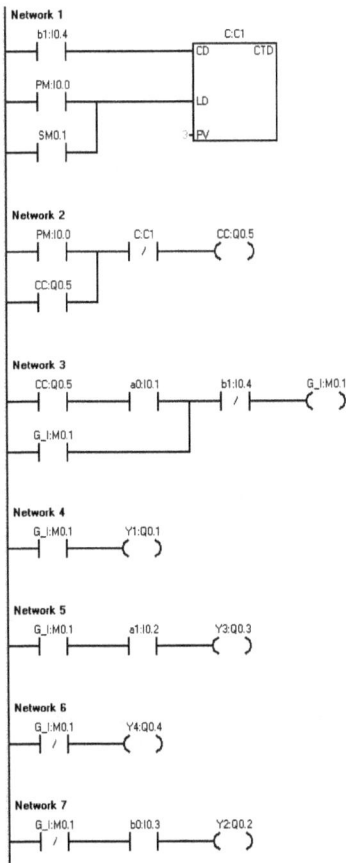

Símbolo	Dirección	
PM	I0.0	
a0	I0.1	
a1	I0.2	
b0	I0.3	
b1	I0.4	
Y1	Q0.1	A+
Y2	Q0.2	A-
Y3	Q0.3	B+
Y4	Q0.4	B-
CC	Q0.5	Biestable función circcuito contador
C	C1	Contador
G_I	M0.1	

Continuando con el paralelismo del desarrollo de contenidos configuraremos ahora el diagrama de contactos para control de la secuencia anterior mediante eliminación de las señales permanentes por el método paso-paso (Máximo), siendo válida la configuración de grupos que se estableció para su resolución por tecnología electroneumática (Pag. 372), asignando a cada uno de ellos su correspondiente memoria para su control

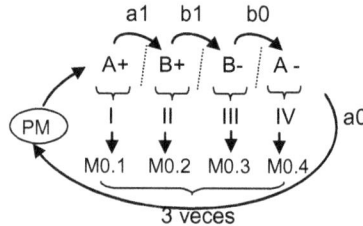

Prosiguiendo de forma similar, con las adaptaciones a la terminología para PLC establecemos las ecuaciones de mando, sin considerar en principio el número de repeticiones

GRUPOS			FASES
Nº	Activación (R)	Anulación (R)	
I = M0.1	M0.4 . a0 . PM I = M0.1 = (M0.1 + M0.4. a0 . PM).M0.2`	I ' = M0.1`= II = M0.2	A+ = Y1 = Q0.1= I = M0.1
II = M0.2	M0.1 . a1 M0.2 = (M0.2 + M0.1 . a1).M0.3´	II ' = M0.2`= III = M0.3	B+ = Y3 = Q0.3 = II = M0.2
III = M0.3	M0.2 . b1 M0.3 = (M0.3 + M0.2 . b1) M04´	III ´= M0.3`= IV = M0.4	B - = Y4 = Q0.4 = III = M0.3
IV = M0.4	M0.3 . b0 + S_{INI} (*) M0.4 = (M0.4 + M0.3 . b0 + S_{INI}) . M0.1´ M0.4 = (M0.4 + M0.3 . b0 + SM0.1) . M0.1´ (*)	IV ' = M0.4`= I = M0.1	A - = Y2 = Q0.2 = IV = M0.4

(*) La inicializacion del sistema para que de partida el grupo IV(M0.4) esté activo la realizamos mediante bit inicializador (SM0.1)

Para la incorporación del contador que controlará la repetición de la secuencia (3 veces), en principio son válidas las consideraciones indicadas en la resolución por paso paso máximo tecnología eléctrica (Pag. 373), que eran las siguientes:

Eventos a contar: 3, asociados a la salida del cilindro B, esto es, activación de b1

Proceso a controlar: Arranque de la secuencia, activación solenoide Y1 = A+

Reseteo contador: Activación PM, puesta a cero del contador al activar la puesta en marcha de la secuencia

El grafo y ecuaciones de mando son los mismos que en la resolución por tecnología eléctrica (Pag. 374) con las adaptaciones terminológicas oportunas

Contador (C1) , Señal = b1 = S (Set)   PM = R (Reset)

Biestable (RS) función circuito contador CC ,   CC (S) = PM   CC´ (R) = C   CC = Q0.5

$$CC = (CC + PM) . C`$$

$$Q0.5 = (Q0.5 + I0.0) C1`$$

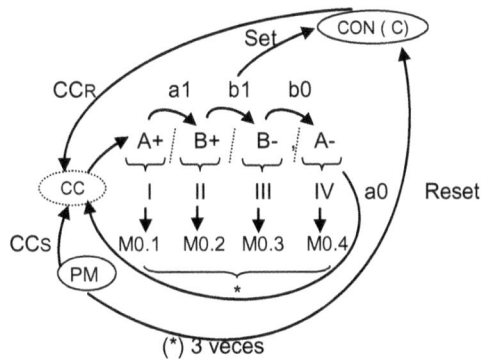

(*) 3 veces

	GRUPOS		FASES
Nº	Activación (R)	Anulación (R)	
I = M0.1	M0.4 . a0 . CC = M0.4 .I0.1. C1	I ' = M0.1`= II = M0.2	A+ = Y1 = Q0.1 = M0.1
	I = M0.1 = (M0.1 + M0.4. I0.1 . C1) . M0.2`		
II = M0.2	M0.1 . a1 = M0.1. I0.2	II ' = M0.2`= III = M0.3	B+ = Y3 = Q0.3 = II = M0.2
	M0.2 = (M0.2 + M0.1 . I0.2) . M0.3´		
III = M0.3	M0.2 . b1 = M0.2 .I0.4	III `= M0.3`= IV = M0.4	B - = Y4 = Q0.4 = III = M0.3
	M3 = (M0.3 + M0.2 . I0.4) . M0.4´		
IV = M0.4	M0.3 . b0 = M0.3. I0.3	IV `= M0.4`= I = M0.1	A - = Y2 = Q0.2 = IV = M0.4
	M0.4 = (M0.4 + M0.3 . I0.3 + S_{INI}) . M0.1´ (**)		
	M0.4 = (M0.4 + M0.3 . I0.3 + SM0.1) . M0.1`		

(**) Inicialización mediante bit inicializador (SM0:1)

Network 1

```
   b1:I0.4                      C:C1
  ──┤ ├──                    ┌─────────┐
                             │CD    CTD│
   PM:I0.0                   │         │
  ──┤ ├──                    │LD       │
                             │         │
   SM0.1                     │PV       │
  ──┤ ├──                    └─────────┘
```

Network 2

```
   PM:I0.0      C:C1      CC:Q0.5
  ──┤ ├────────┤ / ├──────( )──
   CC:Q0.5
  ──┤ ├──
```

Network 3

```
   CC:Q0.5   a0:I0.1   G_IV:M0.4   G_II:M0.2   G_I:M0.1
  ──┤ ├──────┤ ├────────┤ ├─────────┤ / ├──────( )──
   G_I:M0.1
  ──┤ ├──
```

Network 4

```
   G_I:M0.1    A1:I0.2    G_III:M0.3   G_II:M0.2
  ──┤ ├────────┤ ├─────────┤ / ├────────( )──
   G_II:M0.2
  ──┤ ├──
```

Network 5

```
   G_II:M0.2    b1:I0.4    G_IV:M0.4   G_III:M0.3
  ──┤ ├─────────┤ ├─────────┤ / ├────────( )──
   G_III:M0.3
  ──┤ ├──
```

Network 6

```
   G_III:M0.3    b0:I0.3    G_I:M0.1    G_IV:M0.4
  ──┤ ├──────────┤ ├─────────┤ / ├────────( )──
   G_IV:M0.4
  ──┤ ├──
   SM0.1
  ──┤ ├──
```

Network 7

```
   G_I:M0.1     Y1:Q0.1
  ──┤ ├──────────( )──
```

Network 8

```
   G_II:M0.2    Y3:Q0.3
  ──┤ ├──────────( )──
```

Network 9

```
   G_III:M0.3   Y4:Q0.4
  ──┤ ├──────────( )──
```

Network 10

```
   G_IV:M0.4    Y2:Q0.2
  ──┤ ├──────────( )──
```

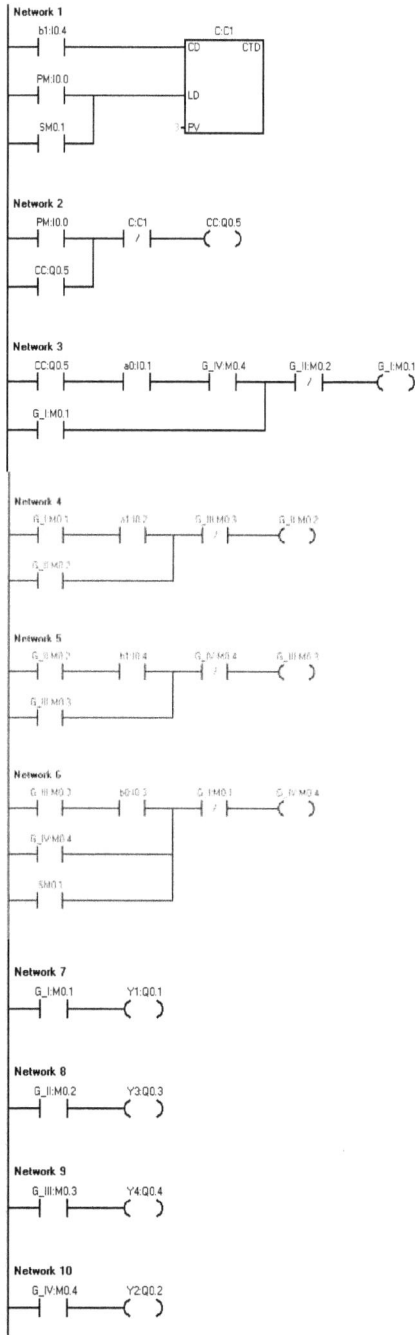

Símbolo	Dirección	
PM	I0.0	
a0	I0.1	
a1	I0.2	
b0	I0.3	
b1	I0.4	
Y1	Q0.1	A+
Y2	Q0.2	A-
Y3	Q0.3	B+
Y4	Q0.4	B-
CC	Q0.5	Biestable función circcuito contador
C	C1	Contador
G_I	M0.1	
G_II	M0.2	
G_III	M0.3	
G_IV	M0.4	

Ejercicio: Se dispone de un sistema de desplazamiento de piezas en el que un tramo móvil del mismo, se desplaza por la salida/entrada de un cilindro A.

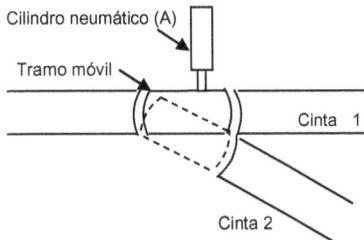

Cilindro neumático (A)

Tramo móvil

Cinta 1

Cinta 2

Debe conseguirse que el 60 % de las mismas se conduzcan a la cinta 1 y el resto a la cinta 2 .

Las piezas son detectadas por un captador de presencia de pieza PP (Electroválvula 3/2 NC rodillo- muelle),

que a efectos de diseño/simulación se concebirá como una válvula con pulsador

El cilindro A de doble efecto es comandado por una electroválvula 5/2 biestáble y tiene controladas sus posiciones extremas de recorrido por finales de carrera (a0/a1) implementados en electroválvulas monoestables 3/2 rodillo-muelle.

El sistema dispone de un pulsador de puesta en marcha (PM) con enclavamiento, al objeto de establecer un funcionamiento continuo del mismo.

Diseñar el diagrama de contactos para control del sistema mediante PLC, contemplando además el bloqueo del paso de pieza (Anulación señal pulsador = captador PP) durante el movimiento del tramo móvil de la cinta

La resolución del sistema planteado es la misma que se ha plasmado para tecnología eléctrica (pag. 376/377) con las adaptaciones terminológicas que corresponden

Piezas a controlar para la cinta 1 y 2 : 60 y 40 % respectivamente, por tanto 60/40 = 3/2, esto es, 3 piezas por la cinta 1 y 2 piezas por la cinta 2

Se incorporan dos contadores: C1 para controlar el paso de 3 piezas por la cinta 1 y el contador C2 para controlar el paso de 2 piezas por la cinta 2

En principio el grafo de secuencia y ecuaciones de mando del cilindro A son:

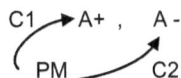

C1 ➔ A+ , A -

PM ➔ C2

A + = Y1 = C1 . PM

A - = Y2 = C2 . PM

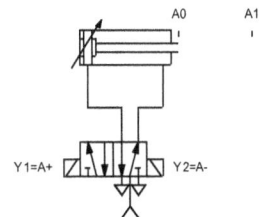

A0   A1

Y1=A+   Y2=A-

Eventos a contar : Cinta 1, paso de 3 piezas controladas por el detector PP, estando el cilindro retraído, (F. c. a0 pisado) siendo por tanto PP . a0 la señal de entrada para el contador C1, que cuando alcance el valor preseleccionado (3) establecerá la salida del cilindro (A+), Para la cinta 2, los eventos a contar son el paso de 2 piezas detectadas por el captador PP, estando el cilindro extendido (F..c. a1 pisado) , siendo PP . a1, la señal de entrada (Pulso) para el contador C2, de modo que al alcanzar el valor preseleccionado (2) determina la entrada del cilindro (A-)

El reseteo de cada uno de los contadores, está constituido por la puesta en marcha del otro.

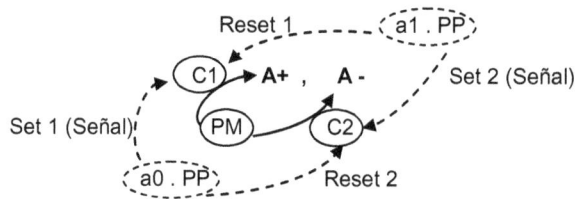

Símbolo	Dirección	
PM	I0.0	
a0	I0.1	
a1	I0.2	
PP	I0.3	
Y1	Q0.1	A+
Y2	Q0.2	A-
Bloc_PP	Q0.3	Bloqueador detector PP
CON1	C1	Contador 3 piezas, 60 %
CON2	C2	Contador 2 piezas, 40 %

Contador 1 (C1), Set = a0 .PP = I0.1. I0.3   C1 Reset = a1 . PP = I0.2. I0.0

Contador 2 (C2), Set = a1 .PP = I0.2. I0.3   C2 Reset = a0 . PP = I0.1 . I0.3

Para impedir el paso de pieza a controlar cuando el cilindro A está en movimiento y por tanto cuando no están pisados ni a0 ni a1 (Dicho de otro modo, solo será efectiva si está pisado a0 ò a1) establecemos la siguiente ecuación de mando:

Bloqueo activación PP, Bloc PP = Q0.3 = PP(a0 + a1) = I0.3 (I0.1 + I0.2)

Siendo el diagrama de contactos para el control del sistema (Ver pag siguiente):

Network 1

```
a0:I0.1        PP:I0.3      Bloc_PP:Q0.3
 ┤├─────┬──────┤├───────────( )
        │
a1:I0.2 │
 ┤├─────┘
```

Network 2

```
a0:I0.1        PP:I0.3                    CON1:C1
 ┤├─────────────┤├──────────────┌CD      CTD┐
                                │              │
a1:I0.2        PP:I0.3          │              │
 ┤├─────────────┤├──────────┬───┤LD           │
                            │    │              │
SM0.1                       │   3┤PV           │
 ┤├─────────────────────────┘   └──────────────┘
```

Network 3

```
a1:I0.2        PP:I0.3                    CON2:C2
 ┤├─────────────┤├──────────────┌CD      CTD┐
                                │              │
a0:I0.1        PP:I0.3          │              │
 ┤├─────────────┤├──────────┬───┤LD           │
                            │    │              │
SM0.1                       │   3┤PV           │
 ┤├─────────────────────────┘   └──────────────┘
```

Network 4

```
CON1:C1        PM:I0.0       Y1:Q0.1
 ┤├─────────────┤├────────────( )
```

Network 5

```
CON2:C2        PM:I0.0       Y2:Q0.2
 ┤├─────────────┤├────────────( )
```

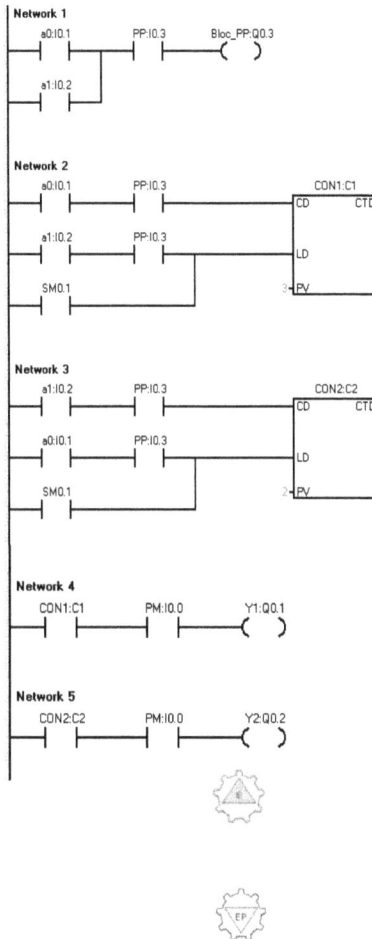

Ejercicio propuesto: Consideremos de nuevo el sistema de envasado de pelotas de tenis (3 unidades por envase) que son trasladadas una a una mediante la salida de un cilindro B , desde un alimentador de gravedad hasta su envase, siendo estos situados en el punto de carga por la salida de otro cilindro A.

Ambos cilindros que son de doble efecto tienen ahora gobernados sus movimientos por su respectiva electroválvula biestable 4/2 y controladas las posiciones extremas de sus recorridos por los correspondientes finales de carrera (Electrov. Monoesta. 3/2 NC).

El sistema se pondrá en marcha tras las activación de un pulsador PM (Electroválvula. monoestable 3/2 NC), de modo que en su salida el cilindro A sitúa un envase en el punto de carga retornando a su posición de reposo, tras lo cual el cilindro B saldrá y entrará desplazando una a una las pelotas concluyendo el proceso al finalizar el retroceso del cilindro B tras la carga de 3ª pelota

Diseñar el diagrama de contactos para control del sistema mediante PLC

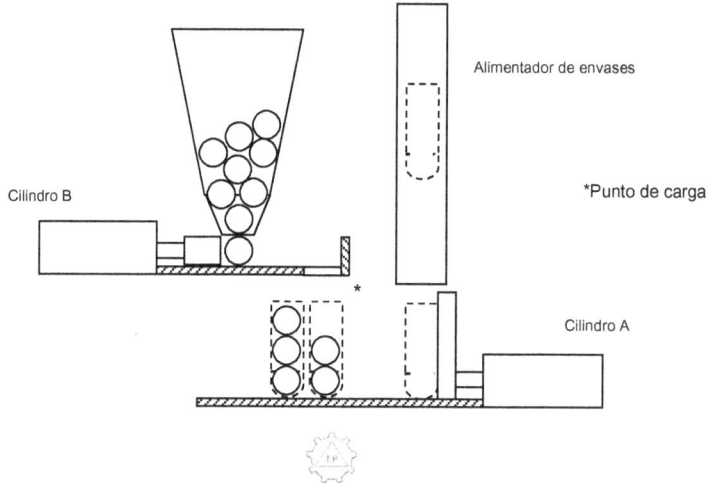

Alimentador de envases

*Punto de carga

Cilindro B

Cilindro A

II.4.4.- Equivalentes de contaje (Decremental)

Neumatico	Eléctrico	PLC

APENDICE I

Soluciones a los ejercicios propuestos en Automatización Fundamentada I.

Pag. 25 (AF I)

Ejercicio propuesto: Convertir a decimal (Por la suma de pesos) el número binario 11011_2

$$(........ \ 2^5, \ \ 2^4, \ \ 2^3, \ \ 2^2, \ \ 2^1, \ \ 2^0)$$

Tabla de pesos ↓ ↓ ↓ ↓ ↓ ↓

$$(...... \ \ 32 \ \ \ 16 \ \ \ 8 \ \ \ \ 4 \ \ \ \ 2 \ \ \ \ \ 1)$$

$$1 \quad 1 \quad 0 \quad 1 \quad 1$$

$$1 \times 2^4 \ + \ 1 \times 2^3 \ + \ 0 \times 2^2 \ + \ 1 \times 2^1 \ + \ 1 \times 2^0$$

$$1 \times 16 \ + \ 1 \times 8 \ + \ 0 \ + \ 1 \times 2 \ + \ 1 \times 1$$

$$16 \ + \ 8 \ + \ 2 \ + \ 1 \ = 27_{10}$$

Pag 27. (AF I)

Ejercicio propuesto: Convertir a binario el numero decimal 138_{10}

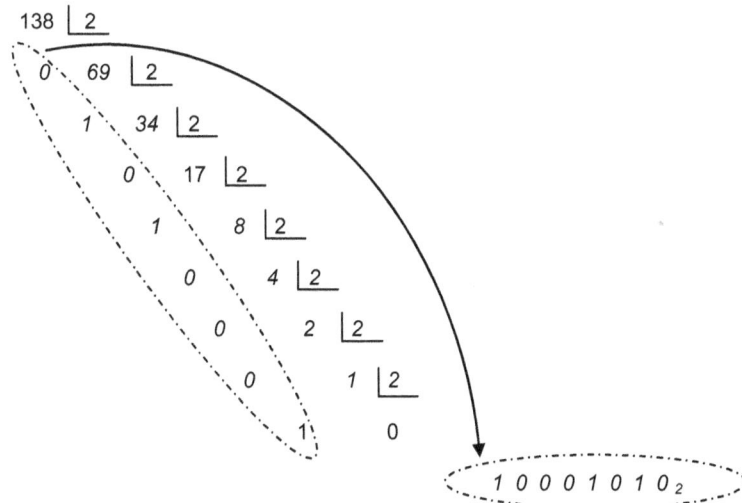

$138 \ \lfloor 2$

$0 \quad 69 \ \lfloor 2$

$1 \quad 34 \ \lfloor 2$

$0 \quad 17 \ \lfloor 2$

$1 \quad 8 \ \lfloor 2$

$0 \quad 4 \ \lfloor 2$

$0 \quad 2 \ \lfloor 2$

$0 \quad 1 \ \lfloor 2$

$1 \quad 0$

$1 0 0 0 1 0 1 0_2$

Entero	Resto
138	
69	0
34	1
17	0
2	1
4	0
2	0
1	0
0	1

$1\ 0\ 0\ 0\ 1\ 0\ 1\ 0_2$

Pag 28. (AF I)

Ejercicio propuesto: Convertir a binario (Por la operatoria de la tabla de pesos) el numero decimal 41_{10}

$$41 = 32 + 8 + 1 = 2^5 + 2^3 + 2^0 = 101001_2$$

Pag 30. (AF I)

Ejercicio propuesto: Convertir a binario el número hexadecimal $F38E_{16}$

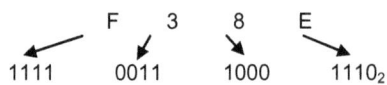

F   3   8   E

1111   0011   1000 1110_2

Pag 31. (AF I)

Ejercicio propuesto: Convertir a hexadecimal el número binario
1111111000101101101_2

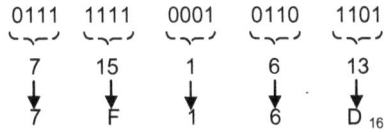

0111	1111	0001	0110	1101
7	15	1	6	13
7	F	1	6	D_{16}

Pag 32. (AF I)

Ejercicio propuesto: Convertir a hexadecimal el número decimal 745_{10}

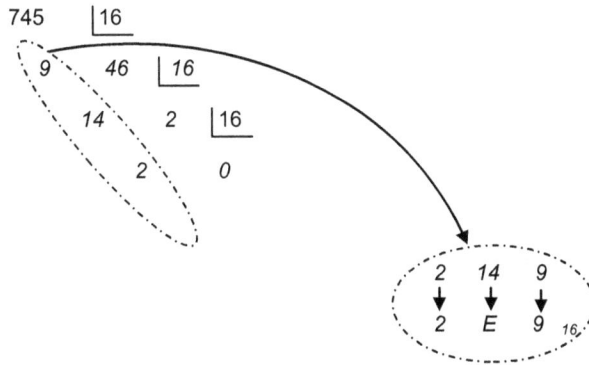

Pag 33. (AF I)

Ejercicio propuesto: Convertir a decimal el número hexadecimal $B2F5_{16}$

$11 \times 16^3 + 2 \times 16^2 + 15 \times 16^1 + 5 \times 16^0 = 45.056 + 512 + 240 + 5 = 45.813_{10}$

Pag 34. (AF I)

Ejercicio propuesto: Convertir a binario el número octal 741_8

$$7 \quad 4 \quad 1$$

$$111 \quad 100 \quad 001_2$$

Pag 35. (AF I)

Ejercicio propuesto: Convertir a octal el número binario 101110111_2

$$101 \quad 110 \quad 111$$

$$5 \quad 6 \quad 7_8$$

Pag 35. (AF I)

 Ejercicio propuesto: Convertir a octal el número decimal 904_{10}

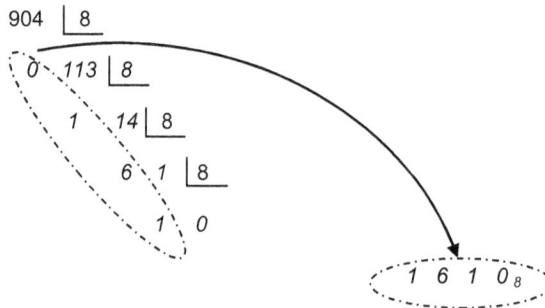

```
904 | 8
 0   113 | 8
      1   14 | 8
           6   1 | 8
                1   0
```

$$1 \ 6 \ 1 \ 0_8$$

Pag 36. (AF I)

Ejercicio propuesto: Convertir a decimal el número octal 637_8

$637 = 6 \times 8^2 + 3 \times 8^1 + 7 \times 8^0 = 6 \times 64 + 3 \times 8 + 7 \times 1 = 384 + 24 + 7 = 415_{10}$

Pag 37. (AF I)

Ejercicio propuesto: Convertir a código BCD el número decimal 1468_{10}

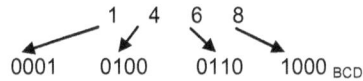

$$1 \quad 4 \quad 6 \quad 8$$

$$0001 \quad 0100 \quad 0110 \quad 1000 \,_{BCD}$$

Pag 38. (AF I)

Ejercicio propuesto: Convertir a decimal el número siguiente expresado en código BCD, 001000110000_{BCD}

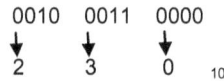

$$0010 \quad 0011 \quad 0000$$

$$2 \quad 3 \quad 0 \quad _{10}$$

Pag 40. (AF I)

Ejercicio propuesto : Convertir a código Gray el número binario 11010_2

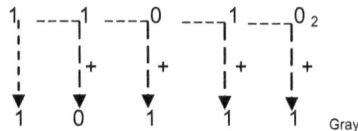

$$1 \; ---1 \; ---0 \; ---1 \; ---0 \,_2$$

$$1 \quad 0 \quad 1 \quad 1 \quad 1 \quad _{Gray}$$

Pag 41. (AF I)

Ejercicio propuesto : Convertir a código binario el número expresado en código Gray
10111_{GRAY}

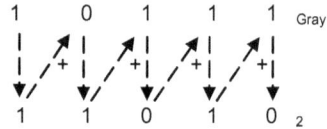

Pag 48. (AF I)

Ejercicio propuesto: Diseñar un sistema de control mediante puertas lógicas
electrónicas para un motor (M) que deberá ponerse en marcha cuando se active
alguno de los tres interruptores que lo controlan

Diséñese también el sistema equivalente en tecnología eléctrica y en
tecnología neumática

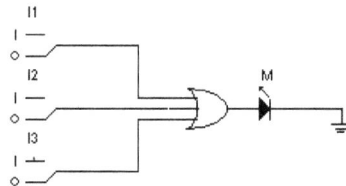

Las representaciones equivalentes en tecnología eléctrica y neumática son:

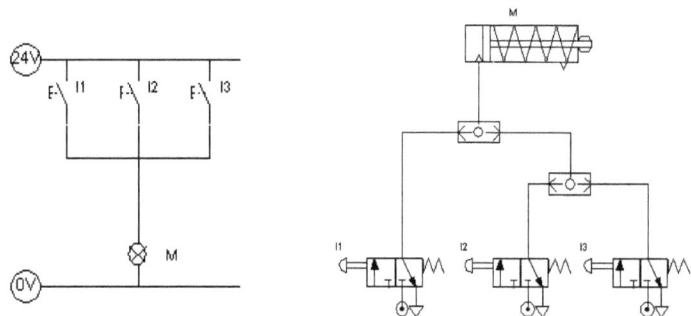

Pag 52. (AF I)

Ejercicio propuesto: La bajada de la estampa superior de una prensa (P) debe ser validada por el accionamiento simultáneo de dos pulsadores A y B. Diseñar el sistema de control mediante puertas lógicas electrónicas

Diséñese también el sistema equivalente en tecnología eléctrica y en tecnología neumática

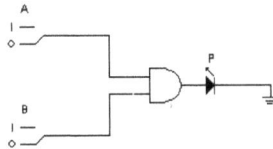

Las representaciones equivalentes en tecnología eléctrica y neumática son:

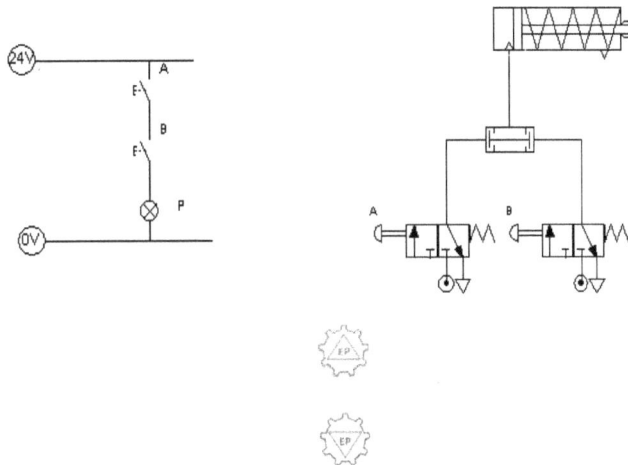

Pag 55. (AF I)

Ejercicio propuesto: Una cinta trasportadora funcionará en tanto en cuanto un sensor (S) que detecta piezas defectuosas no se active. Diseñar un sistema de control mediante puertas lógicas electrónicas. Elaborar también los correspondientes esquemas equivalentes en tecnología eléctrica y neumática

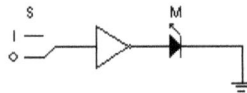

AS II 34 bis

Las representaciones equivalentes en tecnología eléctrica y neumática son:

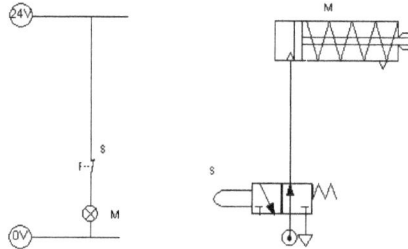

Pag 59. (AF I)

Ejercicio propuesto: Obtener la forma numérica binaria y decimal de la siguiente expresión canónica:

$$S = A\ B`\ C\ +\ A\ B`\ C`\ +\ A`\ B\ C`$$

$$\underbrace{1\ 0\ 1}_{5}\qquad \underbrace{1\ 0\ 0}_{4}\qquad \underbrace{0\ 1\ 0}_{2}$$

Pag 59. (AF I)

Ejercicio propuesto: Obtener la forma numérica binaria y decimal de la siguiente expresión canónica:

$$T = (X + Y + Z) + (X`+ Y`+ Z) + (X + Y`+ Z`)$$

$$\underbrace{0\ \ 0\ \ 0}_{0}\qquad \underbrace{1\ \ 1\ \ 0}_{6}\qquad \underbrace{0\ \ 1\ \ 1}_{3}$$

Pag 61. (AF I)

Ejercicio propuesto: Obtener la tabla de la verdad de la siguiente expresión lógica partiendo de cada una de las formas canónicas. Indicar también la expresión combinacional correspondiente

$$S = A`B C + A`B`C + A B`C` + A B C + A B`C \quad \text{o bien}$$

$$S = (A + B + C)(A + B`+ C )( A` + B` + C)$$

$$S_{POS} = A`B C + A`B`C + A B`C` + A B C + A B`C$$

$$\underbrace{0\,1\,1}_{3} \quad \underbrace{0\,0\,1}_{1} \quad \underbrace{1\,0\,0}_{4} \quad \underbrace{1\,1\,1}_{7} \quad \underbrace{1\,0\,1}_{5}$$

$$S_{POS} = \textstyle\sum_3 (1, 3, 4, 5, 7)$$

O bien

$$S_{SOP} = (A + B + C)(A + B`+ C )( A` + B` + C)$$

$$\underbrace{0\;0\;0}_{0} \qquad \underbrace{0\;1\;0}_{2} \qquad \underbrace{1\;1\;0}_{6}$$

$$S_{SOP} = \textstyle\prod_3 (0, 2, 6)$$

	A	B	C	S_{POS}	S_{SOP}
0	0	0	0	0	*0*
1	0	0	1	1	*1*
2	0	1	0	0	*0*
3	0	1	1	1	*1*
4	1	0	0	1	*1*
5	1	0	1	1	*1*
6	1	1	0	0	*0*
7	1	1	1	1	*1*

Pag 64. (AF I)

Ejercicio propuesto: Obtener la tabla de la verdad y la correspondiente expresión combinacional de la siguiente expresión lógica:

$$S = X\,Y` + X´\,Z` + X`\,Y`\,Z` \quad \text{o bien en la 2ª forma } S = ( X`+ Y` )( X + Z`)$$

	X	Y	Z	X´	Y´	Z´	X Y´	X´ Z´	X´Y´Z´	S
0	0	0	0	*1*	*1*	*1*	*0*	*1*	*1*	**1**
1	0	0	1	*1*	*1*	*0*	*0*	*0*	*0*	0
2	0	1	0	*1*	*0*	*1*	*0*	*1*	*0*	**1**
3	0	1	1	*1*	*0*	*0*	*0*	*0*	*0*	0
4	1	0	0	*0*	*1*	*1*	*1*	*0*	*0*	**1**
5	1	0	1	*0*	*1*	*0*	*1*	*0*	*0*	**1**
6	1	1	0	*0*	*0*	*1*	*0*	*0*	*0*	0
7	1	1	1	*0*	*0*	*0*	*0*	*0*	*0*	0

$$S = \sum_3 (0, 2, 4, 5), \text{ recorrido de la función X Y Z}$$

O bien partiendo de la 2º forma

	X	Y	Z	X`	Y`	Z´	X`+Y`	X+Z`	S
0	0	0	0	1	1	1	1	1	1
1	0	0	1	1	1	0	1	0	0
2	0	1	0	1	0	1	1	1	1
3	0	1	1	1	0	0	1	0	0
4	1	0	0	0	1	1	1	1	1
5	1	0	1	0	1	0	1	1	1
6	1	1	0	0	0	1	0	1	0
7	1	1	1	0	0	0	0	1	0

$$M = \prod_3 (1, 3, 6, 7), \text{ recorrido de la función : X, Y, Z}$$

Pag 66. (AF I)

Ejercicio propuesto: Obtener la ecuación lógica en las dos formas canónicas (SOP y POS) mediante la tabla de la verdad de la siguiente expresión combinacional:

$$L = \sum_3 (3, 5, 6, 7)$$

Recorrido de tres variables (P.e., A B C)

	A	B	C	L	1ª Forma	2ª Forma
0	0	0	0	0		A + B + C
1	0	0	1	1		A + B + C´
2	0	1	0	0		A + B´ + C
3	0	1	1	1	A` B C	
4	1	0	0	0		A´ + B + C
5	1	0	1	1	A B´ C	
6	1	1	0	1	A B C´	
7	1	1	1	1	A B C	

$$L = A´BC + AB´C + ABC´ + ABC \qquad L = (A+B+C)(A+B+C`)(A+B´+C)(A`+B+C)$$

0 1 1   1 0 1   1 1 0   1 1 1   0 0 0   0 0 1   0 1 0   1 0 0

$$L = \sum_3 (3 \quad 5 \quad 6 \quad 7) \qquad L = \prod_3 (0 \quad 1 \quad 2 \quad 4)$$

400

Pag 67. (AF I)

Ejercicio propuesto: Demostrar mediante la tabla de la verdad la equivalencia de las siguientes expresiones lógicas:

$$E = x\,y'z + x'z + y\,z + x'y \qquad E_{bis} = x'y + z$$

x	y	z	x'	y'	z'	x y'z	x' z	y . z	x' y	E	E_{bis}
0	0	0	1	1	1						
0	0	1	1	1	0		1			1	1
0	1	0	1	0	1				1	1	1
0	1	1	1	0	0		1	1	1	1	1
1	0	0	0	1	1						
1	0	1	0	1	0	1				1	1
1	1	0	0	0	1						
1	1	1	0	0	0			1		1	1

Pag 69. (AF I)

Ejercicio propuesto: Trasformar a la 2ª forma canónica (POS) la siguiente función que está expresada en 1ª forma canónica (SOP)

$$E = X'\,Y'\,Z + X'\,Y\,Z + X\,Y\,Z' + X\,Y\,Z$$

$$E = X'\,Y'\,Z + X'\,Y\,Z + X\,Y\,Z' + X\,Y\,Z$$

$$\underbrace{0\ 0\ 1}_{1} \qquad \underbrace{0\ 1\ 1}_{3} \qquad \underbrace{1\ 1\ 0}_{6} \qquad \underbrace{1\ 1\ 1}_{7}$$

$$E = \sum\nolimits_3 (1, 3, 6, 7)$$

$$E = \prod\nolimits_3 (0, 2 ,4, 5)$$

$$\underbrace{0\ 0\ 0}_{} \qquad \underbrace{0\ 1\ 0}_{} \qquad \underbrace{1\ 0\ 0}_{} \qquad \underbrace{1\ 0\ 1}_{}$$

$$E = (X + Y + Z) (X + Y' + Z) (X' + Y + Z) (X' + Y + Z')$$

Pag 71. (AF I)

Ejercicio propuesto: Trasformar a la 1ª forma canónica (SOP) la siguiente función que está expresada en 2ª forma canónica (POS)

$$E = (X+ Y + Z) (X + Y` + Z ) ( X`+ Y + Z) (X`+ Y + Z`)$$

$$E = (X+ Y + Z) (X + Y` + Z ) ( X`+ Y + Z) (X`+ Y + Z`)$$

$$\underbrace{0\ 0\ 0}_{0} \quad \underbrace{0\ 1\ 0}_{2} \quad \underbrace{1\ 0\ 0}_{4} \quad \underbrace{1\ 0\ 1}_{5}$$

$$E = \prod_3 (0, 2 ,4, 5)$$

$$E = \sum_3 (1, 3, 6, 7)$$

$$\underbrace{1}_{0\ 0\ 1} \quad \underbrace{3}_{0\ 1\ 1} \quad \underbrace{6}_{1\ 1\ 0} \quad \underbrace{7}_{1\ 1\ 1}$$

$$E = X`\ Y`\ Z + X`\ Y\ Z + X\ Y\ Z` + X\ Y\ Z$$

Pag 74. (AF I)

Ejercicio propuesto: Obtener la forma canónica de la siguiente expresión:

$$S = A\ B`C + C\ D$$

$$S = A\ B`C + C\ D$$

Ausencia variable D   Ausencia variables A y B

$$S = A\ B`C\ (D + D`) + (A + A`)\ (B + B`)\ C\ D$$

$$S = A\ B`C\ D + A\ B`C\ D` + (A + A`)\ B\ C\ D + (A + A`)\ B`\ C\ D$$

$$S = A\ B`C\ D + A\ B`C\ D` + A\ B\ C\ D + A`\ B\ C\ D + A\ B`\ C\ D + A`\ B`\ C\ D$$

$$=$$

$$S = A\ B`C\ D + A\ B`C\ D` + A\ B\ C\ D + A`\ B\ C\ D + A`\ B`\ C\ D$$

Pag 74. (AF I)

Ejercicio propuesto: Convertir a forma canónica la siguiente expresión:

$$R = (X` + Y ) + ( X + Y` + Z`)$$

El enunciado debería ser :

$$R = (X` + Y ) . ( X + Y` + Z`)$$

$$R = (X` + Y ) . ( X + Y` + Z`)$$

Ausencia de la variable Z

$$R = (X` + Y + Z Z`) . (X + Y` + Z`) = (X` + Y + Z ) . ( X` + Y + Z` ) . ( X + Y` + Z`)$$

Pag 79. (AF I)

Ejercicio propuesto: Un motor eléctrico (ME) que mueve una bomba (B) de llenado de un depósito se pondrá en funcionamiento si está activado un interruptor de puesta en marcha PM y se activa uno cualquiera de dos sensores de nivel mínimo (S1/S2) de que dispone el depósito. Obtener esquema eléctrico mando

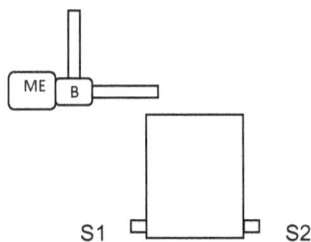

$$ME = PM.S1 + PM.S2 = PM (S1 + S2)$$

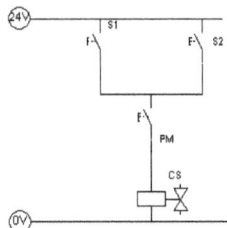

403

Pag 82. (AF I)

Ejercicio propuesto: El esquema neumático de la figura está regido por la ecuación lógica que se indica más abajo. Depurar algebraicamente la misma y obtener el esquema correspondiente

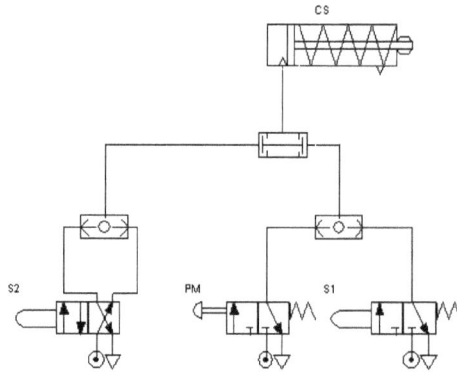

$$CS = (PM + S1) (S2 + S2')$$

Procediendo algebráicamente tendremos

$$CS = (PM + S1) (\underbrace{S2 + S2'}_{1}) = PM + S1$$

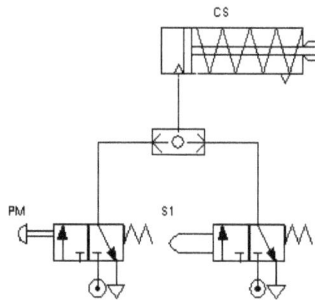

Pag 89. (AF I)

Ejercicio propuesto: El sistema neumático de la figura está regido por la ecuación que se indica:

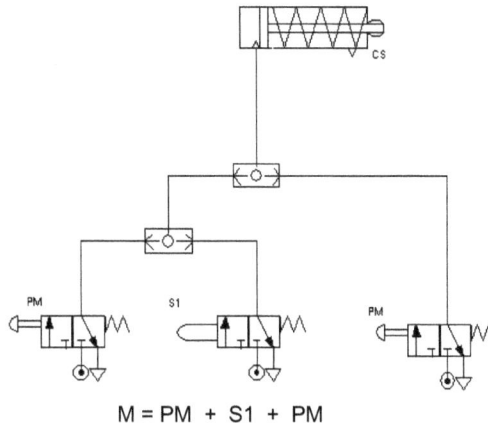

$$M = PM + S1 + PM$$

Realizar la depuración (Simplificación) del circuito tanto en su expresión lógica como del esquema

$$CS = \underbrace{PM + S1 + PM} = PM + S1$$

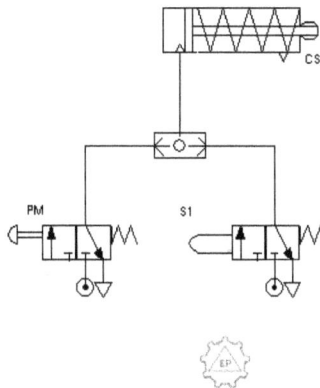

Pag 91. (AF I)

Ejercicio propuesto: El esquema neumático de la figura representa la ecuación lógica siguiente:

$$CS = PM (S1 + PM) + S2$$

Depurar tanto el esquema neumático como la expresión lógica

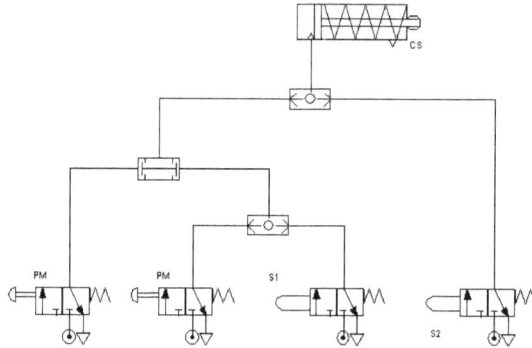

$$CS = PM (S1 + PM) + S2 = PM . S1 + PM.PM + S2 = PM . S1 + PM + S2 = PM (S1 + 1) + S2$$

$$\underbrace{}_{1}$$

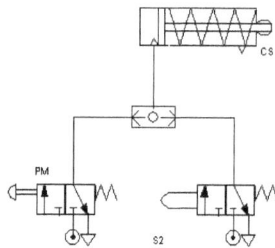

$$CS = PM + S2$$

Pag 95. (AF I)

Ejercicio propuesto: El esquema neumático de la figura se rige por la siguiente ecuación lógica: $S = a_0 (a_0 + S1) + PM$

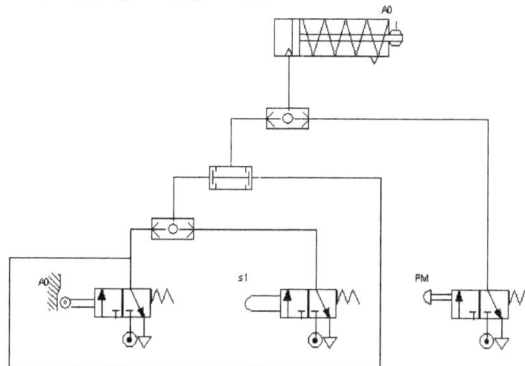

Depurar tanto el esquema del circuito como la expresión que lo representa

Procediendo algebraicamente tendremos:

$$S = a_0 (a_0 + S1) + PM = \underbrace{a_0\, a_0}_{a_0} + \underbrace{a_0\, S1 + PM = a_0} + a_0\, S1 + PM = a_0 \underbrace{(1 + S1)}_{1} + PM = a_0 + PM$$

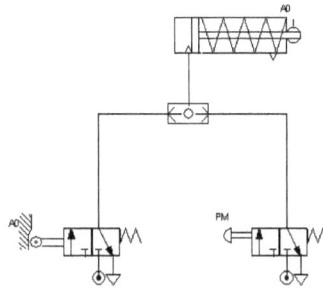

Pag 98. (AF I)

Ejercicio propuesto: Confirmar que los expresiones/circuitos que se indican son equivalentes.

Realizar dicha confirmación algebraicamente y confirmarlo también mediante la correspondiente tabla de la verdad de las expresiones indicadas

$$M = (X + X'Y) Z \qquad\qquad M = (X + Y) Z$$

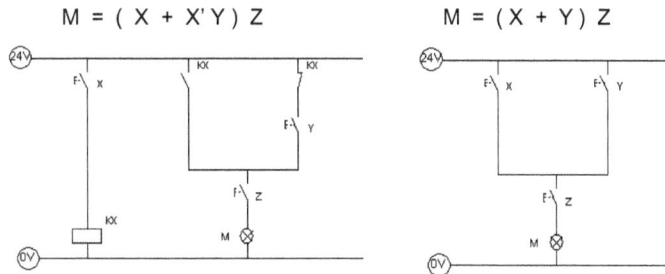

Por el teorema de absorción de la suma:

$$X = \underbrace{X + X}_{}\, Y = X (\underbrace{1 + Y}_{1}) \text{ , por tanto tendremos}$$

407

$$M = (X + X\,Y + X`Y )\,Z = ( X + Y\,( \underbrace{X + X`}_{1}))\,Z = (X + Y)\,Z$$

X	Y	Z	X'	X' Y	X + X' Y	(X+X' Y) Z	X + Y	(X + Y) Z
0	0	0	1	0	0	0	0	0
0	0	1	1	0	0	0	0	0
0	1	0	1	1	1	0	1	0
0	1	1	1	1	1	1	1	1
1	0	0	0	0	1	0	1	0
1	0	1	0	0	1	1	1	1
1	1	0	0	0	1	0	1	0
1	1	1	0	0	1	1	1	1

Pag 101. (AF I)

Ejercicio propuesto : Confirmar algebraicamente y mediante tabla de la verdad que el circuito neumático de la figura superior, que está regido por la siguiente expresión:

$$CS = PM1 + S1\,(S1' + PM2)$$

puede ser sustituido por el circuito representado en el esquema inferior

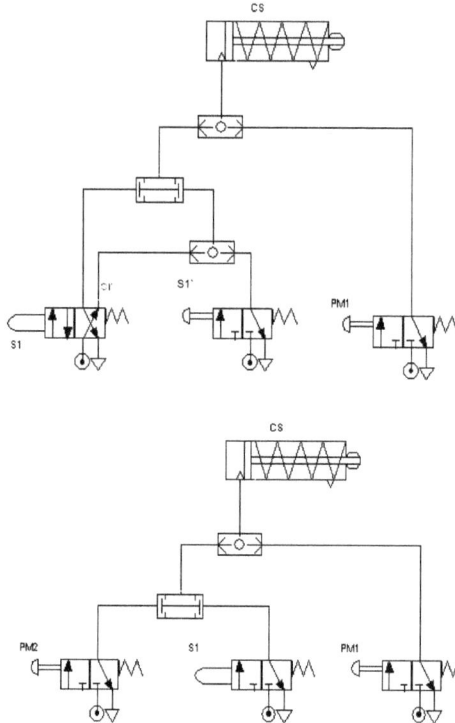

$$CS = PM1 + S1\ (S1' + PM2) = PM1 + \underbrace{S1\ S1'}_{0} + S1\ PM2 = PM1 + \underset{0}{S1\ PM2}$$

PM1	PM2	S1	S1'	S1'+PM2	S1(S1'+PM2)	S1(S1'+PM2)+PM1	S1 PM2	PM1 + S1.PM2
0	0	0	1	1	0	0	0	0
0	0	1	0	0	0	0	0	0
0	1	0	1	1	0	0	0	0
0	1	1	0	1	1	1	1	1
1	0	0	1	1	0	1	0	1
1	0	1	0	0	0	1	0	1
1	1	0	1	1	0	1	0	1
1	1	1	0	1	1	1	1	1

=

Pag 105. (AF I)

Ejercicio propuesto: Obtener el esquema eléctrico de la siguiente expresión:

$$M = (\ Y\ Z\ )' + (W + X)'$$

Aplicando las leyes de Morgan, tendríamos:

$$M = Y' \cdot Z' + (\ W' + X'\ )$$

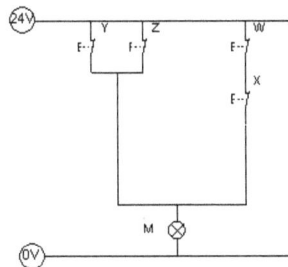

Pag 118. (AF I)

Ejercicio propuesto: Implementar en tecnología neumática, eléctrica, electrónica y en esquema de contactos la siguiente ecuación de mando de un sistema automático

$$M = Z'\ W\ (\ Y + X\ )$$

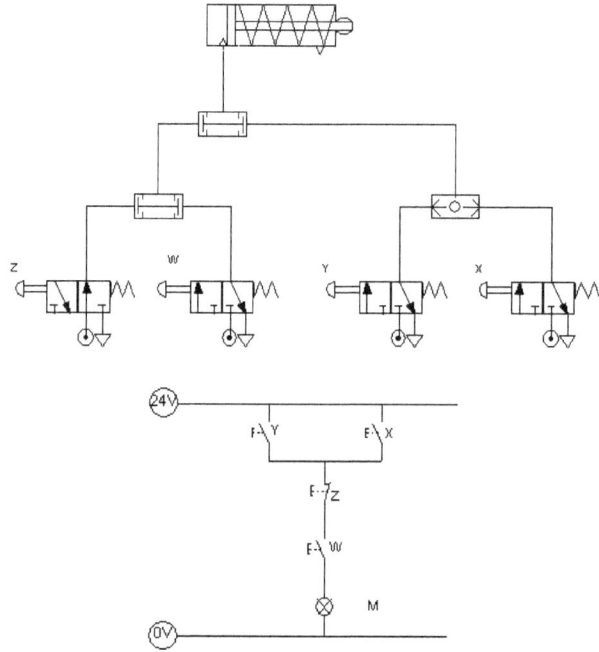

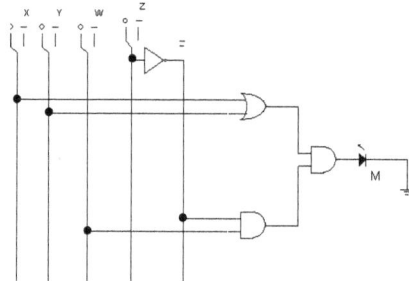

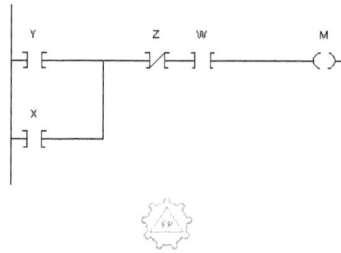

Pag 124. (AF I)

Ejercicio propuesto : Un dispositivo , está accionado por un cilindro neumático de doble efecto que es gobernado por una válvula distribuidora 5/2 biestable y que tiene la siguiente funcionalidad:

La salida del cilindro se consigue si se activa uno cualquiera de los dos pulsadores de salida S1 o S2, siempre y cuando no esté activado la seta de emergencia S3 (Pulsador con enclavamiento NC)

La entrada del cilindro se realiza únicamente si son activados simultáneamente el pulsador de entrada (S4) y el de confirmación de orden (S5)

El circuito está actualmente implementado en tecnología neumática pura y se desea transformarlo para que el mando sea implementado con electrovávulas (Lógica cableada), incluso se debe considerar la posibilidad de controlar el sistema mediante autómata programable

Mediante el análisis ecuacional y el grafo de secuencia obtenemos las ecuaciones de mando, desde las que partimos para hacer el esquema requerido

A+ = Y1= (S1 + S2) S3`

A - = Y2 = S4 x S5

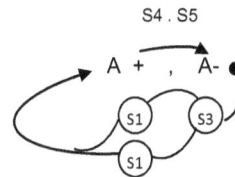

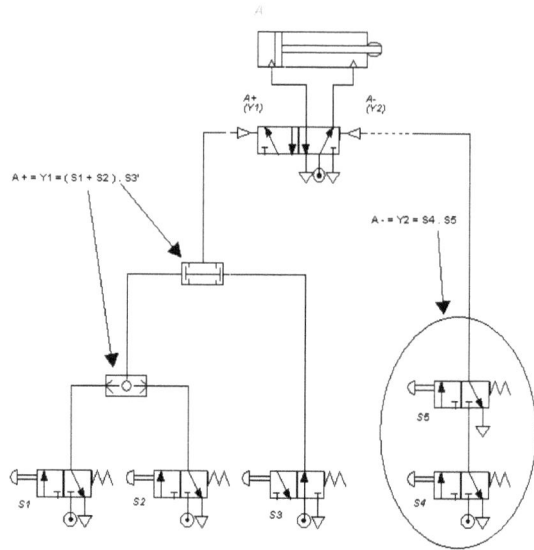

$A+ = Y1 = (S1 + S2) . S3'$

$A- = Y2 = S4 . S5$

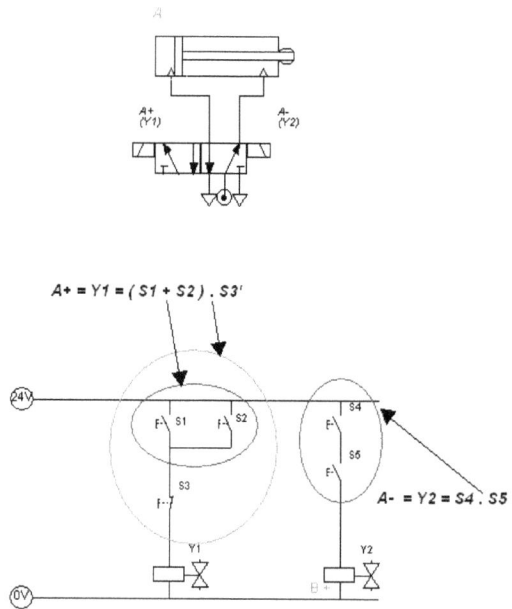

$A+ = Y1 = (S1 + S2) . S3'$

$A- = Y2 = S4 . S5$

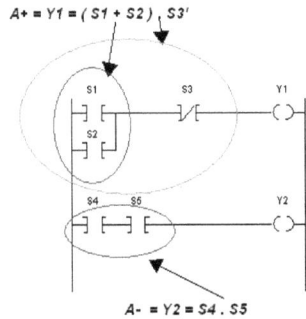

$$A+ = Y1 = (S1 + S2) . S3'$$

$$A- = Y2 = S4 . S5$$

Pag 127. (AF I)

Ejercicio propuesto: Obtener por el método descrito anteriormente la forma canónica de la ecuación

$$M = X + Y Z + Z'$$

El recorrido de la ecuación es X,Y,Z , apreciándose que en el primer término de la ecuación faltan dos variables (Y, Z), en el segundo término falta una variable (X) y en el tercero también faltan dos variables (X, Y)

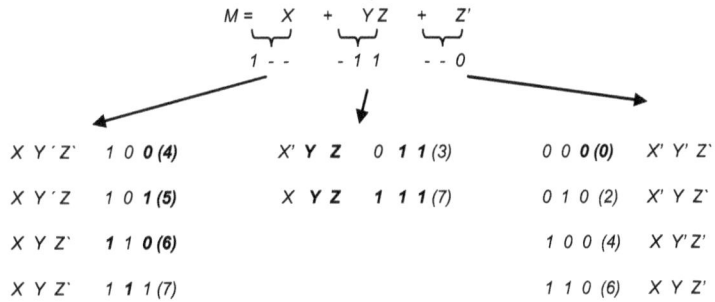

$$M = \quad X \quad + \quad Y Z \quad + \quad Z'$$

$$1 - - \qquad - 1 \ 1 \qquad - - \ 0$$

X Y´Z`	1 0 0 **(4)**	X' **Y Z**	0 **1 1** (3)	0 0 **0 (0)**	X' Y' Z`
X Y´Z	1 0 **1 (5)**	X **Y Z**	**1 1 1** (7)	0 1 0 (2)	X' Y Z`
X Y Z`	**1 1 0 (6)**			1 0 0 (4)	X Y'Z'
X Y Z`	**1 1** 1 (7)			1 1 0 (6)	X Y Z'

Luego la expresión combinacional sería: $\qquad M = \sum_3 (0, 2, 3, 4, 5, 6, 7)$

y su expresión canónica:

$$M = X' Y' Z' + X' Y Z' + X' Y Z + X Y' Z' + X Y' Z + X Y Z' + X Y Z$$

$$\begin{array}{ccccccc} (0) & (2) & (3) & (4) & (5) & (6) & (7) \\ 0\ 0\ 0 & 0\ 1\ 0 & 0\ 1\ 1 & 1\ 0\ 0 & 1\ 0\ 1 & 1\ 1\ 0 & 1\ 1\ 1 \end{array}$$

Pag 132. (AF I)

Ejercicio propuesto:

a) Representar en tecnología neumática, eléctrica y en esquema de contactos para autómata programable, la siguiente expresión:

$$R = B'C + A'B(C + B'A)$$

b) Simplificarla algebraicamente y realizar de nuevo su implementación en las mismas tecnologías

a)

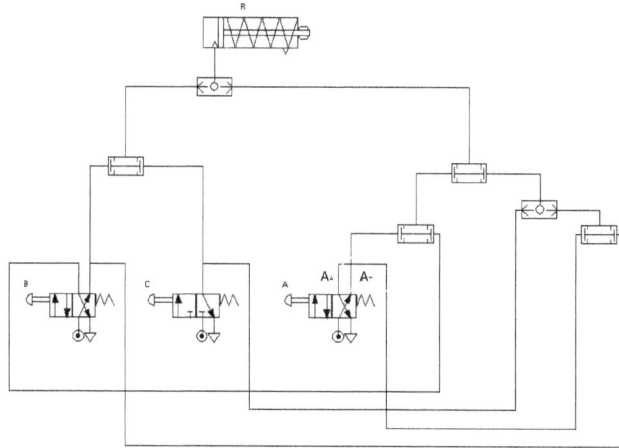

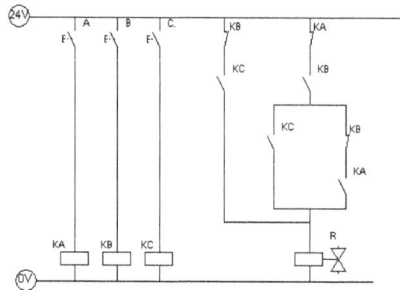

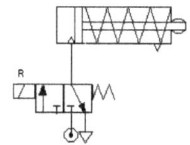

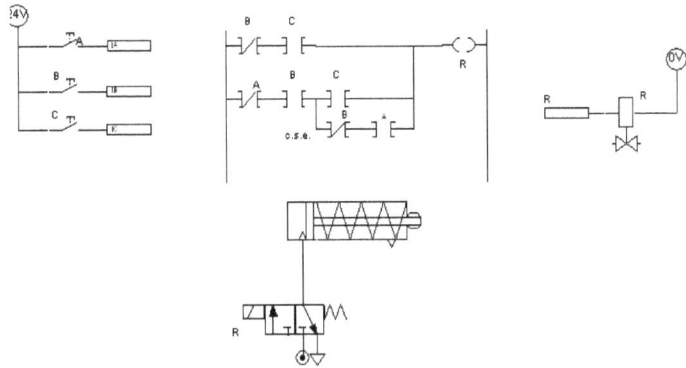

b)

$$R = B'C + A'B(C + B'A)$$

Desarrollando el 2° término de la ecuación de mando tendríamos:

$$R = B'C + A'BC + A'\underbrace{BB'}_{0}A$$

$$0$$

$$R = B'C + A'BC$$

Por el teorema de la absorción del complementario ($A + A'B = A + B$) tendremos que:

$$R = B'C + A'C$$

y sacando factor común C

$$R = C(B' + A')$$

Confirmamos mediante la tabla de la verdad la equivalencia de ambas expresiones

	A	B	C	A'	B'	B'C	A'B	B'A	C+B'A	R=B'C+A'B(C+B'A)	B'+A'	R=C(B'+A')
0	0	0	0	1	1						1	
1	0	0	1	1	1	1			1	1	1	1
2	0	1	0	1	0		1				1	
3	0	1	1	1	0		1		1	1	1	1
4	1	0	0	0	1			1	1		1	
5	1	0	1	0	1	1		1	1	1	1	1
6	1	1	0	0	0							
7	1	1	1	0	0				1			

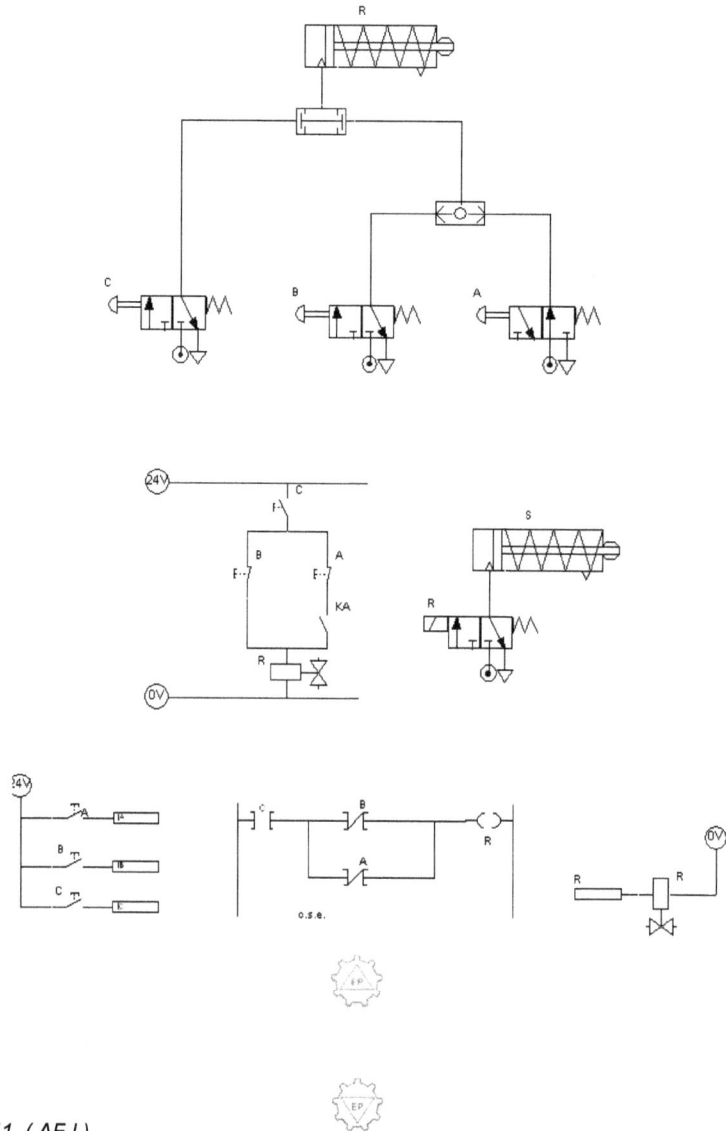

Pag 141. (AF I)

Ejercicio propuesto: Se dispone del siguiente sistema de una instalación electroneumática para la misma se desea comprobar si es posible simplificarlo (optimizarlo) , cuya función se describe seguidamente

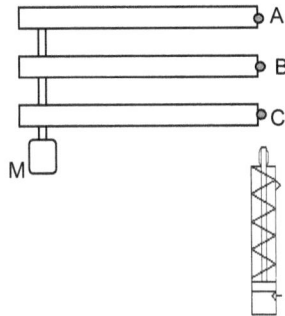

Un alimentador de piezas para el procesado de las mismas en una máquina, está compuesto por tres cintas trasportadoras accionadas por un único motor eléctrico, dotada cada una de ellas en su extremo del correspondiente sensor (A,B,C) que detectan la presencia de pieza .

El sistema deberá activar el motor de accionamiento de las cintas y establecer la entrada de un cilindro de s. efecto (*) que estratégicamente situado detiene el avance de las piezas, si existe pieza en dos cintas contiguas

(*) El cilindro está controlado por una electroválvula 3/2 abierta

El esquema eléctroneumàtico que actualmente está instalado y del que se requiere la simplificación es el siguiente:

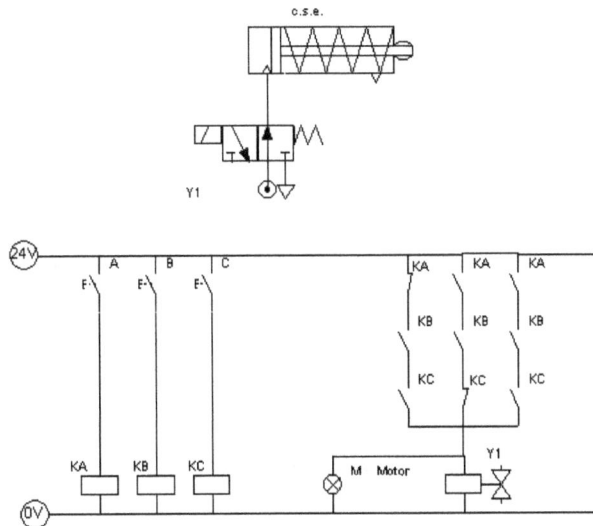

De la información (esquema) suministrada tenemos

$$M = Y1 (A-) = KA'. \ KB. \ KC \ + \ KA \ .KB \ .KC' \ + \ KA \ . \ KB \ . \ KC$$

$$M = Y1 (A-) = A'. \ B. \ C \ + A \ .B \ .C' \ + A \ . B \ . \ C$$

$$0 \ 1 \ 1 \qquad 1 \ 1 \ 0 \qquad 1 \ 1 \ 1$$

$$3 \qquad\qquad 5 \qquad\qquad 7$$

$$M = Y1 \ (-) = \sum\nolimits_3 (\ 3, \ 5, \ 7 \ )$$

Trasladando los minitérminos a las correpondientes celdas del mapa de Karnaugh, agrupando unos (1) adyacentes y eliminando las variables simplificables, tendremos

A\B.C	B'C' 00	B'C 01	B.C 11	B C' 10
0 A'	0	0	**1** 3	0 2
1 A	0 4	0 5	**1** 7	**1** 6

$$M = Y1 \ (A1) = \ B \ C \ + A \ B \ , \quad M = Y1 \ (A1) = \ B \ (C \ + \ A \ )$$

$$(\ M = Y1 \ (A1) = KB \ . \ KC \ + \ KA \ . \ KB \quad , \quad M = Y1 \ (A1) = KB \ (\ KC \ + \ KA \ )$$

E implementado de nuevo, el circuito tendríamos el siguiente esquema optimizado

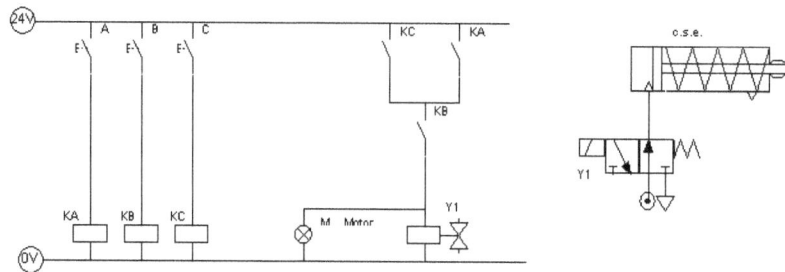

El sistema optimizado implementado mediante PLC sería

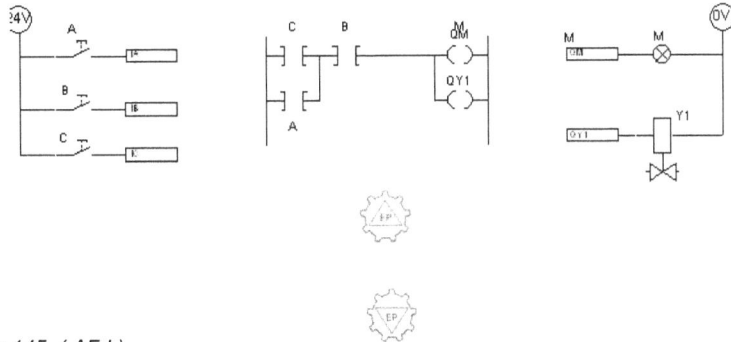

Pag 145. (AF I)

Ejercicio propuesto : Se dispone del siguiente sistema de control del movimiento longitudinal de un torno, del cual se desea comprobar si es posible simplificarlo (Optimizarlo) y que tiene la siguiente funcionalidad:

El carro longitudinal se desplaza (Mov. Avance) por medio de un cilindro neumático (C) de doble efecto, gobernado por una v. distribuidora 5/2 monoestable (Y1) cuando se cumplan conjuntamente las siguientes condiciones:

a) Se pulse el botón de puesta en marcha (PM) y
b) La pantalla de protección esté bajada (PP) y
c) No esté activado pulsador de mantenimiento-máquina (MM) y
d) No esté activado el pulsador de emergencia (E)

También el carro longitudinal debe avanzar si se cumplen conjuntamente las siguiente condiciones:

e) Se active el pulsador de mantenimiento-máquina (MM) y
f) No esté activado el botón de puesta en marcha (PM) y
g) No esté activado el pulsador de emergencia (E)

El esquema electroneumático actualmente instalado es :

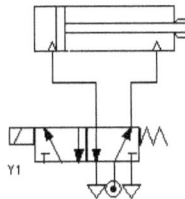

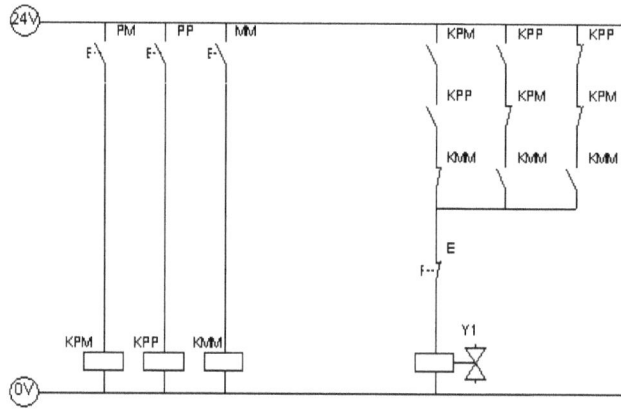

Analícese también la posibilidad de implementar el sistema optimizado mediante PLC

De la información suministrada en el enunciado, se puede concluir que:

El minitérmino que representa la primera funcionalidad del sistema es:

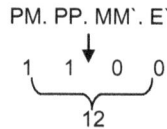

$$PM. \; PP. \; MM`. \; E`$$

$$\underbrace{1 \quad 1 \quad 0 \quad 0}_{12}$$

La expresión que representa la segunda funcionalidad es:

$$PM`. \; MM \; . \; E` \; ,$$

que transformándola a forma canónica nos proporcionaría los siguientes minitérminos

$$PM`. \; ( \; PP + PP`) \; MM \; . \; E` \; = \; PM` \; PP \; MM \; E` \; + \; PM` \; PP` \; MM \; E`$$

$$\underbrace{0 \quad 1 \quad 1 \quad 0}_{6} \qquad \underbrace{0 \quad 0 \quad 1 \quad 0}_{2}$$

$Carro \; (C) = \sum_4 (\; 2, \; 6, \; 12 \;) = PM. \; PP. \; MM`. \; E` + PM` \; PP \; MM \; E` + \; PM` \; PP` \; MM \; E`$

Trasladando estos minitérminos al correpondiente mapa de Karnaugh, procedemos a su simplificación

420

MM.E ╲ PM.PP	MM`E` 0 0	MM.E` 0 1	MM.E 1 1	MM.E` 1 0
0 0 PM`PP`	0 (0)	0 (1)	0 (3)	1 (2)
0 1 PM`PP	0 (4)	0 (5)	0 (7)	1 (6)
1 1 PM.PP	1 (12)	0 (13)	0	0 (14)
1 0 PM.PP`	0 (8)	0 (9)	0 (11)	0 (10)

$$Carro\ (C) = \sum_4 (2, 6, 12) = PM. PP. MM`. E` + PM`. MM. E` = E`( PM. PP. MM` + PM`.MM)$$

Solución optimizada

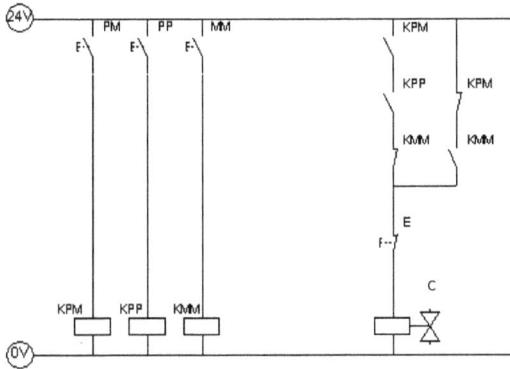

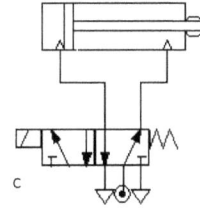

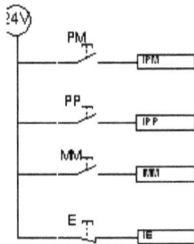

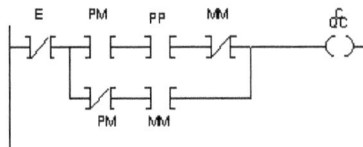

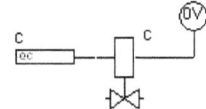

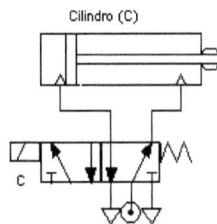

Cilindro (C)

421

Pag 152. (AF I)

Ejercicio propuesto: Simplificar la función:

$$f(v,w,x,y,z) = \sum_5(0,3,7,10,13,14,19,24,26,27)$$

Elaboramos el correspondiente mapa :

X.Y.Z V.W	X'Y'Z' 0 0 0	X'Y'Z 0 0 1	X'Y Z 0 1 1	X'Y Z' 0 1 0	X Y Z' 1 1 0	X Y Z 1 1 1	X Y' Z 1 0 1	X Y' Z' 1 0 0
0 0 V'W'	1 (0)	(1)	1 (3)	(2)	(6)	1 (7)	1 (5)	(4)
0 1 V'W	(8)	(9)	(11)	1 (10)	1 (14)	(15)	1 (13)	(12)
1 1 V W	1 (24)	(25)	1 (27)	1 (26)	(30)	(31)	(29)	(28)
1 0 V W'	(16)	(17)	1 (19)	(18)	(22)	(23)	(21)	(20)

$$f(v,w,x,y,z) = v'w'x'y'z' + v w x'z' + v x'y z + v'w y z' + v'w x y'z + v'w'y z$$

Pag 152. (AF I)

Ejercicio propuesto : Una señal de alarma se activa cuando se cumple alguna de las situaciones de los cinco sensores que la controlan:

1.- Cuando no esté activado el sensor A y si lo estén los sensores B y E

2.- Cuando esté activo el sensor A y no lo estén ni el sensor B, ni el C, ni el D

3.- Cuando estén activos los sensores A,B y E y no lo esté el sensor D

4.- Cuando estén activos los sensores A , C y E y no lo estén ni el B ni el D

5.- Cuando estén activos los sensores A y B y no lo estén los sensores C,D y E

Obtener el esquema eléctrico de control, optimizado.

$$Alarma = A'B E + A B'C'D' + A B D'E + A B'C D E + A B C'D'E'$$

$$\underbrace{1\;0\;1\;0\;1}_{21} \qquad \underbrace{1\;1\;0\;0\;0}_{24}$$

Obtención de la forma canónica de la primera condición (A`B E), por la falta de las variables C y D

$$A`B E = A`B (C + C` ) ( D + D`) E = A`B C ( D + D`) E + A`B C`(D + D`) E =$$

$$A`B C D E + A`B C D`E + A`B C`D E + A`B C`D E$$

$$\underbrace{0\ 1\ 1\ 1\ 1}_{15} \qquad \underbrace{0\ 1\ 1\ 0\ 1}_{13} \qquad \underbrace{0\ 1\ 0\ 1\ 1}_{11} \qquad \underbrace{0\ 1\ 0\ 0\ 1}_{9}$$

Obtención de la forma canónica de la segunda condición (A B`C` D`), por la falta de la variable E

$$A B`C` D` = A B`C` D`(E + E`) = A B`C` D` E + A B`C` D` E`$$

$$\underbrace{1\ 0\ 0\ 0\ 1}_{17} \qquad \underbrace{1\ 0\ 0\ 0\ 0}_{16}$$

Obtención de la forma canónica de la tercera condición (A B D`E), por la falta de la variable C

$$A B D`E = A B ( C + C`) D`E = A B C D`E + A B C`D`E$$

$$\underbrace{1\ 1\ 1\ 0\ 1}_{29} \qquad \underbrace{1\ 1\ 0\ 0\ 1}_{25}$$

$$Alarma = \underbrace{A`B C D E}_{15} + \underbrace{A`B C D`E}_{13} + \underbrace{A`B C`D E}_{11} + \underbrace{A`B C D E}_{9} + \underbrace{A B`C` D` E}_{17} + \underbrace{A B`C` D` E`}_{16} + \underbrace{A B C D`E}_{29} + \underbrace{A B C`D`E}_{25} + \underbrace{A B`C`D`E}_{21} + \underbrace{A B C`D`E`}_{24}$$

$$Alarma = \sum_{5} (11, 13, 15, 16, 17, 21, 24, 25, 29)$$

Trasladando las diferentes combinaciones obtenidas a un mapa de Karnaugth y agrupando tendremos:

C.D.E \ A.B	C`D`E` 0 0 0	C`D`E 0 0 1	C`D E 0 1 1	C`D E` 0 1 0	C D E` 1 1 0	C D E 1 1 1	C D`E 1 0 1	C D`E` 1 0 0
0 0 A`B`	(0)	(1)	(3)	(2)	(6)	(7)	(5)	(4)
0 1 A`B	(8)	1 (9)	1 (11)	(10)	(14)	1 (15)	1 (13)	(12)
1 1 A B	1 (24)	1 (25)	(27)	(26)	(30)	(31)	1 (29)	(28)
1 0 A B`	1 (16)	1 (17)	(19)	(18)	(22)	(23)	1 (21)	(20)

$$\text{Alarma} = A\grave{}B\,E + A\,C\grave{}D\grave{} + A\,D\grave{}E$$

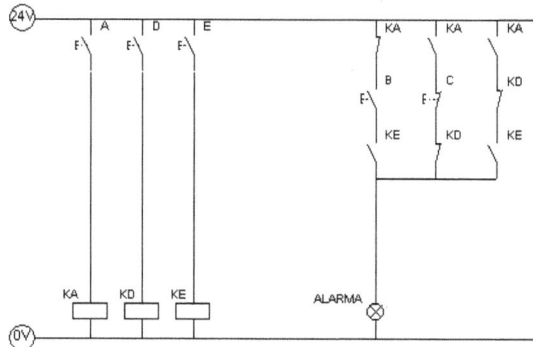

Pag 161. (AF I)

Ejercicio propuesto: Simplificar la función:

$$F\,(A,B,C,D,E,F) = \sum_6(2,3,6,7,10,14,18,19,22,23,42,46)$$

D.E.F → / A.B.C ↓	D'.E'.F' 000	D.'E'.F 001	D'.E.F 011	D'.E.F 010	D.E.F' 110	D.E.F 111	D.E'.F 101	D.E'.F' 100
0 0 0 A.'B'.C'	(0)	(1)	1 (3)	1 (2)	1 (6)	1 (7)	(5)	(4)
0 0 1 A'.B'.C	(8)	(9)	(11)	1 (10)	1 (14)	(15)	(13)	(12)
0 1 1 A'.B.C	(24)	(25)	(27)	(26)	(30)	(31)	(29)	(28)
0 1 0 A'.B.C'	(16)	(17)	1 (19)	1 (18)	1 (22)	1 (23)	(21)	(20)
1 1 0 A.B.C'	(48)	(49)	(51)	(50)	(54)	(55)	(53)	(52)
1 1 1 A.B.C	(56)	(57)	(59)	(58)	(62)	(63)	(61)	(60)
1 0 1 A.B'.C	(40)	(41)	(43)	1 (42)	1 (46)	(47)	(45)	(44)
1 0 0 A.B'.C'	(32)	(33)	(35)	(34)	(38)	(39)	(37)	(36)

$$F\,(A,B,C,D,E,F) = A\grave{}\,C\grave{}\,E \;+\; B\grave{}\,C\,E\,F\grave{} \;=\; (\,A\grave{}\,C\grave{}\;+\;B\grave{}\,C\,F\grave{}\,)\,E$$

Pag 174. (AF I)

Ejercicio propuesto: Obtener , por el método Quine-Mccluskey (Tabulado)   la función mínima de la siguiente expresión:

$$f\,(A,B,C,D,E,\,F,G) = \sum_{7}\,(\,24,25,26,27,34,35,112,113,114,115,120,121,122,123,124\,)$$

INDICE (Nivel)	MINITÉR. Cubo "0"	Cubo "1"	Cubo "2"	Cubo "3"
2	24 √ 34 √	24-25(1) √ 24-26(2) √ **34-35(1)** IP3	**24-25-26-27 (1,2)** IP2	
3	25 √ 26 √ 35 √ 112√	25-27 (2)√ 26-27 (1)√ 112-113 (1)√ 112-114 (2)√ 112-120 (8)√	112-113-114-115 (1,2))√ 112-113-120-121 (1,8)√ 112-114-120-122 (2,8)√	112-113-114-115-120-121-122-123 (1,2,8) IP1
4	27√ 113√ 114√ 120√	113-115 (2)√ 113-121 (8)√ 114-115 (1)√ 114-122 (8)√ 120-121 (1)√	114-115-122-123 (1,8)√ 120-121-122-123 (1,2)√	
5	115√ 121√ 122√ 124√	120-122 (2)√ 120-124(4) IP4		
6	123√	115-123 (8)√ 121-123 (2)√ 122-123 (1)√		

Minter / IP	24	25	26	27	34	35	112	114	113	114	115	120	121	122	123	124	Observaciones
1							ⓥ	ⓥ	ⓥ	ⓥ	ⓥ	√	ⓥ	ⓥ	ⓥ		IPE
2	ⓥ	ⓥ	ⓥ	ⓥ													IPE
3					ⓥ	ⓥ											IPE
4												√				ⓥ	IPE
Cobertura acumulada	●	●	●	●	●	●	●	●	●	●	●	●	●	●	●	●	

A la vista de la tabla obtenida la ecuación mínima será:

$$F(A, B, C, D, E, F, G) = IP1 + IP2 + IP3 + IP4$$

(112)1110000   (24)0011000   (34)0100010   (120)1100100

111X0XX   00110XX   010001X   1100X00

$$F(A, B, C, D, E, F) = A\,B\,C\,E` + A`B`C\,D\,E` + A`B\,C\,D`E\,F + A\,B\,C\,D\,F`G`$$

Pag 183. (AF I)

Ejercicio propuesto

El funcionamiento de un montacargas está controlado mediante tres captadores de forma que se pondrá en movimiento si no tiene carga alguna (Ningún captador activado) o bien,   teniendo carga entre 10 y 100 Kg (Captadores A y B activados)

El montacargas no deberá funcionar para cargas menores de 10 Kg., captador A activado (Excluyendo no tener carga, 0 Kg), ni tampoco cuando haya una carga superior a 100 Kg., captador C activado

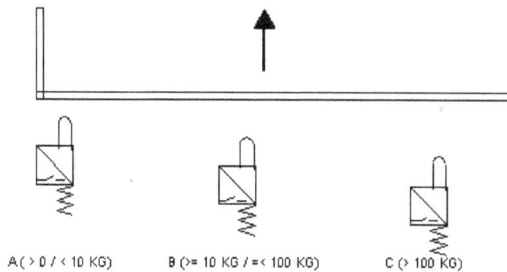

A (> 0 / < 10 KG)   B (>= 10 KG / =< 100 KG)   C (> 100 KG)

El captador A estará activado si lo está el B

Los captadores A y B estarán activados si lo está el C

(No generarán salida en el sistema aquellas combinaciones que contravengan la funcionalidad de los captadores expuesta, lo que implica que si B esta accionado lo estará A y si C está accionado lo estará el B y en consecuencia el A)

	Entradas			Observaciones	
Comb	A	B	C	Mov. (M) montacargas	
0	0	0	0	1	Sin carga. MOVERSE
1	0	0	1	EI	Carga > 100 Kg. (Deberían estar activados sensores A y B)
2	0	1	0	EI	Carga >= 10/<= 100 Kg (Debería estar activado el sensor A)
3	0	1	1	EI	Carga > 100 Kg (Debería estar activado el sensor A)
4	1	0	0	0	Carga >o Kg y < 10 Kg. NO MOVERSE
5	1	0	1	EI	Carga >= 100 Kg, debería estar activado el sensor B
6	1	1	0	1	Carga >10/<0100Kg. MOVERSE
7	1	1	1	0	Carga > 100 Kg. NO MOVERSE

Considerando el anterior análisis, tendremos que:

$$\text{Montacargas (M)} = \sum_3 (\,0,\,6\,) + \sum_3 d(\,1,\,2,\,3,\,5\,)$$

B.C \ A	B`.C` 00	B`.C 01	B.C 11	B.C` 10
0 A`	1 *(0)*	EI *(1)*	EI *(3)*	EI *(2)*
1 A	*(4)*	EI *(5)*	*(7)*	1 *(6)*

$$\text{Montacargas (M)} = A` + B.C` = KA` + KB.KC`$$

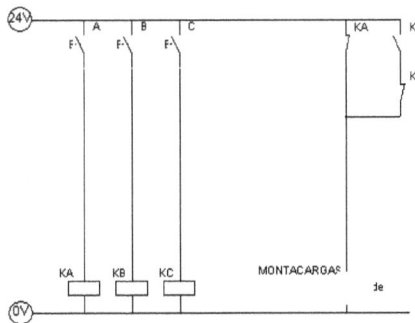

(Si no se consideraran los estados imposibles la expresión sería: Montacargas (M) = A`.B`.C` + A. B.C`

Montacargas (M) = KA`.KB`.KC` +KA.KB.KC)

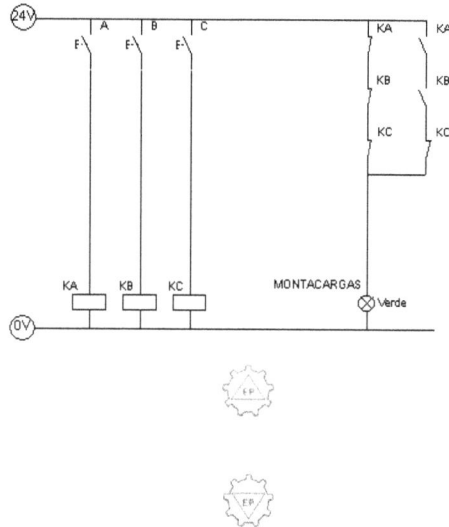

Pag 194. (AF I)

Ejercicio propuesto : Verificar la existencia de indeterminaciones en el ejercicio propuesto anteriormente en el   apartado Mapa de Karnaught para cinco variables y si fuera el caso añadir los bucles (minitérminos) precisos para su eliminación

$$F (V, W, X, Y, Z) = \sum 5 (0, 3, 7, 10, 13, 14, 19, 24, 26, 27)$$

Efectuando una doble revisión en paralelo de la expresión por un lado así como del mapa por otro se determina que existen dos puntos de indeterminación generados por la variable Z/Z` en los bucles  (V/VI) VXY´Z/VWX`Z`, que observando el mapa corresponde al tramo común señalado con  ⭐  y también existe indeterminación generada por la variable V`/V en los bucles (IV/VI) V`WYZ`/VWX`Z`, lo que implica la necesidad de añadir respectivamente los minitérminos VWX`Y y WX`YZ`como también se señala en el mapa, determinándose que la función exenta de indeterminaciones sería

X.Y.Z V.W	X'Y'Z' 0 0 0	X'Y Z' 0 0 0	X Y Z' 0 1 1	X Y Z 0 1 0	X'Y'Z 1 1 0	X Y'Z 1 1 1	X Y Z 1 0 1	X Y'Z' 1 0 0
0 0 V'W'	1 (0)	(1)	1 (3)	(2)	(6)	1 (7)	(5)	(4)
0 1 V'W	(8)	(9)	(11)	1 (10)	1 (14)	(15)	1 (13)	(12)
1 1 V W	1 (24)	(25)	(27)	(26)	(30)	(31)	(29)	(28)
1 0 V W'	(16)	(17)	1 (19)	(18)	(22)	(23)	(21)	(20)

Bucles enlazadores

$$f(v,w,x,y,z) = \underbrace{V'W'X'Y'Z'}_{I} + \underbrace{V'W\,XY'Z}_{II} + \underbrace{V'W'YZ}_{III} + \underbrace{V'WYZ'}_{IV} + \underbrace{VX'YZ}_{V} + \underbrace{VWX'Y + WX'YZ'}_{\text{Bucles enlazadores}}$$

Pag 195. (AF I)

Ejercicio propuesto : Verificar la existencia de indeterminaciones en la siguiente ecuación de mando

$$F (A,B,C,D,E,F) = B'C\,E\,F' + A'C'\,E$$

y si fuera el caso añadir los bucles (minitérminos) precisos para su eliminación

Obtención de la forma canónica de la función:

$F (A,B,C,D,E,F) = B'C\,E\,F' + A'C'\,E = B'C\,E\,F'\,(A+A') (D+D') + A'C'E (B+B') (D+D') (F+F') =$

$A\,B'C\,E\,F'\,(D+D') + A'\,B'C\,E\,F'\,(D+D') + A'\,B\,C'E (D+D') (F+F') + A'\,B'C'E (D+D') (F+F')=$

$A\,B'C\,D\,E\,F' + A\,B'C\,D'E\,F' + A'\,B'C\,D\,E\,F' + A'\,B'C\,D'\,E\,F' + A'\,B\,C'D\,E (F+F') + A'\,B\,C'D'E (F+F') + A'\,B'\,C'D\,E (F+F') + A'\,B'C'D'E (F+F') =$

$\underbrace{1\ 0\ 1\ 1\ 1\ 0}_{46} \quad \underbrace{1\ 0\ 1\ 0\ 1\ 0}_{42} \quad \underbrace{0\ 0\ 1\ 1\ 1\ 0}_{14} \quad \underbrace{0\ 1\ 1\ 0\ 1\ 0}_{10}$

$A\,B'C\,D\,E\,F' + A\,B'C\,D'E\,F' + A'\,B'C\,D\,E\,F' + A'\,B'C\,D'\,E\,F' +$

$A'\,B\,C'D\,E\,F + A'\,B\,C'D\,E\,F' + A'\,B\,C'D'E\,F + A'\,B\,C'D'E\,F' + A'\,B'C'D\,E\,F + A'\,B'C'D\,E\,F' + A'\,B'C'D'E\,F + A'\,B'C'D'E\,F' =$

$\underbrace{0\ 1\ 0\ 1\ 1\ 1}_{23} \quad \underbrace{0\ 1\ 0\ 1\ 1\ 0}_{22} \quad \underbrace{0\ 1\ 0\ 0\ 1\ 1}_{19} \quad \underbrace{0\ 1\ 0\ 0\ 1\ 0}_{18} \quad \underbrace{0\ 0\ 0\ 1\ 1\ 1}_{7} \quad \underbrace{0\ 0\ 0\ 1\ 1\ 0}_{6} \quad \underbrace{0\ 0\ 0\ 0\ 1\ 1}_{3} \quad \underbrace{0\ 0\ 0\ 0\ 1\ 0}_{2}$

Viendo el tramo de indeterminación en el mapa ⭐ y analizando la función, observamos que C/C` es la variable generadora de indeterminación en los bucles I/II

$$F (A,B,C,D,E,F) = \overbrace{B`C E F` + A`C` E}$$

Lo que implica como bucle (minitérmino) enlazador: A`B` E F` , que añadiremos a la función originaria, con lo que la función exenta de indeterminación sería:

$$F (A,B,C,D,E,F) = B`C E F` + A`C` E + A B` E F`$$

Bucle enlazazador

D.E.F / A.B.C	D`E`F` 0 0 0	D`E`F 0 0 1	D`E F 0 1 1	D`E F` 0 1 0	D E F` 1 1 0	D E F 1 1 1	D E`F 1 0 1	D E`F` 1 0 0
0 0 0 A`B`C`	(0)	(1)	1 (3)	1 (2)	1 (6)	1 (7)	(5)	(4)
0 0 1 A`B`C	(8)	(9)	(11)	1 (10)	1 (14)	(15)	(13)	(12)
0 1 1 A`B C	(24)	(25)	(27)	(26)	(30)	(31)	(29)	(28)
0 1 0 A`B C`	(16)	(17)	1 (19)	1 (18)	1 (22)	1 (23)	(21)	(20)
1 0 0 A B`C`	(48)	(49)	(51)	(50)	(54)	(55)	(53)	(52)
1 0 1 A B`C	(56)	(57)	(59)	(58)	(62)	(63)	(61)	(60)
1 1 1 A B C	(40)	(41)	(43)	1 (42)	1 (46)	(47)	(45)	(44)
1 1 0 A B C`	(32)	(33)	(35)	(34)	(38)	(39)	(37)	(36)

II

I

430

BIBLIOGRAFÍA

- Automatización Fundamentada I. Introducción (1ª Edición)
  Carlos Castaño Vidriales

- Simples circuitos de memoria y circuitos lógicos
  N. Bissinger y H. Meixner
  Festo Didactic

- Análisis y diseño de circuitos lógicos digitales (1ª Edic.)
  V.P. Nelson y otros
  Pearson Prentice Hall

- Introducción a los automatismos (2003)
  JMGO

- Introducción a la Técnica de Mando
  Manual de estudio
  Festo Didactic

- Neumática Industrial (1ª Edic.)
  J. Pelaez y E. García Maté
  CIE Dossat 2000

- Diseñando Circuitos Electroneumáticos (2003)
  M. Williams y U. Hoey
  Festo Didactic

- Desarrollo de Sistemas Secuenciales (2000)
  A. Rodrigues y J. Cócera
  Paraninfo

- Manual Sistema Automatización S7-200 (2000)
  Siemens

- Automatismos Eléctricos, Neumáticos e Hidráulicos (5ª Edic)
  F.J. Cembranosr
  Paraninfo

- Electroneumática. Ejercicios
  H.Ruoff
  Festo Didactic

www.ingramcontent.com/pod-product-compliance
Lightning Source LLC
Chambersburg PA
CBHW082125210326
41599CB00031B/5876